潘知常生命美学系列

潘知常 著

中国美感心态的深层结构

众妙之门

江苏凤凰文艺出版社
JIANGSU PHOENIX LITERATURE AND ART PUBLISHING

图书在版编目（CIP）数据

众妙之门：中国美感心态的深层结构 / 潘知常著. —南京：江苏凤凰文艺出版社，2023.2
（潘知常生命美学系列）
ISBN 978-7-5594-4734-0

Ⅰ.①众… Ⅱ.①潘… Ⅲ.①生命哲学—美学思想—研究—中国 Ⅳ.①B83-092

中国版本图书馆 CIP 数据核字(2021)第 227053 号

众妙之门：中国美感心态的深层结构
潘知常　著

出 版 人	张在健
责任编辑	万馥蕾　朱雨芯
装帧设计	张景春
责任印制	刘 巍
出版发行	江苏凤凰文艺出版社
	南京市中央路 165 号，邮编:210009
网　　址	http://www.jswenyi.com
印　　刷	南京新洲印刷有限公司
开　　本	890 毫米×1240 毫米　1/32
印　　张	14.625
字　　数	390 千字
版　　次	2023 年 2 月第 1 版
印　　次	2023 年 2 月第 1 次印刷
书　　号	ISBN 978-7-5594-4734-0
定　　价	88.00 元

江苏凤凰文艺版图书凡印刷、装订错误，可向出版社调换，联系电话 025-83280257

潘知常

南京大学教授、博士生导师，南京大学美学与文化传播研究中心主任；长期在澳门任教，陆续担任澳门电影电视传媒大学筹备委员会专职委员、执行主任，澳门科技大学人文艺术学院创院副院长（主持工作）、特聘教授、博导。担任民盟中央委员并江苏省民盟常委、全国青联中央委员并河南省青联常委、中国华夏文化促进会顾问、国际炎黄文化研究会副会长、全国青年美学研究会创会副会长、澳门国际电影节秘书长、澳门国际电视节秘书长、中国首届国际微电影节秘书长、澳门比较文化与美学学会创会会长等。1992年获政府特殊津贴，1993年任教授。今日头条频道根据6.5亿电脑用户调查"全国关注度最高的红学家"，排名第四；在喜马拉雅讲授《红楼梦》，播放量逾900万；长期从事战略咨询策划工作，是"企业顾问、政府高参、媒体军师"。2007年提出"塔西佗陷阱"，目前网上搜索为290万条，成为被公认的政治学、传播学定律。1985年首倡"生命美学"，目前网上搜索为3280万条，成为改革开放新时期第一个"崛起的美学新学派"，在美学界影响广泛。出版学术专著《走向生命美学——后美学时代的美学建构》《信仰建构中的审美救赎》等30余部，主编"中国当代美学前沿丛书""西方生命美学经典名著导读丛书""生命美学研究丛书"，并曾获江苏省哲学社会科学优秀成果一等奖等18项奖励。

总　序

加塞尔在《什么是哲学》中说过："在历史的每一刻中都总是并存着三种世代——年轻的一代、成长的一代、年老的一代。也就是说，每一个'今天'实际都包含着三个不同的'今天'，要看这是二十来岁的今天、四十来岁的今天，还是六十来岁的今天。"

三十六年前，1985 年，我在无疑是属于"二十来岁的今天"，提出了生命美学。

当然，提出者太年轻、提出的年代也年轻，再加上提出的美学新说也同样年轻，因此，后来的三十六年并非一帆风顺。更不要说，还被李泽厚先生公开批评过六次。甚至，在他迄今为止所写的最后一篇美学文章——那篇被李先生自称为美学领域的封笔之作的《作为补充的杂记》中，还是没有放过生命美学，在被他公开提到的为实践美学所拒绝的三种美学学说中，就包括了生命美学。不过，我却至今不悔！

幸而，从"二十来岁的今天"、"四十来岁的今天"走到"六十来岁的今天"，生命美学已经不再需要任何的辩护，因为时间已经做出了最为公正的裁决。三十六年之后，生命美学尚在！这"尚在"，就已经说明了一切的一切。更不要说，"六十来岁的今天"，已经不再是"二十来岁的今天"。但是，生命美学却仍旧还是生命美学，"六十来岁的今天"的我之所见竟然仍旧是"二十来岁的今天"的我之所见。

在这方面，读者所看到的"潘知常生命美学系列"或许也是一个例证。

从"二十来岁的今天"、"四十来岁的今天"走到"六十来岁的今天",其中,第一辑选入的是我的处女作,1985年完成的《美的冲突——中华民族三百年来的美学追求》(与我后来出版的《独上高楼:王国维》一书合并),完成于1987年岁末的《众妙之门——中国美感心态的深层结构》,以及完成于1989年岁末的生命美学的奠基之作《生命美学》,还有我1995年出版的《反美学——在阐释中理解当代审美文化》、1997年出版的《诗与思的对话——审美活动的本体论内涵及其现代阐释》(现易名为《美学导论——审美活动的本体论内涵及其现代阐释》)、1998年出版的《美学的边缘——在阐释中理解当代审美观念》、2012年出版的《没有美万万不能——美学导论》(现易名为《美学课》),同时,又列入了我的一部新著:《潘知常美学随笔》。在编选的过程中,尽管都程度不同地做了一些必要的增补(都在相关的地方做了详细的说明),其中的共同之处,则是对于昔日的观点,我没有做任何修改,全部一仍其旧。至于我的另外一些生命美学著作,例如《中国美学精神》(江苏人民出版社1993年版)、《生命美学论稿》(郑州大学出版社2000年版)、《中西比较美学论稿》(百花洲文艺出版社2000年版)、《我爱故我在——生命美学的现代视界》(江西人民出版社2009年版)、《头顶的星空——美学与终极关怀》(广西师范大学出版社2016年版)、《信仰建构中的审美救赎》(人民出版社2019年版)、《走向生命美学——后美学时代的美学建构》(中国社会科学出版社2021年版)、《生命美学引论》(百花洲文艺出版社2021年版)等,则因为与其他出版社签订的版权尚未到期等原因,只能放到第二辑中了。不过,可以预期的是,即便是在未来的编选中,对于自己的观点,应该也毋需做任何的修改。

生命美学,区别于文学艺术的美学,可以称之为超越文学艺术的美学;区别于艺术哲学,可以称之为审美哲学;也区别于传统的"小美学",可以称之为"大美学"。它不是学院美学,而是世界美学(康德);它也不是"作为学科的美学",而是"作为问题的美学"。也因此,其实生命美学并不难理解。

只要注意到西方的生命美学是出现在近代,而中国传统美学则始终就是生命美学,就不难发现:它是中国古代儒道禅诸家的美学探索的继承,也是中国近现代王国维、宗白华、方东美的美学探索的继承,还是西方从"康德以后"到"尼采以后"的叔本华、尼采、海德格尔、马尔库塞、阿多诺等的美学探索的继承。生命美学,在西方是"上帝退场"之后的产物,在中国则是"无神的信仰"背景下的产物,也是审美与艺术被置身于"以审美促信仰"以及阻击作为元问题的虚无主义这样一个舞台中心之后的产物。外在于生命的第一推动力(神性、理性作为救世主)既然并不可信,而且既然"从来就没有救世主",既然神性已经退回教堂,理性已经退回殿堂,生命自身的"块然自生"也就合乎逻辑地成为了亟待直面的问题。随之而来的,必然是生命美学的出场。因为,借助揭示审美活动的奥秘去揭示生命的奥秘,不论在西方的从康德、尼采起步的生命美学,还是在中国的传统美学,都早已是一个公开的秘密。

换言之,美学的追问方式有三:神性的、理性的和生命(感性)的,所谓以"神性"为视界、以"理性"为视界以及以"生命"为视界。在生命美学看来,以"神性"为视界的美学已经终结了,以"理性"为视界的美学也已经终结了,以"生命"为视界的美学则刚刚开始。过去是在"神性"和"理性"之内来追问审美与艺术,神学目的与"至善目的"是理所当然的终点,神学道德与道德神学,以及宗教神学的目的论与理性主义的目的论则是其中的思想轨迹。美学家的工作,就是先以此为基础去解释生存的合理性,然后,再把审美与艺术作为这种解释的附庸,并且规范在神性世界、理性世界内,并赋予以不无屈辱的合法地位。理所当然的,是神学本质或者伦理本质牢牢地规范着审美与艺术的本质。现在不然。审美和艺术的理由再也不能在审美和艺术之外去寻找,这也就是说,在审美与艺术之外没有任何其他的外在的理由。生命美学开始从审美与艺术本身去解释审美与艺术的合理性,并且把审美与艺术本身作为生命本身,或者,把生命本身看作审美与艺术本身,结论是:真正的审美与艺术就是生命本身。人之为人,以审美与艺术作为生存方式。"生命即审美","审美即生命"。也因此,审美和艺术不需要外在的理由,说得犀利一点,也不需要实践的理由。审美就是审美的理由,艺术就是艺术的理由,犹如生命就是生命的理由。

这样一来,审美活动与生命自身的自组织、自协同的深层关系就被第一次发现了。审美与艺术因此溢出了传统的藩篱,成为人类的生存本身。并且,审美、艺术与生命成为了一个可以互换的概念。生命因此而重建,美学也因此而重建。也因此,对于审美与艺术之谜的解答同时就是对于人的生命之谜的解答;对于美学的关注,不再是仅仅出于对于审美奥秘的兴趣,而应该是出于对于人类解放的兴趣,对于人文关怀的兴趣。借助于审美的思考去进而启蒙人性,是美学的责无旁贷的使命,也是美学的理所应当的价值承诺。美学,要以"人的尊严"去解构"上帝的尊严""理性的尊严"。过去是以"神性"的名义为人性启蒙开路,或者是以"理性"的名义为人性启蒙开路,现在却是要以"美"的名义为人性启蒙开路。是从"我思故我在"到"我在故我思"再到"我审美故我在"。这样,关于审美、关于艺术的思考就一定要转型为关于人的思考。美学只能是借美思人,借船出海,借题发挥。美学,只能是一个通向人的世界、洞悉人性奥秘、澄清生命困惑、寻觅生命意义的最佳通道。

进而,生命美学把生命看作一个自组织、自鼓励、自协调的自控系统。它向美而生,也为美而在,关涉宇宙大生命,但主要是其中的人类小生命。其中的区别在宇宙大生命的"不自觉"("创演""生生之美")与人类小生命的"自觉"("创生""生命之美")。至于审美活动,则是人类小生命的"自觉"的意象呈现,亦即人类小生命的隐喻与倒影,或者,是人类生命力的"自觉"的意象呈现,亦即人类生命力的隐喻与倒影。这意味着:否定了人是上帝的创造物,但是也并不意味着人就是自然界物种进化的结果,而是借助自己的生命活动而自己把自己"生成为人"的。因此,立足于我提出的"万物一体仁爱"的生命哲学(简称"一体仁爱"哲学观,是从儒家第二期的王阳明"万物一体之仁"接着讲的,因此区别于张世英先生提出的"万物一体"的哲学观),生命美学意在建构一种更加人性,也更具未来的新美学。它强调:美学的奥秘在人,人的奥秘在生命,生命的奥秘在"生成为人","生成为人"的奥秘在"生成为审美的人"。或者,自然界的奇迹是"生成为人",人的奇迹是"生成为生命",生命的奇迹是"生成为精神生命",精神生命的奇迹是"生成为审美生命"。再或者,"人是人"——"作为人"——"成为人"——"审美人"。由此,生命美学以"自然界生成为人"区别于实践美学的"自然的人化",以"爱者优存"区别于实践美学的"适者生存",以"我审美故我在"区别于实践美学的"我实践故我在",以审美活动是生命活动的必然与必需区别于实践美学的以审美活动作为实践活动的附属品、奢侈品。其中包含了两个方面:审美活动是生命的享受(因生命而审美,生命活动必然走向审美活动,生命活动为什么需要审美活动);审美活动也是生命的提升(因审美而生命,审美活动必然走向生命活动,审美活动为什么能够满足生命活动的需要)。而且,生命美学从纵向层面依次拓展为"生命视界""情感为本""境界取向"(因此生命美学可以被称为情本境界论生命美学或者情本境界生命论美学),从横向层面则依次拓展为后美学时代的审美哲学、后形而上学时代的审美形而上学、后宗教时代的审美救赎诗学;在纵向的情本境界论生命美学或者情本境界生命论美学的美学与横向的审美哲学、审美形而上学、审美救赎诗学之间,则是生命美学的核心:成人之美。

最后,从"二十来岁的今天"、"四十来岁的今天"走到"六十来岁的今天",如果一定要谈一点自己的体会,我要说的则是:学术研究一定要提倡创新,也一定要提倡独立思考。正如爱默生所言,"谦逊温驯的青年在图书馆里长大,确信他们的责任是去接受西塞罗、洛克、培根早已阐发的观点。同时却忘记了一点:当西塞罗、洛克、培根写作这些著作的时候,本身也不过是些图书馆里的年轻人"。也因此,我们不但要"照着"古人、洋人"讲",而且还要"接着"古人、洋人"讲",还要有勇气把脑袋扛在自己的肩上,去独立思考。"我注六经"固然可嘉,"六经注我"也无可非议。"著书"却不"立说","著名"却不"留名"的现象,再也不能继续下去了。当然,多年以前,李泽厚在自己率先建立了实践美学之后,还曾转而劝诫诸多在他之后的后学们说:不要去建立什么美学的体系,而要先去研究美学的具体问题。这其实也是没有事实根据的。在这方面,我更相信的是康德的劝诫:没有体系,可以获得历史知识、数学知识,但是却永远不能获得哲学知识,因为在思想的领域,"整体的轮廓应当先于局部"。除了康德,我还相信的是黑格尔的劝诫:"没有体系的哲学理论,只能表示个人主观的特殊心情,它的内容必定是带偶然性的。"

"子曰:何伤乎!亦各言其志也!"

需要说明的是,从"二十来岁的今天"到"六十来岁的今天",我的学术研究其实并不局限于生命美学研究,也因此,"潘知常生命美学系列"所收录的当然也就并非我的学术著述的全部。例如,我还出版了《红楼梦为什么这样红——潘知常导读〈红楼梦〉》《谁劫持了我们的美感——潘知常揭秘四大奇书》《说红楼人物》《说水浒人物》《说聊斋》《人之初:审美教育的最佳时期》等专著,而且,在传播学研究方面,我还出版了《传媒批判理论》《大众传媒与大众文化》《流行文化》《全媒体时代的美学素养》《新意识形态与中国传媒》《讲"好故事"与"讲好"故事——从电视叙事看电视节目的策划》《怎样与媒体打交道》《你也是"新闻发言人"》《公务员同媒体打交道》等,在战略咨询与策划方面,出版了《不可能的可能:潘知常战略咨询与策划文选》《澳门文化产业发展研究》,关于我在 2007 年提出的"塔西佗陷阱",我也有相关的专门论著。有兴趣的读者,可以参看。

是为序。

潘知常

2021.6.6　南京卧龙湖,明庐

目录

1	导语	"所谓伊人,在水一方"
19	**第一章**	**孩提之梦**
20	第一节	早熟的童年
29	第二节	"夫礼之初,始自饮食"
40	第三节	诸神的降临
53	第四节	"第二次诞生"
67	**第二章**	**"天地之心"**
68	第一节	原始心态·文化心态·美感心态
75	第二节	生命意识
89	第三节	"逍遥游"
95	第四节	"生命意识"的内涵
104	附录	杜诗中的幽默
111	**第三章**	**永恒的微笑**
112	第一节	"温柔敦厚"
123	第二节	刚柔相济
128	第三节	女性情结
135	附录	李后主为什么是"李后主"
159	**第四章**	**忧患·悦乐·禅悦**
160	第一节	"哀怨起骚人"

1

170	第二节	"归去来兮"
177	第三节	"以禅悦为味"
189	附录	禅宗的美学智慧
205	**第五章**	**混沌世界**
206	第一节	感知恐惧
214	第二节	空灵的时空
223	第三节	抽象与移情
232	第四节	"一月能现一切水"
240	第五节	"一切水月一月摄"
248	附录	唐代山水诗歌中美感的演进
261	**第六章**	**"人心营构之象"**
262	第一节	"诗者,妙观逸想之所寓也"
273	第二节	"诗言回忆"
288	第三节	"向后站":在广阔的文化心理背景下探索
311	第四节	诸神的复活
323	附录一	明末清初才子佳人小说的美学风貌
331	附录二	《红楼梦》与第三进向的美学
351	**第七章**	**历史功能**
352	第一节	在人、自然、社会和文化之间
362	第二节	"有味无痕,性存体匿"
368	第三节	再论结构与功能
375	附录一	从美学看明式家具之美
391	**结束语**	**重建中国人的梦想**
392	第一节	悲壮的失落
404	第二节	"析骨还父,析肉还母"
428	第三节	"江南可采莲,莲叶何田田"
446	附录	中国美学与中华民族的当代发展

导语

"所谓伊人,在水一方"

在关于中华民族的美学沉思中,人们常常猜测,一定有一个作为精神家园的深层结构。这深层结构自本自根,通体空灵;"惛然若亡而存,油然不形而神,万物畜而不知。""独立而不改!周行而不殆。"在漫长的历史过程中,它为古老的中华民族点燃生命的火炬,它为每一个漂泊的乡魂指点迷途的路径,它鼓舞着炎黄子孙在数不清的灾难和人世沧桑中苦苦奋斗而且繁衍下来,它向大千世界细语着自己彻悟到的人生真谛和生命奥妙……

是的,一定存在着这样一个深层结构!作为一种巨大而又深微的生命存在,它不是全知全能的"上帝",也不是彼岸的先验"理式",而类似于弗洛伊德所发现的神秘的"深渊",类似于荣格所描述的沉默的"冰山",类似于老子所展示的"众妙之门",类似于庄子所瞩目的"混沌之地"。虽然我们倾尽心力也很难描摹出它的天生丽质,甚至只有借助曹雪芹的生花妙笔才能勾勒出它的精彩绝伦"其素若何:春梅绽雪;其洁若何:秋蕙披霜;其静若何:松生空谷;其艳若何:霜映澄塘;其文若何:龙游曲沼;其神若何:月射寒江",但有谁不曾时时刻刻隐隐体味到它的生命律动,体味到它对我们每一个人的抚爱和慰藉?而且作为中华民族的生命历程的集中表现和历史折射的中国文学艺术,不是更典型地浓缩和体现了它的意志、它的存在、它的生命韵律、它的音容笑貌吗?或许,中国文学艺术的春华秋实就是通往那作为精神家园的深层结构的阶梯和门户?或许应该颠倒过来,那作为精神家园的深层结构正是中国文学艺术的精华和灵魂?

毋庸讳言,在本书看来,上述关于中华民族的美学沉思中经常若隐若现的那个作为精神家园的深层结构,只能是也必然是——中国美感心态的深层结构。

为什么这样讲呢？当然是基于本书对美学的特殊理解。

我们知道,长期以来,在西方美学的影响下,国内美学界形成了一种自以为是的美学观。这就是尽管每个美学家都有自己的关于美学的看法,但认为美学是研究美和审美的,认为美是客观实体的某种属性,审美是对美的认识和反映,却又是其中的共同之处。不言而喻,这正是"美学热"悄悄地降温和美学讨论无法深入一步并且最终走上世界讲坛的症结所在。其实,美学并不研究"美是什么",也不研究"审美能否或者怎样认识和反映美",因为,这类问题在今天看来统统不过是假设,甚至是对美学家甚至美学本身的欺骗和愚弄。倘若回顾一下西方美学的发展历程,便不难看出,西方古代美学是本体论的美学。在它看来,美是实体,是客体的某种属性。因此,美学就正是对"美是什么"的探讨。西方近代美学是认识论的美学,它是对古代本体论美学的独断性、直观性的疑惑和反思。正是在这种疑惑和反思中,它把视野转向了审美主体的认识能力及其限度,即人能否或者怎样认识和反映美。然而,尽管西方近代的认识论美学扬弃了古代的本体论美学,但却未能最终摆脱美学面临的困境和危机。相对论、量子力学、"测不准原理"、"互补原理"、人择原理、信息论、控制论、系统论,以及认知心理学、分析心理学、符号学、语言学……诸如此类的现代科学成果,都不无冷酷地昭示着西方认识论美学的无能为力和最终衰亡。应运而起的,是西方现代的生命美学。它不再把作为实体的客观世界以及人们对这世界的认识作为美学的对象和内容,而是把人的价值、生存的意义等作为对象性的本体,把主体对人生的价值、生存的意义领悟作为审美的根本目的。叔本华、尼采、柏格森、狄尔泰、海德格尔、萨特,还有接受美学、解释学美学、精神分析美学、法兰克福学派的美学……这一系列正在为我们所认识和熟悉起来的美学家和美学流派,正是在这一基础上开辟出了全新的美学天地。假如我们不是因噎废食、一叶障目,就不能不承认,正是西方现代的生命美学,为我们强烈地暗示出现代美学的历史走向和大趋势。在这个意义上,再看看国内美学研究现状,那种被作为大前提接受下来的自以为是的实践美学观,不就深刻地暴露出它自身的呆板、虚假和不合时宜了吗?

本书认为,现代意义上的美学应该是本体论——认识论——价值论的一体化的生命美学。在这里,本体论无疑是为马克思所彻底解决了的"自然界向人生成"的生命本体论。认识论和价值论则是在此基础上的融洽统一。换言之,人类生命活动并不创造存在本身,而只创造主体性的存在。这主体性的存在作为一定的意义呈现出来,并被主体在不同侧面和不同水平上加以阐释。这样,美作为一种主体性的存在,便同样是作为一定的意义——存在的全面的和最高的意义,呈现出来。因此,美便似乎不是自由的形式,不是自由的和谐,不是自由的创造,也不是自由的象征,而是自由的境界。它不是主体的也不是客体的,不是主观的也不是客观的,而是全面的和最高的主体性对象。它不是与人类的生存漠不相关的东西,而是人类安身立命的根据,是人类生命的自救,是人类自由的谢恩。至于审美,则是对于自由的境界的直接领悟。因此,严格说来,现代意义上的美学应该是以研究审美活动与人类生存状态之间关系为核心的美学。而且,假若"美学"作为一门学科的名称,从命名伊始就存在着历史的误会,就应该是"审美学"而并非"美学",那么,今天这审美学就尤其应该是人类学基础上的本体论——认识论——价值论的一体化的审美学,也就是"生命美学"。

这样,作为主体的审美活动的重要地位就被突出来了。它"为天地立心,为生民立命",为人们展现出与现实世界截然相异的自由境界、意义境界,为晦暗不明的世界提供阳光,使它怡然澄明。它是使生命成为可能的强劲手段,它是使人生亮光朗照的潜在诱因,它是使世界敞开的伟大动力。很难想象,个体也好,民族也好,全人类也好,假如失去了审美的支撑,又怎么可能艰难地生存下去。"天不生仲尼,万古长如夜。"人们总是不以为然地认为这话未免夸张。可是,如果联想到正是孔子率先在审美中直接领悟到了自由的境界,领悟到了生存的意义、价值,联想到我们民族的心理的暗暗长夜正是因此而透露出一线晨曦,又有谁还能认为这话有一丝一毫的夸张呢?而且,从历史的角度看,假如说由于西方美学在相当长的时期内是本体论——认识论的美学,因而审美活动的本质被粗暴扭曲,审美活动的功能被宗教所取代,那么由于中国美学一直是本体论——价值论的美学,因而审美活动在中国人的心理世界中始终占有至高无上的位置,审美活动所直接领悟到的自由境界在中国人的心目中始终是最高境界。也就是说,中国美学更接近于现代的生命美学。现代的生命美学所设想并试图做到的,正是中国美学所实践并已经做到的。

因此,对于中国的美学工作者而言,就不仅与世界各国的美学工作者有着共同的研究课题:建设现代的生命美学。而且还有着特殊的研究课题,这就是研究在漫长的历史进程中审美活动与中华民族的生存状态的关系,研究中华民族在审美活动所直接领悟的自由境界是什么。然而,由于审美活动要受心理结构的制约,因而上述特殊的研究课题又必须要从对中国美感心态的心理结构尤其是深层的心理结构的探讨开始。

……或许,这就是本书为什么称在关于中华民族的美学沉思中若隐若现的那个作为精神家园的深层结构,正是中国美感心态的深层结构的原因?或许,这就是本书为什么把中国美感心态的深层结构作为对象去专门考察的原因?当然是的,但又并不全是。因为就后一个问题而论,关于中国美感心态的深层结构的探讨,还有其更为具体的原因:它不仅有其历史现实的必然性,而且有其理论逻辑的可能性。

正如一位著名学者所指出的:在学术研究过程中,不仅研究课题的提出具有时代性,而且研究课题的解决也具有时代性。因此,对于一个研究者来说,关键似乎并不在于一以贯之的"我注六经",而在于不断翻新的"六经注我"。换言之,一个研究工作者不应一味因袭陈旧的研究课题,而应面向时代,从时代的风口浪尖上撷取最富时代感的研究课题,从而使自己的学术研究充溢一种深刻的时代感和旺盛的理论活力。另一方面,某一时代是否为某一课题的解决提供了深刻的理论走向和思维工具、思维材料,同样也是至关重要的。在选择过程中能否意识到这一点,对做出抉择的研究工作者似乎也是一种考验,一种是否具有深长的战略眼光方面的考验。

中国美感心态的深层结构,从历史现实和理论逻辑的角度看,正是这样一个在课题的提出和课题的解决两方面都颇具时代性的研究课题。

就前一方面而言,正像我所一再重申的,"在中西文化激烈对峙和冲突的历史背景下中国文化向何处去",无疑是一个颇具时代性的课题。这不仅因为中国文化的源远流长和根深蒂固,不仅因为中国文化在近、现代的历史衰落和气息奄奄,不仅因为西方文化的突然崛起和漫延东土,不仅因为中西文化的历史性对峙、冲突,而且因为在中国走向现代化的进程中,中国文化有着特殊的地位和历史功能。我们知道,理想状态的文化应该是物质文化和精神文化相互补充、彼此推进的二位一体,但中国文化却不然。它是对物质文化的全面压抑和对精神文化的重点推崇。在这里,精神文化成为中国文化的主体和核心。我们司空见惯的"中国文化"这一概念,其实指的也正是中国的精神文化。这样,中国文化实质上是一种完全摆脱了物质文化,完全凌驾于物质文化之上的外在控制力量,不但自身根本不受物质文化的检验和调节,而且反过来要检验和调节物质文化。因此,在中国历史上,因为生产力的发展而引起的社会变动就几乎从来没有出现过,倒是因为生产力的致命重创而引起的社会变动几乎触目皆是。也正是因此,在走向现代化的过程中,对于中国文化的现代调整和历史重建,也就成为根本、成为核心、成为关键的一环。在这个意义上,我对鲁迅的重建中国文化的战略构思极为钦佩。试想,假如不是从这一中国文化的特殊性出发,而只简单地走"改变制度"、"发展物质生产"的西方式的道路,那么,物质生产和社会制度不是又会浸染在中国文化之中,转而成为粗鄙的物质享乐欲望、野蛮的专制独裁观念吗?在我看来,中国的现代化,有其历史的特殊性,这就是在人与物并重的基础上先"化"人后"化"物,在精神文化和物质文化并重的基础上先"化"精神文化后"化"物质文化。那么,如何去推进人和精神文化的现代化呢?这就极有必要去探讨具体途径和突破口,探讨怎样才能有效地切入中国文化的内在腹地,并缘此对中国文化给以创造性的转换和历史性的重建。显而易见,在这一探讨中,中国文化的深层结构理所当然地成为根本中的根本,核心中的核心和关键中的关键。

关于中国美感心态的深层结构的探讨,无疑隶属于上述课题。就一般的文化结构而言,美感心态是其重要的组成部分,就中国文化而言,美感心态则是其巅峰部分和集中体现。因此,中国文化的创造性的转换和历史性的重建,就不能不深刻地关涉到中国美感心态的创造性的转换和历史性的重建。换言之,中国美感心态的创造性转换和历史性重建实在是中国人和中国文化走向现代化的强大动力和最终目的。这样,关于中国美感心态的研究,其意义就远远超出了文学艺术和美学的范围,成为中国人和中国文化走向现代化的重要有机部分。"美学热"在中国竟然能够持续十年不衰,最为内在的原因不正蕴含在这里吗?而在中国美感心态的研究中,深层结构的研究同样理所当然地为人们所瞩目。从中国美感心态的深层结构的最初诞生到最终的衰落,从中国美感心态的深层结构的内在结构到不同维度,从中国美感心态的深层结构和核心内容、基本特色到主要类型,从中国美感心态的集体感知到集体表象,从中国美感心态的深层结构的历史功能到在近现代遇到的强劲挑战,这一系列的问题无异于一个又一个巨大的问号。如果再进一步追问,中国美感心态的深层结构的长处与短处,中国美感心态的深层结构在当代的历史命运及其可能的前途,中国美感心态的深层结构的创造性转换和历史性重建的具体途径和突破口,这一系列的问题无异于一个又一个更巨大的问号,它们横亘在中国人和中国文化走向现代化的历史进程中,期待着我们的回答。

就后一方面而言,20世纪的学术探讨也为我们提供了必要的理论走向和思维工具、思维材料。

在理论走向方面,继19世纪以马克思为代表的历史学派之后,以弗洛伊德为代表的心理学派相继走上20世纪的文化讲坛。他们从19世纪的中心课题——"纯粹理性批判"转向20世纪的中心课题——"纯粹非理性批判"。弗洛伊德超出传统认识论只在意识和前意识层次内讨论问题的狭窄视野,率先进入了人类心灵的新大陆——深层的无意识。正如他所不无自豪地宣称的:他给人们造成的打击,远比哥白尼的"天体论"、达尔文的"进化论"更为沉重。从此,人们再也不可能把自己看成是自己家中无可争议的主人了。罗曼·欧·布朗描述说:"任何一个认真接受西方的道德和理性传统的人,敢于对弗洛伊德所说的话投以坚决、果敢的一瞥,那的确是一种令人震撼的经验。被迫接受这些伟大思想的黑暗面,确实是对人的一种侮辱……去体验弗洛伊德的理论,犹如人类第二次分尝禁果。"也正是因此,弗洛伊德的理论贡献震惊了整个世界,影响了西方文化发展的内在走向,以至美国当代的哲学家威尔·赫尔贝尔格公然宣称:全部西方文化发展史都应以他为中介,划分为"前弗洛伊德时期"和"后弗洛伊德时期"。然而,在弗洛伊德的理论主张中又毕竟充满了历史的错位和理论的失落。他指出了"心理过程主要是潜意识的,至于意识的心理过程则仅仅是整个心灵的分离的部分和动作",并且独创了"靠探测深渊来登上高峰"这一命中注定的艰难历程,但却远未提供正确的方法和答案。或许也正是因此,在弗洛伊德的不足之处越来越清晰地暴露出来以后,人们纷纷开始了新的探索(例如马斯洛便转向对"人类潜力"和"自我实现的人"的研究)。即使是他的弟子也相继离他而去。荣格走向原始文化和人类学,阿德勒走向了社会学,弗洛姆也是如此。他们希冀寻求更加富有成效的思考路径和令人信服的理论答案。

本书当然没有必要去评述弗洛伊德以及弗洛伊德之后的种种心理学说,倒是对弗洛伊德之后心理学派的历史走向更感兴趣。在我看来,这种历史走向折射出20世纪的心理学派与19世纪的历史学派之间的密切关系。

其实,倘若19世纪的历史学派在从宏观的角度说明主体与客体、感性与理性、个人与社会、心理与历史之间统一的中介是人类的历史实践活动,20世纪的心理学派则是意在从微观的角度说明主体与客体、感性与理性、个人与社会、心理与历史之间的统一,正是在深层的无意识领域完成的。因此,这两大学派完全应该也必须相互结合起来。值得注意的是,西方的有识之士也已注意到这一点:"总之,我们可以说,心理分析学停留在这一方面,对历史唯物主义的理解则停留在另一方面。这好像两支探险队各在山之一侧,各对其所在之一侧,有科学的预料,而对另一侧则了解甚少,但他们都没能达到顶峰,以将两侧的发现融合在一个全面的描述中。我个人深信,深层心理学与深层历史学两者都表现了真理的主要方面,但都同时局限在缺乏另一方所有的东西,所以,最后的问题是将二者结合统一为一整体。"把心理分析学说同马克思主义的贡献等同起来,显然并不妥当,但意识到"深层历史学是深层心理学的对应物",又确实使心理学派提出的20世纪的中心课题"纯粹非理性批判"以全新的面目出现。这方面,要数李泽厚总结得最为简捷明快:"深层历史学(即在表面历史现象底下的多元因素结构体)如何积淀为深层心理学(人性的多元心理结构),将成为今日哲学和美学的一大基本课题。如果说,自古典哲学解体之后,19世纪曾经是历史学派(马克思、孔德、杜史海姆等),20世纪是心理学派(弗洛伊德、文化心理学派等)占据人文科学的主流。那么,21世纪也许应是这二者的某种形态的统一。寻找、发现由历史所形成的人类文化——心理结构,自觉地塑造能与异常发达了的外在物质文明相对应的人类内在的心理——精神文化(教育学、美学),将是时代、社会赋予哲学和美学的新任务。"[①]

进而言之,作为美学的一个分支,审美心理人类学(文艺心理人类学)的研究内容也与上述问题密切相关。长期以来,审美心理学(文艺心理学)的

[①] 李泽厚:《美学的对象与范围》,载《美学》第三辑。

研究内容一直未能摆脱浅层的普通心理学的研究内容的局限,正像美国文艺心理学家艾伦·温诺指出的:当代审美心理学(文艺心理学)只是在研究审美和文艺活动的"如何"方面(即在审美和文艺活动中具有什么可以认知的过程,创作和欣赏须具有何种技能)取得了一些成就和进展,而在审美和文艺活动的"为何"方面(即为什么作家需要从事创作,为什么某人能变成一个艺术家,为什么人们乐于欣赏文艺作品)还有许多令人困惑的哑谜。①

毫无疑问,这些哑谜是绝不可能在意识层次得到满意的解决的,这种困境不可能不引起每一个富有战略眼光的文艺心理学家的痛苦思考。苏联著名文艺心理学家维果茨基的研究可以证实这一点。他早在20世纪20年代初便完成了一部"大书"——《艺术心理学》,但却执意不肯出版。这是为什么?这就因为该书完成之际"在他心中已经展现出心理学研究的一条新途径。……必须通过这条途径,才能完成艺术心理学的研究,才能说完尚未说完的话。"这个新途径是"从社会生活和作为社会历史存在的人的生活去理解艺术的功能。"②这一点维果茨基本人也曾谈道:"只要我们仅仅限于分析在意识中发生的种种过程,我们就很难找到对艺术心理学的基本问题的答案。""艺术效果的最直接的原因隐藏在无意识之中,只有深入到这一领域中去,我们才能弄清艺术问题。""艺术作为无意识只是一个问题,艺术作为无意识的社会解决才是它的最可能的答案。"③而我国在经过普通心理学和文艺心理学嫁接基础上产生的"文艺心理学热"之后,并未出现实质性的突破,也可以从反面证实从意识层次研究文艺心理学是很难奏效的。这样看来,从审美心理学走向审美心理人类学,从个体的视野走向集体的视野,从意识的层次走向无意识的层次,深层历史学与深层心理学在逻辑意义上和历时方向上的统一,无疑是现代意义上学科建设的前提和基础。而对审美和艺

---

① 参见 Ellen Winner:《The Psychology of the Arts》。
② 参见阿·尼·列昂节夫为该书写的序言。
③ 维果茨基:《艺术心理学》,上海文艺出版社 1985 年版,第 87—88 页、107 页。

术活动的深层心理方面("为何")的探索,当然应该成为现代审美心理人类学(文艺心理人类学)所瞩目的主要内容或核心部分。显而易见,关于中国美感心态的深层结构的探索是隶属于此并醒目地处于现代审美心理人类学(文艺心理人类学)的研究内容的前沿部分的。

另一方面,深层心理学、文化人类学、民俗学、发生认识论、语言学以及文化心态、民族心态史的研究,以及当代的深层心理方面的文学研究,已经为我们提供了解决问题的思维工具和有关材料。

深层心理不啻是一座沉埋在沧海深处的沉默的冰山。在那里黑暗幽深、漆黑一片。随手可触的一切都与历史紧密相连。或者说,永远处在一种缠绕的时间状态中,诞生和死亡、青春和衰老、呼喊和缄默、过去和未来,昨天和明天,不分彼此地渗透成一片。历史就是现实,而现实又梦幻般地转瞬加入历史……潜沉其中去细致考查并给以理论解释,并非易事。在弗洛伊德之前,提出深层心理的存在的大有人在,诸如莱布尼茨、赫尔巴特、费希纳、哈特曼、叔本华、尼采,但对深层心理的研究却始终未能展开。种种原因之中,缺乏成熟的思维工具和有关材料,不能不是主要原因。值得欣慰的是,这状况在20世纪有了根本改变。

首先值得一提的,当然是深层心理学、心理人类学的诞生。在这方面,作为创始人,弗洛伊德的研究成果颇为引人瞩目,并给我们以深刻的启迪意义。例如,他将人格结构分为三部分:"本我"(ia)、"自我"(ego)、"超我"(superego)。在心理过程中三者同时活动和作业。生命的和谐就依赖它们的平衡和协调,一旦这种平衡和协调被破坏掉,就会出现精神失常。这种人格结构划分虽失之机械,但确乎开阔了我们的视野,经过创造性地转换,还有其理论价值。又如,弗洛伊德指出的最为骇人眼目的"力必多""杀父娶母"的看法,虽然过分偏狭,但若加以拓展和改造,其中的合理之处和深刻之见便会显现出来。又如"焦虑""自恋""移情""自我防御机制",只要使用得当,也有利于进一步的深层心理研究(西方用"自恋"来剖析"大国沙文主义",用

"移情"来剖析"领袖崇拜",就很深刻)。弗洛伊德对梦的分析和对梦中象征物的阐释,为我们找到了通向深层心理的路径。弗洛伊德还把人格阶段分为口唇期、肛门期、生殖期,等等,剔除对"性"的执着,这种划分也给我们以深刻启迪。至于弗洛伊德开创的精神分析方法,不论是狭义的通过联想和交谈使患者淤积在无意识领域中的"力必多"宣泄出来,还是广义的对哲学认识论、社会历史、文学艺术和道德宗教的研究,都不乏可供借鉴之处。在弗洛伊德之后,继续把深层心理学推向深入的是荣格、阿德勒、弗罗姆、霍妮、艾里克森等,其中尤为值得注意的是荣格。他提出的"集体无意识""原型""人格类型"等看法,以及在研究深层心理时所采用的人类学、文化学的方法,较之弗洛伊德确乎是进了历史性的一大步,给我们的启示也更大。

其次是文化人类学的蓬勃发展。文化人类学的诞生早于深层心理学。19世纪至20世纪初,产生了进化论、传播论、相对论、功能论等学派。20世纪后文化人类学蓬勃发展,出现了结构论、语义论、新进化论、文化唯物论、文化生态学等学派,并日益走向日常生活。它们为深层心理的研究提供了新的思维工具和大量材料。例如列维-斯特劳斯运用结构主义语言学的方法,证实了原始人的深层的生与熟、生与死、白天与黑夜相对峙的共同心态。他为我们分析深层心理提供了新的思维工具。而弗雷泽的《金枝》引用大量材料,说明春夏秋冬四季循环与古代祭祀仪式和神话传说有关,这就为深层心理在文艺形式(喜剧、传奇、悲剧、讽刺)上的积淀找到了剖析还原的途径。列维-布留尔的《原始思维》,详细考查了原始人的"集体表象""神秘互渗"的思维方式,更使我们大开眼界,并为审美和文艺创作的动机的探讨提供了大量的文化背景方面的材料。又如直接剖析民族心态的著作,像潘乃德《菊与刀》《文化模式》、中根千枝《日本社会》、费孝通《乡土中国》等,对我们的帮助也很大。

又次是神话学、民俗学的崛起。在民间流传下来的信仰、俗语、民谣、民歌、故事、谚语、谜语、笑话、游戏、宗教活动、节日仪式中,大量积淀某种深层心理,而且,由于是一种不加抑制的或不自觉的积淀,因而对于深层心理的折射就更为直接、深刻。例如西方学者从中国象棋中缺少王后和欧洲象棋中对王后的重视,分析出中西方对女性的不同看法,从中国象棋中卒子始终是卒子,而欧洲象棋中卒子却可以改变自己的身份,分析出中西方对个体的不同看法。中国学者通过数字统计,发现中西谚语中笃实力行、个人修身、家族至上的内容数量最多,格言中个人修身、笃实力行、安分知足的内容数量最多,民谣中家族至上、乡党情谊的内容数量最多,或许也有助于对中国深层文化心态的说明。神话学方面的情况也是如此。学者们普遍认定神话明显地折射出深层心理。神话思维实际就是"诗性思维"。因此,列维-斯特劳斯指出:神话中流露出的心态,犹如一曲气势磅礴的交响乐,我们在欣赏时,不能只注意到"旋律"而疏忽了"和声"。所谓"旋律"与"和声",指的是交响乐乐谱上的"横"的和"纵"的不同向度的结构关系:乐谱中每一单一乐器演奏的音符由左向右读,这种"横"的向度所奏出的音响就是"旋律",乐谱中由上向下读的"纵"的向度所奏出的音响,是由各种不同乐器同时奏出的,那就是"和声"。我们在欣赏交响乐时,应当把所有乐器传来的声音融合成整体的讯息,然后收听进去,并不仅仅接受旋律或和声,如果只瞩目旋律,能够欣赏到的东西就未免太可怜了。神话心态恰似交响乐,含孕着旋律和和声两种不同向度的结构关系。遗憾的是,我们往往只注意到心态中的旋律,却很少注意到其中的和声。其实只要挪动一下视线,从自欺中走出来,就不难发现还存在某种意味深长的和声,只是这和声不像交响乐的和声,可以从乐谱上由上向下轻而易举地读出来,而必须在潜心体会中才有可能恍然大悟。列维-斯特劳斯的这一发现极为重要。我们对中国深层美感心态的研究,不也就是要在读出中国文学艺术作品的"旋律"(表层美感心态)的同时读出它的"和声"(深层美感心态)吗?

除了深层心理学、文化人类学、神话学、民俗学之外,语言学方面乔姆斯基对语言的浅层结构和深层结构的划分,发生认识论方面皮亚杰关于儿童心理的生成与建构的探讨,也同样不容忽视。不过,这些学科或学派虽然开创了一代风气,但着眼点毕竟集中在人类普遍的深层心理上,随着"文化一元论"的逐渐衰落,人们慢慢认识到:这种所谓人类普遍的深层心理其实不过是西方的深层心理。埃德蒙·利奇在批评列维-斯特劳斯时指出:"尽管我们许多人都乐意进一步承认,他所揭示的结构是无意识心理过程的表现,但是,当他坚持把这种无意识的人类心理结构,作为全人类的共同属性而不是特殊的个人或特殊的文化集团的属性来处理时,我就不能同意了。"[1]这看法对上述大部分学科或学派都是适宜的(这种情况从反面启示我们,研究中国乃至东方的深层心理,不论是中国的深层心理学,还是中国的文化人类学、神话学、民俗学、语言的转换生成、发生认识论,都将是大有可为的)。

比较明确地以民族心态为研究目标的,是西方近期崛起的心态史研究和文化心态研究。

心态史研究是发端于法国和美国的运用心理学方法研究历史上人们心理状态的一种史学方法。费弗尔作为法国心态史研究的创始人,明确提出作为"精神职能知识"的心理学,应该同作为"社会职能知识"的历史学建立联系。而1957年美国历史协会主席兰格在就职演说中也提出:"我们迫切需要利用现代心理学的概念和成果,以增进我们的历史知识。"在他们的大力提倡下,"欧洲国家心态史学研究取得长足进展。在法国,新人口史替心态史学打开了大门,心态研究波及课税、时间、革命和巫术诸方面。奥祖夫在《大革命的节日》一书中,研究了群众在革命节日中想象力的更新。……年鉴学派新一代史学家如米·费弗尔和达·莫尔内通过对几千份遗嘱的数量研究,指出18世纪法国人对上帝的虔诚如何随着年代流逝而每况愈下。在英国,古代罗马的民族情绪和意大利文艺复兴时期心理变化是研究的新课题。德国学者的兴趣在马丁·路德的个性和第三帝国时各阶层人的心理

---

[1] 埃德蒙·利奇:《列维-斯特劳斯》,三联书店1985年版,第133页。

状况。如希特勒上台后德国知识界人士为什么很快就投降了？有的学者指出，除去暴力之外，还应看到德国知识界具有民族的保守主义思想。由于德国在第一次世界大战中溃败，知识分子对德国前途感到渺茫。希特勒用'民族自由'口号迎合了知识分子心理，使他们深感纳粹党带来了'新希望'，从而在思想上发生了'突变'。"①

文化心态研究其实只是心态史研究的一翼。文化心态研究的对象是以"集体无意识"的形式积淀在特定文化心态中的一系列基本概念和心理方式，诸如生活、死亡、爱情、性、家庭、宗教、恐惧、憎恨。在一些学者的笔下，人类死亡这一自然现象得到了历史的和文化的解释。在不同社会，在同一社会的不同时期，人们对待死亡的态度与观念差异很大。中世纪初的基督教化，14世纪黑死病，文艺复兴和启蒙运动，18世纪开始的非基督教化，19世纪世俗化运动和扫盲运动，20世纪工业化的全面渗入社会文化领域，一部死亡史涉及法国与西方文化心态的一系列特点。在性意识方面，文化心态研究试图借人们对性的观念、态度的差异性与变动性为途径，分析人类文化结构的表现与变迁。他们的工作表明，今天西方开放性的文化特征至少可以追溯到17世纪。而15至19世纪法国已可见一种封建文化结构向资本主义文化结构过渡的不断明显的趋势。在这一趋势中，人们的性观念、性行为与整个社会观念体系与价值体系一起经历了不可忽视的变动，等等。②

西方文学界关于深层心理的研究，正是在上述文化背景中展开的。其中荣格提出的"集体无意识"，不仅深刻影响了文学界关于深层心理的研究，而且因为荣格本人对文学艺术的热切关注而成为其中最有价值、最有影响的核心部分。

荣格的贡献主要体现在两个方面。其一他为在超个体的集体心态中去

---

① 参见《西北大学学报》1986年2期彭卫的文章。
② 参见《读书》1986年6期姚蒙的文章。

探索艺术活动的主体根源奠定了基础。荣格认为创作并不决定于个体无意识,而是决定于集体无意识。作家一旦沉浸到集体无意识之中,便能"将他所要表达的思想从偶然和短暂提升到永恒的王国之中。他把个人的命运纳入了人类的命运,并在我们身上唤起那些时时激励着人类摆脱危险,熬过漫漫长夜的亲切的力量"。正是在这个意义上,他才道出了"不是歌德创造了《浮士德》,而是《浮士德》创造了歌德"的警语。其二他用"原型"概念对西方文学艺术的内容作了总体阐释。荣格指出:"个人无意识的内容主要由带感情色彩的情绪所组成,它们构成心理生活中个人的和私人的一面。而集体无意识的内容则是所说的原型。""我们在无意识中发现了那些不是个人后天获得而是经由遗传具有的性质……发现一些先天的固有的直觉形式,也即知觉与领悟的原型。它们是一切心理过程的必不可少的先天要素。……原型迫使知觉与领悟进入某些特定的人类范型。原型……构成了集体无意识。"[①]而整个文学史则只不过是原型的"变化"或"幻化"而已。像文学中常常出现的岩洞、奶牛、树林、子宫等形象,都是一种母亲原型。这些原型形象之所以能在作品中随时随地出现,是因为它们象征着滋养和保护,而这二者正是人类普遍存在着的集体心理内容。

与荣格的宏观把握相比,西方文学界大部分学者关于深层心理的研究都集中在某一角度、某一侧面甚至某一问题上。例如弗莱《批评的解剖》一书,集中探索了荣格提出的原型问题,堪称这方面的集大成之作。他认为,神话是文学的结构因素,文学则是移位的神话。"这样说来,探求原型就成了一种文学人类学。"从神的诞生、胜利、受难、死亡直到神的复活,是一个完整的循环故事,象征着昼夜交替和四季循环的自然节律。它包含了文学中的一切故事:

---

① 转引自《陕西大学报》1985 年 2—3 期叶舒宪的文章。

黎明—春天—英雄出生、创世的神话—传奇故事的原型。
天顶—夏天—神圣婚姻、进入天堂的神话—喜剧的原型。
日落—秋天—战败死亡、牺牲的神话—悲剧的原型。
黑暗—冬天—洪水、众神毁灭的神话—讽刺作品的原型。

而剑桥大学简·赫丽生等一批文学人类学家关于仪式与文学发生的探索，也大体可以归入这一类。与弗莱不同，还有相当数量的学者则把目标集中在西方文化心态的探索上。例如鲍特金在《诗歌中的原型模式》一书中，认真剖析了悲剧原型的心理原因。指出它是每个人在心理发展过程中都要经历的本人的自我形象和群体的自我形象之间冲突的外化表现。随之，她又用贯穿于西方文明的一些基本原型（如天堂与地狱，死而复活等）的心理功能去阐释但丁《神曲》、弥尔顿《失乐园》、柯勒律治《老水手之歌》等作品，别开生面，新见迭出。蔡斯在《麦尔维尔研究》中，指出麦尔维尔创造的个人神话是一种象征性的寻求文学的努力。这一神话具有两个中心主题：堕落与探寻，所要探寻的恰恰是在堕落中失去了的东西。他发挥说，这个神话同时也是原始的美国神话。美国也经历了失去父亲的探寻。麦尔维尔指出的问题实质是，被从欧洲文化的土壤中抛掷出来的美国，能否成为真正的普罗米修斯？费德莱尔则在《美国小说中的爱与死》等书中，详细剖析了美国文化心态中的若干原型：犹太人、印第安人和黑人等，因之指出了为美国人所不曾意识到的"美国生活中的返祖现象"，即对童年生活的怀念和对同性黑人的爱慕情感等文化心态。他曾自我剖白说："我说的'原型'是指由观念和感情交织而成的一个模式，在下意识里广泛为人们理解，但却很难用一个抽象的词语来表达，同时它又是那么神秘，不经过周密的考察是完全无法辨明的。"毋庸讳言，他的看法更易为我们所接受。

不难看出，本书关于中国美感心态的深层结构的探讨，正是在如上所述的基础上提出、展开和剖析的。生命美学的理论背景，以及研究课题自身的历史现实的必然性和理论逻辑的可能性,是本书的前提和根据。因此,尽管本书的作者深知关于中国美感心态的深层结构的探讨,目前还是一个全新的课题,它可能不被某些学者甚至权威所承认,可能由于受到误解以至暂时无法登上美学和文艺学研究的"大雅之堂",但却至今不悔。不但不悔,而且为选择和完成了这一课题而深感快乐。

谨以此书,奉献给每一个为"在中西文化(美学)激烈对峙的历史背景下,中国文化(美学)向何处去"这个巨大的历史提问而艰难思考着的青年朋友。

第一章

孩提之梦

第一节
早熟的童年

　　没有美丽梦想的民族,就像没有家园的浪子一样,是悲哀的。记得罗曼·罗兰讲过:"要有光!太阳的光明是不够的,必须有心的光明。"对于一个民族来说,这"心的光明"也许正是指孩提时代的美丽梦想。不过,孩提之梦在这里毕竟只是一个同样美丽的比喻。所谓孩提之梦,其实指的是一个民族从童年时代起对什么是自由和怎样才能获得自由等历史提问的独特理解和深刻阐释,亦即指的是一个民族从童年时代起就开始生成着的文化心态的深层结构。

　　可是,本书要谈的不是中国美感心态的深层结构吗?为什么开篇伊始,偏偏要谈文化心态的深层结构,偏偏要谈孩提之梦呢?这当然是因为中国美感心态与中国文化心态关系密切。假如中国美感心态是中国文化心态的顶点和归宿,那么中国文化心态则无疑是中国美感心态的基础和源头。这样,对于中国美感心态深层结构的考察,就不能不首先从对中国文化心态深层结构的考察开始。

　　然而,即便是从对中国文化心态的深层结构的考察开始,又为什么要那样强调孩提时代的美丽梦想呢?我们知道,关于中国文化心态的深层结构,可以从不同角度,不同途径,采取不同的方法加以考察。例如,可以从共时的理论角度去加以考察,目前报刊上俯拾皆是的大量文章便往往如此;可以从由表入里的现象途径去加以考察,这方面较为典型的例子是柏杨的《丑陋的中国人》和孙隆基的《中国文化的深层结构》;也可以从笑话、谚语甚至民俗中去加以考察。例如笑话,弗洛伊德认为:笑话是一种意欲的满足或是意欲经过伪装后的满足,其中蕴含着某种原始心理机制。因此笑话其实比时人所津津乐道的哲学、道德甚至文学艺术更为接近文化心态的深层结构。遗憾的是迄今没有见到这方面的论著。其余像谚语、民俗方面也是如此。

但是,倘若是想全面而又准确地把握中国文化心态的深层结构,上述角度或途径就统统不尽合适了。相比之下,倒是历时的发生学角度,更为适宜于我们追根寻源地探索中华民族孩提时代的美丽的梦想,更为适宜于我们对于中国文化的深层结构的把握。正像俄国的丹尼列夫斯基打过的一个妙喻:一种文化的创造犹如植物的繁衍生长,虽然生命期限可以很长,开花结果的时间却相当短暂,并且必须倾尽全力。用中国的一句诗去形容,就是"拼尽平生羞,尽君今日欢",又正像德国的雅斯贝尔斯所深刻断言的:在公元前500年左右,人类的各种文化类型,诸如中国、印度、波斯、巴勒斯坦和希腊,便已经奠定了自己的基础。今天的我们不过是沐浴在它们的夕阳暮色、绵绵余晖之中。或许这妙喻和断言有些过分的冷酷和武断了?但无论如何,它们毕竟揭示了一个铁的事实。因此,恰似西方启蒙思想家所心领神会到的:"懂得了起源便懂得了本质。"假如我们能够深刻把握中国文化心态的历史诞生,深刻把握中华民族孩提时代的梦想,当然也就不难对其中的深层结构做出令人信服的阐释和说明。

中国文化有着一个远为悠久,远为光辉灿烂的起点。不论东方或者西方的历史学家对此持有何等看法,从西北、中原地区的仰韶、磁山文化,山东地区的龙山、大汶口文化,江浙地区的河姆渡、马家浜文化,两湖地区的屈家岭、大溪文化,直到辽西的红山文化的陆续发现,已经在不断地证实这一点。

不言而喻,在此之前,还应该存在一个漫长的人类、种族和语言的起源过程。对此,本书无暇顾及。饶具趣味的是"到了公元前4000年",上述种种文化,"显然都在地域上向各方面扩张而彼此做了有意义的接触,而中国境内的新石器时代文化自此开始呈示规模广泛的类似性,这些类似性指明这些文化之间形成了一个交互作用圈与附近地区其他交互作用圈之关系相对立。""值得注意的一点是,以后中国历史文明便是从地理上在这个公元前4000年前便已显形的一个交互作用圈之内逐渐形成的。"①

在此之后,上述种种文化在共同的交互作用圈内的彼此接触,最终沉淀、凝聚并生成了四大集群文化。按照肖兵同志的划分,它们是:东夷、西夏、南苗、北狄。②

东方夷人集群发源于渤海湾两岸。他们尊崇的始祖神兼最高神是帝俊。许多学者已经证实它就是卜辞中的高祖夒,史书中的帝喾或太皞,也就是重华帝舜。东北方的始祖神、水神兼冥神帝颛顼、火神祝融等等,也属东夷集群。而且,它们又全都兼为太阳神,可见东夷集群属于海洋性的太阳神文化。他们的先承文化当为大汶口文化。西方夏人集群发源于西北方,主神是黄帝。他们的先承文化似乎是马厂—马家窑—仰韶—龙山文化。南方苗人集群发源于长江中游的江汉地区,后来则逐渐被挤压到西南方,跟西南夷或百濮集团融合。他们的文化是水原兼山原性的,有丰富的洪水传说,崇拜葫芦神和蛇、犬等图腾,以女娲、伏羲和槃瓠等为主神和始神。其先承文化为浙江、江苏的河姆渡—马家浜—良渚文化。北方狄人集群是从东北平原、蒙古草原、南西伯利亚雪原、宁甘山原、新疆沙原、青藏高原这样一个大的弧形地带发源的。以与游牧有关的四足兽或家畜(犬马牛羊)之类为图腾,并崇拜由草原神(包括树木)或山神升格的天神。他们基本上属于草原型文化。

在漫长的历史进程中,东夷、西夏、南苗、北狄这四大集群犹如历史从四方射向中原的四支响箭,既互相兵戎相见又互相渗透,都幻想领袖群伦,奄有四海。其间,起源于西北方的夏人集群发展得较为顺利,较为成熟。他们

---

① 张光直:《考古专题六讲》,文物出版社1986年版。
② 参见肖兵《在广阔的背景上探索》,载《文艺研究》1985年6期。

较早进入半定居的农耕经济,较早进入中原与当地土著融合,开发土地,治理黄河,终于在大禹时代,联合四方百族,建立了夏王朝。此后,东夷集群由山东半岛扩迁到黄河下游。他们取代夏王朝建立了商王朝。与此同时,他们积极与南苗集群多方联系,并且同北狄集群频频接触,结果导致了一个文化交互作用圈内部的长期冲突、传播和渗透过程。最后,公元前11世纪末,西夏集群又复东进战胜商王朝,建立了周王朝。此举实际上结束了四大集群的长期争霸局面,为华夏民族和中国文化的最终形成奠定了决定性的基础。

与上述历史进程同步,华夏民族的共同的文化心态也在缓慢、艰难而又执着地凝结着、沉淀着、生成着。不言而喻,它的最终产生应当是华夏民族的内在象征,或者,应当是华夏民族的孩提之梦。

与荣格的看法不同,本书不把文化心态看作人类的远古记忆,而是看作在历史进程中不断自觉建构起来的主体"自我"或心理本体。文化心态的建构很难找到一个绝对的起点,但说是在原始实践活动中主体与客体结构和建构而成,则大致不差。正像李泽厚讲的"由于原始人在漫长的劳动过程中,对自然规律的秩序,如节奏、韵律等等的掌握、熟悉和运用,使外界的合规律性和主观的合目的性达到统一,从而产生了最早的美的形式和审美感受"等文化心态。[1] 有了文化心态,就能使主体把"运演结构运用到客体身上,并把运演结构作为我们能达到客体的那种同化过程的构架","同化是把外部的元素整合到一个有机体的发展中或已完成结构中去。"[2]它犹如控制器或社会黏合剂,把人们从各个角落吸引到不同水平的社会共同体中,使得人们的冲突无论如何尖锐,都不会解体为散兵游勇般的个人或降低到动物群的水平。

---

[1] 李泽厚:《李泽厚哲学美学论文选》,湖南人民出版社1985年版。
[2] 皮亚杰:《发生认识论原理》,商务印书馆1985年版,第23页。

具体来讲,人类文化心态同样可以划分为种别、社会历史、民族地域和个体四个维度。它作为整体心态和个体心态的诞生和发展具有同构对应的关系,动物意识水平相当于个体两岁前感知——运动阶段的婴幼儿时期,原始社会早、中期的人类意识相当于两岁至7岁直觉思维阶段的儿童早期;原始社会中、晚期的人类意识相当于7至12岁表象思维阶段的儿童晚期;原始社会晚期和文明社会初期的人类意识相当于12岁至16岁形式运算阶段的青春时期。由乎是,简单说来,在人类诞生之初,其心态犹如个体婴幼儿的"非二分主义",是借动作去思维的。人类与外部自然的运动、规律、节奏、联系之间的适应和一致是借机体内部生物性的紧张或放松来达成的。这种心态与动物没有区别。随着社会实践的发展,人类表象抽象的能力日益提高,意识与本能日益剥离开来。它们能够把时间推开或拉近,例如回溯昨天或超前想象明天;能够把空间分割开来,例如建筑就实际上体现了人类对分割空间的成功尝试,其余像家室和火的出现,从心态上也体现了这一点;能够使四维变成二维,具象变成抽象,有限变成无限,不确定变成确定,例如原始绘画的出现。天长日久,人类的原始文化心态正式诞生,而原先的动物心态则作为其中低级层次保留下来。犹如同一阶段儿童心态的自我中心的拟人化倾向,原始文化心态的根本特征是缺乏自我意识。它以主观与客观的直接同一为核心,借助现象与本质、量与质、原因与结果、偶然与必然、可能与现实的直接统一去把握世界,具体表现为渗透律、接触律和周期律三大规律。① 因此,原始文化心态并非客观地认识世界,而是主观地体验世界。迄乎原始社会与文明社会之交,人类的自我意识逐渐萌生,并最终促成人类文化心态的诞生。与此同时,原始文化心态退居幕后,但并非消失或化解,而

---

① 原始文化心态是一个饶具趣味的课题,对于文化心态、美感心态的研究影响颇大,限于篇幅,本书未能展开。请读者参阅弗雷泽《金枝》和列维·布留尔《原始思维》等著作。

是积淀为文化心态的低级层次,成为人类的无意识结构。①

就本书的题旨而论,尤其值得重视的是文化心态的民族地域维度。所谓文化心态无疑是生存方式的内化和观念形态的文化在心态中的凝结、沉淀,是内隐的行为模式。在这里,概而言之,生存方式包括自然—社会两维。人类与自然的关系,也就是人类在自身所处的自然地理环境中与自然作物质交换的方式;在此基础上形成了人类成员之间的社会关系,也就是人类在自身所处的社会背景中相互之间占有、生产、流通、分配的方式。上述两维对象性关系的人类特性的形成,既体现了人类本质力量的对象化,又作为直观人类历史形象的图画内化为人类的文化心态,进而升华为可以倒转过来影响文化心态的人类社会意识形态,并与上述两维现实的对象性一起共同构成了人类的文化背景。两维现实的对象性关系是人类的对象化活动为自身创造的主要生存条件,因而是文化的基础部分;意识形态作为观念形态的文化是基础部分的反映;而无论在文化的基础部分或者在观念形态的部分,又统统凝结沉淀着文化心态的暗影。这样,由自然—社会两维组成的生存方式以及在此基础上产生的意识形态的种种差别,就决定了文化心态的种种差别,或曰民族地域维度。

中国文化心态的凝结、沉淀和生成过程自然不能例外。一方面,从文化心态的种别维度、社会历史维度和个体维度来看,中国文化心态的凝结、沉淀和生成固然毫无例外地与其他民族的文化心态相互一致,服膺于人类文化心态共同的历史进程;另一方面,从文化心态的民族地域维度来看,中国文化心态又确乎与其他民族的文化心态相互区别,有着自己独特的历史进程。

---

① 时下往往把动物心态—原始文化心态—文化心态三者割裂开来,这无疑会妨碍对文化心态、美感心态的深入研究。在这方面,弗洛伊德提出的"本我""自我"和"超我"的心态模式,布鲁纳提出的动作表达、意象表达和符号表达的心态模式,尤其是麦克林提出的爬虫复合体、边缘系统和新皮质的心态模式,尤应引起重视。

之所以如此,当然是因为自然—社会两维组成的中国特殊的生存方式方面的原因所造成的(就中国文化心态的诞生而言,意识形态的原因暂时还并不重要)。

文化心态的产生,是以自然为基础和前提的。当然,文化心态是由作为特定社会的民族创造的,并非自然环境直接赋予,但后者毕竟为文化心态的创造提供了物质前提,在一定程度上影响着文化心态的发展趋势和色彩。而且民族越接近原始阶段,这种影响所占的比重愈大。因此作为生存环境,外在自然是无法避免的历史必然。我们知道,中国的自然环境与西方开放性的海洋环境(如希腊民族)不同,是半封闭的大陆环境。这种大陆环境造成了中国自然环境的明显特征。首先是华北平原和黄土高原。平坦的地势适宜于发展农业,但由于战乱和过分开垦,华北平原和黄土高原的植被遭到严重破坏,水土流失严重,灾害频繁。人们被迫集中全力去解决民族集体的生存水平上的温饱问题。其次是河流。黄河、长江以其丰富的水源哺育着中国境内的各文化集群。人们往往在河谷地区的冲积平原聚族而居,一旦被迫迁移,也总是"观其流泉""度其隰原",但纵横交错的江河湖泊,既带来灌溉之利,又招来洪水之灾(这就迫使人们过早组织起来,投入以治水为目标的全民族的艰苦劳动),既促成了中国境内的各文化集群的融合,成为中国文化心态的摇篮,又促成了中国文化的凝固性,成为中国文化心态的藩篱。最后是大陆环境的半封闭性。中国位于亚、欧、非大地块的东缘,东临茫茫沧海,西北横亘广袤的沙漠,西南高耸着世界上最险峻的青藏高原,交通极不便利(由沙漠和高原组成的屏障以西,是被阻拦在外的西方文化),只有北部网开一面,却又面临着少数民族的外在威胁。这种半封闭状态使得中国有可能在内部有供各文化集群冲突融合的广阔的回旋余地,但在外部却与其他民族,其他文化交互作用圈长期阻绝,并且,随着各文化集团的逐渐融合为一,也就逐渐生活在一种凝固的自大气氛中。这一点在文化心态中刻下了鲜明印痕。李约瑟强调指出:自然环境"是造成中国和欧洲文化差异以及这些差异所涉及的一切事物的重要因素"①,联想到古希腊民族所处的多高山、少平原的岛屿,以及在此基础上形成的开放性的海洋环境,联想中西文化心态的种种差异,我们会对李约瑟的卓识留下深刻的印象。

尤其值得重视的是社会政治经济方面的影响。自然环境固然为文化心态的发展趋势和色彩提供了生态环境,但却毕竟是潜在的、有待社会政治经济的作用才能得到实现的基础。而社会政治经济虽然在某种意义上受自然环境的制约,但民族的实践却可以超越这些制约(这正是人类和动物的区别所在)。因此社会政治经济方面的影响就特别重要。正像马克思所讲的:"在不同的所有制形式上,在生存的社会条件上,耸立着由各种不同情感、幻想、思想方式和世界观构成的整个上层建筑。"②在这方面,起码有四大特征值得指出:农业经济、宗法社会、贵族政治、维新路径,而其中维新路径对于文化心态的影响最为令人瞩目。因此,我们不妨由此入手稍加阐释。

作为对比,不妨从古希腊谈起。古希腊是西方文化的发源地。正像黑格尔讲的:"一提起希腊这个名字,在有教养的欧洲人中,尤其在我们德国人心中,自然会引起一种家园之感。"③不过,从历史的角度看,它却是后起的文明,当它兴起的时候,人类文化之花已经在远东、近东和两河流域灿烂开放。然而后继者有后继者的好处。公元前1500年左右,作为古希腊文化主体的雅利安民族,一方面拼命吸取丰富的东方文化的营养,一方面拼命进行海上贸易。这种贸易"必须抛弃的第一个社会组织是原始社会里的血缘关系"④,它的风云变幻挟持着社会中每一个分子反复排列组合,"氏族、胞族和部落的成员,很快就都杂居起来。"⑤最终,古希腊在公元前11至前9世纪进入了

---

① 李约瑟:《中国科学技术》第一卷总论,第一分册,科学出版社1975年版,第117页。
② 马克思:《马克思恩格斯选集》第一卷,人民出版社1966年版,第629页。
③ 黑格尔:《哲学讲演录》第一卷,三联书店1957年版,第157页。
④ 顾准:《希腊城邦制度》,中国社会科学出版社1982年版,第60页。
⑤ 马克思:《马克思恩格斯选集》第四卷,第105页。

文明社会。他们是在具备了使用铁器的个人生产力之后,通过家庭的个体生产力取代原始的集体大生产,瓦解原始公社、发展家庭私有制的途径进入文明社会的。这无疑是一种正常的、成熟的、健康的路径。它打破了以氏族血缘关系为基础的氏族社会,取消了氏族贵族的特权,整个社会不再像氏族社会那样等于是一个扩大了的家庭,人与人之间的关系也不再是单纯的氏族血缘关系,而是享有一定政治权力的公民之间所发生的,包括政治、法律、经济、文化在内的多方面的复杂关系。一个空前复杂、难以驾驭的外部世界冷冰冰地横亘在古希腊人面前,迫使每一个人去认识、理解和适应。原始社会中"统一"的意识失去了赖以生存的环境。"个体自由的原则进入了希腊人心中。"①由此,古希腊人的生活是外向的,而非内向的;占主导地位的也不是个体人格的精神修养,而是对社会和自然中各种实际事物的认识和处理。

颇具意味的是,中国偏偏是在铁器尚未出现,商品经济尚未发展,氏族血缘关系尚未瓦解的情况下进入文明社会的,比古希腊提前了1000多年。但"因为商朝生产力并不很高,不能促使生产关系起剧烈的变化,对旧传公社制,破坏是有限度的,奴隶制并不能冲破原始公社的外壳"②,这就使得文明社会"像单个蜜蜂离不开蜂房一样"长期不能离开"氏族或公社的脐带"③。这样原始氏族体制不但没能彻底破坏,反而继续以新的形式长期沉淀在文明社会里,即所谓"礼制"和"先王之道"。原始氏族的血缘关系也同样不但没能彻底清除,反而继续以新的形式顽固寄存在文明社会的人伦关系(宗法制生产方式、嫡长子继承制、纲常伦理观念)之中。如此特殊的"亚细亚"式道路,就是人们经常讲的"人惟求旧,器惟求新"。由此,造成了中国保守务实的人格和静止循环的观念,也就使得中国人更为内向,而并非外向。占主导地位的是个体人格的精神修养,而不是对社会和自然中各种实际事物的

---

① 黑格尔:《哲学讲演录》,三联书店1957年版,第115页。
② 范文澜:《中国通史简编》,人民出版社1953年版,第115页。
③ 马克思:《马克思恩格斯全集》第二十三卷,第371页。

认识和处理。显而易见,尽管中国文化心态的形成与中国社会政治经济诸因素有着千丝万缕的联系,但中国社会早熟的童年时代所造成的"维新路径",无疑却是其中最为直接的联系之一。维新路径导致了农业经济、宗法社会、贵族政治的长期遗存,维新路径决定了中国文化心态的根本特征。正如李泽厚十分正确地指出的那样:"任何民族性、国民性或文化心理结构的产生和发展,任何思想传统的形成和持续,都有其现实的物质生活的根源。中国古代思想传统最值得注意的重要社会根基,我以为,是氏族宗法血缘传统遗风的强固力量和长期延续。它在很大的程度上影响和决定了中国社会及其意识形态所具有的特征。……古老的氏族传统的遗风余俗、观念长期地保存、积累下来,成为一种极为强固的文化结构和心理力量。"[1]这番话确乎值得我们深思。

第二节
"夫礼之初,始自饮食"

中国文化心态日益形成之际,就已经具有独特的内涵、特性、趋向和功能。对此加以阐释,显然是一件饶有趣味的工作。近年来很多人尝试着在这方面做过一些探索,取得了很大进展,但也存在着一个共同遗憾,这就是往往借对儒道哲学的解说、剖析,去阐释日益形成中的中国文化心态的种种问题。其实,儒道哲学折射出的只是次生态甚至是再次生态的中国文化心态,原生态的中国文化心态在其中是无法找到的。

探索的目光应当投向东南西北四方集群纷争不休的三代,甚至应当投

---

[1] 李泽厚:《中国古代思想史论》,人民出版社1985年版,第299页。

向三代之前的远古。不难想象,当我们的祖先在苍茫大地上第一次站立起来,高扬起头颅,该承受何等的心理压力。忘记是谁说的了:"人类的第一个收获就是恐惧。"确乎如此。暴露在大自然的直接威胁之下,雨雪、寒冷、炎热、种种不测之祸和野兽的袭击,循环不已的太阳、月亮、春夏秋冬的神秘魅力、黑暗的焦虑和死亡的不安……这一切都使他们骚动恐怖甚至畏惧,不能不竭尽全力谋求心理的平衡。更加令人不安的是对于自身动物本能——"本我"的畏惧。作为先天无意识,"本我"是一股肆无忌惮的心理能量。它的奔腾像火山爆发,像天塌地陷,像瘟疫流行,像洪水泛滥,骚动着、喧哗着、拥挤着。它不承认任何限制。它要扫荡面前的一切。然而,民族的生存方式和在此基础上日益形成的观念形态的文化却无法允许它的肉欲横流。它们处处给它以迎头痛击,把它粗暴地压抑下去,强迫它归于死寂。日复一日,年复一年,代复一代,民族的原始本我、民族的社会超我(观念形态的文化)、民族生存环境,三者就这样尖锐地对峙着、冲突着,并且频繁地出现心理上的文化失调:神经性焦虑、道德性焦虑,或者现实性焦虑。它们像一阵阵凌厉的警报,提醒民族自身对被压抑被碾碎被漠视的原始本我的破坏力量的高度关注,使它及时得到适宜的满足而不致引起民族自身的人为毁灭。那么,这个历史重任由谁来承担呢?正是民族的后天自我——文化心态。文化心态的功能就在于寻找到一条既能某种程度上满足民族原始本我又不致触怒民族的社会超我或者超出民族生存环境许可的道路。

平心而论,文化心态的任务是过于艰难了,正像弗洛伊德分析的:"有一句成语告诉我们,人不能同时侍奉两个主人。可怜的自我比这所说的更加困难,它必须侍奉三个严厉的主人,并且必得尽力调和这三个人的主张和要求。这些要求总是不一致的,并且仿佛是十分矛盾的。当然,自我在它的任务下要常常挫败了。这三个暴君便是外部世界,超自我和爱德……它觉得它在三方面受包围,为三种危险所威胁,当它被压迫得太厉害的时候,它的忧虑便对着它们发展开来。因为它源于知觉体系的经验,它命定要代表外部世界的要求,但它也愿意做爱德的忠仆。……另一个方面,它的每一种动作都为严厉的超自我所监视,这种超自我坚持一定行为的标准,不关心由爱德和外部世界来的任何困难,假如这些标准未被遵守,它用紧张的感情来责罚自我,这种感情化身为一种劣等的和罪过的感觉。照这样子,为爱德所激励,为超自我所包围,并为现实所阻挠,自我努力负起调剂这种内外夹攻的势力的任务。"①而每一个心理正常的人,恰恰就是自我能够在"内外夹攻"中胜任历史重任的人。民族的后天自我——文化心态也是如此。"内外夹攻"的局面固然艰难,文化心态也必须担当重任,在民族生存方式和社会超我合力铸成的铁壁合围中,引导民族的原始本我在现实化、民族化的险径间穿行。而且,每一个自立于世界民族之林的民族,恰恰也就是文化心态能够在"夹攻"中胜任历史重任的民族。中华民族当然不能例外。

对于我们来说,更为艰难的似乎还不是对文化心态"内外夹攻"处境的理解,而是对它引导民族原始本我在现实化、民族化的险径中间穿行的种种工作的阐释。虽然其主要内容不外是或者阻挡民族原始本我冲动使其无法逸出,或者干扰民族原始本我冲动的原有强度,使之明显减弱或转移他方,但这一切毕竟是在无意识水平上进行的,加以时代疏隔,因此很难详述。好在作为原始文化三大支柱的原始饮食文化,原始性文化和原始宗教文化中尚负载着中国文化心态日益形成中的全部密码和秘密,我们不妨由表及里,做一番还原工作。

先谈饮食文化。或许,中国是世界上最重饮食的国家之一。对此,西方学者曾给予高度的评价:"毫无疑问在这方面中国显露出来了比其他任何文明都要伟大的发明。"联想到殷周青铜器的仪式功能大多是建立在饮食功能之上,联想到在《三礼》中几乎没有一页不曾提到祭祀中使用的酒和食物。倘若我们在某种意义上把中国文化称为饮食文化,倒也算不上什么耸人听

---

① 转引自奥兹本著《弗洛伊德和马克思》,三联书店1986年版,第23—24页。

闻的谈论。何况,从文化人类学角度研究饮食活动在西方已风靡一时。较为中国人所熟悉的,不妨举出法国的列维-斯特劳斯。之所以如此,就在于食物、烹饪、饭桌上的礼节和人们对它们的理解是人类文化中最为尖锐的象征符号之一。进而言之,从比较文化的角度讲,这种对饮食文化的研究又是"比较不同的文化或民族的一个中心性的焦点,只要文化与民族要互相拿来比较,他们在食物上的特征便必须了解"①。

人类之初,对食物是生吞活剥的,所谓"茹毛饮血"。只是随着长期的艰难探索,才逐渐从生食走向熟食,从自然走向文明。迄至今天,其中的演进过程已经不复可见,但从《诗经·大雅·生民》和《礼记·礼运》中的对于饮食文化起源的不同陈述中,我们不难体味到饮食文化的缓慢诞生过程以及不同观念(以谷类食物为中心,以肉类食物为中心)间相互对立、冲突乃至融合成为统一的饮食文化的蛛丝马迹。《礼记·王制》曾经从饮食观念的角度对中国的少数民族加以区分:"中国戎夷,五方之民,皆有其性也,不可推移。东方曰夷,被发文身,有不火食者矣。南方曰蛮,雕题交趾,有不火食者矣。西方曰戎,被发衣皮,有不粒食者矣。北方曰狄,衣羽毛穴居,有不粒食者矣。"吃谷类的不吃肉类,吃肉类的不吃谷类,二者显然都不是真正意义上的华夏民族。言下之意,只有既吃谷类又吃肉类的才称得上华夏民族。这显然已经是一种成熟的颇具民族特点的饮食观念了。

那么,中国饮食文化的具体情况又如何呢?可以从三个方面看。这三个方面是:吃什么、怎么做、怎么吃。关于吃什么的问题,中国自然是以五谷为主,而且五谷之中主要是黍稷。关于怎么做的问题,古代中国的烹调方法,主要是煮、蒸、烤、炖、腌和晒干。在这里,最具民族特色的却不能不是"调"。所谓"调",是指备制原料的方法和各种原料结合而成不同菜肴以及菜肴的陈列等方式。林语堂认为:"整个中国的烹调艺术是要依靠配合的艺

---

① 张光直:《中国青铜时代》,三联书店1983年版,第226页。

术的。"斯语颇为有见。英国人称烹饪为cook,法国人称烹饪为Curie,都只是烹煮的意思。日本人称之为割烹,也是如此。这种看法与中国显然不同。平心而论,烹固然是文化的表现,但烹而且调才是饮食文化高度发展的表现。"调"的意蕴十分丰富。首先是调味,就是利用菜料的配合与各种烹的手段,把菜品中的香味释放出来,给人美好享受。其次是调制。它是调味的推广。因为人们除了味觉方面的追求之外,还有色、香等等。最后是调和。与调味和调制不同,调和是菜品甚至环境、气氛的安排,"饮食之所以合欢也"。聚餐往往是古代中国一切祭祀或喜庆活动的高潮。中国人正是通过菜品的安排、环境的设计、气氛的追求,去敦睦情感("合欢")的。关于怎么吃的问题,在中国更是一件大事。食物一旦烹调成功,从功利的或营养的角度看,饮食问题便已全然解决了。然而在中国人看来,这还只是开始。饮食不仅仅是延续生命的需要,而且是赠送或共享等融合感情的需要。因而在中国文化背景下,饮食俨然是一种在严肃的气氛和严格的规则支配下的郑重的社会活动。正像周代诗人描述的:"献酬交错,礼仪卒度,笑语卒获。"为人们熟知的材料,则是孔子的"食不厌精,脍不厌细。……色恶不食,臭恶不食,失饪不食,不时不食,割不正不食,不得其酱不食。肉虽多不使胜食气。唯酒无量,不及乱。沽酒市脯不食。不撤姜食,不多食。……虽蔬食菜羹瓜祭,必齐如此,席不正不坐。"①

透过中国饮食文化,不难触摸到中国文化心态诞生之际的某些底蕴。饮食是原始人生活中的大事,也是原始文化的高潮。马林诺夫斯基指出:"最可注意的是原始人的饮食这件事充满了礼节,特殊的办法与禁忌,还有我们所没有的一般感情的紧张。"其中"贡献牺牲与宗礼聚餐,是用节仪来支配食物的两宗主要形式"。他并分析云:"原始民族,即在最顺利的状态下,也永远避免不了食物缺乏的危险,所以食料丰富乃是常态生活的首要条

---

① 孔子:《论语》。

件。……我们倘能明白食物是人与自然环境的主要系结,倘能明白人因得到食物是会感觉到命运与天意的力量的,则我们便能明白原始宗教使食物神圣化是有怎样的文化意义。"①这一点在世界上似乎有共同性。之所以如此,抛开其他方面的原因不提,从心理上讲,与原始人的特殊心态有关,弗洛伊德曾从个体性发展的角度把人格发展划分为三个时期:幼儿期、童年期和青年期。其中幼儿期中最先出现的是口腔期,弗洛伊德把幼儿口腔活动叫做第一种性器官前期体系,指出:"第一种性器前期体系是口欲的,或者你也可以说它有吞食同类的性质。"它的根本特征是"自体享乐",②然后,随着心理的逐渐成熟,口腔期也逐渐向肛门期、性器期过渡。不过,倘若心理发展不正常,则也会出现口腔期固着的心理变态。这一学说显然有助于我们对原始饮食心态的深刻理解。令人吃惊的是,进入文明社会之后,中国似乎并未像其他民族(例如希腊民族)那样超越饮食心态,走向更高的心理需要,而是人为地让饮食需要横向发展,尽全力去提高其满足水平,甚至使饮食取代一切,成为一种社交、一种政治。《礼记》中讲的"夫礼之初,始自饮食"显然透露出其中嬗变的痕迹,更典型的,"禮"字同"醴"字本为一字,同为"豊",像两玉盛在器内之形。古人在饮食中讲究敬献的仪式,敬献用的高贵食品便为"醴"。后来才进而把所有各种尊敬神和人的仪式都一概称之为"禮"。尔后推而广之,把生产和生活中所有的传统习惯和需要遵守的规范,都称之为"禮"。这就是王国维在《观堂集林·释礼》中讲的:"盛玉以奉神人之器谓之曲若豊,推之而奉神人之酒醴亦谓之醴,又推之而奉神人之事,通谓之禮。"再像古代的"鄉"字。本来"鄉"同"饗",甲骨文和金文中只有"鄉"字。其含义为乡人共食。后来才把在一块同食的人群称作"鄉",推演为乡党、乡里的"鄉"。最后,饮食与举国头等大事的祭祀密切相关,最为人们熟知的是烹饪

---

① 马林诺夫斯基:《巫术科学宗教与神话》,中国民间文艺出版社1986年版。
② 弗洛伊德:《爱情心理学》,作家出版社1986年版,第73、74页。

用的鼎成了国家的最高象征。不言而喻,在这种横向扩展的欲食心态的背后,显然潜存着一种口腔期固着的心理变态,犹如中国社会早熟而又从未成熟的永恒童年,中国饮食心态折射出中国早熟而又从未成熟的永恒童年心态:个体人格始终没能发展起来,取而代之的是对母体的眷恋和依赖,是对个人身体需要的过分关注和对个人精神需要的过分淡漠。"吃饱穿暖"成为人生理想的全部。在西方,饮食只是为了生活,是实现个人价值的物质手段,在中国每一个人的生活却似乎只是为了饮食。在这个意义上,甚至可以说,中国人从童年时代起就是借"口"去面对世界的。①

中国饮食心态里中国文化心态诞生伊始的某些底蕴当然不是仅仅如上所述。我们还可以举出一些,只是限于篇幅,无法详述。例如饮食与阴阳五行观念的纠缠不分,是中国文化中的特殊现象,其中明显沉淀着只有视"吃饱穿暖"为头等大事的中国人才会有的关注心态;另一方面,也不排除一种"天人合一"的神秘心态。在中国人眼里,饮食蕴含着一种"与天地合一"的结构(如图)②,"乡祮有乐,而食尝无乐,阴阳之义也。凡饮,养阳气也;凡食,养阴气也。"③还不仅仅如此。古人甚至从结构模式的转换生成角度做具体

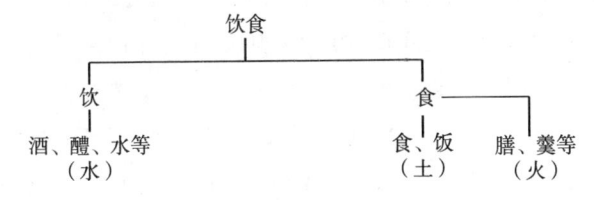

```
            饮食
       ┌─────┴─────┐
       饮           食
       │       ┌───┴───┐
   酒、醯、水等  食、饭   膳、羹等
      (水)    (土)    (火)
```

---

① 美籍华人学者孙隆基曾举出很多例子说明中国人的这一深层心态。中国人的"嘴大吃遍天下"被推广到了生活中的几乎所有的领域。如"吃亏"、"吃苦"、"吃不消"、"吃得开"、"不吃他那一套"、"恨不得把他一口吞下去"、"恨不得食其肉,寝其皮"、"礼教吃人","革命不是请客吃饭"、"吃里爬外"、"食古不化"等等。参见孙隆基《中国文化的深层结构》,第41—42页。
② 张兴直:《中国青铜时代》,三联书店1983年版,第240页。
③ 《礼记·郊特性》。

剖析:"恒豆之菹,水草之和气也;其醢,陆产之物也。加豆,陆产也;其醢,水物也。笾豆之荐,水土之品也。"①饮是阳食是阴,但食之内若干食物为阴,还有若干食物为阳。例如用火烹熟的肉多半是阳的,而谷类食物则大多是阴的。再推下去,食物与盛食器皿的关系也被照此处理;"鼎俎奇而笾豆偶,阴阳之义也。""郊之祭也,……器用陶匏,以象天地之性也。"②不用多说,这种从"天人"关系去剖解事物的努力在后世每每可以见到。又如"调味"。"味"的涵义是中性的,它固然涵盖着人们讲的一般意义的美味,也涵盖着人们往往无法接受的恶味。要使食物成为美味以满足人们的饮食,就要做一番隐恶扬善的"调"的工作,使之"则天之明,因地之性,生成六气,用其五行,气为五味,发为五声,章为五色。淫乱则昏,民失其性,是故为礼以奉之。为六畜、五牲、三牲,以奉五味;为九文、六采、五章,以奉五色;为九歌、八风、七音、六律,以奉五声……"③显然,"和五味以调口"的"调味",其目的远远不在乎饮食,而在文化,在乎要达到一种与社会秩序、宇宙节律和谐一致的境界。这种境界,是否就是后世常常挂在嘴边的"中和"呢？又如,中国的饮食活动被过多地赋予了文化意义(在中国的口腔期固着中也只好如此),固然有助于使外在社会规范内化于五牲等人类基本欲求之中,有助于使僵硬强制的伦理道德与饮食之类心理欲求融为一体,但却往往本末倒置,使吃饭成了吃文化。社会性的善倘若连吃饭也要干涉,这对一个民族来说,其实是一种慢性悲剧。在封闭社会中,这种悲剧的后遗症不是几乎每天都在发作吗？又如饮食中等级观念和平均主义的相辅相成。前者是后世愈演愈烈的"使天下皆有所养""有一口饭吃"之类"大锅饭"理想,后者则是后世愈演愈烈的"特权主义"的滥觞。也就是,虽然每个人都"有一口饭吃",但由于置身社会秩序中的级别不同,故这"一口饭"的内容又必然各不相同,所谓食麦与食豆

---

① 《礼记·郊特性》。
② 《礼记·郊特性》。
③ 《左传》。

的分野,所谓贫者的"啜菽饮水",富者的"食用六谷、膳用六牲、饮用六清、馐用百有二十品",统统折射出这一深层心态。

毋庸多言,由于中西方饮食文化心态自身的基本特质,价值观乃至历史功能各有不同,因之对文化心态的影响自然也各有不同。西方饮食文化心态基本上是为吃而吃(过分关注饮食则无法进天堂),文化意义甚少,当然也就不可能从中直接酝酿产生文化心态。相反,只有超越它,否定它,才会有文化心态的产生。西方走的正是这样一条道路。中国则不然。在饮食文化心态中,由于口腔期的固着,文化意义要远远超出于生物性的"吃"本身,其自身已经潜在含蕴了大量文化因素,这就使得文化心态有可能直接从中酝酿产生。在这个意义上,可以说中国饮食心态与中国文化心态有其深层的渊源和一致性。

古人云:"食色,性也。"假如食是人类生命得以保存的基本要素,那么性则是人类生命得以繁衍的基本要素。而且,从文化上讲,性更是"人伦之始"和"王化之基"。正像弗洛伊德在多方责难中反复陈述的:"我不得不复述一个早经发表的观点:由我的经验看来,这些心理症的推动力量,无一不以性本能为其根基。我的意思绝不是说,性冲动的能源仅仅贡献于病态表现(病状)的形式,我所坚决认定的是,它根本上就供应了心理症最重要、独一无二的根源。"①毫无疑问,这根源的作用是双重的,发挥得当,固然可以促进一个民族的心理健康,发挥不当,却也会导致一个民族的毁灭或窒息。因此任何民族出于维护民族生存的需要,往往首先要确定一个对性的可以被全体接受的文化态度,显而易见,这种关于性的文化心态就是该民族文化心态诞生的先声和象征。

性,在原始文化中是一件大事。严格说来,它不能简单等同于"生殖崇拜"。相比之下,性的文化色泽要浓郁得多。按照弗洛伊德的划分,人格心

---

① 弗洛伊德:《爱情心理学》,作家出版社1986年版,第41页。

理的健康发展应该是从口腔期——肛门期——性器期。在这里,肛门期是指的排泄动作。弗洛伊德认为它在一定程度上像吸吮动作一样可以获得快感。而且,一旦自制自律的肌肉动作形成,"自我意识"心理也就开始萌生。它推动着人格发展走向"或有周期作手淫或在生殖器中自求满足的活动"①的性器期,并最终走向选择自身外的对象代替自身作为性对象,并将各部分冲动的不同对象汇合起来造成一个单独的对象的对象选择阶段。照此看来,西方古希腊民族性心理的发展似乎较为正常。在希腊神话中,性是永恒的主题。例如赫拉克勒斯神话中就充满了性或者俄狄浦斯情结。赫拉克勒斯一夜之间与菲士披亚士的五十个女儿同宿,无疑是把希腊民族的性渴望作了一次痛快淋漓的表现。而宙斯到处追逐女性,爱轻信爱妒忌也爱冲动,美神维纳斯是女性生殖器官的象征,酒神狄奥尼索斯是情欲的化身,也在流溢出希腊民族强烈的性心态。在这里,自我意识的产生,个体价值的确立,生命创造的崇高地位,以及对生命中最美好的东西的光明正大的追求,无一例外地使我们对之充满崇高的敬佩。

在中国,性心态的历程却异常坎坷。在一盘散沙似的农业经济的汪洋大海中,社会的自组织能力较差,强大的国家机构应运而生。这种国家机构一旦确立,无疑就会反转过来随心所欲地压迫社会、压迫个体。而宗法社会对于性的敏感则几乎到了无以复加的地步。这就难免会使中国人的性心态严重扭曲。从人格发展过程看,问题或许更为清楚一些。学者孙隆基曾经指出:从口腔期走向肛门期之后,"西方人在肛门期受到的训练是自制自律,因此就开始摆脱口腔期人我界限不明朗的'二人'状态,并且为生殖器阶段的'自我组织'奠下基础。然而,中国人在肛门期受到的训练,却是一方面无须自我控制,另一方面却是'他制他律',因此,遂将口腔期的'人我界限不明

---

① 弗洛伊德:《精神分析引论》,商务印书馆 1986 年版,第 258 页。

朗'延续下去,很难使人格成长过渡到生殖器阶段。"①这个分析是颇为精到的,尽管他的许多看法本书不敢苟同。

进而言之,这种性器期的发展空白,造成了灵与肉分离的中国特有的性心理变态。一方面,国家把两性关系的内涵限定为生儿育女,传宗接代②。只有导向这一最终目标的两性关系,才被认为是正常的、合理的,否则就是淫乱、放荡。在此重压下,人们心目中的爱情和婚姻统统被扭曲,成为无性的爱,无性的婚姻。于是,"上床夫妻下床客",不论男人或女人,统统不敢展示自己性方面的吸引力。结婚前羞于去追求自己所爱,结婚后又要求"夫唱妻随"、"举案齐眉"(其实这统统是"自我"不成熟的表现,男女双方都如此)。后羿在中国神话中是一位相当于赫拉克勒斯的英雄,神话中关于他的记载不少,但却找不到一件类似赫拉克勒斯之类的大胆举动。大禹在夫妻关系上持典型的中国式的淡漠态度。而在妻子"惭而去,至嵩高山下化为石"时,禹却仅仅冷冷说了一句:"归我子!"其间的性心态昭然若揭。又如东西方的蛇女神话往往与人类生殖、性爱相关。因为蛇正因为典型地象征了人类对性的又爱又怕才成为原型意象的。令人吃惊的是,中国神话中的蛇女神却毫无女性的魅力,被充分突出的往往是其毫不利己的献身精神。在这方面,蛇女神女娲,堪称楷模(中国神话中男女神之间毫无性差异,时人往往未予重视)。另一方面,性行为中肉欲的一面,又被视为肮脏的东西。这从口腔期固着讲,是将其"食物化"的结果。因而有所谓"亏""伤身体"之类看法。残暴的夏桀,在中国人看来,就是因为宠爱宫中一个常化为龙(蛇)的美女,最终伤身亡国的。从肛门期固着讲,则会把生殖器官与排泄器官等同起来。自命清高的极度禁欲、自甘堕落的极度纵欲,以及视女性为"玩物"的心态,正是在此基础上产生出来的。视肉欲为肮脏,对生命中最美好的东西却羞

---

① 孙隆基:《中国文化的深层结构》,第104页。
② 《礼记·婚义》:"婚姻者合二姓之好,上以事宗庙,下以继绝世。"

于追求甚至谈及，并且反而视为罪过，这就必然导致性心态的扭曲并影响自我意识的产生。压抑肉欲的文化是蔑视个体生命的文化，是窒息创造力的文化。而一个民族倘若连生命中最美好的东西都不予承认和追求，虽然在一定时期内可以人为地造成上下一心、大干快上的热潮，长此以往，却只会日益麻木不仁，僵化下去。中国的封建社会史，完全足以证明这一点。"婚礼者礼之本也。"看来，日后中国文化心态中的种种弊端，作为其源头的中国性心态是难辞其咎的。

第三节 诸神的降临

原始宗教文化是文化的第三大支柱。关于原始宗教，韦尔斯指出："从长老的传统，从男子对妇道、妇女对男性所萦绕的情绪，从避疫和避秽的愿望，从通过巫术取得权力和成功的欲望，从播种期的献祭传统，以及从许许多多类似的信仰、心理试验和误解，在人们生活中长成了一套复杂的东西，开始把他们在思想上和感情上结合在共同的生活和行动中。这种东西我们可称作宗教。"[①]为了论述的方便，我把原始神话也划在其中，换言之，本书所说的原始宗教是广义的。

著名人类学家马林诺夫斯基认为，原始宗教的起源应该到人对死亡的态度、人对复活的希望及人对伦理上的神道的信仰中去寻找。"宗教信仰能建立、固定，而且提高一切有价值的心理态度，即如对于传统的敬服，对于环境的和谐，以及奋斗困难视死如归等勇气与自信之类。这样的信仰，保持在

---

① 韦尔斯：《世界史纲》，人民出版社1982年版，第134页。

教义上与仪式里面,也有很大的生物学的价值,也就因为这种信仰,所以启示给原始人以真理——广义的实用意义之下的真理。"①而且,不难设想,在这当中也沉淀着某一民族的特定情绪力量和心理力量,负载着某一民族的特定文化心态的因子。

这样,要追溯中国文化心态的源头,就不能不对中国原始宗教心态略加考察。

在我看来,中国原始宗教心态的最大特点,在于它的价值论色彩。西方的原始宗教心态是实体性的。"上帝"高居于理想天国,关注着每一个人。中国则不然。"上帝"与"祖先"混同不分。其至上权威只能在具体功能作用(佑否、诺否)中得以显示,并且只能借助日常生活才能实现。人们的目光透过上帝折射到日常生活中,折射到祖先、君王(他们能够"上与天通")的身上。"夫圣王之制祭祀也,法施于民则祀之,以死勤事则祀之,以劳定国则祀之,能御大菑则祀之,能捍大患则祀之"②。例如,"厉山氏之有天下也,其子曰农,能殖百谷,夏之衰也,周弃继之,故祀以为稷。共工氏之霸九州岛也,其子曰后土,能平九州岛,故祀以为社。帝喾能序星辰以著众,尧能赏均刑法以义终,舜勤众事而野死,鲧鄣鸿水而殛死,禹能修鲧之功,黄帝正名百物以明民其财,颛顼能修之,契为司徒而民成,冥勤其官而水死……"③推而广之,国有望祀,星有分野,民族有宗庙,家族有祠堂,往往不容混乱。这就是所谓"有天下者祭百神,诸侯在其地则祭之,不在其地则不祭"。《左传·哀六年》记载:"昭王有疾,卜曰:'河为祟。'王弗祭。大夫请祭诸郊,王曰:'三代命祀'。祭不越望。江、汉、睢、漳,楚之望也。祸福之至,不是过也。不穀虽不德,河非所获罪也,遂弗祭。"这种强调价值的宗教心态显然是中国特定生存方式的产物,与后世忠孝节义观念,以及只要服膺于集神权、王权于一

---

① 马林诺夫斯基:《巫术科学宗教与神话》,中国民间文艺出版社1986年,第77页。
② 《礼记·祭法》。
③ 《礼记·祭法》。

身的君王,便既合天意又合人情的观念显然是一脉相承的。

　　围绕着价值论色彩,中国原始宗教心态表现出一系列鲜明特色。例如浓郁的农业色彩。作为农耕经济,土地是最重要的求食之所。"地能生养至极。""万物资地而生。"①因此人们对它们的祭祀也达到了无以复加的狂热程度,动则以血甚至以人去祭祀之。《周礼·大宗伯》记载:"以血祭祭社稷,王祀五岳。"所谓血祭就是"以血滴于地,如郁鬯之灌地也……以牲血下降而祭地"②。令人触目惊心的是用活人去祭祀:"自言能治田地,不能治田土者杀其身以衅其社。"③倘若不是生息相关,他们是不会以如此巨大的代价去换取心理平衡的。值得注意的是,对"家"的眷恋也来源于此。正如利普斯深刻剖析的:"愈是古老和原始的人类,对家的范围便考虑得愈加广阔。……家的基本概念不是可蔽风雨和遮盖家庭过夜的较长久的或临时性的建筑,而是部落的土地整体。任何入侵者敢于踏上这块神圣的土地,将为此付出生命。单个家庭建立过夜住所那一小块地方是无关紧要的,土地才是他们的家。"④又如在原始祭祀中,不难发现祖先崇拜的深刻印痕。在上引《礼记·祭法》中,我们发现祭祀对象除了土地外,大多为"有功烈于民"的祖先。"这种利用祖先巫术力量为活人谋利的努力,在农业文化甚至有更烈的表现。由于定居和不能离开死者的地方,他们必须发现和死者建立永远的良好关系的方法。他们处理生和死的问题,都取决于和受制于他们和死去祖先之间的亲密关系,这些祖先的灵魂仍和他们一起生活,并继续生活在他们之中。"⑤看来,这种对血缘关系的推重,是农耕经济的典型心态之一。又如,在原始宗教心态中,沉淀着大量母系氏族社会心态的因子。最典型的是上帝

---

① 《周礼·正义·坤》。
② 《管子·揆度》。
③ 利普斯:《事物的起源》,四川民族出版社1982年版,第1—2页。
④ 利普斯:《事物的起源》,四川民族出版社1982年版,第1—2页。
⑤ 利普斯:《事物的起源》,四川民族出版社1982年版,第390页。

的"帝"字的来源。红山文化器皿纹饰中的"▽"形,与殷周甲金文中的"帝"字的主要组成部分"▽"形一致,似乎都应是象征女性生殖器官。卫聚贤指出:"在新石器时代的彩陶上多有三角形如'▽'的花纹,即是女子生殖器之象征。此三角形后演变为上帝的'帝'字。铜器的'▽己且丁父癸'鼎,及'▽己且丁父癸'卣,上一字'▽'为帝。"①而且当时普遍流行的葫芦崇拜,以及由此演变出的瓶、壶、盂、缸、豆、盆、尊、罐、杯、钵、瓮,也都折射出一种重返母体的趋向。须知葫芦正象征着繁衍人类的子宫和母体。此外,近年来的许多论著都倾向于认为黄帝以来的古帝均为女性(这大概与中国进入文明社会较早,父系氏族社会未能充分发展有关)。一般而言,"女神是较为仁慈和体贴入微的。她们帮助人,她们保护人,她们满足人,她们抚慰人。然而同时她们有些东西比起长老那种率直和暴戾更难于理会,更属奥妙不可思议。所以这个女性对原始人也有一层可怕的外衣。女神是被人畏惧的。她们和秘密的东西相关。"②这种母系氏族社会的女性心态大量遗存显然会在中国原始宗教心态中表现出来(详见下文)。又如,在中国原始宗教心态中,存在鲜明的"天人合一"的痕迹。平心而论,主体与客体的直接同一,似乎应是所有原始宗教心态的共同特征,但像中国这样极度关注,并将在此基础上建立起来的"天人合一"作为法定的人世和自然秩序去绝对遵守,似乎并不多见。在出土文物中我们经常看到的种种图案,其实都可以作为这一特色的佐证。像我们常提到的太极图案:一根摇荡回旋的S形线,把正面分割成阴阳交互的两极。这两极围绕中心环转不已,形成一虚一实,有无相生、左右相倾、前后相接、上下相随的生命运动,深刻象喻中国宗教心态的基本意蕴(见下图)。

---

① 卫聚贤:《古史研究》第三集,商务印书馆,第568—569页。
② 韦尔斯:《世界史纲》,人民出版社1982年版,第128页。

还可以举出象喻光明的同形图案。它们同宗教心态的关系同样十分密切（见下图）。

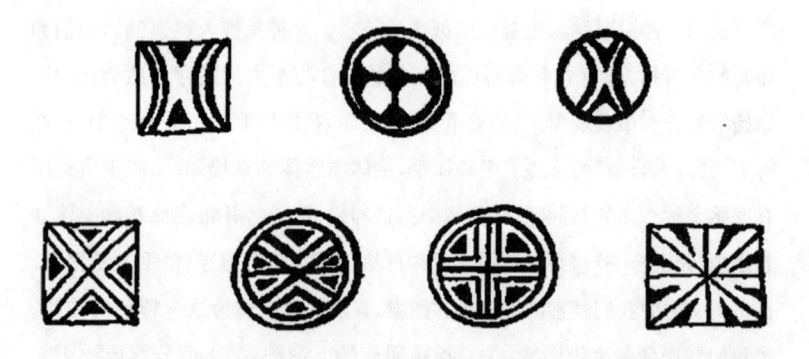

然而毕竟失之零碎，况且读者也未必熟悉。所幸近来人们在巫觋祖传的手抄韵书及氏间祭祀礼义舞祭中，发现了夏朝的原始宗教舞蹈——"八卦舞谱"（如图）。在舞谱中我们看到了一个三维空间的球体中，原始人尝试建立人世和自然秩序的种种努力。正像巫词中讲的："太极图中妙无穷，东南西北四面通，上通天来下通地，中包须弥合太极，双脚踩到心竟到……"①其

---

① 参见《舞蹈艺术》，1986年第1期。

实,这种努力在中国原始宗教心态的各个侧面,各个层次都不难见到。

出于种种考虑,本书不能全面、系统地对中国原始宗教心态加以阐释。为了弥补这一不足,下面拟就其中的神话做些较为详细的研究。

马林诺夫斯基指出:"文化事实是纪念碑,神话便在碑里得到具体表现,神话也是产生道德规律、社会组合、仪式或风俗的真正原因。这样神话故事乃形成文化中一件有机的成分。这类故事的存在与影响不但超乎讲故事的行动,不但取材于生活与生活的情趣,乃是统治支配着许多文化的特点,形成原始文明的武断信仰的脊骨。"[①]在这个意义上,我们说,神话是民族的梦,它的产生类似于物质文明中"火"的产生。这样,只要我们牢记"在神话里,如梦一样,原始的本能不是公然地、明目张胆地表现出来,而是改头换面出现",并且掌握正确的破译语法的方法,便会触摸到其中蕴含的原始宗教心态的某些特点。例如,人们都曾注意到中国神话中的"化生"。"鲧违帝命,殛之于羽山,化为黄熊,以入于羽渊。""涂山氏往,见禹方作熊,惭而去。至

---

① 马林诺夫斯基:《巫术科学宗教与神话》,中国民间文艺出版社 1986 年版,第 97 页。

嵩高山下,化为石。""昔炎帝女,溺死东海中,化为精卫。""姮娥遂托身于月,是为蟾蜍。"透过这形形色色的表层故事,我们看到了其中共同的深层结构:对生与死的焦虑。在神话中,人们将死亡化装,就像我们在梦中把不愿明言的本我化装起来一样。由是,死亡就不过是个"化生"故事。死亡就是再生(在这个意义上,庄子讲的"生也死之徒,死也生之始,孰知其纪",确乎颇具意味)。更为重要的,神话不仅化解了生命必然死亡带来的心理焦虑,而且化解了人们对于横逆而来的死亡的强烈不满。人们要求完全的复仇和生命的复归。于是鲧等死而复生,甚至透过"化生"神话的创造,被赋予了某种永恒性,因而从受命于现实的脆弱的物质存在,上升为超越现实的无限存在。"化生"神话使民族的心理重归平衡。毋庸多言,"化生"神话的创造,正是民族宗教心态的潜在创造。其实,不只是生死这种人生最大的焦虑,但凡生存中遇到的任何无所措手足的焦虑,民族的宗教心态都是如是去化解的。例如人们见惯不惊的洪水神话,就其深层结构而言,显然是象征着女性生育过程的。在这里葫芦与母体同构,生育中的痛苦与洪水的劫难同构,不可解的生育焦虑在文化心态的作用下借洪水劫难的象征恢复了心理平衡。例如往往与洪水神话相连甚至融而为一的兄妹神话,其深层结构是对原始人认为在胎里便通奸乱伦的孪生兄妹生育现象的象征。文化心态将深层结构中的焦虑变形为表层结构中的非孪生兄妹,也就将令民族无所措手足的自然现象转而变为可以严格控制的人为文化现象,从而恢复了民族的心理平衡。例如大禹化为熊征服轩辕山的神话,其深层结构正表现出一种民族的粗拙幻想:渴望能获得某种开天辟地的力量。神话故事因为满足了民族的这一焦虑,才长期流传下来,成为华夏民族对于自身认识的形象教材。嫦娥偷吃"不死药"化为蟾蜍的神话,同样反映了华夏民族内心中的一种焦虑。既然吃了"不死药",本来已经不会死了,但由于此时已到了神话时代的晚期,"不死药"似乎已经不能满足民族的焦虑,于是文化心态又使这一神话继续变形,让嫦娥从此世间到彼世间,最终又复将死亡与再生统一起来。

值得重点讨论的,还是中国神话中表现出来的宗教心态的基本特色。所谓中国宗教心态的基本特色,实际上指的就是宗教心态作为后天自我在本我、超我和现实三者之间进退维谷的从某一特定文化态度出发的特定选择和处理。从总的方面讲,中国神话表现出来的文化心态是伦理性的内倾心态。神话中的人物大多善于控制情感,是美德(圣)和全知全能(贤)的化身。与其说他们是创造宇宙和自然的至上神,不如说他们是创造民族文明的始祖神。盘古开天地;女娲抟黄土做人;伏羲"为百王先",初造工业,画卦结绳,造琴瑟,制乐曲;神农以赭鞭鞭百草,尽知其平、毒、寒、温等特性;黄帝生神,也生民,造文,也造器;蚩尤是冶炼业和种种兵器的发明者;后稷能相地之宜,使天下得其利;盘瓠杀敌护国,智勇双全;舜长于狩猎;羿上射九日;鲧禹父子毕生治水……中国神话的气氛是沉重和庄严的,甚至有些沉闷和压抑,充满了一种内向的忧患意识和理性的反省思考。不妨再与西方神话做个对比。西方神话表现出来的文化心态是情感性的外倾心态。神话中的人物对情感往往不加控制,是极富人类鲜明个性的化身。宙斯到处追逐女人,爱轻信爱妒忌也爱冲动。爱情折磨和困扰着上帝,爱情高于上帝,这真是令东方难以置信。所以西方的美神维纳斯是女性生殖器的象征,而他们的酒神狄奥尼索斯则是情欲的化身。而在西方神话中为数不多的灭妖除害故事中,诸如七雄攻忒拜的故事、特耳戈英雄的故事、珀罗普斯的故事、特洛亚的故事、赫拉克勒斯的故事,其初衷往往也不是为了人类的利益,而是或为了爱情,或为了王位继承权,或为了复仇,或为了应验命运,或为了满足私欲……总之统统是"光荣的冒险"。正像珀罗普斯讲的:"总有一天我要死的,那么为什么要愁苦地坐着,等待默默无闻的暮年来到而不参加光荣的冒险呢?"

还可以讲得更具体、细致一些。不妨看看赫拉克勒斯和后羿的故事。赫拉克勒斯是希腊神话中的英雄,后羿是中国神话中的英雄。他们之间有着许多共同之处。例如赫拉克勒斯曾被许诺为王,后羿本身有着帝王的称号;赫拉克勒斯是希腊最高神宙斯与人间女子阿尔克墨涅所生,故为神子,后羿是中国最高神帝俊从天上派遣到民间除害的,故也有神的身份;他们同为神箭手,他们都经历了许多艰巨的苦难或工作(如射杀猛兽);他们都以悲剧收场。因此可以对其中表现出来的宗教心态加以透视。我们讲过,神话是文化心态作用下民族本我的某种"化妆",目的在于通过"超我"的检查,使本我得以释放。在上述两英雄的神话中,无疑也有着某种"化妆"。值得注意的是,由于文化心态不同,对本我的关注角度和释放重点也就不同。在赫拉克勒斯神话中,赎罪原型最为重要。其余有俄狄浦斯情结、人具神性的原型、两极(邪恶与正直)冲突的原型等。在后羿神话中,我们看到的却是人类求不死药的原型、飞翔的原型、两代冲突的原型。赫拉克勒斯神话中弥漫着浓郁的宗教气息,宗教赎罪感表现得十分清楚并且贯穿始终。从赫拉克勒斯的诞生到因杀死自己的三个孩子而被罚做12项苦差,到赫拉克勒斯杀死伊菲托斯靠卖身为奴三年以赎罪,到赫拉克勒斯杀死欧律托斯和他的孩子因而自我放逐,直到赫拉克勒斯的自焚,都不难从中窥见西方文化心态的一斑。又如在赫拉克勒斯神话中充斥了性和俄狄浦斯情结。赫拉克勒斯一夜之间与忒斯庇斯的50个女儿同宿,无疑是把希腊民族本我中的性渴望作了一个痛快淋漓的表现,而这一切又是借"神"的伪装而进行的。故不便见天日的性渴望可以公然通过"超我"检查而尽情释放,赫拉克勒斯在雅典娜圣殿强奸修女奥兹,也可以同样方式来解释。赫拉克勒斯突然失去理智把他的孩子杀死似乎可以看作经过多重伪装(如变疯,自己认为自己是上帝的孩子)的俄狄浦斯情结。又如赫拉克勒斯在12项苦差和其他行为中射杀和征服了许多野兽,这实际是两极冲突的心理原型。神话中的怪兽,按照荣格的理论,指的是本我的盲目冲动。它们是文明的破坏者,像怪兽海达拉,神话里就曾提及:"这繁庶、神圣的区域被这海达拉一度毁坏了。"犹如盲目喷发的本我对心理平衡的破坏。射杀怪兽,从心态动机看,也就是制服本我的盲目冲动,最典型的是怪兽里顿——百首百舌的龙。在西方文化中,龙被看作是破坏力的化身,同时也被看作能像水一样给予生命滋养;被看作黑暗与、邪恶的有力象征,同时也被看作是黄金、隐藏的宝藏和圣水的保护者。英雄只有把龙杀死,才能获得黄金、宝藏和圣水等等象征着美好的东西。这当然象征着只有战胜本我中的怪兽,才能获得心理健康。另一方面,在后羿神话中,我们却找不到俄狄浦斯情结和性的原型。这或许是中国宗教心态在这方面的苛刻,并且也清晰凸现出中国宗教心态的特色。总的来看,后羿的射日、杀怪兽甚至寻不死药,其动机都是为民族而非为个人,与赫拉克勒斯的赎罪动机判然相异。前者为世俗的、伦理的、内倾的,后者为宗教的、情感的、外倾的。或者说,前者是集体的赎罪,后者是个体赎罪。具体讲,按照荣格太阳的东升西沉与意识的觉醒、泯灭相同的理论,后羿射日就是带来黑暗,从意识世界回到潜意识世界,回到生命的根源——子宫,这也就是把潜意识提升到意识层次以得到释放。后羿射杀猰貐、凿齿、九婴、大风、封豨,修蛇等怪兽,其神话功能同样是以象征手法获得本我的象征克服。这些都毋须细谈。后羿寻不死药的神话描写,意味着中国宗教心态中潜在着的对"死亡"的焦虑。在希腊文化中,这"死亡"焦虑可借宗教来化解,不必以不死药来自我陶醉,但中国缺乏宗教背景,只能用世俗的方法去解决,因此不死药这一最世俗的东西便被推上了最神圣的心灵殿堂,它折射出中国宗教心态中世俗朴实的特质。后羿神话中不死药的得而复失,是一种象征的戏剧处理,它使华夏民族的本我(渴望不死)和超我(死亡为必然)得到平衡。其余的诸如嫦娥奔月原型,无疑反映了宗教心态中渴望释去艰难的生命重负的一面(弗洛伊德认为人幻化为乌有是人类进化的根据,这当然为嫦娥奔月找到了心理基础),后羿因"淫游以佚畋"而被弟子射杀的原型,无疑也反映了宗教心态中对伦理道德的高度敏感。类似的原型在中国文化中很常见,有着广泛的民族基础。

再举一个例子。假如对中国神话中的人物和内容略为归纳分类,并与西方神话中的人物和内容加以比较,便不难发现,中国神话中的人物往往是

"德"的化身。他们与宇宙洪荒的阴阳、动静、盈虚、刚柔等灵性相互反馈,凭着自身的感应,主动选择,自强不息,服膺于庄严的天命,成为社会道德的楷模,人际关系的中枢,宇宙秩序的维护者。相比之下,西方神话中的人物往往是"力"的化身。他们因为偶然沾染了天神的基因而诞生,因此面对的不是单一的"天命",而是多样的"命运"。这"命运"神奇地展开了个体生命无比丰富的色泽,使他凭借"力量"去攻城略地,抢男霸女、征服自然、战胜灾异,但同时却又难免遭遇某种盲目而又残酷的劫难。这样,不难看出,如果西方神话中的人物面临的是一个获得宇宙秩序的历史使命,中国神话中的人物面临的则是一个维护宇宙秩序的崇高责任。"往古之时,四极废,九州裂,天不兼覆,地不周载,火爁炎而不灭,水浩洋而不息;猛兽食颛民,鸷鸟攫老弱。于是女娲炼五色石以补苍天,断鳌足以立四极,杀黑龙以济冀州,积芦灰以止淫水。苍天补,四极正,淫水涸,冀州平,狡虫死,颛民生,背方州,抱圆天。和春阳夏,杀秋约冬,枕方寝绳。阴阳之所壅况不通者窍理之,逆气戾物伤民厚积者绝止之。"[①]何止女娲,禹、后羿、颛顼、伏羲,不也都是维护宇宙秩序的功臣吗?而从神话的内容来看,"古来有无地之时,惟像无形,窈窈冥冥,芒藏漠闵,鸿濛鸿洞,莫知其门。有二神混生,经天营地。孔乎莫知其所终极,滔乎莫知其所止息。于是乃别为阴阳,离为八极;刚柔相成,万物乃形;烦气为虫,精气为人。"[②]中国神话在漫不经心地陈述了二位连名字都不知道的创建宇宙秩序的神的业绩后,详细陈述了这宇宙秩序本身及其无休无止的维护。英雄神话、自然神话、方位神话、四季神话……似乎都在重复这一个主题。

  东方木,其帝太皞,其佐勾芒,执规而治春。
  南方火,其帝炎帝,其佐朱明,执衡而治夏。

---

①② 《淮南子》。

中央土,其帝黄帝,其佐后土,执衡而治四方。
西方金,其帝少昊,其佐蓐收,执矩而治秋。
北方水,其帝颛顼,其佐玄冥,执权而治冬。①

或许我们还记得卡西勒的话:"在神话思想里,空间和时间绝不是纯粹或空洞的形式,它们被目为重要的神秘势力,统辖一切,不唯凡类的生命受它们决定,诸神的生活亦不例外。"由此出发,我们才能看出上述中国方位神话和四季神话的意义。原来四方加上中央代表了空间,四季运转则代表了时间。在时空中,宇宙万物不断变迁。中国方位神话和四季神话正是渴望将它们整合起来,建立一个完整的"时空秩序"呵。这样,假若西方神话中贯彻始终的是"开天"的原型意象,那么中国神话中贯彻始终的则是"补天"的原型意象。在这"开天"与"补天"的差异之中,无疑也蕴含原始宗教心态中的某种真谛的秘密。

不仅仅如上所述,倘若从更多的侧面对中国神话去做一点更为全面的考察,显而易见,一定还会有更多的洞察与发现。在西方神话中,引人注目的神均已相当抽象。如爱神、智慧女神、文艺女神、美神、复仇女神、嫉妒女神。另外一些神,虽非纯精神,但亦非纯物质,而是一种观念、过程或人类创造物,如四季神、战神、大力神、生殖神、农神、猎神、商业神等等。中国所有的神均为有形的物质的神。神化的自然对象,不外是人、自然物体(日月山川)、自然现象(雷电风雨)、动植物(鸟兽虫鱼),揭去罩在他们身上的灵光圈,往往不难觉察到某种物质形态。火神祝融是兽身人面,海神禺强是人面鸟身,金神蓐收是人面虎爪白毛,木神勾芒是鸟身人面,风神飞廉是鹿身雀首有角蛇尾豹纹,水神共工是人面蛇身赤发,河神冯夷是白面长人鱼身,甚至诸帝也复如此。伏羲、女娲是人面蛇身,盘古是狗首人身,炎帝是牛首人

---

① 《淮南子》。

身,帝俊是鸟头人身。这折射出中国宗教心态与母系氏族社会的联系较为密切,而西方宗教心态与父系氏族社会联系较为密切。前者偏重表象思维,较多直观性、经验性特色,后者尤重逻辑思维,较多分析性、逻辑性的特色。又如中国神话的人物性格、情节冲突架构均十分简单,不似西方神话那样具有多重复杂的冲击,一连串的受难救赎行为,甚至自身两种情态的激烈冲突。中国神话中的人物生活在草莱之中,活动背景就是浑莽乾坤,在大自然的舞台上的悲剧演出就构成了他们生活的全部。人如何在混沌茫昧中把握到宇宙秩序,并由此创造人类文明,似乎就是中国神话注意的中心。这似乎也反映了中国宗教心态中对生存需要的执着追求。又如中国神话中父子相承之类纵的联系倍受重视,夫妻相爱之类横的联系却很少提及。作为补充,中国神话中却又洋溢着一种强烈的"生殖崇拜"。这似乎也折射出中国宗教心态中文化感官为粗糙的实际物质需要所俘虏,而情感活动却不免单纯、平淡甚至呆滞。又如人神对立是神话中无法回避的问题。故儿子与母亲的原始分裂的悲剧,已成为世界神话中的共同主题(它反映出人类对生与死、光明与黑暗、白天与黑夜的尖锐矛盾的困惑),如希腊神话中宙斯、普罗米修斯与人类的悲剧,希伯来《圣经》神话中上帝驱逐亚当夏娃出伊甸园的悲剧,中国神话中鲧窃息壤治水的悲剧,等等,但中国神话中却用人神调和来喻示着人神对立的融释。因此中国神话往往融两极于一身,生神与死神——创造生命与刑杀生命的神均为西王母,天堂之山与地狱之山同为泰山,生命之泉与死亡之泉同在昆仑山下,《楚辞》中的许多神在其底层也都蕴含着真与伪、善与恶、美与丑、奇与正、悲与喜、壮与秀的二重性,颇值玩味。这一切都深刻透射出中国宗教心态中注重原始和谐的方面。又如,中国神话或多或少均与太阳、水、雨、旱等农业生产最重要的自然条件和灾害有关。神话中的英雄也大多与农业生产有关,盘古开天地,以"肌肉为田地";黄帝的助手应龙和魃友是雨神和旱神;帝俊派后羿下地为民除害,大害之一是"焦禾稼"的"十日并出";舜曾亲自劳作,"耕于历山";鲧治水让人民"咸播秬黍";禹疏九河,是为"中国可得而食"。至于炎帝、后稷,则是上古两大部族的农业始祖神,关于他们"教民农作""降以百谷"的神话流传更广。而神话中对一些幸福乐园的描述,也大多为"百谷所聚""百谷所生""百谷自生"之地。在人类起源问题上,大量出现的是植物生人的看法,并且,其受孕方式多为"迎风受孕"或"沐水受孕"①。诸如此类当然也反映出其中的农业色彩。

第四节
"第二次诞生"

"见微知著。"通过对中国原始饮食心态、性心态和宗教心态的剖析考察,或许我们已经窥探甚至把握到了中国文化心态日益形成时的深层意蕴?或许,我们甚至已经进而领悟到其中某种历史和逻辑的深层意味?就是这样,在原始饮食心态,性心态和宗教心态之中,中国文化心态诞生着。它诞生得那样痛苦,又诞生得那样轻松;它诞生得那样漫长,又诞生得那样神速;它诞生得那样轰轰烈烈,又诞生得那样悄无声息。或许,它是我们这个既伟大又渺小、既文明又愚昧的民族能够无休止地延续下去的心灵动力?或许,它含蕴着我们既充满生命热力又趋向死寂,既光辉灿烂又平凡无奇的中国文化之所以至今源源流长的生命秘密?或许它是生存反思的磁石,聚集着列祖列宗关于人类自由的全部陈述?或许,它是民族精神的光点,为人们烛幽映微,驱除着无边的黑暗?或许,它是一个埃舍尔怪圈,缠绕着我们民族的过去、现在与未来?……都是的,但又都不是的。其实,与其说它是我们

---

① "沐水受孕"源于农业民族植物栽培的文化心态。"迎风受孕"则是古代人在农业上因东风而产生的"生殖思想"。参见王孝廉《中国的神话传说》。

民族的心灵动力、生命秘密,说它是我们民族生存反思的磁石、民族精神的光点,说它是一个埃舍尔怪圈,毋宁说它是我们民族的一个美丽的梦——孩提之梦!这比喻将会给我们带来多少家园感、多少温馨的回味、多少美妙的联想、多少深刻痛楚的思索呵!

不难想见,中国文化心态的日益形成是一件具有世界意义的大事。它不仅使中华民族走上文明之途,而且为持续繁衍了几千年的灿烂文化奠定了基础。中华民族能够在相当长时期内走在世界诸民族的前列,中国文化心态的作用不容忽视。这一点毋庸详论。

再次认真反省一下,上述对中国饮食心态、性心态和宗教心态的剖析考察,就不难找到答案。在本书看来,日益形成着的中国文化心态,正像韦尔斯指出的那样,是一个"服从的共同体"(而西方希腊民族则是"潜伏着游牧精神"的"意愿的共同体")①。它的核心是对什么是自由和怎样才能获得自由的历史提问的独特理解和深刻阐释。我们知道,文化的本质是与人的本质密切相关的。人的本质是自由,因此,假如说人在物质实践中的活动可以简单阐释为自由的实现的话,那么,人在精神创造中的活动则可以简单阐释为自由的反思。什么是自由和怎样才能获得自由,这正是人们在关于自由的反思中着重要回答的最为深层的历史提问。② 不同民族的不同文化,正是由于对这历史提问所做出的不同理解和阐释而区别开来的。就中国文化心态而言,显而易见,它所理解的自由显然是一种群体的自由(这与西方所理解的个体的自由、印度所理解的超个体又超群体的永恒自由均有不同),它所阐释的获得自由的途径又显然是一种绝对消灭个体、限制个体的途径(这与西方所阐释的绝对消灭群体、限制群体的途径,印度所阐释的绝对消灭个

---

① 韦尔斯:《世界史纲》,人民出版社1982年版,第795页。
② 这里的"自由",不能在认识论意义上去理解,而应在人类学意义上去理解,我在一些高校或团体做学术报告时,经常有人对用"自由"规定文化提出质疑,失误之处全在未能认识自由有认识论和人类学两种涵义。

体和群体、限制个体和群体的途径又均有不同)。从心理学角度,或许我们可以把它称之为一种强烈的"重返母体"的愿望:无时无刻不在寻觅食物和温暖,无时无刻不在寻觅满足和安全,无时无刻不在寻觅慰藉和依赖。"所有这一切都归结为一个统一的经验:我被爱着……这种被爱是一种被动的经验。母爱是无条件的,并不要我付任何代价,只要是她的孩子就行。母爱是极乐,是安宁,它无须去争取,也无须被恩赐。但是,母爱无条件的性质也有它的反面。它无须被恩赐,但它也不能被争取、被产生、被自由把握。有了母爱就好像有了祝福;没有母爱,生活的一切美丽之光就消失殆尽——对此我无能为力。"① 而要重返母体和得到"母爱",首先就要逃避甚至扼杀历史赋予自身的多样发展的可能性,从复杂回到单一,从创造回到重复,从运动回到静止,从冲突回到和谐,从瞬间回到永恒。本书以为这就是中国原始饮食心态、性心态和宗教心态,也就是在日益形成中的中国文化心态所呈现出来的最大特点。毋庸置疑,中国文化心态的优点和缺点都应当由此得到历史与逻辑的阐释。明乎此,为什么日益形成中的中国文化心态往往倾向于把人融入宇宙大化统治的秩序之中,让人们在协助、参与天地化育万物的过程中去追求不朽和无限?为什么日益形成中的中国文化心态往往倾向于把人融入群体和社会的秩序之中,让人们在无条件的献身过程中去追求不朽和无限?为什么日益形成中的中国文化心态往往倾向于把人融入伦理道德的秩序之中,让人们在集体赎罪的责任感、使命感和负罪感的自我折磨过程中去追求不朽和无限?还有中国人的以"口"去面对世界,饮食中的阴阳五行观、"天人合一观"、"调味"观以及饮食中太多的文化含义、"大锅饭"和等级主义、特权主义,还有中国人心灵深处潜藏着的无性之爱和无爱之性,还有中国宗教心态的价值论色彩、农业色彩,对家园和土地的崇拜,对祖先和母体的追寻,对"天人合一"的憧憬,对死亡的恐惧和对生命的眷恋,对伦理

---

① 弗洛姆:《爱的艺术》,四川人民出版社1988年版,第45页。

秩序的关注,对性的逃避,对直觉、形象、经验的推崇,对真伪、美丑、善恶、奇正、悲喜等矛盾的人为融解……这一系列在上述关于中国原始饮食心态、性心态和宗教心态的剖析考察中凝聚而成的巨大问号,也就统统不难得到合乎逻辑的说明。原来,中国文化心态对于群体自由的追寻是借助抹杀个体和个体的自我意识作为补偿的,是以僵滞在永恒的童年时代作为代价的。应该说,这种文化选择实在既高明又并非高明。

在本书看来,扭转上述文化选择偏差的机会并不是没有。令人迷惑不解的是,甚至没有丝毫的迹象表明中国人曾经做出过这类努力。中国文化心态的正式诞生伊始于殷周之际。对此,王国维早有察觉:"中国政治与文化之变革,莫剧于殷周之际。殷周间之大变革,自其表言之,不过一姓一家之兴亡与都邑之移转,自其里言之,则旧制度废而新制度兴,旧文化废而新文化兴。"毫无疑问,政治的和文化的剧变同时也就是文化心态的剧变。透过历史的表象,我们不难窥见其中嬗变演进的蛛丝马迹。你看,一度在黄土地上叱咤风云的文化英雄们纷纷"放下屠刀,立地成佛",开始了更为艰难的道德修炼和填词作画的生涯,曾经是"豹尾虎齿善啸蓬发戴胜,是司天之厉及五残"的凶残相的西王母,也摇身变成了为穆天子吟咏诗歌的"雍荣和平"的"人王",变成了"乘柴车、玉女夹驭;戴七胜,青气如云"的贵妇人,甚至变成了"可年三十许,修短得中,天姿掩蔼,容颜绝世"的丽人。更为典型的是原始文化中蛇形象的演变。我们还未曾提及,作为河流水域和亚细亚生产方式的特有产物,蛇是一个经常出现的形象。它从中原到夷方,从西北到西南,犹如一个神秘的影子,笼罩着中国的许多民族。或许,发迹于河流水域和亚细亚生产方式的特定背景,已经决定了它雄视古今的命运?果然,随着文明的步履,它不但悄悄蜕了皮,悄悄长出了人的脑袋,而且逐渐悄悄"接受了兽类的四脚,马的毛,鬣的尾,鹿的角,狗的爪,鱼的鳞和须"[1]。令人惊奇

---

[1] 闻一多语,转引自李泽厚《美的历程》,文物出版社1981年版,第8页。

的是,这条蛇没有最终演进为人,而是演进为"龙"并且从此永远中止了漫长的生命历程。还是借用黑格尔所说的话吧:"'到了这个顶峰,象征就变成谜语'了。如果这个象征的谜语不旨在向精神呼吁'认识你自己!',如希腊谚语向人呼吁的一样,谜语及其象征物就要走向畸变的极端。在希腊神话中,是人战胜了造谜的人面狮身的怪物斯芬克斯;在中国的神话及其历程里,看来却似乎是人被那造谜的人蛇合体的怪物战胜了。庙堂的守护神和民族的精神旗帜,不是更趋健全的、充满自由意识的人体,而是更趋怪诞的、充满神秘意识的龙体。……如蛇,似乎还是早期的原始象征,又似乎不是了,它已从一种神秘而雅拙的美转向一种神秘而畸形的美,除了失去了童年的美丽外,神秘的长袍倒一直穿着。从夏墟出土的彩绘蟠龙纹陶盘到故宫龙壁,延续了一条千年一贯的路。在这个封闭的体系里,它以一种千古不衰的幸运,既拖着一条原始的尾巴,又随着历史需要,东长一角,西长一爪,终于日益牢固地盘踞在那以超自然、超人间而自得的圣殿里了。这,或许也正是所谓古代东方精神和文化的特色之一吧?"①

总而言之,种种迹象表明,中国文化心态的正式诞生并未彻底扭转此前种种文化选择的偏差。不仅仅如此,它甚至有过之而无不及,反而沿着既定的道路越走越远。这真称得上是一场历史的恶作剧。毋庸讳言,探索这个问题既十分艰难又颇具魅力,同时也既有历史意义又有现实意义。对此,本书想指出的只是,最根本的原因仍然要到中华民族独特的生存方式中去寻找。正是这独特的生存方式驱策着中华民族重演与跨入文明社会时相类似的悲壮的一幕:维新路径使得农业经济、宗法社会和贵族政治几乎原封不动地又一次遗留并延续了下来。这无疑是原始文化心态大量保留下来的关键所在。谈及这方面时下论者甚多,但其中的地缘方面的深刻原因,却往往被时人忽略。这就是在统一中国之后,由于来自欧亚大陆纵深腹地的特大压

---

① 邓启耀:《超自然神秘力量的一个原始象征》,《民间文艺季刊》1986年第3期。

力——北方万里边疆上的不断挑战与恒定冲击,使整个社会时刻沉浸在恐惧之中。正像有些同志分析的那样,与希腊相比,中国有着引人注目的广阔平原与内陆腹地。这似乎与希腊迥然有异。希腊是分布在爱琴海周围的岛与半岛,无所谓内陆腹地,而罗马帝国不过是沿地中海周围而展开的政治实体。中国却不然。中国北部无遮无拦的大平原对入侵的游牧民族始终是敞开的(农耕居民想由此向北迁移反倒很困难)。对中国不断威胁的阴影,就经常徘徊在这一欧亚大陆上最壮观的开阔地里。这种情景是希腊闻所未闻的,甚至毁于蛮族入侵的罗马帝国也未曾遇到。面对这只宜退守,不宜进攻的双重不利,中国只好采取双重的对策:对外是古代中国北部各区域国家边域的不断延伸,最终形成了驰名中外的万里长城——它缓解了北部的强大压力;对内则是"殷人尊神,率民以事鬼",向"周人尊礼尚施,事鬼敬神而远之"的历史转进,这种意识形态的建构无异于一座精神上的同样驰名中外的万里长城。

显而易见,中国文化心态的正式诞生正是在上述特定民族生存方式的历史背景下。限于篇幅,本书没有必要去勾勒其中的种种细部和转换生成的轨迹。在这里,有必要略加勾勒的,倒是中国文化心态正式诞生中心理方面的种种细部和转换生成的轨迹。问题很简单,不这样做就不可能对中国文化心态的内涵和外延做出令人信服的阐释。

我们已经谈到,本书把中华民族作为人而与动物最后分离的一刹那,称作"第一次诞生"。现在,同样从心理学角度出发,本书愿把殷周之际中国文化心态的诞生这又一个光辉的一刹那(它的上限和下限同样应当很长),称作"第二次诞生"。假如说第一次诞生是"身体断乳期",那么毫无疑问第二次诞生应当是"心理断乳期"了。

在心理学中,"心理断乳期"无疑意味着从"身体断乳期"之后的社会性依赖心理走向自我同一。W·W·哈图普指出:"人之所以为人是能让人满意并给人以报答时,我们可以说这个个体的行为是具有依赖性的。"毫无疑问,不论个体或者整体,人类心态都经历了依赖心态。按照心理学家鲍尔贝的看法:"依恋行为具有生物学的基础,这些基础只有从进化观点来看才能理解。他承认人类是这样一个物种,它具有大量适应环境的行为,这种行为使它能够应付范围广阔的环境变化。此外,和其他物种相比,人类具有较少的固定动作型式,更多的是具有有利于学习的可塑性和一个较长的处于无能状态的婴儿期。但是,尽管婴儿期极端脆弱而且漫长,但它还能生存下来,对于这个问题,他觉得有理由假定:人类婴儿必定被赋予了某些相对稳定的行为系统,这些行为系统,通过父母持续的照护而有助于减少漫长的幼稚期中的风险。诚然,幼儿的依恋行为,与相应的父母照护行为一起,往往是不同物种对环境的最稳定系统之一。"① 而在进入自我同一的过程中,出现了心理上的断乳期,其中心是通过破坏在"第一次诞生"中建立起来的童年的心态,建立新的青年时期的心态,从而迅速实行困难而又艰难的心态动力性变化:童年时的自我首次分裂为观察者的自我(I)和被观察者的自我(me)。在此过程中,无疑会造成心理混乱,倘若处理不当,便会出现埃里克森所谓的角色混乱:自我扩张或自我萎缩。

个体心理从"身体断乳期"到"心理断乳期"的演进无疑是民族文化心态演进逻辑的缩影。这也就意味着,文化心态的"心理断乳期"面临的核心问题同样是:从社会性依赖心理走向自我同一。应当说,这是文化心态宣告诞生的最后关口。任何民族文化心态的特色都在这里呈现出最终的分野,例如希腊民族。特定的民族生存方式使它在"身体断乳期"后产生的无可避免的社会依赖心理中掺杂和充溢了大量独立心理的因子。② 正像韦尔斯指出的,希腊民族的"精神中有某种坐立不安和未驯的本性不断地力求把文明从它原来的依赖于不参与即服从的性质改变成为一个既参与又有意愿的共同

---

① 转引自《发展心理学》,人民教育出版社1983年版。
② 请注意,从个体讲,独立心理意味着相对地不经常寻求别人的照顾,表现出首创性和争取成就的愿望。参阅《发展心理学》,人民教育出版社1983年版,第355页。

体"。在希腊民族的血液里,"特别是在君主和贵族的血液里,潜伏着游牧精神,无疑它在传授给后代的气质中占很大的部分,我们必须把那种不断地急于向广阔地域扩张的精神也归根于这部分气质,它驱使每个国家一有可能就扩大它的疆域,并把它的利益伸展到天涯海角。"①这样,在"心理诞生"中希腊民族的文化心态中观察者的自我(I)就被自觉不自觉地突出、强化了出来,最终导致了自我扩张的角色混乱。对于中华民族的"心理断乳期"也应做类似的考察。本书已经对中华民族经过"身体断乳期"后形成的社会依赖心理做过大量说明,并且指出其中存在着一种强烈的"重返母体"的愿望。这种愿望把社会依赖心理推到了无以复加的顶点和极限,借自觉僵滞在永恒童年去逃避甚至扼杀历史赋予自身的多样发展的可能性,借抹杀个体和个体的自我意识从复杂回到单一,从创造回到重复,从运动回到静止,从冲突回到和谐,从瞬间回到永恒。毋庸详述,这种被人为吹胀、放大起来的社会依赖心理,不能不极大地妨碍自此以后的自我同一的顺利完成。无数事实证明:在"心理诞生期",中华民族的文化心态中"被观察者的自我(me)"被自觉不自觉地突出、强化了出来,结果,同样导致了文化心态中的某种角色混乱,也就是自我萎缩。

或许,中国文化心态的正式诞生并未彻底扭转此前种种文化选择偏差的原因,从上述心理演进的角度可以看得更为清楚?还是不去浪费笔墨回答这个不辩自明的问题吧。我要说,正是自我萎缩,构成了中国文化心态的最为核心、最为深层的意味和底蕴。它是中华民族必须接受而又唯一能够接受的心理事实。要理解这一点,只要我们沿着时间和历史之流逆行而上,回到"如火烈烈"的三代,回到中国原始饮食心态、性心态和宗教心态之中,就不难找到答案(这也正是本书要花大量篇幅剖析考察它们的原因)。当然,自我萎缩本身并不意味着任何意义上的褒贬,就像自我扩张本身不意味

---

① 韦尔斯:《世界史纲》,人民出版社1982年版,第76页。

着任何意义上的褒贬一样。这一切只能借民族生存方式去解释,其标准只能是看其能否寻找到一条既能在某种程度上满足民族原始本我又不致触怒民族的社会超我或者超出民族生存方式许可的现实化、民族化的道路。在这里,倒是用得着黑格尔的一句屡遭指责的名言:凡是存在的都是合理的。

似乎很难对自我萎缩的内涵做出任何的解释,要弄清这个问题只有置身中国文化心态的长河中去体验,去遐想,去深味。"道不可言。"确乎如此。然而假如一定要做出解释,我宁愿借鲁迅的断语称之为:"不撄。"鲁迅指出:"中国之治,理想在不撄……其意在安生,宁蜷伏堕落而恶进取,故性解之出,亦必竭全力死之。"①这段话讲得何等好啊!除此之外,我们也不妨把中国自我萎缩的文化心态称之为春天的心态、植物的心态、女性的心态甚至"杀子"的心态(详后)。但无论怎样去解释,都无法掩饰一个基本的事实:自我萎缩同样有着强烈的重返母体的愿望,同样是以失落个体的自我意识的永恒童年心态为基本特征的。而且,自我萎缩,从马斯洛著名的需要层次来看,是指不同层次的需要未能得到正常的、全面的满足。也就是说,人们的需要层次被人为地退止在较低层次的归属需要、安全需要甚至最低层次的生理需要上。生命能量(原始本我)被压抑下来,用于提高较低层次需要的满足水准,让需要的满足做横向的发展。不言而喻,这当然是作为后天自我的文化心态在中国的原始本我、生存方式和社会超我三者之间所做出的战略选择和对策。

这样看来,自我萎缩是一种早熟的心态,又是一种实际上永远不会成熟的心态。换言之,它犹如一个人在身体上已经白发苍苍、垂垂老矣,但在心理上却远没有成熟,并且似乎永远不会成熟。例如,人与自然的关系本来应该是双向的。一方面是人的自然化,也就是人对自然的顺应、服从和俯就,一方面则是自然的人化,也就是人对自然的改造、征服和超越。然而在自我

---

① 鲁迅:《坟·文化偏至论》。

萎缩心态下,中国尤为推重的是前者。人身不过是"天地之委形也",人生不过是"天地之委和也",性命不过是"无地之委顺也",子孙不过是"天地之委蜕也",很难看到对自然的改造、征服和超越,而俯首帖耳的"天人合一",虚幻乐天的"赞天地之化育",屈己事人的"与天地合其德,与日月合其明,与四时合其序",还有通过惩罚自己而不是改造自然所达到的"以遂八风""以来阳气、以定群生",还有与自然和谐相处中产生的往而又返、循环周转的时间观和"向之所欣,俯仰之间,已成陈迹,犹不能不以之兴怀"的怀旧感,还有数不胜数的与自然界四时变迁和"洋洋乎发育万物"的规律相推移的春节、元旦、上巳、清明、七夕,仲秋……都在层层显现出这一心态。① 又如,人与社会的关系本来也应该是双向的。一方面是个人的社会化,也就是个人对社会的顺应,服从和俯就,一方面则是社会的个人化,也就是个人对社会的改造、征服和超越。然而在自我萎缩心态下,中国尤为推重的同样是前者。在这里,个体永远是渺小的,群体则永远是神圣的。每一个人都无法作为一个独立的个体而生存,只有作为群体的一分子才能找到自己的位置并无忧无虑地生存下去。在家靠父母,出外靠朋友,在单位靠清官,在社会靠皇帝,②或许也正是因此,在中国找不到在西方常常可以见到的个体的赎罪,但却可以

---

① 在这里,最具说服力的还是中国的"还丹"之学——气功。人是宇宙演进到 10^5 秒这一层次的产物,人逻辑地走过了生物进化的全过程,因此蕴含着宇宙进化生成的全部功能。不过,这些功能在人体内是以相反的形式出现的,即出现的时间与进化所耗时间成正比。越是宇宙的早期功能,出现的时间越短。随着人生的演进,这些功能便日益"隐形而藏","沉沦于洞虚"。而气功的作用也就在于"返心内视"、据候抽添,致力于人体所有功能的恢复,所谓"还丹"。而从理论上讲,做到了"还丹",也就可以重新出现宇宙所有的功能:"入火不焦,入水不濡","老翁复丁壮,耆妪成姹女",上天入地,金石不朽……明眼人不难看出,没有自我萎缩心态,便不会有气功的出现。参见潘启明未刊稿《周〈易参同契〉注释》。
② 因此中国才尤其不喜欢"个人主义"、"自由主义"、"无政府主义"之类的举止,"我行我素""一意孤行""孤家寡人"才会受到痛斥,而"孤儿寡母""孤苦伶仃""无主孤魂"和"无家可归"才往往容易受到同情。另外像中国人念念不忘的"安身立命""上下一心""杀身成仁""复归于婴儿",也如此。

找到集体的赎罪;找不到在西方常常可以见到的罪恶感,但却可以找到羞耻感;①找不到在西方常常可以见到的"杀父"意识,但却可以找到"杀子"意识。如此等等。上述两方面主要涉及社会的本体存在,也就是人在自然与社会面前作为主体的自我设定。至于个体的本体存在则关涉感性与理性的关系问题。在这方面,原本感性与理性的关系也是双向的,一方面是理性对感性的束缚、规范,另一方面是感性对理性的挣脱和超越。然而在自我萎缩的情况下,中国人往往自觉不自觉地避开理性的种种束缚、规范,无论是认识论意义上的对事物的本质的、内在联系上的科学认识,还是心理学意义上的抽象、概括、推理等心理功能,却偏重强调重返人所来自的母体子宫——生命的本真状态和自然的原始状态,重返圆满自足的自然感性。这当然谈不上是感性对理性的挣脱和超越,而应确切称之为感性对理性的否定和排斥。所谓"心斋""坐忘",所谓"丧我""见独""无待""撄宁",所谓"能婴儿""天放",所谓"处子""真人""神人""见素抱朴,少私寡欲""生死存亡,穷达富贵,贤与不肖毁誉、饥渴寒暑",皆不入"灵府",诸如此类,倘若不从自我萎缩的心态入手,谁又能解释清楚呢?

而且,自我萎缩心态一旦固定凝结成为某种定势,就会具有极大的独立性,在漫长的心理历程中处处唯我独尊,按照特有的感知、表象、情感方式、思维机制和价值态度诸心理因素的组合结构去君临万物。那么,这一心态定势是什么呢?在这方面,荣格的某些研究成果颇值借鉴。荣格曾经把人类的心态定势从宏观角度划分为"内倾"和"外倾"两类,并曾多次表示中国人的心态定势是"内倾"型的,西方人的心态定势则是"外倾"型的。所谓"内倾"和"外倾",按照荣格的解释:外倾定势就是心理能(力比多)被输导纳入

---

① 与建立在原则基础的罪恶感不同,羞耻感是建立在别人如何反应的基础上的,因此在中国才尤其看重面对面的"面子"("看你的面子""丢脸"),看重由众口组成的"品"("人言可畏""留下话把"),看重别人的"眼"("看不起人""目中无人"),而一旦"千夫所指",则只能"无病而死"了。

有关客观外部世界的特征之中,也就是被投入有关对象,人和物,其他环境事件和条件的知觉、思想和情感之中。内倾定势则是心理能(力比多)流向种种主观的心灵结构和机制之中。前者是客观的定势,后者是主观的定势。① 前者是自我扩张的典范表现,后者是自我萎缩的典范表现。由此看来,我们确乎不能不同意荣格的看法,把中国文化心态的心态定势称之为一种内倾型,把中国文化心态称之为一种内倾型的自我萎缩心态。

总而言之,天地玄黄,沧海横流。在这大千世界里,在这小小地球上,每一个民族的诞生都不能不伴随着一个美丽的梦想。这梦想是生存之根,这梦想是生命之源,这梦想是慰藉又是信念,这梦想是起点又是终点,这梦想是每一个民族赖以安身立命的精神家园。然而,它们的具体内容又是如此不同,甚至是背道而驰,又不能不令人惊诧不已,感慨万端,更不能不令某些好事之人在其中流连忘返,以至于去强分高下。在这方面,歌德的评判显然不是开始,显然也不是结束,他断言:"在所有的民族中,希腊人的生活之梦是做得最好的梦。"果真如此吗?很难说。西方人梦寐以求的是个体的自由。为了个体的自由,他们付出了全部的心血,最终也确乎趋近了这一目标。然而,他们就真的实现了自己的梦想吗?说得更准确一些,他们的梦想就真的是"最好的"吗?当然不能这样认为。我们知道,自由绝不仅仅是个体的,而应是个体与群体的对立统一。它的实现,关系到文明与自然、理性与感性、物理与心理之类二律背反的根本矛盾的超越和解决。对于个体自由的追寻,导致了西方外向的超越方式和解决方式。这类方式虽有其合理性,但却并非尽善尽美。在文明与自然、理性与感性、物理与心理之类二律背反的根本矛盾中,他们瞩目于文明、理性、物理一极,亦即瞩目于文明对自然的征服,理性对感性的占有,物理对心理的取代……这梦想固然造就了西方的近代文明,但是否又造就了西方古代的落后和现代的困扰呢?认清这

---

① 参阅霍尔:《荣格心理学纲要》,黄河文艺出版社1987年版,第106页。

一点,回过头来看中华民族孩提时代的美丽梦想,也就不难得出答案了。中华民族梦寐以求的是群体的自由。这使我们理所当然地选择了内向的超越方式和解决方式。在文明与自然、理性与感性、物理与心理之类二律背反的根本矛盾中,我们垂青于自然、感性、心理一极,也就是垂青于自然对文明的征服,感性对理性的占有,心理对物理的取代……这梦想固然造就了中国在近代的落后和困扰,但是否又造就了中国的古代文明呢?而且,西方从康德、席勒到海德格尔的历史转向,是否又合乎逻辑地展示出一种来自中国的如雷回响呢?借助深层心理学去解决深层历史学的问题,借助审美心理去解决社会历史的种种迷惑,中华民族孩提时代的美丽梦想中的这一公开的秘密,或许还能给痛楚追索着生存之根的人们以启迪,一种深长的启迪。

然俱往矣。还是让我们带着这未尽的万千思绪,走向中国的美感心态,去重返那"混沌之地",去叩响那"众妙之门"吧。

第二章

"天地之心"

第一节
原始心态·文化心态·美感心态

在考察中国美感心态的深层结构之前,有一个问题不能不剖解清楚。这就是中国美感心态与中国文化心态的关系。

本书曾经指出,中国文化心态是中国美感心态的基础和源头。这当然可以视为本书对这问题的总体看法。只是,这一总体看法还有必要加以展开并做出详细论述。

本书认为,说中国文化心态是中国美感心态的基础和源头,起码有逻辑和历史意义上的两层互相区别的含义。从逻辑的角度讲,所谓中国文化心态是中国美感心态的基础和源头,无非是说,前者从逻辑上是先于后者的,我们知道,人类社会形态大体可以分为原始社会、阶级社会和共产主义社会三种。与之对应,人类的心态也大体可以分为原始心态、文化心态和美感心态三种。因此,美感心态当然是应该产生于文化心态之中的。这一点,在中国似乎也无法例外。从历史的角度讲,问题稍为麻烦一些。无法否认,在历史进程中,中国美感心态是与中国文化心态同步的。中国文化心态产生的同时也就伴随着中国美感心态的产生。那么,作为中国美感心态的基础和源头,中国文化心态的作用应当怎样理解呢?在本书看来,中国文化心态的作用在于:深刻地规定了中国美感心态的内容、特色和类型的指向、视界和维度。

具体而言,从纵向的方面看,中国美感心态是在中国文化心态基础上向中国原始心态的复归。就结构演进而言,我们知道,中国文化心态的深层结构一旦生成,中国原始心态的深层结构便宣告瓦解。但瓦解并不意味着"一声震得人方恐,回首相看已化灰",而是意味着作为无意识子结构潜存在于中国文化心态的深层结构之中,作为低级层次保持下来。而中国美感心态的深层结构的生成,则是中国文化心态的深层结构的象征性的瓦解,是在中国文化心态的深层结构(尤其是其中的无意识子结构)的基础上向中国原始心态的深层结构的复归。本书已经谈到,中国原始心态的深层结构的根本特征是:以主观与客观的直接同一为核心,借助现象与本质、量与质、原因与结果、偶然与必然、可能与现实的直接同一去把握世界。具体表现为渗透律、接触律和周期律三大规律。中国文化心态的深层结构当然是建立在中国原始心态的上述根本特征的瓦解基础上的。但是中国美感心态的深层结构走过的却是一个否定之否定的历程,它仿佛在更高的意义上重复了中国原始心态的深层结构的上述根本特征。不过,倘若没有中国文化心态的深层结构作为中介,这种否定之否定,这种更高意义上的重复,无疑是不可想象的。就内容演进而言,中国美感心态借助中国文化心态与中国原始心态产生心理能量上的对应关系。中国原始心态的征服和崇仰心理,曾经导致大量如醉如狂的心态活动,诸如祭献、娱神、崇拜、祈福、颂神、驱鬼、禳灾、厌胜、牺牲等等,进入中国文化心态之后,它们带着巨大的心理能量沉入无意识的汪洋大海,但在中国美感心态中,由于审美信息的强烈刺激,它们经过种种变形、改装和置换,最终一举突破中国文化心态的处处设防,在特定审美理想的照耀下重放异彩。例如,中国原始心态中大量存在着的迷恋、亲昵、喜爱、赞美、和穆、温驯之类的心理能量,在中国美感心态中就转而生成为"物小我亦小"的"阴柔"心态。中国原始心态中大量存在着的刚烈、勇猛、强暴、抗争、进攻、占有之类的心理能量,在中国美感心态中就转而生成为"物大我亦大"的"阳刚"心态。还有中国原始心态中的恐怖、畏惧之类心理能量,在中国美感心态中转而成为一种特定的"丑陋"心态。饕餮、鸱鸮的狞厉之美,或许就是这种"丑陋"心态的外在显现。还可以举出中国原始心态中的贬抑、禁忌之类心理能量,它们在中国美感心态中显然转而成为一种令人瞩目的"自虐"心态。这种"自虐"心态在中国美感心态中是无所不在的。

要特别予以强调的是,上述中国原始心态的心理能量的重放异彩,绝非原封不动地再现。恰恰相反,它们不但被中国美感心态所升华,而且经过中国文化心态的洗礼。例如迷恋、亲昵、喜爱、赞美、和穆、温驯之类的心理能量,在中国文化心态中成为伟大、庄严心态,恐怖、畏惧之类心理能量,在中国文化心态中成为神魔、报应心态,眩抑、禁忌之类心理能量在中国文化心态中成为自卑、鄙弃心态。应该承认,倘若没有中国文化心态的洗礼,中国美感心态与中国文化心态以及中国原始心态之间心理能量上的对应关系,是根本无从谈起的。

另一方面,从横向的方面看,中国美感心态的深层结构并非超然于中国文化心态的深层结构之外,而是置身于其中。

我们知道,中国文化心态的深层结构是建立在中华民族的感性欲望——需要的基础上的。在这里,中华民族以自身需要为外向冲动是既定前提——它使中华民族面对外在对象并确立其客体地位,因而意识地和实践地从外在对象中独立出自身——这种外向冲动在选择和设立对象时必然已经带有价值倾向,而实现对象价值的谋求则必须通过,同时也必然达到一定路径。这样,中国文化心态的深层结构的全貌就被大体勾勒而出:情感方式、形成动力;价值态度、规定目标;思维机制、构成过程。

情感方式是文化心态过程中的动力。它是感性欲望——需要的外向冲动和表现,是客观事物能否满足中华民族的需要而产生的一种体验。它不但提供一种"体验——动机"状态,而且暗示着对事物的"认识——理解"等内隐的行为反应。正像朗格讲的:理智和思想"都是从那些更为原始的生命活动(尤其是情感活动)中产生出来"[1]。其基本调质,是快感和不快感。在情感方式问题上,过去大多存在一种误解,认为它只是思想认识过程中的一种副现象,这是失之偏颇的。按照美国心理学家麦莱恩的看法,人脑是进化

---

[1] 朗格:《艺术问题》,中国社会科学出版社1983年版,第23页。

的三叠体或三位一体脑结构。他说:"我们是通过完全不同的三种智力眼光来观察我们自己和周围世界的。脑的三分之二是没有语言能力的。"又说:"人脑就像三台有内在联系的生物电子计算机。每台计算机都有自己的特殊能力,自己的主观性、时间和空间概念,自己的记忆、运动机能以及其他功能。脑的每一部分都同各自的主要进化阶段相适应。"①简单讲,这个三位一体的脑结构(如图)含爬虫复合体、边缘系统和新皮质三部分。爬虫复合体为人类同哺乳类、爬虫类动物所共同,是从几亿年前进化来的,是脑的原始部分。边缘系统围绕在爬虫复合体上面,是脑进化的第二层次,大约进化了一亿多年或五千万年以上,其中具有多种人所特有而又往往难以捉摸的感情。大脑皮质是人类进化的堆积物,大约已有几千万年的历史,它是人类理智的伟大象征。令人惊异的是,上述划分与弗洛伊德、荣格的划分恰恰不谋而合。由此我们不难看出,不论从人类集体发生学和个体发生学的角度看,"情感→理智"的纵式框架都是"理智→情感"模式框架的母结构。而情感方式在原始文化心态中的举足轻重的地位,在之后的文化心态中的动力地位也由此得到阐释。

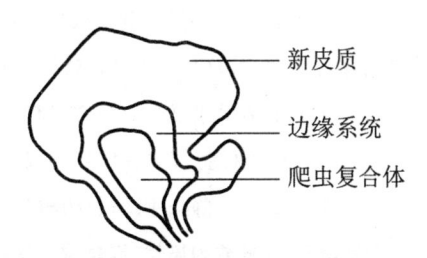

情感方式的根本职能是满足主体需要。但是面对自然万物,人不能盲目施用自身情感,他一定是只将情感射向那些对自身需要有满足效用的对

---

① 卡尔·萨根:《伊甸园的飞龙》第43—44页,转引自劳承万《审美中介论》,上海文艺出版社1988年版,第229页。

象,或根据自身需要创造合目的的对象。显然,情感方式的动力作用要受限于一种价值态度。价值态度是主体以自身需要为依据对客体的意义做全面的选择与评价的准则。它作为需要的指向,是整个文化心态的主体,马克思讲过:"'价值'这个普遍的概念是从人们对待满足他需要的外界物的关系中产生的。"①按照马克思的看法,价值态度的涵义,就应该是人们衡量外界物是否能满足他们的需要,满足的程度如何的主观尺度。它决定人们对自己所面临的一切取舍。价值态度渗透于人们的意识深层,被人类视为最为珍贵从而在无意识中加以坚持的东西。它是对人类需要的富有人类意味和文化意味的选择或反应,例如"饮食男女,人之所欲"。但人类对这种"欲",决不能随心所欲。在什么层次上饮食男女,取决于物质文化的发展水平,以什么方式饮食男女,受文化心态的制约。从茹毛饮血到形形色色的婚姻,无不同代表一定文化心态的价值尺度相联系。因此,价值态度的作用在于:使人的需要可以通过历史反复选择过的、一定文化认可的、心理上最习惯的、阻力最小的途径得到满足。

从逻辑上讲,仅有情感方式和价值态度还构不成过程,因为奔向目标必须借助于一定的实行方式、操作路线和制导机制。从经验上讲,不仅人们做同一件事有不同的方式,而且往往因为不同的方式获得不同的结果。因此在从情感方式向价值态度过渡时,客观上必然有一定机制来达成,同时由一定的机制来制导,这就是所谓思维机制。它包含三个因素:思维路径,如归纳或演绎,形象或抽象;思维状态,如主静与主动,封闭与开放;思维性质,如一般排斥个别或属于个别,否定性的或因循性的等。在上述三因素中,具有决定意义的是思维性质。它以极为抽象的形式确切反映着主体自身思维时的地位,内含着主体在对客体的认识过程中表现出来的自身价值。它是价值态度在思维机制中的体现,表明价值态度(意志)对认识论的一种制约关系。

---

① 《马克思恩格斯选集》第十九卷,第406页。

由上所述,中国文化心态的深层结构显然是一个情感方式、价值态度和思维机制依次表现成相生相克的隐性的系列。毫无疑问,这只是一般意义上的静态描述,而且,这种隐性的系列,也使得其中任何心理因素都深刻积淀着其余因素的痕迹,纯然独立的心理因素其实是不存在的。对此,本书毋庸细论。有必要指出的倒是,中国美感心态的深层结构并不是一个独立结构,它隶属于中国文化心态的深层结构。尽管由于审美态度的介入,使得其中诸心理因素的结合方式发生了深刻变化(关键是情感方式与价值态度的置换位置,如图。其中的集体感知、集体表象既是中介因素又是心态因素。详下)。在这里,中国文化心态的深层结构中集体感知、集体表象、情感方式、思维机制、价值态度诸心理因素,无疑会深刻影响中国美感心态的深层结构中集体感知、集体表象、思维机制、价值态度、情感方式诸心理因素的指向、视界和维度。

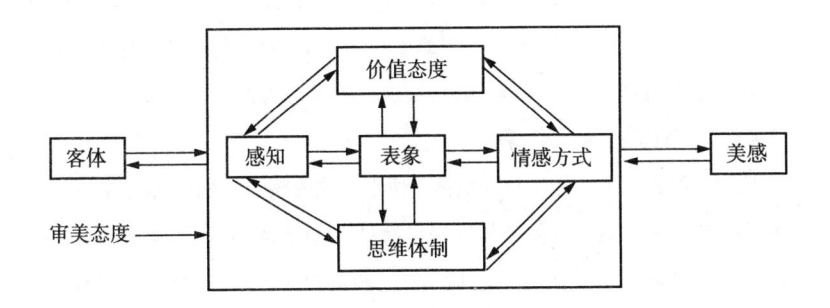

客体 → 感知 ← 价值态度 → 表象 ← 情感方式 → 美感
审美态度 → 思维体制

中国美感心态与中国文化心态的关系当然是一个极其复杂的问题,并不仅仅上述一个方面,但从结构的意义上看,却又确乎如上所述。因此,在中国文化心态的深层结构基础上产生的中国美感心态的深层结构同句法结构、逻辑结构等中华民族的深层结构类似,不但是中华民族长期社会实践活动的产物,是中华民族最为内在的精神家园,而且不属于可以观察到的"事实"范围。正如皮亚杰指出的:"主体知道它的结果(即体验)而不知道它所凭借的机制。"[①]

　　读者一定记得,本书的主旨就是考察中国美感心态的深层结构,但这种深层结构又其实是不可言的。怎么办？本书只能在中国文化心态的背景下,以其中的三大主干——集体感知、集体表象、情感方式作为研究对象,详加阐释,使读者借此对中国美感心态的深层结构的内容、特色、类型"神会于心"。但是,为什么主要以集体感知、集体表象、情感方式为研究对象呢？情感方式的重要性众所周知,它是美感心态的核心(思维机制、价值态度只有沉淀其中才能发挥作用)。至于集体感知、集体表象,它们是中国美感心态的深层结构得以产生的审美中介。我们知道,在审美过程中,审美客体作用于人的感知觉,形成表象,经过大脑皮层的加工之后,还要把审美信息传递到皮层下——下丘脑边缘系统等,然后反馈于大脑皮质,形成体内应激的环式反馈系统,并用心理过程的整体性结构,对审美客体做出深层反应。从中不难看出,集体感知和集体表象在美感心态中显然是作为中介环节出现。它们不仅深刻对应着中国美感心态诞生前的全部历程,更深刻体现着一种本体论意义上的"人化"。毋庸讳言,在这当中蕴含着许多一度被疏略了的极为重要、极具价值的研究课题。

　　从本章开始,本书用三章的篇幅以情感方式为核心,对中国美感心态的深层结构的内容、特色和类型加以探讨,然后依次从集体感知、集体表象的角度对中国美感心态的深层结构做出进一步的说明。最后从结构—功能的角度,对中国美感心态的深层结构给以评价。在此,本书还要强调,所有这一切统统是,也只能是一种外在的描述和勾勒,犹如盲人摸象。是否能够道破其中的真谛,要靠今后人类学、心理学、生理学、哲学、发生学、文化学、美学等学科的最新成果去加以证实。

---

① 皮亚杰:《结构主义》,商务印书馆1984年版,第100页。

第二节
生命意识

中国美感心态的深层结构的内容,是一个令人瞩目的问题,又是一个根本性的问题。对此,国内和海外的学者曾经做过大量的研究,也发表过一些有益的看法。在这当中,除去诸如"重表现""重温柔敦厚""重伦理道德"之类明显未经深思熟虑的看法外,就国内而言,较为具有代表性的看法,主要有两种。首先,高尔太在《论美》一书中提出,中国美感心态的深层结构的根本内容是"忧患"意识。"如果从文献上追索渊源,可以一直上溯到《周易》中表现出来的忧患意识。正是这种忧患意识,生发出周人的道德规范与先秦的理性精神,以及'惜漏以致愍兮,发愤以抒情'的艺术和与之相应的表现论和写意论的美学思想。"其次,李泽厚随之在《中国古代思想史论》一书提出,中国美感心态的深层结构的根本内容是"乐感"意识。"'乐',在中国哲学中实际具有本体的意义,它正是一种'天人合一'的成果和表现。就'天'来说,它是'生生',是'天行健'。就人遵循这种'天道'说,它是孟子和《中庸》讲的'诚',所以'诚'者,天之道也;诚之者,人之道也;而'反身而诚,乐莫大焉',这也就是后来张载讲的'为天地立心',给本来冥顽无知的宇宙自然以目的性。它所指向最高境界即是主观心理上的'天人合一',到这境界,'万物皆备于我'(孟子),'人能至诚则性尽而神可穷矣'(张载);人与整个宇宙自然合一,即所谓尽性知天,空神达化;从而得到最大快乐的人生极致。可见这个极致并非宗教性的而毋宁是审美的。"

倘若略作比较,或许应该说,上述看法都很有启发性,而且尤以李泽厚的看法更为深刻准确一些,但又都有片面性。在我看来,中国美感心态的深层结构的根本内容既非"忧患"又非"乐感"。为什么这样讲呢？本书认为，说中国美感心态的深层结构的根本内容是"忧患"或者"乐感"，固然都在某种程度上道破了其中的真谛，但又因为过分拘囿于儒家或者道家的美感心态，因而未能触及更为深刻并且"一以贯之"的东西。其实，只要对"忧患"和"乐感"再做进一步的考察，便不难发现，它们统统并非中国美感心态的深层结构的根本内容本身，而是这根本内容的两种表现形式。"君子忧道不忧贫"，"安贫乐道"。显而易见，这里的"道"才是中国美感心态的深层结构的根本内容。"忧患"和"乐感"则不过是与之密切相关的不同美感类型：失道则忧，得道则乐。"故君子无日不忧，亦无日不乐。"讲得再具体一些，"忧患"意识主要是人伦世界中的一种美感心态，"乐感"意识则主要是自然世界中的一种美感心态。前者为儒，后者为道。毋庸讳言，人伦世界往往是"医门多疾"，换言之，往往是"失道"的，因此也就往往与"忧患"意识形影不离。自然界则往往是"夫物芸芸，各归其根"，也就是说，往往是"得道"的，因此也就往往与"乐感"意识休戚与共。这样，"忧""乐"二者互为表里，和谐共存，在博大恢宏的"道"的"众妙之门"中演出着华彩的乐章。

由上所述，本书认为，中国美感心态的深层结构的根本内容不是"忧患"意识，也不是"乐感"意识，而是为它们所围绕着的"一以贯之"的"道"。我们知道，中国人所讲的"道"往往有两种含义。一种是自然本体论的，一种是价值本体论的，与美感心态有关的显然是后者。当从观念的角度去描述时，所谓"道"便是自然本体论的。在这里，所谓"道"显然指的是后者。它"覆天载地，廓四方，柝八极；高不可际，深不可测，包裹天地，禀授无形；原流泉浡，冲而徐盈；混混滑滑，浊而徐清。故植之而塞于天地，横之而弥于四海；施之无穷而无所朝夕，舒之幎于六合，卷之不盈于一握。约而能张，幽而能明；弱而能强，柔而能刚；横四维而含阴阳，纮宇宙而章三光。甚淖而滒，甚纤而微。山以之高，渊以之深；兽以之走，鸟以之飞。日月以之明，星历以之行"①,是中国美感心态最深的源泉和命脉。②

可是,这已经有点神秘莫测了的道是什么呢？我认为,它是中华民族特有的生存之道。但是,中华民族特有的生存之道又是什么？要弄清这个问题,就要先弄清生存之道是什么。所谓生存之道,"就是有机体每一个活的成分所经历的那种不断消亡和重建的过程"。换言之,生存之道也就是人类从梦寐以求的自由理想出发,为自身所主动设定,主动建构起来的某种自由境界、意义境界。它不是实体,也不是实体的属性,而是人类创造出来的一种主体性的对象。它要回答的问题是:人类生存的意义是什么和人类生存的意义应当是什么。毋庸讳言,这生存之道既是本体论的规定,又是认识论和价值论的规定。正是因此,虽然人类的一切精神活动归根结底都是指向生存之道的,但又大多不能全面地去显示它、体现它、阐释它。例如认识追求往往只能显示、体现和阐释它的客观意义,价值追求往往只能显示、体现和阐释它的主观意义。只有审美追求,也正是审美追求,才全面地显示、体现和阐释了它。③ 也就是说,只有审美追求,也正是审美追求,才使人类生存的意义是什么和人类生存的意义应当是什么这样两个问题合乎逻辑地相互融合,成为一个问题。在这个意义上,我们又可以说,审美追求是对生存之道的直接领悟,而生存之道正是审美追求所展现的人的自由本质和自由世界、意义境界。

不过,为了使问题更集中、更易于为读者所理解,本书不拟在上述看法的基础上去直接讨论中华民族的生存之道的问题,而准备从一个特定的角

---

① 《淮南子·原道》。
② 用"道"来规定美感心态有两点不容混淆:其一是"道"与美感不完全相等,因为"道"还含有自然本体论的因素,其二是"道"为美感心态的深层结构的根本内容或美感心态的最高表现,不能与浅层结构混同起来。
③ 这样讲,是从本书的特定角度着眼。严格讲来,构成人类的内在世界的,也就是说能够全面展现自由境界、意义境界的,除了审美,还应该有哲学、狭义的文化,正是指的哲学(宗教)、审美(艺术)两者,容另书详述。

度去加以讨论。这个特定的角度就是对于以生存和死亡为核心的生命过程的某种情感体验。这种情感体验,正像苏珊·朗格所正确陈述的:"它们看上去就好像是那生命湍流中的最为突出的浪峰,因此,它们的基本形式也就是生命的形式,它们的产生和消失形式也就是生命的成长和死亡过程中所呈现出来的那种形式,而绝不会是那种机械的物理活动形式。""而作为我们生活的一部分的艺术——我们观看的绘画图册,我们阅读的故事书籍以及我们欣赏的音乐等等——却是给我们的情感经验赋予了形式。我们看到,每一代人的情感都有自己独特的风格,……艺术家只是给这些具有种种不同风格的情感赋予形式……正如伊尔文·艾德曼在他的一本书中所说的,我们的情感绝大部分都包括在莎士比亚的诗句里。"[①]

那么,中华民族特有的生存之道是什么呢?这个问题很大,也很不容易讲清楚。倘若一定要给出答案,本书只能尝试回答云:是一种对于宇宙融熔直贯的全部人生的执着肯定的生命意识。简而言之,是生命的谢恩。

在描述的意义上,或许这回答并不为错。

然而,谁能担保来自任何人、任何角度的对这回答的理解不会出现偏差或失误?在学术研究中,把某些具有深刻意味的重要范畴或命题常识化,不是已经成为我们这个国度中的一个改不掉的陋习了吗?但愿人们不要在一般意义上去理解本书所讲的"生命意识"。在这里,"生命意识"已经被通体赋予了一种宇宙意蕴,一种最为灵动、最为深刻的东西。《易》曰:"天地之大德曰生。""生生之谓易。"老子曰:"大道氾兮,其可左右。万物恃之以生而不辞,功成而不有。衣养万物而不为主,常无欲,可名为小。万物归焉而不为主,可名为大。"墨子曰:"天欲其生而恶其死。"程颐曰:"天地以生物为心。"张载曰:"气化之于品物,可以一言尽也,生生之谓与。"这或许就是本书所讲的作为核心真谛或深层存在的中华民族生存方式中的生命意识?而倪云林

---

① 苏珊·朗格:《艺术问题》,中国社会科学出版社1983年版,第43页。

的"兰生幽谷中,倒影还相照。无人作妍媛,春风发微笑",司空图的"与道俱往,着于成春",苏轼的"自其不变者而观之,则物与我皆无尽也"的"沈藉乎舟中,不知东方之既白",或许也暗喻着本书所讲的作为核心真谛或深层存在的中华民族生存方式中的生命意识?都是的,但又都不是的。总而言之,"生命意识"是一种自由境界、意义境界。其内在真谛或许还是方东美先生讲得更为切题,更为透彻明白:"在中国人看来,自然全体弥漫生命,这种盎然生意化为创造冲力向前推进,即能巧运不穷,一体俱化,恰如优雅的舞蹈,劲力内转而秀势外舒,此时,一切窒碍都消,形迹不滞,原先的拘限扦格都化为同情多感,因此……自然与人生虽是神化多方,但终能协然一致,因为'自然'乃是一个生生不已的创进历程,而人则是这历程中参赞化育的共同创造者。所以自然与人可以二而为一,生命全体更能交融互摄,形成我所说的'广大和谐',在这一贯之道中内在的生命与外在的环境流衍互润,融熔淡化,原先看似格格不入的,此时均能互相逐摄,共同唱出对生命的欣赏赞颂。"①

不妨与西方略做对比。首先应该强调指出,严格说来,西方作为安身立命和自我拯救的精神家园或者说生存方式,并非美感心态(这与西方偏重从认识论角度探讨美的实体存在有关),而是宗教心态。这一点希望本书的读者铭记在心。② 然而,倘若抛开这个差异不谈,仅就作为向宗教心态过渡、超升的西方美感心态而言,那么,本书认为,其中最为核心的真谛乃至最为深层的存在,恰恰是一种与中国的"生命意识"截然对峙的"死亡意识"。它渊源于西方人与宇宙的对峙冲突的传统心态。"人类只是一些前因的后果,根本无法预见未来,他的一切根源、成长、希望与恐惧,一切爱与信,都只是偶

---

① 方乐美:《中国人生哲学》。
② 同时,西方的文化心态,包括下面提到的美感心态并非始终完全一致。本书在做比较时,一般以西方近代文化心态和美感心态的基本特色为主,这一点同样希望本书的读者铭记在心。

发元素的安排结果,因此,事实上没有任何热诚、任何英雄气概,或任何思想与感觉,可以在入土死亡之后,还能保存生命的。所以,当代所有的工作、所有的奉献、所有的启发、所有人类的天才,最后终将注定在太阳系中毁灭,而所有人类成就,更将不可避免地与宇宙残骸一起埋葬。人生就是短暂与无力,在人类全体来说,其劫数终将无情地继续下坠。"①如是就不难理解西方人为什么不能忘情死亡,为什么总是以死亡作为思考问题的出发点和最终归宿了。从苏格拉底的"死亡——不是生存,——才是得到纯粹智慧的最佳途径",柏拉图的"所一直萦绕于怀的,乃是在如何实践死亡",直到海德格尔的"畏死"或"向死而生",无疑统统应该看作西方"死亡意识"的最为集中的历史表现。应当指出,在这里,死亡并不是指生命的毁灭,而是指生命的界定。正是由于死亡的可怕,生命才变得格外可爱。"这也即是说,在死亡面前观照出来的人生,不仅是有生命的人生,而且也是自主的人生,这种人生的自由性在于:生命不是外加的固定物,而是自为的创造体。生命本身虽是创造的结果,但生命的诞生却不是创造的终结,而是创造的开始。这是一种双重的创造,一方面创造他物,一方面创造自身。如果不创造他物就无法创造自身,但如果创造了他物而被他物所物化,那么生命就会中断对自身的创造。因此,所谓生存,其实也是双重的生存——一方面创造世界,一方面创造自己,一方面为别人创造幸福,一方面也为自己寻欢作乐,一方面要体现自己的力量成为英雄,一方面又要保持自己的面目不为英雄的名目所外化,既然人生是这种双重的创造,那么当然不是固定的模式,而是不懈的追求和无穷的探索。"②

或许正是因此,在西方的美感心态中才那样频繁地涉及死亡。确实,再也找不到任何地方会像西方那样渴血一般去庄严体验死亡了。尼采宣布:

---

① 罗素:《一个自由人对神秘主义与逻辑的崇拜》。
② 李劼:《在死亡面前的人生观照》,载《上海文论》1987年第2期。

"对生命的信任已经消失,生命本身成为问题,但不要以为一个人因此成为忧郁者!对生命的爱仍然可能,只不过用另一种方式爱,就像爱一个使我们怀疑的女子。"伽尔文·托马斯则细致比较了"生命体验"和"死亡体验"两种美感方式。他说:"有一种快感来自单纯的动力和各种功能的锻炼,这种锻炼似乎是对生命本身的热爱,是一种生理需要。"然而他却认为:"我们倒是更喜欢那些痛苦的、可怕的和危险的事物,因为它们能给我们更强烈的刺激,更能使我们感到情绪的激动,使我们感到生命。""对于我们的祖先说来,死亡是最大的不幸,是最可怕的事情,也因此是最能够吸引他们的想象力的事情。"既然死亡会公平地降临在每一个人的头上,既然死亡会从每一个人的心头夺走生命的快乐,不妨干脆沉浸其中,去感受它、体味它、征服它,最大限度地实现自己的潜力和价值,普罗米修斯、俄狄浦斯、哈姆雷特……在西方的文学艺术作品和作品中的人物身上,我们读到的、看到的乃至感受到的,仿佛都是闪闪发光的两个字:死亡。难怪西方人要称自己的作品和作品中的人物是"向死亡的进军"呢。

中国的"生命意识"与西方殊异。它渊源于中国人个体与社会、人与自然的和谐统一的传统心态。因此,在生命的反思与体验中,它不是向前以死亡作为生命的界定,而是折回头来走向人所自来的母体子宫——生命的本真状态和自然的原始状态,走向圆满自足的自然感性。"今已为物,欲复归根,不亦难乎?"(庄子)然而又"旧国旧都,望之畅然"(庄子),这当然是借一种被动的方式去寻找生存之根、生命之根,或者说是"天地之根"、感性之根。虽然它达到的或许只是"能婴儿"和"天放"之类理想化的生命状态,然而谁又能说在这种追求之中,不曾蕴含着至今尚为人们所瞩目的某种审美人类学之思,蕴含着至今尚为人们所瞩目的某种感性之思呢?"道通天地有形外,思入风云变态中。"毋庸讳言,一旦重返感性之根,外在世界自然也就成为一个旁通统贯、大化流衍的生命境界,充满生香活意,盎然天趣。其神韵纡余蕴藉,泊泊不竭;其生气浩荡流淌,畅然不滞。它生生不息,绵绵不已,巧运不穷,一体俱化,恰似一曲酣畅淋漓的交响乐,范围天地而不过,曲成万物而不遗,使天地之间到处洋溢着欢愉奋发的生命乐章,犹如令人心旷神怡的生命舞蹈,神化多方而又卷舒有致,最终蔚为美轮美奂的太和秩序。而人立身宇宙之中,为万物之灵,就不能不纵身大化,与物推移,不能不参赞化育,与天地同其流。换句话说,"阳舒阴惨,本乎天地之心"。山川大地,万事万物都是宇宙自由活泼的韵律和元气淋漓的诗心的影现,作为宇宙创化的产物,人的审美愉悦,也就对应着这宇宙的自由活泼的生命韵律和元气淋漓的诗心,正像中国人一再慷慨宣言的:"诗者,天地之心。"

具体言之,中国人的"生命意识"包孕万类,同契妙道,借助变通化裁得以完成。正像方东美所讲的:"若以原其始,即知其根植于无穷的动能源头,进而发为无穷的创进历程,若是要其终,则知其止于至善。从'体'来看,生命是一个普遍流行的大化本体,弥漫于空间,其创造力刚劲无比,足以突破任何空间限制,若从'用'来看,则其大用在时间之流中,更是驰骋拓展,运转无穷,它在奔进中是动态的、刚性的,在本体则是静态的、柔性的。"[①]

因此,在中国人眼里,西方人的所作所为似乎难以让人理解。"生死亦大矣,岂不痛哉。"(王夫之语)可是,"未知生,焉知死?"在中国人看来,"知生之道则知死之道","非原始而知所以生,则必不能反终而知所以死"。他们把全部身心都投入了对生命的体验之中,生命的魅力,生命的快乐,生命的起伏,生命的忧伤,生命的节奏,生命的短暂……它们纠缠着、碰撞着、融贯着,呼喊出了中国美感体验中的最强音。倘若略做对比,那么,有如对于西西弗斯的生存之道的观照,西方看到的是巨石滚落的进程,中国看到的是推石上山的进程。前者为毁灭而痛心疾首,后者为创造而快乐欣慰,前者是死亡战胜生命,后者是生命战胜死亡。在这里不难发现,中国人瞩目的不可能是个体的、主动的人生,而只能是整体的人生、被动的人生。总之,或者推誉

[①] 参见方东美《中国人生哲学》。

"死亡",或者张扬"生命",这就构成了西方和中国的美感心态最为深层、最为鲜明的分野。

毫无疑问,正是由于上述原因,在中国美感心态中,才充溢着对生命的体验。"杏花疏影里,吹笛到天明",这是何等的泰然与宁静;"涧户寂无人,纷纷开且落",这又是何等的自由无碍,意趣盎然;"空山无人,水流花开""自荣自落,何怨何谢",更是流露出了中国特有的"只堪自愉悦"的美感心态。它"不知悦生,不知恶死",以宇宙的生命为生命,"浩然与溟涬同科",但又并非超尘出世,而是"起舞弄清影,何似在人间"。宇宙的至善纯美挟普遍生命同行,旁通贯流于每个人。而每个人又积极奋进,洋溢扩充于宇宙。人的生命与大化流衍的宇宙生命协合一致,精神气象与天地上下同其流,而其尽性成务又复与大道相互辉映。人的存在因此成为壮美的存在,人的生命因此而成为恢宏的生命,人生因此也就成为"美大圣神"的人生。

类似的证明似乎不难从儒道美学中找到,然而最具说服力的却似乎是禅宗美学。禅本来是佛教东来的产物。但出家做和尚在中国竟然也同样渗透了生命意味,依旧是遥遥指向人间、生命,而不是否定人间、生命的。在禅宗美感中,"更少具有刺激性的狂热,更少强烈激动的快乐,而毋宁更为平淡安静。它不是追求在急剧的情感冲突中、在严重的罪恶感痛苦中获得解脱和超升,而毋宁更着重在平静如常的一般世俗生活中,特别是在与大自然的交往欣赏中获得这种感受,从而它比那种强烈的激动的痛苦与欢乐的交响乐,似乎更能为长久地保持某种牧歌诗意的韵味。而它所达到的最高境界的愉悦,也是一种似乎包括愉悦本身在内的消失融化了的那种异常淡远的心境。这是因为,自己既已与佛融为一体,'我'已消失在宇宙本身的生命秩序中,自然也就不再存在包括愉悦在内的任何'我'的情感了。"禅宗美感"仍然保持了一种对生活、生命、生意总合之感性世界的肯定兴趣。这一点与庄子同:即使形为槁木,心如死灰,却又仍然具有生意,这恐怕就与其他宗教包括佛教其他教派在内并不完全一样。在禅宗公案中,所以用比喻、暗示、寓意的种种自然事物及其情感内蕴,就并非都是枯冷、衰颓、寂灭的东西;相反,常常是花开草荣、鸢飞鱼跃、活泼而富有生命的对象。它所经常诉诸人感受的似乎是:你看那大自然!生命之树常青呵,你不要去干扰破坏它,充满禅意的著名的日本俳句:'晨光呵,牵牛花把小桷牵住了,我去借水,也如此。'"①

　　不过,最为直接、最令人信服的例证还应从中国文学艺术中去寻觅。你看,仰韶文化中的白陶上的红色线条,轻快地在两条线中摇曳穿行,它不就象征着生命的流动和情感意绪吗?商周出土的钟鼎上,往往雕有蝉、蛹、鱼等,它们或者象征着旺盛的生命力,或者象征着永生和再生,不也折射出生命的快乐和深长的情怀吗?还有青铜、陶器、翠玉上的云雷纹、龙纹、凤纹乃至饕餮纹,也都在闪烁着生命的节奏。较为人们熟知的是春秋之际的"莲鹤方壶"。郭沫若论述云:"此壶全身均浓重奇诡之传统花纹,予人以无名之压迫,几可窒息。乃于壶盖之周群列莲瓣二层,以植物为图案,器在秦汉以前者,已为余所仅见之一例。而于莲瓣之中央复立一清新俊逸之白鹤,翔其双翅,单其一足,微隙其喙作欲鸣之状,余谓践踏传统于其脚下,而欲作更高更远之飞翔。此正春秋初年由殷周半神话时代脱出时,一切社会情形及精神文化之一如实表现。"②这"莲鹤"正是中国的"生命意识"的最早象征。还有中国的雕塑,体态矫健活跃,表现循环往复、运转无穷的生命雄姿。南阳汉画上,二龙相抱,展现出博大的生命精神。龙门石刻中,装饰的花纹、衣饰的皱褶均为回纹状,双手的上下、两足的位置,也都是回纹交往的姿势,一如易经之爻,象征阴阳和合之理,至于整个身体,又为影线条纹所组成,处处也都表现出生命循环的脉络。而"敦煌人像,全是在飞腾的舞姿中(连立像、坐像躯体也是在扭曲的舞姿中),人像的着重点不在体积而在那克服了地心吸

---

① 李泽厚:《漫述庄禅》,载《中国社会科学》1985年1期。
② 郭沫若:《殷周青铜器铭文研究》,转引自宗白华《美学散步》,上海人民出版社1981年出版,第30页。

引力的飞动旋律。所以身体上的主要衣饰不是贴体的衫褐,而是飘荡飞举的缠绕着的带纹(在北魏画里有全以带纹代替衣饰的),佛背的火焰似的圆光,足下波浪似的莲座,联合着这许多带纹组成一幅广大繁富的旋律,象征着宇宙节奏,以并包这躯体的节奏于其中"①,不妨把眼界再放开一些。全部中国文学钩深致远,变幻无穷,表现出的不统统是一个光辉灿烂的世界吗？这世界万物含生,浩荡不竭,生机无限,弥漫天地。中国书法是一个有生命有空间的立体味的艺术品,一幅字往往就是一曲音乐、一段舞蹈、一股生命之流。中国音乐"清明像天,广大像地,终始像四时,周旋像风雨,五色成文而不乱,八风从律而不奸,百度得数而有常"②,显然象征着宇宙的生命律动。中国舞蹈是高度的韵律、节奏、秩序、理论,又是热烈的生命、律动、力量、情感,是宇宙生机的具象化、肉身化。中国的诗歌则犹如大鹏展翅,扶摇直上而驰情入幻,在饱餐生命甘饴之后,又以诗心去点化生命之美,因此才会"情动于中,而形于言,言之不足,故曰嗟叹之,嗟叹之不足,故咏歌之,咏歌之不足,不知手之舞之足之蹈之也"。中国绘画更是提神太虚,俯视万物。其"主题'气韵生动'就是'生命的节奏'或'有节奏的生命'。伏羲画八卦即是以最简单的线条结构表示宇宙万相的变化节奏。后来成为中国山水花鸟画的基本境界的老庄思想及禅宗思想也不外乎于静观寂照中,求返于自己深心的心灵节奏,以体合宇宙内部的生命节奏"③。中国画面上生机无穷,犹如花朵含苞待放、婀娜多姿,花光披离,耀露神采,处处沁人心脾。一旦和风徐吹,便会恣意摇情,妙香披拂,展现出一幅生命酣醉图。而中国画的思想之空灵活泼,幻想之绮丽多姿,情调之雄奇摇荡,韵味之饱满清新,又莫不在其中汨汨流淌,了无遗蕴,所以才能美感丰赡,机趣熠熠,弥伦天地,周始无穷。

至此,或许会有不少读者会对中国美感之心态的深层结构中的"生命意

---

① 宗白华:《美学散步》,上海人民出版社 1981 年版,第 130 页。
② 《乐记》。
③ 宗白华:《美学散步》,上海人民出版社 1981 年版,第 103 页。

识"饶有兴味,并且自觉不自觉地去追索它的产生渊源。在这里,本书不妨略作剖解。显然,最为根本的原因无疑还要追溯到中国美感心态的不同社会历史背景,不过,对此,国内许多学者,包括本书作者在内都曾做过详细的论述,毋需赘述。值得着重剖析的倒是中西方文化心态对中西美感心态的上述差异的内在影响。本书曾经指出:中国文化心态的核心是自我萎缩。这种心态决定了中国人在被西方称之为"唯一问题"的死亡问题上的淡漠,犹如伏尔泰《老实人》中的"老实人"。"有时候邦葛罗斯对老实人说:'在这个十全十美的世界上,所有的事情都是相互关联的,你要不是爱居内贡小姐,被人踢着屁股从美丽的宫堡中赶出来,要不是受到异教裁判所的刑罚,要不是徒步跋涉美洲,要不是狠狠地刺了男爵一剑,要不是把美好的黄金国的绵羊一起丢掉,你就不能在这儿吃花生和糖渍佛手。'老实人道:'说得很妙,可是种咱们的园地要紧。'"中国人统统是这种"老实人"。他们沉浸在集体生活方式中,从来不曾走向个体生存方式。因此,重返母体成为唯一的目标。而母体所能做的恰恰是"无条件地肯定孩子的生命及其他的需要"。这种对生命的肯定具体说来:"其一是指为维护孩子的生命与成长所必不可少的关切和责任;其二则……把对生活的热爱倾注入孩子的内心,使他具有这种的感受:人生何等美好、童年何等可贵、生于斯世何等幸福……令孩子体味到降临这个世界多么欢悦,它不止把延续生命的愿望赋予孩子,而且还使其内心充溢着对人生的爱。《圣经》中还有另一处也象征性地表达了同样的思想。它把希望之乡(土地一向是母亲的象征)描述为'流奶与蜜之乡'。奶象征爱的第一层次,即关切和肯定;蜜象征人生的甘甜,对生命的爱,生的欢欣。"[1]如是中国人生息于母体之中,"凄然似秋,煖然似春,喜怒通四时。与物有宜,而莫知其极。""死与生与,天地并与。"因此,"得者时也,失者顺也。

---

[1] 弗罗姆:《爱的艺术》,四川人民出版社1986年版,第5页。

安时而处顺哀乐不能入也。此古之所谓悬解也。而不能解者,物有结之。"①成玄英注:"物有结之"为"当生虑死"。可见中国文化心态是与"当生虑死"的"物有结之"格格不入的。不难看出,在这种文化心态下形成的美感心态必然是对"生命"的反复体验。这种美感心态或许可用雅斯贝尔斯(Jaspers)的论述概括之:"因在艺术作品观赏之中,将艺术成为我自己的东西,而给人产生感动、解放感、快乐感、安全感。在合理之中,难接近于绝对;但作为直观的语言,(艺术)在完全当下显现的完结性之中,没有任何的不满足。一面打破日常性,又一面忘却现存之实在性,人会体验到一个大解放。在此解放之前,一切的忧虑与打算,快乐与苦恼,却好像于一瞬之间消失了。然而,在此一瞬间,人又一面仅仅想起抛弃了自己的美,而急转直下,返回到现实存在之中。观赏艺术这种事,不是什么中间的存在,而是一种别样的存在……艺术一面照出现存在的一切的深渊与恐惧;但在此处,是在较之最明晰的思维更为透彻的、确信存在的明朗意识之中,用光明充满了现存在。此时,人不仅离开了兴奋与热情,瞥见了一切东西在此所止扬的永远性;并且人自己也好像在永远之中一样。"②然而,这种"人自己也好像在永远之中"毕竟没有经过个体的严肃思考,因而就不能不含蕴着一种虚幻、一种自欺甚至一种真正的死亡。在这个意义上,中国美感心态又可以确切规定为"生中之死"。

  西方文化心态的核心是自我扩张。这种心态永远向前寻求父体。"儿童与父亲的关系是极为不同的。母亲是我们的家,我们来自那里;母亲是大自然,是土地,是海洋,但父亲却没有这些特征……虽然父亲不代表自然界,却代表着人类存在的另一极,那就是思想的世界,科学技术的世界,法律和秩序的世界,风纪的世界,阅历和冒险的世界。父亲是孩子的导师之一,他指给孩子通向世界之路。"因此西方人往往期望洞悉人生的所有奥秘——死

---

① 《庄子》。
② 转引自徐复观:《中国艺术精神》,台海学生书局,第113页。

亡自然不能例外。① 正像伽达默尔讲的："人性特性在于人能构建思索超越其自身在世上生存的能力，即想到死。这就是为什么埋葬死者大概是人性形成的基本现象。"毫无疑问，这种对死亡的关注源于充分发展了的高度自觉的个体，来自某种超越生命的深长思考。正像尼采所说："在痛苦之中除了喜悦外，同时还有智慧，它和前者一样，也是人类最佳的自卫本能之一。要不是这样，痛苦早就被祛除掉了。"②因此我们不能简单否定西方"死亡意识"的积极意义，它在心理学上是有其深刻根据的。弗洛伊德指出：对死亡的认识犹如儿童的某种游戏，"起初，他处在一种被动的地位——他完全被这种体验压倒了，但是通过将这种体验当作一场游戏来重复，尽管这是一种不愉快的体验，他却因此取得了主动的地位。""这个孩子从这种体验的被动接受者转变成这种游戏的主动执行者。"并且从"游戏中重复他的不愉快的体验……会产生另一种类型的愉快"③。在这个意义上，西方的"死亡意识"其实又是"死中之生"。难怪弗洛伊德宣称，"你想长生，就得准备去死"呢。西方美感心态就是在这一文化心态基础上产生的：本书称之为对"死亡"的体验。"在文学的领域之中，我们找到了我们所渴望的那种多样化的生活。我们似乎随着某一特定人物死去，实际上他死了，我们还活着。我们随时准备着下一个人物之死，而再次象征性地死去。"④正是在这种"象征性地死去"中，生命、心灵、性格，总之一切都被提升、丰富了。在本书看来，这正是被中国人一度疏忽了的西方美感心态的精华和真谛所在。

---

① 弗罗姆：《爱的艺术》，四川人民出版社1986年版，第48页。
② 尼采：《欢悦的智慧》，台湾志文出版社，第201页。
③ 弗洛伊德：《超越唯乐原则》，见《弗洛伊德后期著作选》，上海译文出版社1986年版。
④ 弗洛伊德：《目前对战争与死亡的看法》，见《弗洛伊德论创造力与无意识》，中国展望出版社1986年版。

第三节
"逍遥游"

执着的"生命意识",使得中国美感心态从来不曾被拘囿在文学艺术的疆域之内,而是始终一贯地瞩目于成就诗意化的人生、艺术化的人生。

因此,在中国,不仅文学艺术创造成为人生的象征,犹如远古时代的沟通天地、人间神秘关系的巫术职能。① 往往是"百年歌自苦,未见有知音",往往是"大音自成曲,但奏无弦琴",往往是"九皋独唳,深林孤芳、冲寂自妍、不求识赏",往往是"自适""娱己""遣兴""咏怀""怡神""情动于中而形于言"之类生命诗债的偿还。而且,人生更成为文学艺术的展开,既"洒脱自在"且"䜣合和畅",虽"胸次悠然"又"内省不疚",或"高栖遐遁"更"狂态宛然",是一首生机无限的诗,是一幅元气淋漓的画,是一纸爽朗轻举的书法,是一场飘逸流丽的舞蹈。

对此,中国人或称之为"闻道""体道",或称之为"与天为德""天人合一",但更普遍、更深刻、更准确而且更富有华彩的美称,则是"逍遥游"。

读者当然不会忘记,公元前 500 多年,当有人询问华夏民族的最高人生境界时,有一位思想家就曾经明确地回答说:"志于道、据于德、依于仁、游于艺。"这个思想家就是孔子。他所说的"游"当然不是"游戏"之意,而是一种充溢着自由感、解放感的最高的人生体验和人生境界,正像《礼记·学记》阐释的:"不兴其艺,不能乐学。故君子之于学也,藏焉,修焉,息焉,游焉。夫

---

① 因此文学艺术在中国起着调节人与自然,调节生命自身的作用。"天""地""人"三气,在文学艺术中得到协调。

然,故安其学而亲其师,乐其友而信其道,是以虽离师辅而不反也。"而孔子本人"吾与点也"的著名对话,则形象地揭示了他把外在的僵硬的"礼"转化为内在的融贯血肉的"仁",把社会、自然的客观规律"自律"为主体自身出乎天性的自觉欲望的美学追求。不过尽管如此,本书始终认为较孔子讲的更为深刻,更为通灵,更具宇宙意识和哲学意味的要推庄子。

作为在著作伊始便大谈特谈"逍遥游",并以"乘天地之正,而御六气之辨,以游无穷"贯穿于自己全部思想的思想家,庄子是深深地不以孔子为然的。因此,他不惜在《庄子》中伪造了一个老子教诲孔子何谓"游"的美学故事,甚至借孔子本人之口去指责孔子的未能道破"游"之三昧:"丘之于道也,其犹醯鸡与!微夫子之发雷吾覆也,吾不知天地之大全也。"这倒并非出自门户之见,"明乎礼义而陋于知人心。"难道不是孔子一派的失足所在吗?与孔子相比,"明乎知人心而陋于知礼义"的庄子一派对"游"的论述则确乎既全面又深刻,称得上大彻大悟了。在庄子看来,"游"是一种最高的精神自由在生命体验中所获致的审美愉悦。庄子指出:"夫道有情有信,无为无形。可传而不可受,可得而不可见。自本自根,未有天地,自古以固存。神鬼神帝,生天生地。在太极之先而不为高,长于太古而不为老。"①一方面,"道"的运行和创化是完全出乎自然,完全无意识、无目的的,另一方面"道"的运行与创化又无一不是合乎目的的。"道"是一种"无为而无不为"的无目的而又合目的的力量。它是一种生命,一种自由,一种"大美",是宇宙间最为神圣、最为微妙的境界。而人类若想达到自由,达到美,就必须去"体道",去全身心倾注于"道"的生命韵律之中,而这就是庄子再三致意的"游"。只是这种"游"并非"游乎尘垢之外"(那都是低层次的),而是"游乎无何有之宫",并非鲲鹏"水击三千里,抟扶摇而上者九万里"之游(那仍是低层次的),而是作为"无侍者"的圣人、神人、至人的"御六气之辨,以游无穷"之"游"。它因为"与

---

① 《庄子·大宗师》。

道为一"而达到自由,因为强烈地感到"道"的生命韵律而体味到美。它是人生的超脱与升华,"居尘"而"出尘",即居世间而出世间(西方恰恰相反。耶稣云:"人不能离去其父母妻子,则不能从我游。"),是一种既是客观时空的无限超越又是主观时空的无限超越的"调畅逸豫""恰适自得"的"至乐"——审美快乐。或许我们要指责庄子对宇宙自然的无条件顺从,要指责庄子近乎冷漠的虚无倾向,但我们更要给庄子以赞誉,因为正是他敏捷地洞察到应该从有限与无限的关系入手,从价值论、生存论入手,去把握稍纵即逝的美,正是他给了中华民族安身立命的精神家园。由是,庄子才超越时代、历史,成为中国乃至东方美学史中的巨人。

然而,"逍遥游"的美学真谛究竟何在?倘若完全不去顾及其中的"谬悠之说,荒唐之言,无端崖之辞",那么,或许应该说,"逍遥游"的美学真谛就在于,为宇宙人生确立生命意义,寻找永恒价值,挖掘无限诗情。换句话讲,"逍遥游"并非实体的,而是心理的。虽然"其心忘,其容寂",却又"凄然似秋,煖然似春,喜怒通四时,与物有宜而莫知其妙"。心理视界的转换,全然是其中的关键。因此,"逍遥游"的"乘天地之正,而御六气之辨,以游无穷者","逍遥游"的"乘云气、骑日月,而游乎四海之外","逍遥游"的"与造物者为人,而游乎天地之一气",就统统不是外在的奔波、流离、升天入地、跋山涉水,而是内在的审美态度的建立,是生命的沉醉,生命的祝福,生命的体味,生命的升华,生命的逍遥。

所以,在中国,最高的理想人格是一个对人生持有明慧悟性的达观和放浪的人,是一个爱好人生但又并不占有的持旁观、漠然态度的人,是一个白日生活中充满梦想,但在晚上做梦时又睁着一只眼睛的人,是一个无所谓痛彻的醒悟、无所谓过度的奢望、无所谓虚幻的憧憬、无所谓悲惧的失望的人,是一个放荡不羁、乐天知命、宽宏仁爱、幽默洞达的人。总而言之,是一个永远置身审美境界之中从不旁逸斜出的人。他们并不占有,却不会忘记欣赏;他们并不创造,却十分善于发现。人生的每一瞬间,他们都不难从中寻觅到耐人寻味的美。西方的诗人雪莱,自称尽其一生才有三个美好的时刻,但在中国却不至如是。明末美学家金圣叹就曾总结出自己日常生活中的33个美好时刻。诸如"看人作擘窠大书,不亦快哉!""推纸窗放蜂出去,不亦快哉!""作县官,每天打鼓退堂时,不亦快哉!""看人风筝断,不亦快哉!""箧中无意忽捡得故人手迹,不亦快哉!"等。

确实,在中国人看来,"人生几乎是像一首诗,它有韵律和拍子,也有生长和腐蚀的内在循环。它开始是天真朴实的童年时期,嗣后便是粗拙的青春时期,企图去适应成熟的社会,具有青年的热情和愚憨,理想和野心,后来达到一个活动较剧的成年时期。由经验上获得进步,又由社会及人类天性上获得更多的经验;到中年的时候,才稍微减轻活动的紧张,性格也圆熟了,像水果的成熟或好酒的醇熟一样,对于人生渐抱一种较宽容,较玩世,同时也较温和的态度;以后到了老年的时期,内分泌腺减少了它们的活动,这个时期在我们看来便是和平、稳定、闲逸和满足的时期。最后,生命的火花闪灭,一个人便永远长眠不醒了。我们应当能够体验出这种人生的韵律之美,像欣赏大交响乐那样地欣赏人生的主旨,欣赏它急缓的旋律,以及最后的决定。"[1]因此,"存吾顺事"。不论是童年、壮年和老年,不论是清晨、日午和黄昏,不论是春天、秋天和冬天,抑不论是饮酒、喝茶和闲谈,甚至不论是驿程、穷途和别离,"小大虽殊,逍遥一也"。而"没,吾宁也",死亡,不过是"与物冥","浑然与物同体","体天地而合变化"而已。伊川云:"邵尧夫临终时,只是谐谑,须臾而去。以圣人观之,则犹未足,盖犹有意也。比之常人,甚悬绝矣。他疾革,颐往视之,因警之曰:'尧夫平日所学,今日无事否?'他气微不能答。次日见之,却有声如丝发来。'大答云:'你道生姜树上生,我也只得依你'。"伊川病危之际,有人问他:"先生生平所学,正今日要用。"伊川说:"道著用便不是。"显然,"道著用"便为做作,也就是对生死尚有芥蒂。王阳明临

---

[1] 林语堂:《生活的艺术》,上海文学杂志出版社1986年版,第33—34页。

终之际,弟子问他有何遗言,阳明坦然而语:"此心光明,亦复何言。"这里的不"道著用"和光明常在,当然就是所谓"没,吾宁也"。

具体而言,"逍遥游"是生命的超越。陆九渊说:"人纵无心,道不外索,在戕贼之耳,放失之耳。古人教人不过存心,养心,求放心……保养灌溉,此乃为学之门,进德之地。"这里的"存心、养心、求放心"就是生命的超越。它从一个更高的角度观照人生,因而并不因循"戕贼""放失"的途径,把人生看成功利、机械或僵死的存在,而是视若元气淋漓的活泼生命,从而从中发现、寻觅或挖掘到某种意义、价值、诗情,或者某种"官天地、底万物""弘大而辟,深闳而肆"的温馨、柔情和灵性,最终虚怀以顺有,游外以弘内,栖居于一种"芴(寂)漠无形,变化无常,死与生与,天地并与,神明往与? 芒乎何之,忽乎何适? 万物毕罗,莫足以归"的超越心境之中,从而使生命在心理解放、心理自由的阳光中恬然澄明,"与物有宜而莫知其极。"于是,"众妙之门"轰然洞开了。

关于生命的超越人们谈得很多,本书毋庸赘述。在这里,有必要强调一下的是,生命的超越,有其特定的角度。从深层结构看,中国美感心态并不像西方那样瞩目于人生的占有,而是瞩目于人生的意义,借用王阳明的妙喻,不妨说,犹如一块精金,中国只重其成色是否精纯("是什么")而西方却重其分量究竟多少("有什么")。因此,生命的超越,在中国也就不像西方那样以认识论为依归,斤斤计较于思维与存在的同一性,而是以价值论为准则,孜孜追求着有限与无限的同一性。以意义为本体而不是以实存为本体,自然也就成为中国的生命超越的特定角度。这就是庄子讲的"混溟"("天地篇")。它不是西方那种此岸与彼岸间的形而上学的超越,而是不脱离有限、感性人生的"无不适则忘适矣"的超越。它既非出世、出生,又非居世、居尘,而是出世而又居世,出尘而又居尘。它既"独与天地精神往来",又"不敖倪于万物";既"上与造物者游",又"不遣是非,以与世俗处";既"相忘以生",又"与物为春",或许,这就是冯友兰讲的"以天地胸怀来处理人间事务","以道家精神来从事儒家的业绩"?

"逍遥游"是生命的直观。生命的直观与生命的超越互相关联,生命的直观为"逍遥游"——有限与无限的同一提供了中介。由于"逍遥游"并非旨在解决诸如主体与客体、主观与客观的统一如何成为可能,怎样才能观照到彼岸世界的美之类的认识论意义上的问题,而是旨在感性个体如何进入诗意的栖居,怎样才能超越有限与无限的对立去观照其中的永恒价值,因此,就不能不建构达成这一主旨的中介。生命的直观正是这样的中介。它是有限的生命把握自己生命的价值的特殊方式,是达到有限与无限的同一的特殊方式,是感性个体诗化人生的特殊方式。用中国人传统的语言讲,这就是所谓"大其心,则能体天下之物","知合内外于耳目之外,则其知也过人远矣。"(张载)"以心知天。……只心便是天,尽之便知性,知性便知天。当处便认取,更不可外求。"(程明道)道家所说的"德""性""心",儒家所说的"德性之知""圆照",禅宗所说的"不道之道""无修之修"以及"无知之知",其实统统讲的是这种生命的直观。这种生命的直观并非感性经验,也并非理性思维和形式推理,而是既理性又感性,既思维又直观,近乎康德讲的"理智直观"。它是超功利的,因此,要时时"离形""堕形体",使功利的欲念无处安放。它是超逻辑的,因此,要时时"去知""黜聪明",使思辨的活动无法展开;它是超时空的,因此,要时时"虚静""坐忘""无己""丧我",使客观的时空尺度化解消融……不难看出,这种生命的直观,已经十分接近于审美了。说到底,生命的直观正是一种审美的直观。审美,正是审美,为"逍遥游"——有限与无限的同一提供了中介。

第四节
"生命意识"的内涵

作为人生的象征,"逍遥游"在中国文学艺术中同样放射出耀眼的异彩。古人如恽南田在《题洁庵图》中指出:"谛视斯境,一草一树,一丘一壑,皆洁庵灵想之所独辟,总非人间所有。其意象在六合之表,荣落在四时之外。将以尻轮坤马,御冷风以游无穷。真所谓藐姑射之山,汾水之阳,尘垢秕糠,绰约冰雪。时俗龌龊,又何能知洁庵游心之所在哉!"①宗白华也曾断言:"中国诗人、画家确是用俯仰自得的精神来欣赏宇宙,而跃入大自然的节奏里去'游心太玄'。"因此,在中国文学作品中,深刻蕴藏着的,"不是像那代表希腊空间感觉的有轮廓的立体雕像,不是那表现埃及空间感的墓中的直线甬道,也不是那代表近代欧洲精神的伦勃朗油画中渺茫无际追求无着的深空,而是'俯仰自得'的节奏化了的中国人的宇宙感"和"游心太玄"的"与万物同其节奏"的"天人合一"的中国深层美感心态。② 不过,本书无暇深究其中的种种奥妙。在本书看来,不论是中国的文学艺术,抑或是中国的诗化人生,都无非是中国深层美感心态——生命精神的折射。因此,从本书的主旨出发,不妨回过头来,对其中的美学内涵略加展开,从而加深对中国文学艺术和中国的诗化人生的理解,或者说,加深对中国深层美感心态本身的理解。

要完成这一工作,还要从生命方式入手。苏珊·朗格指出:"要想使一种形式成为一种生命的形式,它就必须具备如下条件:第一,它必须是一种

---

① 转引自宗白华《美学散步》,上海人民出版社 1981 年版,第 54 页。
② 宗白华:《美学散步》,上海人民出版社 1981 年版,第 83 页。

动力形式。换言之,它那持续稳定的式样必须是一种变化的式样。第二,它的结构必须是一种有机的结构,它的结构成分并不是互不相干,而是通过一个中心互相联系和相互依存。换言之,它必须是由器官组成的。第三,整个结构都是由有节奏的活动结合在一起的。这就是生命所特有的那种统一性……第四,生命的形式所具有的特殊规律,应该是那种随着它自身每一个特定历史阶段的生长活动和消亡活动辩证发展的规律。"①毋庸讳言,关于生命方式的上述特征都会在与之相类似的文学艺术中找到的。"但是,我们必须记住,所谓类似就是不等同,与生命相类似的事物也就不一定与生命本身的图式丝毫不差,一种用来引起变化感受的创造式样,其本身并不一定要发生变化;一种用来引起明显的生长感受的创造式样,其本身也并不一定是在逐渐生长。艺术形式是一种投影,而不是一种复制,因此,在一件艺术品的构成要素和一个有机体的构成要素之间,是没有直接关系的。艺术具有它自身的规律,这就是表现性规律,它的构成要素都是虚幻的东西,而不是真实的材料;这些要素不仅本身不能与物理要素相比较,就是它的机能也不能与物理机能做比较,我们所要比较的是由这些要素构成的产品——表现性的形式或艺术品——的特征与生命本身的特征,是这两种特征之间的象征性联系。"②

这样,不妨将中国传统美感心态的"生命意识"的内涵剖析为下列几个方面。

"生命意识"的基本命运是幸运。对"生命"或"死亡"的审美体验分别表现为"幸运"或"厄运"等不同的命运感。尼采在《悲剧的诞生》中指出,希腊人是一个敏感的民族,"极能感受最细微而严重的痛苦"。著名的"希腊式的快活"其实只是"已近黄昏的灿烂的夕阳"。希腊人是彻头彻尾的悲观主义

---

① 苏珊·朗格:《艺术问题》,中国社会科学出版社 1983 年版,第 49 页。
② 苏珊·朗格:《艺术问题》,中国社会科学出版社 1983 年版,第 49 页。

者,他们以敏锐的目光看透了自然的残酷和宇宙历史令人恐怖的毁灭结局。因此在他们的美感心态中充满了一种"厄运"感。最典型的莫如莎士比亚的戏剧。"在莎士比亚剧中,命运女神象征着外在偶然事件对个人命运的影响。""莎士比亚思想中有一种基本信念,就是相信人类经验中有些东西是偶然的,不可以理性去说明的。"①但又不仅仅是莎士比亚的戏剧。在西方文学艺术中,从古至今都贯穿着这种"厄运"感。失望、悲观、牺牲、流血,或者是阴森恐怖的地狱游行,或者是渺不可及的天堂经历……不正是从这里,使人更深刻地感受到西方人无意识深处的种种失落吗?它给人的启悟不正是西方人希冀征服外在世界中所得到的种种烦闷、忧伤和沮丧吗?中国传统美感心态却不是这样。在中国传统美感心态中充溢着的是一种"幸运"感。外在世界虽然可能是邪恶的、幻灭的、是非颠倒的,但这肯定是暂时的。历史的脚步,时间之洪流,将把这一切统统抹去。它是作家艺术家所体验到的生命印象,这印象充满机遇,都折射出正在展开的和不可逆转的幸运的未来。所谓道路是曲折的,前途是光明的,所谓"天将降大任于是人也,必先苦其心智,劳其筋骨,饿其体肤,空乏其身,行拂乱其所为,增益其所不能",都不妨视作中国人"幸运"感的最好注脚。因此在中国美感心态中很少有西方的那种痛苦、激动、冲击力量,倒毋宁说是恬淡的、宁静的、温柔敦厚的甚至是随遇而安的。"死生存亡,穷达贫富,贤与不肖,毁誉,饥温寒暑,是事之变,命之行也。日夜相代乎前,而知不能规乎其始者也。故不足以滑和,不可入于灵府。使之和豫通而不失于兑(悦);使日夜无隙而与物为春,是接而生时于心者也。"②它的字里行间流淌着的不正是中国人的不无盲目地对世界、对社会、对人生的"幸运"之感吗?

"生命意识"的基本节奏是循环。苏珊·朗格对文学艺术中蕴含的生命

---

① 斯马特:《论悲剧》,转引自朱光潜《悲剧心理学》,人民文学出版社1983年版。
② 《庄子》。

节奏极为重视。她指出,文学艺术"这样一个与生命体相似的复杂网络为什么会以一个连续的动态式样持久地保存着呢? 其中一个原因就是这个变化式样的节奏性"①。确实,探讨中国传统美感心态的底蕴时其中的生命节奏不容忽视。在本书看来,中国传统美感心态所体现出的基本节奏是循环的。这不啻是一种"生命"所独具的节奏。有起落,有振荡,有高潮,有波折,有起讫,周而复始,循环不已。尽管"生命"的节奏次次受到破坏,但又一次次必然地得到恢复。生命的美好、快慰和蓬勃向上,在这里得到了高度的展示。"人闲桂花落,夜静春山空。月出惊山鸟,时鸣春涧中。""空山不见人,但闻人语响。返景入深林,复照青苔上。"如此清新、美丽,如此芬芳、绚烂,如此盎然生意。这被充分高扬的生命力,由于远远逸出了个体悲欢的狭隘藩篱,与对宇宙生命的探询、趋近乃至同一相交织,因而不仅达到了某种生命的极点,而且汨汨地渗透并转化为热烈的情绪、细腻的感受及其对生活的顽强执着。从而,一切人生感悟都具有了宇宙意味。扩而广之,不仅仅是对风景,而且对人世、对生死、对自然,从生离到死别,从哀伤到快乐,从社会动乱到个人悲怆,也都因为切入了这连绵不绝的生命节奏而变得异常动人。"天行健,君子以自强不息",这或许就是中国传统美感心态中循环不已的生命节奏的真实写照?

在中国文学艺术中最为集中地体现上述美感心态的,是对社会的伦理秩序的重视和大团圆的结局。就前者而言,正因为对循环不已的生命节奏的瞩目,中国文学艺术中很难找到个体的悲欢离合,触目皆是社会的伦理秩序的破坏与重建。从形式方面看,特色也十分突出。例如小说戏剧中的主角往往不只是一个人。刘、关、张、诸葛亮同是《三国演义》中的主角;武松、李逵、林冲、鲁智深同为《水浒》中的主角。戏剧如《桃花扇》《琵琶记》《牡丹亭》等也很难说主角只是一个人。之所以如此,就在于中国的小说、戏剧并

---

① 苏珊·朗格:《艺术问题》,中国社会科学出版社1983年版,第48页。

不以塑造人物或揭示某一社会问题为目的,而在于勾勒出全部的人间世界、社会秩序。正像唐君毅先生所说的,中国文学艺术"如一建筑,由各人物为纵横之梁柱以撑起。无中心之焦点,而经之纬之,以成文章。如阔大之宫殿,其中自有千门万户,故可以使人藏修息游于其中"①。结构问题也是如此。中国文学艺术中实在是无所谓始,无所谓终。创生、完美、末日、终极目的,这一切往往不被重视。中国的作家艺术家每每把宇宙的天覆地载,生命的盈虚交替,社会的盛衰治乱,自然的春夏秋冬,统统融入反复回旋、二元补衬的万象之中。由是我们不难解释中国诗词中惹人瞩目的起承转合及其字词句子的对偶,不难解释中国绘画中不可或缺的空白,不难解释中国书法中"气脉相连""血脉不断"的"一笔书",也不难解释小说戏剧中反复出现的四季循环、方向逆转或五行交替了。之所以如此,当然也在于中国文学艺术除人间世界、社会秩序外不存在其他任何焦点的缘故。所谓"身所盘桓,目所绸缪,以形写形,以色写色","无往不复,天地际也"。就后者而言,大团圆是为人所熟知的传统结局,但却很少有人对此做出深刻、精到的分析,原因在于未能把大团圆同循环不已的生命节奏联系起来考察。王国维指出:"吾国人之精神,世间的也、乐天的也。故代表其精神之戏曲小说,无往而不著此乐天之色彩,始于悲者终于欢,始于离者终于合,始于困者终于享。"②倘若从循环不已的生命节奏的角度去思考,不难发现,原来大团圆的美学根据正蕴含其中。而且,不从人物性格冲突以及具体矛盾对峙的角度看,而从人间世界、社会秩序的角度看,大团圆或许也自有其道理。它难道不是昭示着宇宙、社会、人类的盎然生机吗?

恰成鲜明对比,西方传统美感心态所体现出的基本节奏则是永不复返。生命的历程不仅仅是生,而且还是死。它代表着永不复返的生命节奏。这

---

① 唐君毅:《中国文化之精神特质》,台湾正中书局1981年版。
② 王国维:《红楼梦评论》,见《王国维文学论著集》,北京文艺出版社1987年版。

是人们仅仅能够享受一次的,不可逆转的生命节奏。假如说生命的循环节奏展现为旺盛生命力的蓬勃生机,生命的永不复返的节奏便展现为进入顶峰阶段的自我完满、自我实现中的紧张和激情;假如说生命的循环节奏从不结束(即使出现一个结局,也仅仅是人生简短插曲的暂时结束),从根本意义上讲,摆在它面前的,永远是生命的连续平衡,生命的永不复返节奏便是趋向毁灭的。它的结局往往是有价值的东西的彻底毁灭。还记得《被缚的普罗米修斯》中凄怨伤感的奥西安尼得斯之歌吗?"朋友呵,看天意是多么无情!哪有天恩扶助蜉蝣般的世人?君不见孱弱无助的人类虚度着如梦的浮生。因为盲目不见光明而伤悲?啊,无论人有怎样的智慧,总逃不掉神安排的定命。"由是正像尼采宣称的:"受痛苦者渴求美,也产生了美。"而在此基础上,西方文学艺术中强调矛盾冲突,强调以人物或社会问题为焦点,强调情感的驰而不返,强调二元对立的渐进结构,强调个体彻底毁灭的悲剧结局⋯⋯似乎都并非难以理解了。

"生命意识"的基本方式是集体救赎。中国美感心态的"生命体验"是集体的民族的或类的。正像中国台湾学者唐文标指出的:中国的心态是一种低限度的生存的心态。也许在这种贫瘠地区中,可解化约只有这样,用小家族方式来创造出最大可能的生存机会;一方面否定森林法则,用集体生存的意识代替自由竞争的心态,一方面把宗族的历史延续归结到最小因子,同时却最大限度保持互依互赖的原始公社式的社会共识,人类约定俗成一种公有的道德定位法。每人出生后立在时间历史和空间社会上有一个碑位,人的推移就是社会的推移。① 这样就不能不造成中国美感心态的类型化,所谓"以一国之事,系一人之本"。一些翻译家曾发现:"中国诗人很少用我字,除非他自己在诗中起一定作用(如卢全的《日蚀》),因此他的感情呈现出一种英文中很难达到的非个人性质。在李商隐描写妇女的某些诗里,究竟应加

---

① 唐文标:《中国古代戏剧史》,中国戏剧出版社1985年版,第14页。

上我(即从'她'的观点来看)还是'她'(即从诗人的观点来看),这是一个无法回答的而且难以回答的问题。仅仅由于英语语法要求动词要有主语而加上的我字,可以把一首诗完全变成抒发一种自以为是或自我怜悯的情绪。"①这或许便折射出了中国美感心态中"生命体验"的独特方式。或许正是因此,中国的叙事文学才不但不发达,而且其中的人物大多是类型化的。他们的性格基本不发生任何变化。不但没有性格冲突,而且不会经历什么激烈的道德斗争。或许也正是因此,中国的抒情文学才在"意境"的基点上趋于极致(意境,我已多次指出,它是类型化抒情的最高表现)。在中国的抒情文学中,作家、艺术家以追光蹑影之笔,写通天尽人之怀,读者则随着诗境的指引,涵泳乎其中,在拈花微笑中直探底蕴。在每一首诗、每一幅画,每一帧字、每一曲音乐中,中国的读者都不难将自己置换进去,参与其中,成为抒情主角。颇具启迪的是,有人研究了中外语言与文化心态之间的关系,以为:"汉语所反映的人与人、人与自然之间的关系是灵活的,其意思是说,我、你、他(包括我们、你们、他们),甚至人与自然之间都没有明显的界线,常常是可以互换位置的。"②这不能不使我们联想起中国的抒情文学。有人描述中国抒情文学的意境说:"始读则万萼春深、百花妖露、积雪缟地、余霞绮天,一境也,再读之则烟涛倾洞,霜飙飞摇,骏马下坡,泳鳞出水,又一境也。卒读之而皎皎明月,仙仙白云,鸿雁高翔,坠叶如雨,不知其何以冲然而澹,倏然而远也"③在这里,意境的逐渐登堂入室,显然是一步步非个体化的结果。在其中浮现着的,是集体救赎的斑斑异彩。相比之下,西方美感心态中的"死亡体验"则是个体救赎的。它只有在人们认识到个体生命自身就是目的,并且是衡量其他一切事物的标准时,才可能产生。因此假如在把个体与家族、社会融解在一起的中国还不可能把个体救赎作为充分意识到的生命形式,那

---

① 格雷姆:《中国诗的翻译》。
② 参见《国外社会科学》,1986年第8期《结构、文化和语言》一文。
③ 蔡小石:《拜石山房词》。

么在个体被充分高扬的西方则是完全可能的,最具说服力的就是西方的人物塑造的性格化、个性化。西方文学中的人物性格犹如埋在地下的种子,"在春天诞生,在夏天生长,在秋天凋谢,在冬天死亡"。他们往往一达到体力和潜力旺盛的顶点,便神秘地一落千丈,陷入苦难,并以死亡作为最后结局。然而正是在死亡面前,才展示出生命自身最深刻的价值和诗一般的境界,由乎是,就不难弄清楚西方文学为什么必须使人物通过种种动作,充分呈现出精神上、情感上和道德上的成长过程了。它们统统是为了完全发挥自身的生命力量或为了达到自身生命力量的极限而做出的,人物在剧烈冲突中度过一生(当然,这是大大缩短的一生,而不是真正经历了生理上、心理上多种变化的实际人生),只是为在某个特定侧面而实现自己的潜力和完成某种真正的命运。因此,他的全部生命都被集中在一个目标、一种激情、一次冲突乃至一次彻底失败之中。

"生命意识"的基本气质是"喜剧"和"春天"。加拿大学者佛莱曾经做过著名的"春天和秋天的人生对比"和"喜剧和悲剧的境界对比"。本书认为、这两组对比从微观的美学分析的角度,固然可以用来说明任何一个作家,任何一部作品,但从宏观的比较美学的角度,又确乎有助于说明不同国家的不同深层美感心态。在这里,就不妨说,中国深层美感心态中"生命意识"的基本气质是"喜剧"和"春天"。西方深层美感心态中"死亡意识"的基本气质是"悲剧"和"秋天"。"喜剧"和"春天"与"生命意识"关系密切。它们产生于一种生命感情的激动,产生于生命浪潮的起伏。生命一次次遭受挫折,但又不屈不挠,在每一次艰辛与坎坷之后,总是能开辟出一条生路。这种情景难道不正是生命力的化身吗?中国深层美感心态的真正本质在于生命力的运动和图式。它所以使人感到轻松愉快,全在于中国深层美感心态中对生命的挚爱。这挚爱使中国人对自身生存达到一种清晰的自我意识,他感到自己与世界的冲突是一种充满欢乐的遭遇,其中充满希望和诱惑,也充满危险和抗争;有幸运的机遇,也有暂时的失败;虽有失败,却不致毁灭,只要生命尚存,就不会有致命的打击。毫无疑问,这当然是一曲蓬勃生命力的赞歌。而"悲剧"和"秋天"却产生于对生命力突然毁灭的惋惜,是在与死亡的对抗中点燃起来的。这完全是另外一种性质的巅峰状态的美感,它赋予生命方式以高峰,赋予文学艺术以黑色的血液。

在中西文学艺术作品中,我们不难找到上述两组对比的影响。就"春天"和"秋天"的对比而言,在中国我们经常看到的是春天的"悦豫之情畅"。黎明、诞生、复兴、胜利、成功和不屈不挠的进取,创造;击败黑暗、战胜死亡、超迈冬天;欢欣团聚、庆祝以及对生命秩序将要逝去的关注,构成了中国文学艺术作品的主要内容。而在西方我们经常看到的是秋天的"阴沉之志远"。日落、毁灭、衰亡、垂死、暴毙与牺牲;混沌重临、英雄失败、国家式微;恐怖、悲惧、孤独、无望和屡战屡败,就构成了西方文学艺术作品的主要的内容。就"喜剧"和"悲剧"的对比而言,我们会看到更为大量的差异。首先,在喜剧境界中,人的世界是秩序井然的社团,或者是代表了生命秩序的圣贤、诗人或先知,到处是团聚、叙旧、欢欣、友谊、爱情,一派和睦的气氛。在悲剧境界中,人的世界是无秩序的一片混乱,孤独的个人、恃强凌弱的巨人、包打天下的英雄以及叛逆、别离、失恋、决斗、占有、地狱和血腥屠杀。其次,在喜剧境界中,动物世界是一群驯兽,牛、羊、狗、鸡、飞鸟、游鱼或者大鹏,在悲剧境界中,动物世界是一群野兽,虎、蛇、熊、野狼、食肉鸟、兀鹰等等。又次,在喜剧境界中,植物世界是花园、丛林、生命树和鲜花。在悲剧境界中,植物世界是邪恶的森林、恐怖的园林和死亡树。又次,在喜剧境界中,矿物世界是城市、建筑物、热闹非凡的庙宇或者其乐陶陶的乡村。在悲剧境界中,矿物世界是沙漠、岩石、废墟或十字架。最后,在喜剧境界中,流体世界是河流,清溪激湍,奔流不息。在悲剧境界中,流体世界是海洋,浊浪排空,日星隐曜。……遗憾的是,本书无法把这所有的对比加以展开论述——那该是何等动人心魄的一幕。好在本书还将不断提及这类对比,但愿能够弥补此处的部分缺憾。

附　录
杜诗中的幽默

或许我提了一个怪问题:杜诗中的幽默?

作为中国文学史上名炳千古的诗圣,诗歌星河中灿烂的北斗星,杜甫的作品博大精深,字字珠玑,句句血泪。"至于子美,盖所谓上薄风骚,下该沈宋,言夺苏李,气夺曹刘,挖颜谢之孤高,杂徐庾之流丽……则诗人以来,未有如子美者。"(元稹《杜工部墓志铭》)"由杜子美以来,四百余年,斯文委地,文章之士,随世所能,杰出时辈,未有升于美之堂者,况舍家之好耶?"(黄庭坚)历代对他的评论连篇累牍,赞不绝口,可我却只拈出"幽默"一义,该不是有点煞风景吗?像杜甫这样以"诗圣"的尊严威临着千余年中国文坛的泰斗,怎么能把他写成一个"温柔敦厚""爱开玩笑"的文坛墨客?肯定有人会作此想。

我的耽心并不是多余的。长期以来,人们都觉得杜甫是"诗圣",于是乎,"诗圣"杜甫便在每一位后来者面前板起了面孔:每饭不忘君,见花流泪,对月伤心,所思者何? 盖国计民生也。实际上,幽默并不辱没杜甫。因为,幽默并不就是打油,提高一点说,它是一种美学态度,指的是一种引人发笑而又意味蕴藉的情愫。对于冷酷的命运和惨淡的人生,幽默,是一种遁逃,又是一种征服,豁达的人往往一笑置之,实质上却出自参透人生世相的至性深情。就诗乃"痛定思痛"而言,我倒想率意言之云:诗和幽默是互为表里的。丝毫没有幽默的人,作不出好诗,也欣赏不了好诗。不能幽默是生命热力枯竭贫乏的症候,而这种症候是与诗无缘的。因此,林语堂故作惊人之论,说幽默是爱开圆桌会议的欧洲人的特产,而不爱开圆桌会议的中国人却不懂得幽默,真有些过分了,后人万勿信以为真才是。而胡适在《白话文学史》中提出"……杜甫有诙谐风趣……所以他处处可以有消愁遣闷的诗料,处处能保持他打油诗的风趣。""不能赏识老杜的打油诗,便根本不能了解老杜的真好处"。我们倒可以引为知音。像朱光潜、傅庚生两位老先生,也是如此。

我们知道,杜甫是个伟大的诗哲,他的诗篇写出了人间的不平,暴露了统治阶级的罪恶,是他冰清玉洁的人格的写照。从作品来看,杜甫创作的诗篇都和他的思想发展和生活遭遇有密切的关系,他把思想与生活上的多变化和矛盾的素材以及一切认识与感受到的意象,都忠实地反映在诗篇里。他那"出污泥而不染"的人格与诗篇中"沉郁顿挫"的风格融汇一体,形成了三种途径。三种途径都趋于"沉郁顿挫"的风格,却又各具特色。其一是激昂的放歌,反抗的呼声。这是杜诗中最引人注目的一部分,也是杜诗的精华所在。像"三吏""三别"等皆是。过去的著作、论文中已说过,毋庸赘述。其二是内心深处的呻吟。这反映了杜甫内心深处的矛盾。"乾坤万里内,莫见容身畔……归路从此迷,涕尽湘江岸。"(《逃难》)"疟病餐巴水,疮痍老蜀都。飘零迷哭处,天地日榛芜。"(《哭台州郑司户苏少监》)诗中蕴含着多少悲欢离合的情绪,凄惨流离的酸楚,家国之恨都蕴含其中,因此不宜作"碎拆下来"的理解,以免"不成片段"之嫌,而应与"国破山河在,城春草木深"放在一起咀嚼,应与老杜"沉郁顿挫"的风格连在一起去看,才能够虽未中而不远。其三是豁达、幽默的佳作,像"莫看江总老,犹被赏时鱼"(《复愁》),"晓来急雨春风颠,睡美不闻钟鼓传。东家蹇驴许借我,泥滑不敢骑朝天"(《逼仄行》)这类出色的幽默笔触,在杜诗中大量存在,比比皆是。或刻画伪妄,或抨击旧习,或针砭时弊,或自嘲自侃,机锋所向,往往发人深省,促人深思,表现了作家信手拈来、涉笔成趣的才能。它们犹如一颗颗灿烂别致的珍珠,散落和交织在他的诗篇中,放射出诱人的异彩,增添了作品的艺术魅力。

当然,并不是所有的人都能保持幽默。别林斯基说过,庸人们"一般还不会笑,更不懂得喜剧性是什么",当幽默一旦与俗陋、矫情相胶结,就会叫人肉麻,就会失去幽默本身,用肉麻当有趣来装潢的作品,必然是败胃的,必然与肉麻者同归于尽。幽默是诗人人格的表现。正如高尔基所云:"唯独那有着一颗伟大、坚强而健康的心灵的人,才能这样大笑。"唯其如此,只有一个情绪健康、格调不凡的人才会给人以幽默感。在生活中,他永远是乐观的、向上的,既不愁苦,又不哀怨。杜甫就是这样,他以自己"伟大、坚强而健康的心灵"灌溉了他诗歌的幽默感,给人以会心、醒目、提神、解颐的艺术享受。安禄山之乱后,至德二年(七五七年)八月,杜甫曾经受恩准,放还州省家,一路上,亲眼看到了由于统治者穷兵黩武、对外侵略、荒淫无度、宠任权臣所造成的凋敝及国破家亡的苦难。回家后,追叙这次回家的经历,杜甫写了不朽名作《北征》。诗之前段,杜甫写下了一路的所见所闻,"乾坤含疮痍""所遇多被伤""呻吟更流血""夜深经战场,寒月照白骨",真实地反映了当时的社会状况。接着,杜甫把笔一转,写了自己家的情景:

经年至茅屋,妻子衣百结。恸哭松声回,悲泉共幽咽。平生所娇儿,颜色白胜雪。见耶背面啼,垢腻脚不袜。床前两小女,补绽才过膝。海图坼波涛,旧绣移曲折。天吴及紫凤,颠倒在裋褐。

下面就是一大段为人熟知的一家人百感交集的喜庆场面的描写。严峻的生活,在杜甫面前却"百炼钢化为绕指柔",失去了吞噬一切的威慑力量,透过诗篇,我们看到的是一个心灵纯朴、意志坚强的人的至性深情。对生活给家庭带来的磨难,他淡淡地付之一笑。两个爱女衣服破了,没布可补,母亲只好用绣着水神天吴和紫凤的图幛去补缀。波纹坼裂,绣纹错乱,天吴紫凤,东歪西倒,穷困潦倒的生活,在杜甫眼中,却充满了幽默感。再如《自阆州领妻子却赴蜀山行》之三:

行色递隐见,人烟时有无。仆夫穿竹语,稚子入云呼。转石惊魑魅,抨弓落狖鼯。真供一笑乐,似欲慰穷途。

凄凉惨楚的逃难场景,却被杜甫写得生气勃勃。仇兆鳌注云:"末作自解之词,著眼在一'慰'字,林峦徊复,故山色递隐递见;山谷荒凉,故人烟乍有乍无。仆夫稚子,时而前后错行,则高语大呼,以防失队;时而相顾并行,则转石抨弓,以为戏乐。描情绘景,真堪入画。"杜翁所以能在艰难中见戏乐,正是他的至性深情迸射出的电光石火。其他如《空囊》:"囊空恐羞涩,留得一钱看。"《诗经》云"瓶之罄矣,维罍之耻",陶渊明亦云"尘爵耻虚罍",表现了士大夫对贫穷的豁达看法,杜甫诗源出于此。囊中将空,还是留下一个钱遮遮羞吧。雅谑之趣,透纸而出。《九日蓝田崔氏庄》"羞将短发还吹帽,笑倩旁人为正冠",翻用孟家落帽事,文雅旷达,堪称妙语。

杜甫很善于以亦庄亦谐的手法来表达自己的幽默。幽默,是矛盾的产物,人们对某种事物或现象感到可笑,往往是因为看到了事物的某种矛盾,例如违背了生活的常规而产生的内容与形式的不谐调,美和丑,庄严和无耻,高雅和俚俗滑稽地联结在一起……杜翁的过人之处正在于:他能以自己的至性深情,准确地体察到这种不谐调,使之强化、突出,构成幽默的意境。因为这种幽默是来源于生活的,作家又处理得水到渠成,天机自现,读者便很容易在此等境界中,得到思想的启迪和艺术的享受。像《为农》"远惭勾漏令,不得问丹砂",勾漏令,指晋朝葛洪。洪晚年以炼丹求长寿,杜翁把自己与葛洪并列,正为了强调相互间的不谐调,借幽默的口吻写出了自己的志愿。《陪王侍御宴通泉东山野亭》云:"狂歌过形胜,得醉即为家。"旷怀豁达,却非随遇而安之意,宴赏狂欢,悲歌可以当泣;临山以浦,远望可以当归。醉便为家,正借幽默的口气,反衬出"无家问死生"(《月夜忆舍弟》)的苦衷。

值得注意的是,杜诗的幽默中更多的是自嘲的蕴意。这种自嘲往往包含一种愤激的感情和深刻的理智,形式是自嘲实质是调侃世路,既充满幽默,又具有讽刺性,两者和谐地融为一体,像"杜陵野老",像"金陵布衣",还有上面举出的一些诗句,都可以看出这一点。由此可见,这自嘲是杜甫率真而风趣性格的表现,正如车尔尼雪夫斯基所说:"有幽默倾向的人,还必须具有温厚的、敏感的,而同时善于观察、不偏不倚的天性,一切琐屑的、可怜的、单微的、鄙陋的东西都不能逃过他们的眼。他们甚至在自己身上也发现许多这样的毛病。""所以,幽默家的情绪乃是自尊和自笑自鄙之混合。"[1]

我们知道,杜甫最好的诗大多是有感于国计民生而发的,但就是这些诗中,也不时地闪现出杜甫幽默谐谑、温文尔雅的特色。杜甫是深刻的,他善于透过表面的笑容或歌舞升平去发现历史的荒冢、现实的凝血和眼角的泪水,这一切,用幽默的笑写出,使人在笑意方生之时感到一种辛酸的苦涩。像《逼仄行》"晓来急雨春风颠,睡美不闻钟鼓传。东家蹇驴许借我,泥滑不敢骑朝天",朝廷吝啬得很,连一匹马都不给,杜甫便对其开了一个亦庄亦谐的玩笑。同诗中还有"速宜相就饮一斗,恰有三百青铜钱",则是又开了一个玩笑。但透过这些笑容,同时又能体味到诗人含着隐痛的内心,像《丽人行》,是描写杨国忠姊妹在长安水边游宴,只要我们熟悉当时历史,就不难察觉杜甫以幽默的语气作结的"炙手可热势绝伦,慎莫近前丞相嗔"中蕴藏了多少愤激之情。又像《饮中八仙歌》,写了贺知章等八名酒徒,各极平生醉趣,而且夹杂一些狂态,呈露出高才做诞的风标,但通过饮酒这种消极的避世和自弃,我们不也深深感到其中对统治秩序的不满与怨刺吗?《覆舟》之二:"竹宫时望拜,桂馆或求仙。姹女凌波日,神光照夜年。徒闻斩蛟剑。无复焚犀船。使者随秋色,迢迢独上天。"写了统治者想长生不死,派使者采丹药,舟船却一再倾覆于三峡。当皇上在竹宫拜望神光,派人在桂馆等候神仙时,也正是丹砂(姹女)沉没万顷波涛之时,荆人次非以剑斩蛟,晋人温峤燃犀驱怪的事似乎不灵了,皇帝未能成仙,倒是采丹使"迢迢独上天"了。幽默

---

[1] 车尔尼雪夫斯基:《美学论文选》。

的笔调中,凝结了无数血泪。由此可见,杜甫以幽默的笔触诱发的微笑,实际是肃穆的,有时是含泪的。假如说其中有笑意,那是含泪吞声的苦笑;假如说其中有谐趣,那是不寒而栗的苦趣。

作为一个与人民同甘苦、共患难的诗人,杜甫从统治阶级烈火烹油、鲜花着锦的歌舞升平中,看到了一个沉浮不定、祸福无常的阴影在徘徊。他清醒地看到在金碧辉煌的殿堂、煊赫体面的排场中,裹藏的是荒唐秽乱、侈糜颓坠,因此对其中某些庞大的、体面的、神圣不可侵犯的东西,表示了轻藐和嘲弄。他以幽默的笔触,从各个不同的角度,把社会的假面无情地揭开,褫其华衮,还其本相,有时哪怕仅仅揭开一角,也足够使人发出快意的笑。"毫无疑问,笑,这是一种最强有力的破坏武器,……由于笑,偶像垮了,桂冠和框子垮了,那奇妙的圣像也变成了已经泛黑的、画得很难看的图画。"[1]唐玄宗对杜甫是有知遇之恩的,因为"甫奏赋三篇,帝奇之,使待制集贤院"[2]。就个人而论,他爱戴这个明睿识才的君主,但是天宝以后的兵祸连结,却又是这君主骄奢淫逸的结果,杜甫是这样地鄙弃这个风流天子,以至一提起开元年间的情景,就忍不住感慨万端。"历历开元事,分明在眼前。无端盗贼起,忽已岁时迁。巫峡西江外,秦城北斗边。为郎从白首,卧病数秋天。"("历历"仇注云:"天宝之乱,皆明皇失德所致,次云'无端盗贼起。'盖讳言之尔。")仇某看出了诗的主旨,但认为是讳言则差矣。杜翁在此是以幽默的口吻在指责天子:放着好端端的太平日子不想过,无端乱搞,以致天下大乱。这闪烁其辞的"无端"实在是在绕着弯子骂天子"无道",极委婉又峻刻。次如《忆昔诗》"关中小儿坏纪纲,张后不乐上为忙",《数陪李梓州泛江,有女乐在诸舫,戏为艳曲》:"使君自有妇,莫学野鸳鸯。"《去蜀》:"安危大臣在,不必泪常流。"这些使人忍俊不止的谐笔,看上去是寓庄于谐的幽默,实际是杜甫

---

[1] 《赫尔岑论文学》。
[2] 《新唐书》。

心中滚滚岩浆的迸发。

由此我们看到,杜诗中的幽默是火热的,能点燃人们生活的热情;是端庄的,能引导人们进行严肃的思索;是苦味的,能支持人们直面惨淡的人生;是辣味的,能激励人们认识社会的实相,它有着政治上、思想上的深刻性,这表现在杜甫没有停留在一些表面现象的戏谑打闹上,而是用犀利的艺术刻刀,触及描写对象的灵魂深处和社会的底蕴,揭示出产生这种悲剧的阶级、社会、时代的根源,因而成为杜诗"沉郁顿挫"的风格的重要组成部分。

这里我要附带提及的是,杜诗的幽默特色的形成并不是凭空而来,除了诗人本身的原因外,与中国美学长期以来形成的那种智慧、达观、纯东方式的幽默感密切相关。长期生活在东方文化土壤中的中国人,尽管身心受到层层桎梏和压抑,但却从未丧失对生活的信心,他们对困窘生活的藐视和嘲弄,他们的乐观精神和智慧火花,常常在现实生活中质朴地表现出来。同时,在中国文学史中幽默也有其传统。作为善于向生活、民间和传统摄取养料的大家,杜甫诗中具有"幽默遗风"是不意外的,而且,杜诗中的幽默,也有别于西方现代玩世不恭的黑色幽默,具有独特的美学风格。

恩格斯有一句话讲得十分耐人寻味。他认为幽默是一个民族具有智慧、教养和道德上的优越性的表现。他说,工人"大多都抱着幽默的态度进行斗争的,这种幽默的态度,是他们对自己的事业满怀信心和了解自己优越性的最好证明"[1]。

因此,我们今天并不排斥美学的幽默,我们需要幽默参与我们的日常生活。

我们需要杜甫的幽默,我们继承杜甫的遗产,也应该而且必须包括这方面的遗产。

(本文写于1983年,发表于《江苏社会科学》1994年第6期)

---

[1] 《马克思恩格斯全集》第十八卷,人民出版社1964年版,第365页。

第三章

永恒的微笑

第一节
"温柔敦厚"

中国美感心态的深层结构的特色,同样是一个令人瞩目的根本性的问题。

我们知道,犹如海洋的生命运行,每个民族都曾以特有的生存方式在自己深邃莫测而又波涛浩渺的内心深处,不停地蓄积着洋流、信风、外流河和海底运动,又不停地释放着生命的美的胴体、力量、风度和智慧。正是因为有了这样无休无止、无往不返的生命海洋的蓄集与释放,正是因为有了这种息壤一样的生命海洋的巨大冲动,才有了不同民族的向真、向善、向美的恒河沙数般的生命创造。就像由于海洋生命的运行,才有了那斑斓的贝壳、紫色的海星星、咸涩清新的海风、轻嘘出的海雾,有了那看海的少男少女和轻轻荡漾的小船。

然而,应当如何对它予以理论说明和阐释呢?我认为,对于民族的生存方式,当然可以做出各种角度和不同层次的说明。这本身其实就是一个大题目。但是,假如从美学的角度讲,那么,与前述关于生存之道的理解相一致,生存方式指的是如何使人类的生存有意义,或者说,指的是人类生存的自由境界、意义境界的体验方式。在这个意义上,正如在上一章中生存之道涵盖的是一个特定的角度:对于以生存和死亡为核心的生命过程的某种情感体验,在本章中生存方式所指的同样只是一个特定角度,这个特定角度就是对以骤缓疾徐、高低强弱、成长与衰落、上升与下降、和合与分离为核心的生命手段的某种情感体验。

从这样一种特定的对于生存方式的说明与阐释出发,具体地去说明和阐释中华民族的生存方式或许就并不困难。在本书看来,从最为深层、最为根本的角度讲,或许可以把中华民族的生存方式简单表述为:情感节制基础上的内在和谐。正如可以把西方的生存方式简单表述为情感宣泄基础上的外在冲突一样。

这样讲,当然并不意味着中西方在情感方面有任何生理上的差别,而是说,由于中西方对情感的内容、情感的本质形成了不同的认识,因此导致中西方对情感活动采取了不同的心理方式。在这里,值得注意的是造成这种不同的认识的原因。毋庸讳言,这原因当然是在于中西方不同的价值态度、思维机制。倘若归结到一点,那么,本书认为,这原因就在于中西方对作为审美主体的人的不同看法。

我们知道,西方的人是独立于社会的"公民",西方的审美主体是个体化的审美主体,而中国的人却是融解于社会的"仁人",中国的审美主体却是集体化的审美主体。因此,在西方,"所谓情感,是指嗜欲、忿怒、恐惧、自信、嫉妒、喜悦、友情、憎恨、渴望、好胜心、怜悯心和一般伴随痛苦或欢乐的各种感情。"①也就是说,是一种"天性",一种自然规定,一种永不满足的生命动力。它时时要冲破坚实的理性地壳,喷射四溅,放射出夺目的光辉。毋庸讳言,这光辉正是十分壮观更十分神秘的美感在燃烧中所形成的光点。它不避讳痛苦,不避讳悲哀,不惧怕在悲剧的深渊里越陷越深,它甚至主动地残酷地去进行"灵魂拷问",尽管其结果往往是"在沉默中爆发",或者是"在沉默中死亡"。它希望借此去打破日益板结而麻木的心理稳态,在灵魂震撼中寻求赎罪,否定故我,以获得自我拯救、自我超越、自我完善……这样,不是外在力量对情感的规范和控制,而是情感的自然宣泄,就成为西方美感心态中深层的调节手段。而在中国,虽然也承认情感的自然本性、所谓"性之好、恶、喜、怒、哀、乐谓之情",并且以之贯穿全部审美过程,但它却是与西方的情感

---

① 亚里士多德:《伦理学》,第29页。

宣泄背道而驰的。在坚实的理性地壳面前,它不是拼死去冲破它,而是竭力去俯就它。它甚为得体地剔除自身中骚乱的成分,强制自己去迎和外界,表现出一种非凡的忍耐、从容的达观,"因其所大而大之则万物莫不大,因其所小而小之则万物莫不小……因其所有而有之则万物莫不有,因其所无而无之则万物莫不无。"[①]这样,不是情感的自然宣泄,而是外在力量对情感的规范和控制,就成为中国美感心态中深层的调节手段。也正是因此,在西方往往是外在的征服自然、征服生命、征服人生,在中国则往往是内在的享受自然、享受生命、享受人生。换言之,前者往往满足于"有什么",是外在的冲突,后者往往着眼于"是什么",是内在的和谐。

具体而言,中国人从特定的情感节制基础上的内在和谐的视角观照世界,因此能够对其中的生存内容旁通统贯以广大和谐之道。天与人互润、人与人感应、物与人均调,到处以内在的体仁继善、集义生善为枢纽,同情交感,怡然有序,上蒙玄天,下包灵地,质碍消融,形迹不滞,尽生灵之本性,合内外之圣道,参宇宙之神工,赞天地之化育,淋漓宣畅着生命的灿烂精神,蔚然成宇宙之太和秩序。老子周虚周行之妙道,孔子广大悉备之中和,《易》所垂诫,《诗》所咏歌,《书》所诏诰,《礼》所敷陈,以及《春秋》之大义,诸子之阐述,莫不包裹万物、扶持众妙、布运化贷、均调互摄、一体俱化、巧运不穷,内外相乎,彼是相因,履中蹈和,正已成物。以《易经》为例,唐君毅先生曾从内在和谐的角度,论及八卦的传统心态。指出:八卦最初所代表的八物,统统是两两对应,相反相感而又相生相成的,八卦所说的诸物之德,也是从它们与它物的关联中所表现出的刚柔动静上着眼的。"由此而八卦初所代表之物之德,皆不外刚柔动静。刚柔动静之德,唯由物之感通而见,亦即皆由虚之摄实,实之涵虚而见。易以八卦指自然物之德,于是可以进而以八卦指一切物在感受之际所表之刚柔动静之德,以见万物皆为表现虚实相涵之关系

[①] 《庄子》。

者。"而这万物的生成,往往是"此刚而彼遇之以柔,此动而彼能承之以静,刚柔相摩而相孚,动静相荡而相应,乃有虚实相涵摄之事,而后新物乃得生成,此即中和之所以为贵。刚柔动静不相济,不中不和,则二物皆必须自行变通,分别与其他物之刚柔动静可相济者,相与感通,以自易其德;使不得中和于此者,可得中和于彼。二物既分别得中和于彼,而分别易其德以后,则二物可再相感通,而刚柔动静皆得相济,以重有新事物之生成。由是而宇宙万物间,有一时不相感通而相矛盾冲突之事,而无永远冲突,永不得中和之理。……夫然,而不和者皆可归于和,诚善悔而善补过,则凶皆化吉,否者终泰,万物遂生生不息而不断成就,宇宙因以得永恒存在"①。唐先生的旁通广大之论,确乎为我们指出了深味中华民族生存方式的门径。

也许不需要把事情描绘得过于玄妙,因为在日常生活中我们同样不难见到上述心态的影子。请看中国人日常的娱乐方式:琴、棋、书、画、投壶、覆射、猜谜、划拳、品茶、养鸟、游山玩水……倘若与西方的斗牛、赛马、探险、决斗、化妆狂欢……相比较,实在要算严肃有余。一位西方作家曾经讲过,世界上有三种最美丽的形象:婆娑起舞的少女,乘风破浪的船帆,奔驰前进的骏马。这三种蕴含激烈的进取意识、狂欢的炽烈情感的形象,在中国却不能出现。或许,我们可以从中国传统的山川八景中得到某种启迪?平沙落雁,远浦归航,山市晴岚,江天暮雪,洞庭秋月,潇湘夜雨,古寺晚钟,渔村落照,在这些美丽的形象中,蕴含着的是恬淡的和谐意识,静谧的含蓄情感。更具说服力的是舞蹈。中华民族或许是最不能歌善舞的民族,我们的舞蹈最为全面地继承了原始文化中的人伦情感,但又最为彻底地排除了原始文化中的狂放舞蹈。还不仅仅如此,我们曾经成功地汲取了印度文化中的大量精华,但却固执排斥着印度的婀娜舞姿,使它未能在中国开出绚烂的花朵,这一切,难道不正蕴藏着中国美感心态中最为深层的秘密?

---

① 唐君毅:《中国文化之精神特质》,台湾正中书局1981年版。

不妨回过头来看看西方。西方人从特定的情感宣泄基础上的外在冲突的视角观照世界。在他们看来,"整个宇宙仿佛一个战场,很多现象在其中纷争不已:因为恶魔与神明在互争,所以人心中的魔念与天良也一直在交战,因为自然与非自然壁垒分明,所以自然中的次性与初性也尖锐对峙,又因为自然与人格格不入,所以人的萎缩自我也与超自我背道而驰,这种正反对立的关系是不胜枚举的,一言以蔽之,和谐的重要性要不就被忽略,要不就被无望地曲解了。"①由是"太阳每天都是新的""一切皆流,无物常往""一切都是斗争中产生的"……诸如此类的看法,充溢了西方美感心态历史的全程,直到霍布士的"人对人是狼",卢梭的"天赋人权",达尔文的"物竞天择,适者生存",尼采的"健康的自私",萨特的"他人即地狱",都是如此。因此,西方的情感宣泄基础上的外在冲突心态其实可以用歌德的《浮士德》中的几句诗去概括:"只要我一旦躺在逍遥榻上偷安,那我的一切便已算完!……假如我对某一瞬间说:请停留一下,你真美呀!你尽可以将我枷锁,我甘愿把自己销毁。"

最为典型的,还是文学艺术。在中国文学艺术中,中国美感心态中深层的情感节制基础上的内在和谐,有着典范的表现。

在中国文学艺术世界,生命如同舞蹈,酣然饱餐天地的喜乐,怡然体悟万物的生机,盎然纵浪自然的大化,绵延奔进,流衍互润,举手投足每每优雅合度,言谈话语无不楚楚动人。总持灵性,吐纳幽情,寄托遥深,裁成乐趣,使万象充满生香活意,蔚成绚丽美景。方东美先生曾经总而论之云:"周礼六德之教,殿以中和,其著例一也。诗礼乐三科之在六艺,原本不分,故诗为中声之所止,乐乃中和之纪纲,礼是防伪之中教,周礼礼记言之綦详,其著例二也。中国建筑之山迴水抱,得其环中,以应无穷,形成园艺和谐之美,其著例三也。六法境界之分疆叠段,不守透视定则,似是画法之失,然位置、向

---

① 方东美:《中国人生哲学》。

背、阴阳、远近、浓淡、大小、气脉、源流,出入界划,信手皴染,隐迹立形,气韵生动,断尽阂障,灵变逞奇,无违中道,不失和谐,其著例四也。中国各体文字传心灵之香,写神明之媚,音韵必协,声调务谐,劲气内转,透势外舒,旋律轻重乎万类,脉络往复走元龙,文心开朗如满月,意趣飘扬若天风,——深回宛转,潜通密贯,妙合中庸和谐之道本。其著例五也。"[①]

然而这看法毕竟失之粗略,不妨再谈得具体一些。

本书认为,中国美感心态中深层的情感节制基础上的内在和谐在中国文学艺术中的集中表现,是固有心态平衡的保持。也就是说,中国文学艺术虽然像西方文学艺术一样力求引起读者的心灵震撼,但结果却又不同。西方文学艺术是打破旧的心态平衡并建构新的心态平衡,中国文学艺术却是重建原有的心态平衡。悲剧不致痛哭,喜剧只能微笑;阳刚不及崇高,阴柔不及优美,表现偏偏无法酣畅淋漓,再现却又未能冷酷无情……总之,是一种"中和"的美学境界。而这一切,又可以从中国文学艺术的内容、形式以及美学风格诸方面去详赡破解。

在内容方面,中国文学艺术不像西方文学那样以悲剧为中心,重人与自然的对峙,重个体与社会的抗争,强调充满绝望感、幻灭感、恐怖感的外在冲突,而是以喜剧为中心,重人与自然的融合,重个体与社会的互润,强调充满安宁感、梦幻感、超越感的内在和谐。在中国文学艺术中,找不到西方文学艺术中时时出现的生死搏斗、痛苦挣扎之类如醉如狂的酒神精神,以及天崩地裂、宇宙末日之类一往不返的彻底毁灭,相反却是"直而温、宽而栗,刚而无虐,简而无傲……八音克谐,无相夺伦","乐而不淫,哀而不伤",因此很难见到在西方经常出现的悲剧。正如朱光潜先生分析的:"西方悲剧,不外两种:一种描写人与命运的挣扎,一种描写个人内心的挣扎。没有人与神的冲突,便没有希腊悲剧;没有内心中两种不同情绪与理想的冲突,便没有近代

[①] 方东美:《哲学三慧》。

悲剧。中国人的特点,在于处处能妥洽,上不怨天,下不尤人,是处世的好方法。这种妥协的态度根本上与悲剧的精神不合,因为他们把挣扎都避免了。"①即便写了悲剧性较为浓郁的作品,如《窦娥冤》《牡丹亭》《水浒传》《长恨歌》,也渗透了大量喜剧因子,突出的是悲痛之后的喜悦,绝望之后的超脱,挣扎之后的静寂,冲突之后的安宁,毁灭之后的再生。傅雷先生曾经敏锐地注意到:《长恨歌》"写得如此婉转细腻,却不失其雍容华贵,没有半点纤巧之病!(细腻与纤巧大不同。)明明是悲剧,而写得不过分哭哭啼啼,多么中庸有度,这是浪漫蒂克兼有古典美的绝妙典型"②。实在是独具只眼。因此,假如说西方的悲剧作品是"神圣的恐惧"(别林斯基语),中国的上述作品充其量也只称得上"甜美的怜悯"(莱辛语)。

对于个体与社会的关系,西方往往由二者的对立走向极端的个人本位论。与此相适应,希腊诸神式的冒险,哈姆雷特式的忧郁,麦克白式的野心,维特式的痛苦,浮士德式的进取,于连式的狂妄……充斥了西方文学艺术的字里行间。这些人物统统颇具强硬的男性气质,或者是集纯粹理智与意志于一身,以探索外在物质世界的奥妙为能事的科学家,或者是将一切情感生活抛弃在脑后,一味考察精神天国的真谛的思想家,或者是心灵世界充满跌宕起伏的波澜,在愤恨、悲伤、忏悔、祈求、狂欢、追求、失望、毁灭的内心搏斗中沉浮的文艺家,或者是崇尚自我扩张,在枪林弹雨和血雨腥风中征服人类社会的英雄,或者是自愿承担人世苦痛和患难,超脱尘世而又领死如饴的教士,总之是一些向外征服,永无宁日的人。但在中国则不然。由于强调个体与社会的统一,中国往往走向极端的社会本位论。在中国文学艺术中出现的人物形象也就往往颇具女性气质,或者是教化天下恩惠百姓的圣君、贤相、儒将之类的英雄,或者是功成不居、失败不馁、截断众流、气度不凡的豪

---

① 朱光潜:《悲剧心理学》,人民文学出版社 1983 年版。
② 傅雷:《傅雷家书》,三联书店 1981 年版,第 11—12 页。

杰,或者是宅心公平、一诺千金、伸张正义、打抱不平的侠客,或者是危急关头愿与国家、民族、文化共存亡绝续之命,以冷风热血痛悼乾坤的气节之士。"如以易经元亨利贞言之,豪杰之士,突破屯艰而兴起,乃由贞下起元之精神。圣君贤相,则元而亨者。侠义之士,其利也。气节之士,其贞也。知元亨利贞,终始不二,则亡国时之气节之士,亦即开拓世界之豪杰,而社会中在下之侠义之士,亦即在政治上之圣君贤相。"因此,"中国圣贤豪杰侠义之士,异于西方英雄者,在西方英雄出手总是不凡。而中国之圣贤豪杰侠义之士,则虽能杀身成仁,舍身取义,然当其平日,则和气平心,与常人不异。故文天祥作《正气歌》,咏浩然之正气曰:'天地有正气……于人曰浩然……皇路当清夷,含和吐明庭。时穷节乃见,一一垂丹青。'当时未穷时,唯是含和,当时既穷,则'为严将军头,为嵇侍中血,为张睢阳齿,为颜常山舌',惊天地,泣鬼神,或慷慨就义,或从容就义矣。知中国之圣贤豪杰之士,在平时即平常人,即知《儿女英雄传》中生龙活虎之十三妹,亦可为贤妻良母。……《三国演义》中关羽之过五关、斩六将,至败走麦城之一生之事,与诸葛亮之鞠躬尽瘁,死而后已,不过成全一个极平常之朋友兄弟之情。此中国之豪杰侠义精神之所以为伟大,亦中国精神之所以为伟大,乃平顺宽阔之伟大,而非向上昌起而凸显如西方式英雄之伟大也。"[①]验诸中国文学艺术,不难看出唐先生所论精辟、深刻而发人深省。作为极端的例子,不妨举出宗教艺术。在中国的庙堂中高踞神殿正中的主神台座上并受到善男信女顶礼膜拜的主神,往往端庄、秀丽、慈祥、静穆、妩媚多姿、文弱动人。它们并不以横眉立目的狰狞面孔使人们慑服,而是以一种宽容的仁慈、洞察的智慧和抚爱的善情使人们敬仰;它们不是刺激人们在人生的苦难面前激动起来,发出歇斯底里的狂呼、祈求、呻吟或走向反抗,而是以一种藐视一切人间烦忧、苦难、不幸的淡漠、镇静和飘逸,使人们的内心平静下来,以庙堂为人间苦难的圣地,以神殿

---

① 唐君毅:《中国文化之精神特质》,台湾正中书局1981年版。

为现实生活的花坛,转而从充满悲伤、惨痛、恐怖、牺牲的人世追求走向内在世界的灵魂洗礼。试想,这不正反映出中国文学艺术中人物形象的"平顺宽阔之伟大"吗?

人与自然,在中国人眼中,更是一片浑融无间的世界。自然界的万事万物,"暖焉若春阳之自和,故蒙泽者不谢;凄乎如秋霜之自降,故凋落者不怨。"它的生命荣凋,正意味着自身生命过程的必然结果。人类所应做的既不是违逆天道的无理干涉,也不是充满智心的人为造作,而是潜入森罗万象的自然中去静观鸢飞鱼跃之美。因此在中国的文学艺术作品中,没有西方常见的那种在自然的粗暴又复狂虐的巨大力量面前的恐惧、幻灭、压抑和千方百计的征服,而是一种"山林与!皋壤与!使我欣欣然而乐与!"的亲切、相契、慰安和"独与天地精神往来"的心心相印。荷马笔下的虽然"有紫罗兰一样美丽的色泽,但随时准备毁灭人类"的大海,莎士比亚笔下的吞噬一切、摧毁一切的暴风雨,笛福笔下的战胜荒凉小岛的鲁宾孙,安徒生笔下的宁愿舍弃大海的美人鱼,以及艾略特笔下荒原、地狱般的欧洲大陆,尸布、柴炭和灰烬般的天空和地球,在中国文学艺术的长廊中恍若隔世。见惯不惊的倒是《诗经》中清秀的绿波柳岸,《楚辞》中瑰丽的奇花异草,北朝乐府中粗犷的草原风貌、南朝乐府中清丽的水乡景致,"采菊东篱下,悠然见南山"的礼赞,"举杯邀明月,对影成三人"的浩歌,"但愿人长久,千里共婵娟"的眷恋,"山中何所有,岭上多白云"的怡悦,"相看两不厌,只有敬亭山"的无言对语,"江流天地外,山色有无中"的随遇而安……它们为我们谱写了一曲"天地与我并生,万物与我为一"的宇宙、自然与人的交响乐章。

在形式方面,中国文学艺术的基本特征是"不着一字,尽得风流",或者说是"曲"。这与西方绘声绘色的写实截然相反。所谓"曲",简而言之是"登彼太行,翠绕羊肠"。杨振纲《诗品解》对此曾做出精辟阐释:"此即所云文章之妙全在转者。转则不板,转则不穷,如游名山,到山穷水尽处,忽又峰回路转,另有一种洞天,使人应接不暇,则耳目大快。然曲有两种,有以折转为曲者,有以不肯直下为曲者,如抽茧丝,愈抽愈有,如剥蕉心,愈剥愈出;又如绳伎飞空,看似随手牵来,却又被风飏去,皆曲也。此行文之曲耳。至于心思之曲,则如'遥知杨柳是门处,似隔芙蓉无路通',又曰'只言花似雪,不悟有香来'。或始信而忽疑,或始疑而忽信,总以不肯直遂,所以为佳耳。"至于古典诗论、画论、书论、曲论和小说评点经常谈到的各种表现手法,诸如虚中求实、生中显熟、浅中寓深、朴中蕴雅,诸如以少总多、以小见大、正反对比、众宾拱主、宛转曲达,诸如星移斗转、雨覆风翻,隔年下种、先时伏着,横云断岭、横桥锁溪,将雪见霰、将雨闻雷,寒冰破热、凉风扫尘,竹箫夹鼓、琴瑟间钟,添丝补锦、移针匀绣,奇峰对扦、锦屏对峙,都无非是对基本特征"曲"的数不胜数的种种说明。

不言而喻,内容和形式两个方面的交融互渗,就形成了中国文学艺术的基本风格,这就是"温柔敦厚"。它表明中国文学艺术虽然在表现恢宏的场景和震撼天地的力量方面明显有所不足,但在表现小桥流水的高雅和清风皓月的柔美方面却又臻于仙境。它虽然不致给人某种如醉如狂、痛快淋漓的审美感,但却往往以一种温馨流丽、婉转幽深的风格,使人一唱三叹,流连徜徉。与西方的直率、深刻、铺陈和金刚怒目相比,它毋宁是委婉、微妙、简隽和菩萨低眉的。或许也正是因此,"剑拔弩张""抚剑疾视""使酒骂座""锋颖太锐"和"有讼言之色",在中国也就从无一席之地。罗素曾经谈道:"西洋的浪漫主义运动,引人向热血沸腾的路上走去。在中国文学史上,据吾所知,是没有类似这一回事情的。中国古乐,有的确是很美!但其音调静穆,若非洗耳恭听,万万辨别不出来。在美术上,中国人力求其细腻,在生活上,则力求其近情。他们决不崇拜那无情的伟男子,也决不让那热烈的情绪表现在外,不受节制。"这番话倒实在是旁观者清的肺腑之言。当然,在中西文学艺术的风格上做出这种区别,并不意味着否定中国文学艺术本身也有阳刚阴柔之分,所谓"骏马秋风冀北,杏花春雨江南"。只是与西方相比,中国从总体上看毕竟趋近乎柔,正像钱锺书先生讲的:"和西洋诗相形之下,中国旧诗大体上显得情感有节制,说话不唠叨,嗓儿门不提得那么高,力气不使得那么狠,颜色不着得那么浓。在中国诗里算得浪漫的,比起西洋诗,仍然是含蓄的;我们以为词华够浓艳了,看惯纷红骇绿的他们还欣赏它的素淡,我们以为直凭响喉咙了,听惯大声高唱的他们只觉得不失为斯文温雅。"①

要强调指出的是,温柔敦厚并不就意味着某种软弱或乏力,甚至也不意味着缺乏力量。恰恰相反,它却意味着强毅、沉郁和豁达,是出世形式下的入世,是退避形式下的进取。佛经上讲,有人问赵州和尚:"佛有烦恼么?"赵州和尚回答:"有。"又问:"如何免得?"答曰:"用免做吗?"不企求借助外力打破烦恼,偏偏"不断烦恼而入菩提",恰恰是温柔敦厚的真谛所在。在这个意义上,我们不妨说西方文学艺术的风格主要表现为一种精神的、主体的力量。前者是徒恃血气的匹夫之勇,后者则是沉绵深挚的仁者之勇。因此,中国文学艺术往往"百炼钢化为绕指柔",化外露的奔突为内在的含蓄、化粗犷的热烈为徐缓的平淡,使审美内容经过某种顿挫或迂回曲折,"从千回万转后倒折出来","敛雄心,抗高调,变温婉,成悲凉,婉约出之","以轻运重","寓刚健于婀娜之中,行遒劲于婉媚之内"。而这,恰恰显示出中国深层美感心态的深沉厚重、坚忍顽强。它使中华民族的生命韵律能与大化流行协合一致,精神气象能与天地上下同其流,道德自我更能与大道至善相互辉映,所有万物的仇隙、所有矛盾的偏见、所有割裂的昏念、所有杀戮的狂态、所有死亡的悲慨、所有顽劣的破坏,都在穆穆雍雍之中化为太和意境,一体俱融。

春秋时,孔子欲居九夷,或问:"陋,如之何?"孔子答曰:"君子居之,何陋之有?"确实,当再生代替了破坏,超越代替了竞争,和谐也就自然而然地遮蔽了冲突。在高山、在峡谷、在社会、在心中,迎来的统统是酣畅饱满、盎然不竭的生命凯旋。

---

① 钱钟书:《旧文四篇》,上海古籍出版社1979年版,第14页。

第二节
刚柔相济

为了有助于读者的理解，不妨再选择一个适宜的角度，对上述内容作一点集中的发挥。

然而，选择什么角度才是适宜的呢？在本书看来，最为适宜的角度莫过于中国的"阳刚""阴柔"以及"刚柔相济"等美感心态。对它们的深入阐释显然有助于对中国美感心态的深层结构的基本特色的理解。

先看阳刚。阳刚在中国深层美感心态中的地位大体与崇高在西方深层美感心态中的地位相近，但各自的美感特色又毕竟不同。遗憾的是，它们相互之间的深刻区别目前还很少被注意到。因此，我们不妨从对崇高与阳刚的比较中去把握阳刚的美感特色。我们知道，在西方，崇高是建立在情感宣泄基础上的外在冲突之上，也就是建立在个体与社会、人与自然的对峙冲突之上的。"在有崇高的地方，这个矛盾却不是在客体本身得到统一，而是仅仅上升到一个高度，在直观中不由自主地消除自己，于是看起来仿佛在客观中被消除的。"[1]崇高"把我们灵魂的力量提升到那样一个高度，远远地超出了庸俗的平凡，并在我们内心里发现一种完全不同的抵抗力量，它使我们有勇气和自然这种看来好像是全能的力量，进行较量"[2]。这一点与中国的阳刚根本不同。阳刚是建立在情感节制基础上的内在和谐之上，也就是建立在个体与社会、人与自然的和谐统一之上的。"大哉乾乎，刚健中正，纯精粹

---

[1]　谢林：《先验唯心论体系》，商务印书馆1981年版，第270页。
[2]　康德：《判断力批判》，商务印书馆1964年版，第85页。

也。""天行健,君子以自强不息。""大有,其德刚健而文明,应乎天而行。"在这里,"天"或"大"都蕴含阳刚的美感心态。它们的共同之处是"刚健"并非只属于客体或只属于主体,而是既属于客体又属于主体。也就是说在客体的宇宙万物的压迫下,主体并不是从中体味一种对立、恐惧或不安,而是体味到一种生命的欢欣、昂扬或泰然,因此"自强不息",使"万物皆备于我,反身而诚",最终"应乎天而行"。

具体而言,就阳刚美感心态中的客体而论,它与西方崇高美感心态中的客体的着眼点或许全然不同。在西方,着眼点往往在客体的体积和力量。"宏大的形状,纵使样子难看,然而由于它们的巨大,无论如何会引起我们的注意,激起我们的注意。"[1]"我们所称呼为崇高的,就是全然伟大的东西。大和一个伟大的东西是完全两个不同的概念。……后者是说:它是无法较量的伟大的东西。"[2]因此它是超越形式而趋向无限的心灵境界的。而中国阳刚美感心态中的客体却往往着眼于它的内在生命韵律。诸如"泰山之崇巍""垂天之云""沧江八月之涛,海运吞舟之鱼",以及"太空""大荒",在中国阳刚美感心态中统统着眼于它们的内在生命韵律,着眼于它们的"直""涩""粗""刚""健"等动态节奏,并且往往"由道反气":由"观化匪禁"的自然之"道",返回到"吞吐大荒"的主体的浩然之"气",从大自然的生生息息体会到人类的至刚至健。因此中国阳刚美感心态中的客体是无形式而又有形式的,是一种超越了客观形式的异质同构的生命形式。其次,就阳刚美感心态中的主体而论,它与西方崇高美感心态中的主体同样全然不同。在西方看来,"崇高之感的产生,一方面是由于我们自觉无力,受到限制,不能掌握某一对象,另一方面则是由于我们感到自己宏伟无比的力量,不怕任何限制,在精神上压倒迫使我们的感性的能力屈服的东西。这样说来,崇高的对象

---

[1] 荷迦兹:《美的分析》,转引自《古典文艺理论译丛》第5册,人民文学出版社1963年版。
[2] 康德:《判断力批判》,商务印书馆1964年版,第87页。

既然抗拒我们的感性的能力,这种反目的性也就必然会引起我们的不快。但是它同时又使我们意识到我们具有另外一种能力,这种能力胜过迫使我们的想象力屈服的东西,一个崇高的对象,正是由于它抗拒感性,因此对理性说来是有目的的,它通过低级的能力使人痛苦,这样才能通过高级的能力使人愉快。"[①]显而易见,在个体与社会、人与自然的对峙冲突中突出的是主体的理性。主体对客体的把握,也正是因为理性对感性的超越才得以实现的。而在中国,阳刚美感心态中的主体却是与宇宙万物契合无间、浑然一体的。一方面是"至大至刚",一方面同时就是"真体内充"。它借助"重返母体"而"浑沦一气""鼓荡无边",最终"吞吐大荒","舒之弥六合","塞于天地之间"。这或许就是所谓"物大我亦大"? 在这里,"一运之象,周乎太空",并非理性超逸而出去把握无限而又无穷的宇宙万物,而是感性本身具备万物,与宇宙万物的内在生命韵律相摩相荡、相始相终。最后,就阳刚美感心态的效果而言,它是"天地与立,神化攸同,期之以实,御之以终","因小技而窥天地",最终呈现为一种"参天地、赞化育"的既顶天立地又宽弘博大,既蓄素守中又自强不息的人格境界。而在西方却是超越感性,走向沉寂,是使灵魂受到震撼和洗涤,是对感性生命的鄙弃和否定,最终呈现为一种神秘狂热的宗教境界。

再看阴柔。阴柔在中国深层美感心态中的地位大体与优美在西方深层美感心态中的地位相近,但各自的美感特色也并不相同。之所以如此,其中的关键就在于各自的出发点不同。在西方,优美是建立在情感宣泄基础上的外在冲突之上,也就是建立在个体与社会、人与自然的对峙冲突之上。在这种对峙冲突中,观照到的仍然是主观意愿的向外投射,是客观化的主体。正像叔本华讲的:"主体,当它完全沉浸于被直观的对象时,也就成为这对象

---

① 席勒:《论悲剧题材产生快感的原因》,转引自《古典文艺理论译丛》第6册,人民文学出版社1963年版,第78页。

自身了","从而他觉得大自然不过只是他的本质的偶然属性而已。"①在中国就有所不同。中国的阴柔是建立在情感节制基础上的内在和谐之上，也就是建立在个体与社会、人与自然的和谐统一之上。因此在这里是主体否定自己，虚怀归物，"竟不知风乘我耶我乘风耶"呈现出的仍然是"思与境谐"的境界。

首先，从阴柔美感心态中的客体看，不复是"至大至刚"的宇宙万物，而是细婉柔美的宇宙万物。假如说在阳刚中展示的是宇宙万物的生命的气势磅礴，在阴柔中展现的便是宇宙万物的生命的恬淡冲和，"太和""惠风""独鹤""幽鸟相逐""奇花初胎""水流花开，清露未晞""清涧之曲，碧松之阴""晴雪满竹，隔溪泛舟"，它们体现的已经不是"直""涩""粗""刚""健"，而是"曲""淡""柔""微""静"之类的动态节奏。不过，它们的着眼点仍是宇宙万物的生命韵律。而西方优美美感心态中的客体却仍然是一个唤起主体情感反应的"导火索"，一种没有血肉、没有生命、空洞无物的符号外壳。它的着眼点也仍然是体积和力量。假如说阴柔是有形式而又超形式，优美则只有形式。其次，从阴柔美感心态中的主体看，它已经不是"横绝太空""吞吐大荒"的超人，而是"饮之太和""妙机其微"的"可人"。这"可人"不是猛烈地"吞吐"而是柔婉地"饮吮"着宇宙隐潜的生命运动，不是鼓荡浩然之气的"真体内充"而是"见素抱朴，少私寡欲"的"素处以默"，静而不寂，空而不死，而是"澄观一心而腾踔万象"，所谓"可人如玉，步屧寻幽，载行载止，空碧悠悠"。或许，这就是"物小我亦小"？而在西方美感心态中主体却被夸大割裂出来。它执意不发挥作用。里普斯曾经指出："当我将自己身体的力量和冲动投射到自然中时，我也就将我的骄傲、勇敢、轻率、顽固、幽默、自信心以及心安理得的情绪统统地移到自然中去了。只有在这个时候，向自然的感情移入才真正

---

① 叔本华：《作为意志与表象的世界》，商务印书馆1982年版，第252—253页。

成了审美移情作用。"[1]这无疑是一种典型的看法。最后,从阴柔美感心态的效果看,它是"落花无言,人淡如菊","如逢花开,如瞻发新",最终呈现为一种悦怿魂灵而又悠然自足,情韵悠悠而又生气流荡的人格境界。而在西方却是"主体在艺术形象里重新认识到自己,就像他们在现实界本来的那个样子,所以感到喜悦"[2],最终呈现出扩展、伸张、进取的感性境界。

或许从阳刚与阴柔之间的关系,能够更深刻地把握中国美感心态的深层结构的基本特色。不难想见,由于阳刚与阴柔都是建立在情感节制基础上的内在和谐之上,也就是建立在个体与社会、人与自然的和谐统一之上,因此相互之间也存在着深层的沟通。这样,固然"阳刚者气势浩瀚,阴柔者韵味深美。浩瀚者喷薄出之,深美者吞吐出之"[3],但是又"阴中有阳,阳中有阴……故独阴不成,孤阳不生"[4]。"阴阳刚柔,其本二端,造物者糅……糅而偏胜可也,偏胜之极,一有一绝无,与夫刚不足为刚,柔不足为文,皆不可以言文。"[5]因为"阴阳刚柔,并行而不容偏废,有其一端而绝亡其一,刚者至于偾强而拂戾,柔者至于颓废而阉幽,则必无与于文者矣"[6]。而西方的崇高与优美却都是建立在感情宣泄基础上的外在冲突之上,也就是建立在个体与社会、人与自然的对峙冲突之上,相互之间不可能存在深层的沟通。不仅不可能存在深层的沟通,而且反而相互尖锐对立。正像西方所一贯领悟到的:"崇高与美这两种观念是根据两种很不同的基础的,很难想象,几乎不可能

---

[1] 里普斯:《美学》,转引自《古典文艺理论译丛》第7册,人民文学出版社1964年,第80页。
[2] 黑格尔:《美学》第二卷,商务印书馆1979年,第249页。
[3] 曾国藩:《日记八则》。
[4] 王夫之:《正蒙注·参两篇》。
[5] 姚鼐:《复鲁絜非书》。
[6] 姚鼐:《海愚诗钞序》。

想象,如果把崇高和美调和在同一对象上,双方的情感不至因而削弱。"①倘若要说得更具体一些,那么也可以说,崇高和优美恰恰置身截然对立的两极,按照康德的看法,它们或者无形式或者有形式,或者主体被人为提升或者主体不动声色;或者美在感性形式,或者美在理性、内容。相比之下,中国的阳刚、阴柔却恰恰置身西方的崇高和优美的两极之间,它们"刚柔相济","于大不终、于小不遗。"既不像西方的崇高那样在庞大的宇宙万物面前顿起惊惧之念,也不像西方的优美那样在柔婉的宇宙万物面前突萌玩弄之心,而是一律融身大化,与物沉浮,"物大我亦大","物小我亦小",不惊惧,不玩弄。因此,中国的阳刚、阴柔与西方的崇高、优美相比,有其自己的特色,这就是既有形式又无形式,既存在主体的作用又不超出极限,既美在感性、形式又美在理性、内容。总而言之,是始终融洽统一的"天地之心",是始终融洽统一的自由境界、意义境界。

第三节
女性情结

对于中国深层美感心态中情感节制基础上的内在和谐,还有必要从心理分析的角度作一点剖析。

毋庸讳言,说中国美感心态的深层结构的基本特色是情感节制基础上的内在和谐,这很容易被理解和接受,但也很容易被误解,因为毕竟缺乏深层的心理分析。只有经过深层的心理分析,才有可能使其被准确地理解和

---

① 柏克:《关于崇高与美的观念的起源的哲学探讨》,转引自《古典文艺理论译丛》第5辑,人民文学出版社 1964 年版,第 59 页。

接受。

本书认为,从心理分析的角度讲,中国美感心态的深层结构的基本特色其实又可以称之为一种女性情结。说得更形象一些,在中国美感心态的深层结构中,我们不难体味到一种充满女性魅力的"永恒的微笑"。

所谓"情结",是指的一组一组的心理内容聚集在一起而形成的一簇心理丛。至于"女性情结"(或"男性情结"),则溯源于现代深层心理学的研究成果。许多心理学家都明确指出:所有的人都是先天的两性同体,即无论男性还是女性都既具有雄性的一面又具有雌性的一面。荣格认为:人们心灵中蕴含两个不同的原始模型:阿妮玛和阿妮姆斯(Anima and Aninus)。"阿妮玛原型是男性心灵的女性的一面,而阿妮姆斯原型则是女性心灵的男性的一面。每一个人都具有一些异性的特征,不仅仅从生物学的意义来看,男性和女性都分泌雄性和雌性的荷尔蒙素,而且从态势和情感的心理学意义上来看,男女双方都具有对方的种种特性。""男子经过很多代连续不断地向女人展示自身来发展其阿妮玛原型;而女人则通过向男人展示自己来发展其阿妮姆斯原型。历经了一代代的朝夕相处和相互影响,男性和女性都获得了异性的种种特征。这些特征有助其了解懂得异性并对异性做出恰如其分的反应。""假如要使人格得到完美的调节,达到和谐与平衡,那就必须允许男性人格的女性一面和女性人格的男性一面在意识和行为中显现自身。倘若一个男子只表现其男性特征,那么他的女性特征就会依然停留在无意识里。这样一来,这种女性特征依然不会得到发展,依旧会处于原始状态。这将会赋予他的无意识一种软弱的特性和敏感性,这就是为什么外表上最有男子气概、行为上最强健有力的男子其内心常常是软弱和柔顺的道理。"[1]因此,由于经历、教养和社会环境的不同,在个体的深层心态层次上,出现女性情结或男性情结并非咄咄怪事。推而广之,就民族文化心态而言,由于社

---

[1] 参见霍尔:《荣格心理学纲要》,黄河文艺出版社1987年版,第41—42页。

会、政治、经济乃至自然环境方面的影响,产生某种女性情结或男性情结,也就并非咄咄怪事。

就中国而言,母系社会发展得很充分,但由于其进入文明社会比西方早了一千多年,父系社会因此未能得到充分发展。这样,在中国美感心态中大量沉淀下来的往往是女性化的原始余绪(请参阅本书第一章:《孩提之梦》)。这方面的例子毋庸细寻。老子云:"谷神不死,是谓元牝。元牝之门,是谓天地根。绵绵若存,用之不勤。"字里行间折射出的正是一种女性的心态和特有的视角,所谓"天门开阖,能为雌乎"?而且,这种心态更深深潜沉在中华民族的内心深处。"知其荣,守其辱,为天下谷。为天下谷,常德乃足。""天地之间,其犹橐籥乎,虚而不屈,动而愈出,多言数穷,不如守中。""三十辐共一毂,当其无,有车之用。"这里的"谷""橐籥"和"无",都是某种内在空间的象征。按照荣格分析心理学的看法,岂不恰恰象征着繁衍万物的子宫和母亲,因此也就同样折射出一种女性的心态和特有的视角?(注意:海登和罗森伯格曾经转述埃里克森的理论,认为女性人格的关键是颇具建设性、创造性的生命内部空间感。参见他们所著《妇女心理学》第 54 页)除此之外,诸如"上善若水",诸如"曲则全",诸如"柔弱胜刚强",诸如"有生于无"等等,不也统统是女性心态的种种写照吗?对此,连老子自己也直言不讳:"天下之牝,天下之交(健)。牝常以静胜牡。"除了老子,在中国的其他思想家那里,同样可以发现同一心态。因此,林语堂才意识到应"以牝来代表东方文化,而以牡来代表西方文化"。意识到中国美感心态"颇似女性,脚踏实地,善谋自存,好讲情理,而恶极端理论"。顾随才意识到,中国诗"是女性,偏于阴柔、优美,中国诗多自此路发展"。至于西方,参照海登和罗森伯格在《妇女心理学》中讲的:"女孩刻画内部空间,而男子刻画外部空间。"考虑到在西方社会、政治、经济乃至自然环境影响下形成的重实、重有、重进取的种种心态,我们又可以称西方美感心态的深层结构的基本特色为一种男性情结。

这样,从女性情结和男性情结入手,我们就不难抓住情感模式的品质和特性,做一些深入的剖析。

情感模式的品质包括情感的倾向性、情感的深刻性、情感的稳固性和情感的效果性。

情感的倾向性是指情感指向的对象。在这方面,中国美感心态往往指向社会的治乱兴衰和自然景色。就前者而言,社会动荡,黎民疾苦,个人抱负,英雄伟业,统治者的横征暴敛、奢侈享乐,仕途挫折……因此而成为中国人美感评价的重要对象。就后者而言,自然景色更成为中国人精神世界的歇脚凉亭和避难所。而西方美感心态却往往指向上帝和爱情。宗教方面众所周知,毋庸赘述。爱情方面,正像恩格斯指出的:"性爱特别是在最近八百年间获得了这样的意义和地位,竟成了这个时期中一切诗歌必须环绕着旋转的轴心了。"[1]正是因为上述区别,中国美感心态似乎远较西方美感心态敏感、细腻,但却不如后者心胸开阔。

情感的深刻性是指情感在审美活动中表现出来的深浅程度。在这方面,中国美感心态远较西方美感心态深刻。这或许是因为中国美感心态是"美善相乐",西方美感心态是"美真统一"的缘故,因为"善"比"真"当然更富有感情色彩。因此,中国美感心态受情感的牵制很大,而西方美感心态却受认识的牵制更大一些。

情感的稳固性是指情感表现的稳定和变化程度。这个问题与上述问题密切相关。中国美感心态由于情感的深刻性胜过西方,因此情感的稳固性也胜过西方。他们的情感体验往往长期持续下去,很难改变,似乎不像西方那样喜怒无常、瞬息万变。

情感的效果性是指情感在审美活动中发生作用的程度。一般而言,中国美感心态的社会功能或许更大一些。它使审美体验与日常的一言一行、一颦一笑密切联系起来,使审美存在成为人生的最高境界。西方却不然。

---

[1] 《马克思恩格斯全集》第二十一卷。

他们的审美体验往往并不必然地付诸行动。因此,就情感的效果性而论,西方美感心态比中国美感心态要差一些。

不难看出,在上述对比中,中国美感心态清晰地暴露出自身蕴含着的某种女性情结。不过,更为令人瞩目的,还是中西美感心态在情感的基本特性方面的对比。

情感的基本特性包括情感的强度、情感的紧张度、情感的快感度和情感的复杂度。

情感的强度是指美感心态中情感体验的强弱程度。在这方面,中国美感心态由于指向社会和自然,因此情感体验的程度要较西方更为强烈。不过,这种强烈的情感体验,却往往缺乏一种明显的外部表现,不像西方那样更容易流露在外。之所以如此,与中西方的文化背景有关。弗洛姆曾经指出:弗洛伊德再三致意的"杀父娶母"情结,其中的"娶母"虽然不免荒谬,但他敏捷捕捉到的"杀父",作为一种文化现象,倒确乎是西方的典型写照。"在几千年的父权制社会中,存在着父亲与儿子之间固有的内在冲突。这种冲突是建立在父亲对儿子的控制以及儿子反叛父亲的愿望之上的。"[1]"杀父"反映出西方占上风的"儿子反叛父亲的愿望",作为对比,不妨进而指出,在中国盛行的是一种"父亲对儿子的控制"占上风的"杀子"文化。而在"杀父"或"杀子"的文化现象背后,隐隐浮现着的正是一种自我扩张的男性情结,或者是一种自我萎缩的女性情结。这样,中国的强烈的情感体验,就会在强大的社会超我(父亲)面前被迫压抑下来或者变形、改装。例如,中国的激情往往不惹人注目,但又不瞬息即逝;中国的愤怒往往是微愠的,但又偏偏余热常存;中国的快乐往往是适意的,但又值得反复品味。梁启超说中国的情感是"磊磊堆堆蟠郁在心中","极浓极温","像很费力地才吐出来,又像

---

[1] 弗洛姆:《弗洛伊德思想的贡献与局限》,湖南人民出版社1986年版,第37页。

吐出,又像吐不出,吐了又还有"①,确乎很形象。而西方的社会超我(父亲)形象不甚强大,本来不甚强烈的情感体验也很容易流露出来,例如,西方的热情往往是激烈的,但却色厉内荏;西方的愤怒往往是雷霆般的,但却瞬息即逝;西方的快乐往往是狂喜的,但却名实不符,等等。

情感的紧张度是指美感心态中想要动作的冲动。一般而言,在中国美感心态中是一种被动的情感,在西方美感心态中则是一种主动的情感。不论主动情感与被动情感都是必要的,同样牵涉到自我,差别在于相联系的兴奋程度和行动的冲动力量。就中国而言,由于社会超我的形象过分强大,自我要实现自己的目的就只能"借力打力",以退为进。"是以圣人后其身而身先,外其身而身存,非以其无邪,故能成其私。"②由是情感的唤醒就往往是"感物而动"(而且,假如说西方的主动情感发展到极点会演变为施虐狂,中国的被动情感发展到极点便会演变为受虐狂)。因此,中国人往往多有失去爱的体验,但却少有追求爱的体验(故中国多悼亡诗而少求爱诗);往往多有复仇雪耻的体验,但却少有攻城略地的体验(故中国多复仇性作品而少有进攻性作品);往往多有自我牺牲的体验,但却少有占有支配的体验(故中国多教化性作品而少科学性作品);往往多有与自然浑融一体的体验,但却少有向往彼岸世界的体验(故中国多自然诗而少宗教诗),如此等等。而且,另一方面,中国的被动情感也并非就没有力量或一无可取。弗洛姆分析说:"凡经商习医者,忙碌于无休止运转的运送带旁者,制作桌椅或从事体育者,皆被视为活跃能动。所有这一切活动都有一共同特点——旨在实现某一外在目标。人们所未曾考虑的恰好是活动的动机。例如,有人可能受深潜于内心的不安全感、孤寂感的支配或野心贪欲的驱使而无休止地奔忙于工作。

---

① 梁启超:《中国韵文里头所表现的情感》,转引自周振甫《诗词例话》,中国青年出版社1979年版,第331页。
② 《老子》。

在诸如此类的情况下,人皆是情欲的奴仆,他的活动实为'被动',他是被迫为之,他乃受动者而非'主动者'。在另一方面,对于那些喜好静坐沉思,除体味自我,自我与世界之纯然合一外无所欲求者,人们总是大加诋毁,斥之为'消极无为',因为其一无所'为'。其实,凝神玄思是灵魂的活动,是一切可能的活动中最活泼沛然者;仅在人获得心灵的自由与独立以后,它方可呈现。"①这分析对我们理解中国的被动情感是颇具启迪的。

情感的快感度是指美感心态中情感经验在愉快或不愉快程度上的差异。悲伤、羞怯、恐惧、悔恨,属于明显的不愉快情感,欢喜、骄傲、满意、尊敬,则属于明显的愉快情感。相比之下,在不愉快情感的体验上,中国美感心态的快感度要低于西方美感心态;在愉快情感的体验上,中国美感心态的快感度要高于西方美感心态。这无疑是因为中国美感心态的情感强度高于西方美感心态的缘故。总而言之,中西方美感心态在情感快感度上的差异,是受制于各种情感在快感度上的位置以及各种情感在情感体验上的强度的。

情感的复杂度是指美感心态中情感体验的成分因素。作为最为基本的情绪,显然只有快乐、愤怒、悲哀和恐惧四种,但在具体的情感体验过程中,它们却可以派生出无数的组合形态。倘若略做比较,不难发现,中国美感心态的复杂度要比西方美感心态高出许多。同样是羞耻,西方美感心态也许只会产生内疚、惭愧、懊悔之类的体验,中国美感心态则除此之外还会产生怨恨、痛苦、悲伤之类的体验;同样是愤恨,西方美感心态也许只会产生厌恶、仇恨、愤怒之类的体验,中国美感心态则除此之外还会产生惧怕、嫉妒之类的体验。之所以如此,当然还是因为中国的自我萎缩,以及自我萎缩基础上形成的被动情感等女性情结。黑格尔指出:"男女的区别正像动物和植物的区别:动物近乎男子的性格,而植物则近乎女子的性格,因为她们的舒展

---

① 弗洛姆:《爱的艺术》,四川人民出版社1986年版,第25页。

比较安静,且其舒展是以模糊的感觉上的一致为原则的。"①顾随看出中国人的"醉眼蒙眬",并且截断中流,概括言之说:"在中国诗史上,所有人的作品可以四字括之——无可奈何。"②这倒与黑格尔的看法不谋而合。"阴阳相薄","阴中有阳,阳中有阴……故独阴不成,孤阳不生"③。"端庄杂流丽,刚健含婀娜。"④"阴阳刚柔并行而不容偏废,有其一而绝亡其一,刚者至于愤强而拂戾,柔者至于颓废而暗幽,则必无于文者也。"⑤上述看法当然是对中国美感心态的复杂度的最为典范的说明。

不言而喻,中国美感心态的深层结构的基本特色显然并不适宜于上述条分缕析式的剖解和说明,但无论如何,这种剖解和说明毕竟道破了其中的某些秘密。中国美感心态的基本特色中蕴含着动人心魄的女性情结,中国美感心态中洋溢着某种女性的永恒微笑,——当我再一次面对这长期缠绕在心头的直感和由直感所引起的迷惑,似乎更深地领悟到了其中的真谛。我真高兴。

附 录
李后主为什么是"李后主"

李后主,在中国被称为"词帝"。他的作品的成功在学术界是毫无争议的。而从身份的角度,或许我们可以把他归纳为帝王诗人。在中国,从古到

---

① 黑格尔:《法哲学原理》,商务印书馆1961年版。
② 顾随:《顾随文集》,上海古籍出版社1986年版,第758页。
③ 王夫之:《正蒙注》。
④ 苏轼:《和子由论书》。
⑤ 姚鼐:《海愚诗钞序》。

今,身为帝王而又身为诗人、词人的,不在少数。可是,其中最最成功的,无疑是李后主,甚至,我还想说,其中唯一成功的,只有李后主。那么,李后主比其他的帝王诗人、词人究竟多出了什么?李后主诗词与美学的终极关怀的关系何在?这正是本文希望给以回答的。

一、"俨有释迦、基督担荷人类罪恶之意"

作为"愁宗",李后主毫无愧色

讨论李后主比其他的帝王诗人词人究竟多出了什么,开宝八年(975年)是一个重要的分界线。李后主生于公元937年,死于978年,作为中主李璟的第六子,他二十五岁继位,史称南唐后主。开宝八年(975年)被宋灭国。他也肉袒投降,做了俘虏,被囚居在宋都汴梁。学界普遍认为,正是这一年,构成了他一生的创作的重要分界线。也因此,从前后期的他的创作出发,无疑是讨论他的作品比其他的帝王诗人、词人究竟多出了什么的一个非常重要的角度。

纵观李后主前期的诗词创作,内容都是宫廷生活和男女情爱、柔靡绮丽而已,并没有什么过人之处。不过,其率真自然的风格,倒是十分突出,辞藻不加雕琢,真实、具体,善于捕捉一些非常鲜明生动的形象,勾勒有声有色的画面。例如他的《玉楼春》:

> 晚妆初了明肌雪,春殿嫔娥鱼贯列。
> 凤箫吹断水云间,重按霓裳歌遍彻。
> 临风谁更飘香屑,醉拍阑干情味切。
> 归时休放烛花红,待踏马蹄清夜月。

李后主的这首词,我们可以把它称之为南唐当时脍炙人口的"欢乐颂"。

中国美学历来都历来认为："欢愉之辞难工,穷苦之言易好。"可是,李后主这首词却突破了这一难点,写欢乐也写得很成功,大型晚会的盛景,恍如就在眼前。

而且,其中很值得注意的是,李后主的这首词还保持了他自己一贯的风格,痛快宣泄,真实倾诉,快乐得毫不遮掩。结果毫无例外地在帝王身段背后露出了词人本色。例如,在写舞会的时候,本来应该写它所象征的"国泰民安",但是他却忘记了自己的帝王身份,竟然一味关注舞女的表演,而且,关注的还不是舞步,而是舞女的雪白肌肤。再如,在舞会中舞曲一定很多,本来他也应该一并予以表彰,可是,他却表现得犹如一个文艺青年,只去在其中关注《霓裳羽衣曲》,所谓"重按霓裳"。更为特殊的是下片写到的舞会的结束,以作者的身份,也本应保持自己帝王的雍容身份,说几句祝福,可是他却又露出了酒醉轻狂的词人本色,竟然不顾自己帝王身份,抛开矜持高贵,纵马出宫赏月,而且还激动地狂拍栏杆。

当然,总的来说,李后主前期的作品跟后期还是有很大差距的,可以说是一个地下一个天上。就以他的两首《子夜歌》为例,第一首写于前期:

> 寻春须是先春早,看花莫待花枝老。
> 缥色玉柔擎,醅浮盏面清。
> 何妨频笑粲,禁苑春归晚。
> 同醉与闲平,诗随羯鼓成。

作品写的是李后主宫廷享乐生活,欢歌美酒、春光美人、及时行乐的人生态度,让我们想起唐代杜秋娘的诗句"花开堪折直须折,莫待无花空折枝",至于词的下片,更是浓墨重彩去写与美人对饮赋诗、调笑作乐,以至陡生"移情",叹息春归也晚。"生于深宫之中,长于妇人之手"的李后主,与美女"同醉""闲评"的生涯清晰可见。

但是,第二首《子夜歌》就完全不同了。

人生愁恨何能免？销魂独我情何限！

国梦重归，觉来只泪垂。

高楼谁与上？长记秋晴望。

往事已成空，还如一梦中！

在第一首《子夜歌》中，我们可以耳闻目睹李后主的生活，可以艳羡，可以不屑，可以批评，但是，就是不会感同身受，因为我们毕竟不是帝王，更没有生在帝王之家。但是第二首《子夜歌》就不同了。李后主所吟咏的一切，我们都可以感同身受，都可以觉得是"人人心中所有，人人笔下所无"。《唐书·乐志》曰："《子夜歌》者，晋曲也。晋有女子名子夜，造此声，声过哀苦。"与第一首《子夜歌》的欢歌美酒、春光美人不同，第二首《子夜歌》是已然回复了"声过哀苦"。从表面看，作品写的是一个亡国之君、阶下之囚的感情历程，尤其是因妻子被赵光义霸占而产生的悲愁，但是，从深层的角度看，又不难发现，作品又写出了每一个情感失意者的共同心声。江淹在《别赋》中说："黯然销魂者，唯别而已矣。"李后主写出的，正是别国、别乡、别家、别爱……一切的一切都已被"别"。古人云："心入古境中，君愁我亦愁。"李后主写出的，正是这样的万人愁、万古愁。例如，"人生愁恨何能免"，"故国梦重归，觉来只泪垂"，"往事已成空，还如一梦中"，这样的句子，自然而无雕饰，率真而不虚假，好像从心中流淌出来的，但是却又字字含泪，句句凝血，多少辛酸包含其中，多少感喟，令人心动！法国著名作家缪塞说过："最美丽的诗歌是最绝望的诗歌，有些不朽的篇章是纯粹的眼泪。"李后主的词句真足以当之。中国词史中有四大宗匠，其中有"闺语"李清照、"情长"柳永、"别恨"晏殊，当然，也少不了"愁宗"李煜。其实，仅仅就从这首词，我们就深信：作为"愁宗"，李后主毫无愧色！

"大小固不同"

当然，讨论李后主比其他的帝王诗人、词人究竟多出了什么，还可以有另外一个角度,这就是与其他的帝王诗人词人的比较。

以乾隆皇帝为例,他对于诗歌的爱好可能要算是一个奇迹了。他一个人一生中所写的诗,几乎就可以相当于一部全唐诗,一共四万一千八百首,当然,"居高声自远",当时的人可能不便多加褒贬,那么后人的评价如何呢?几万首组合辙合韵的句子而已,一块被嚼了几万遍的口香糖而已。试问而今又有谁会认可他的诗歌呢?难道乾隆皇帝就不想让他的诗歌不朽吗?难道乾隆皇帝就没有倾尽全力地去努力过吗?结论无疑不应该是这样!

乾隆皇帝之外,其他的帝王也就是特定政权的领导者中爱好诗词的,情况也大同小异。例如宋太祖赵匡胤的《初日》:"欲出未出光邋遢,千山万山如火发。须臾走向天上来,赶却残星赶却月。"例如明太祖朱元璋的《咏日》:"东头日出光始出,逐尽残星并残月。骞然一转飞中天,万国山河皆照着。"又如黄巢的《菊花》:"待得秋来九月八,我花开后百花杀。冲天香阵透长安,满城尽带黄金甲。"这样的诗歌能算是诗歌吗?霸气十足,流氓气十足,无赖气十足!但是,难道他们就不想让自己的诗歌不朽吗?难道他们就没有倾尽全力地去努力过吗?结论或许也不应该是这样!

不论是乾隆皇帝,还是赵匡胤朱元璋黄巢,他们的诗歌比李后主究竟缺少了点什么?

在爱好诗词的所有的帝王也就是特定政权的领导者中,跟李后主最为接近的,要算是宋徽宗了。人们都说,有两对帝王生平很相似。一对是杨广和陈后主,他们都以好音律和荒淫而误国,所以李商隐说:"地下若封陈后主,岂宜重问《后庭花》。"还有一对,就是李后主和宋徽宗。他们两个,应该称得上是隔代知音。两个人都是"做个名士真绝代,可怜薄命为君王"!一个是阆苑仙葩,一个是美玉无瑕;一个是天才的诗人,一个是一流的画家;一个是"金错刀",一个是"瘦金体";一个是"违命侯",一个是"昏德侯";一个好佛,一个好道。有人说,宋徽宗是李后主转世,据说宋徽宗的父亲神宗在他出生之前曾在秘书省看到李后主的画像,"见其人物俨雅,再三叹讶,而徽宗生。生时梦李主来谒,所以文采风流,过李主百倍"。如果从两个人的相似度非常之高的角度来看,我认为,这个传说还是颇有道理的。何况,他们两个人还都是俘虏,都客死于异域。而且,应该说宋徽宗的下场比李后主还要悲惨,他做了外民族的俘虏。可是,当从美学的角度来反省这段历史的时候,我们却不难发现,宋徽宗远远逊色于李后主。

我们以宋徽宗的《燕山亭·北行见杏花》为例,这是宋徽宗的最后一篇作品,也是徽宗词作中最为优秀的代表作:

> 裁减冰绡,轻叠数重,淡著燕脂匀注。新样靓装,艳溢香融,羞杀蕊珠宫女。易得凋零,更多少无情风雨。愁苦。问院落凄凉,几番春暮?
> 凭寄离恨重重,这双燕,何曾会人言语。天遥地远,万水千山,知他故宫何处?怎不思量,除梦里有时曾去。无据。和梦也新来不做。

这首词是宋徽宗在1127年被虏后北行途中,看到燕山杏花开放有感而作。清人朱孝藏编的《宋词三百首》,开篇就是这一首。不过,我认为这主要是因为宋徽宗的地位使之然。如果非要较真,完全以美学标准来考察,那必须要说,这首词还确实是非常一般的。可是,看一看宋徽宗所遭受的人生苦难,那可是真的要超过了李后主的几倍的。李后主固然是在不惑之年肉袒出降,被押解汴京,两年多的时间,在那里以泪洗面,42岁生日时被宋太宗赵光义鸩杀,时值七夕,真可谓惨矣。而宋徽宗呢? 46岁时,1127年,宋徽宗和儿子连同皇后、太子、公主、嫔妃及诸王宗室眷属三千余人被金人押解北上,辗转流徙的地点包括燕京(北京)、中京(内蒙古宁城西大明城)、上京(内蒙古巴林旗南)、韩州(辽宁昌图县北八面城东南)、五国城(黑龙江依兰),前后八年,直到客死异域。那么,按照中国人的说法,应该是"国家不幸诗人幸",宋徽宗又是艺术名家,完全有理由写出不朽名作的,可是,事情的结果竟然偏偏不是这样。

不妨来具体看一下宋徽宗在"北行"中是怎样去"见杏花"的。杏花,是一个客观对象,但有时也是一个审美对象。我在上美学课的时候经常说:杏花之类的客观对象在成为审美对象的时候所显示的并不是自身的价值而是那些能够满足审美者自身需要的价值。因此,一个人高兴的时候才会发现鲜花也喜笑颜开,一个人不高兴的时候也会发现鲜花竟愁眉紧锁,鲜花,其实就是审美者的心胸与心态的一面镜子。由此,我们来观察宋徽宗所"见"的杏花,不难发现,在杏花的背后折射的,仍旧是宋徽宗的帝王心态:在流徙途中看到盛开的杏花,然后联想到春暮,于是又联想到自己的苦难,最后,自然而然地触发故国怀思。如此写来,诗则诗矣,但是,却实在难称佳作。因为我们每一个人都不会感同身受,都不会触发自身的情怀,而只会作"壁上观"地叹一声"可怜"!但是,毕竟又与我们何干? 更何况,即便是这样一点"帝王心态",竟然还是温柔敦厚、扭扭捏捏地通过什么"胭脂匀注"、什么"艳溢香融"、什么"羞杀蕊珠宫女"写出来的,读之使人格格不入。设身处地地想一想,假设你是一代帝王,假设你昨天是骄奢淫逸的,假设今天早上突然城池被攻破了,假设你现在就被押到囚车上,一路押到令人尴尬的北方,这个时候,你也看到了杏花,请问你会怎么想呢? 我想你一定会想:杏花就是我人生的象征,然后,你一定会去发感慨,会联想到所有人都有可能面临的人生失败,于是,种种感伤不由倾泻而出。结果,你所"见"的杏花就成为永远的杏花、不朽的杏花。但是,宋徽宗所"见"的杏花却不是,它仍旧只是一朵普通的杏花、平常的杏花。

可是,李后主就完全不同了。就以在俘虏生涯所"见"的鲜花为例,李后主也"见"到了"林花",可是,他是如何去"见"的呢? "林花谢了春红,太匆匆。无奈朝来寒雨晚来风。 胭脂泪,相留醉,几时重? 自是人生长恨水长东。"(《相见欢》)在其中,你是否"见"到了宋徽宗的忸怩作态? 李后主情真意切的感情像火山一样,一喷就倾泻而出。"林花谢了春红",何等率真? 还需要什么"裁剪冰绡,轻叠数重","淡著胭脂匀注"? 这个时候,"林花谢了春红"就是无限哀伤的心情的写照。由此,"太匆匆"的生命感叹,"无奈朝来寒雨晚来风"的生命无常,一下子就呈现在眼前。更何况,人生的感伤还不仅仅如此,"胭脂泪,相留醉,几时重?"眼中所"见"的"林花"已经、正在、即将消逝,而且,永远都不会再回来了,因此,"自是人生长恨水长东"。你看,就是"林花"这么一个形象,却成为人生的象征,成为永远的林花、不朽的林花。宇宙间的生命如此地短暂无常,又如此地多灾多难!这怎么能够不让人为之涕泪长流?

我们再看李后主的《虞美人》。与宋徽宗的《燕山亭·北行见杏花》一样,它同样是李后主平生的最后一篇作品,同样是绝笔之作,然而,它就偏偏成为不朽之作:

春花秋月何时了,往事知多少?小楼昨夜又东风,故国不堪回首月明中! 雕栏玉砌应犹在,只是朱颜改。问君能有几多愁?恰似一江春水向东流。

李后主也是一个亡国之君。978年7月7日(七夕)就在他的生日那天,因为与自己的家人唱自己的这首新词《虞美人》,触怒了宋朝皇帝赵光义,赵光义下令将其毒死。就是这样,他生于七夕,也死于七夕,年仅四十二岁。当然,历史学家都评价他是"有愧江山",可是,我却要评价他为"无愧词史"。王国维先生也断言:从李后主开始,中国文学的"眼界始大"。我们仅仅就看看他的这首词,应该就确信,确实如此。同样的苦大仇深,到了李后主这里,却完全转化为一种人生的深刻反省,个人的苦难被提升为一种人生的洞察。

试看全词,是从困惑开始,却是以答案结束。恒定如斯的宇宙与无常多变的人生、古今人类,一下子就被完全网罗在这令人感伤的悲感之中了,一方面是从"何时了""又东风""应犹在"入手,写宇宙之永恒,另一方面却是自"往事知多少""不堪回首""朱颜改"切入,写人生之无常。再加上"小楼昨夜又东风"之亘古如斯和"故国不堪回首"之短暂易逝的比较,"雕栏玉砌应犹在"之亘古如斯和"朱颜改"之短暂易逝的比较,从宇宙自然开始,然后是人世,最后是物事,三重的强烈对比,使得永恒与无常所形成的人生的无限感伤隐现其中。在这里,帝王的失意感伤没有了,任何一个人,都可以从中找到自己。最后,前面六句逼出了达到高潮的结尾两句"问君能有几多愁?恰似一江春水向东流",它涵盖了全人类之哀愁,谁能够说这样的感伤不属于自己呢?无疑,这就叫作不再仅仅"自道身世之戚"。

可是,如同乾隆皇帝,也如同赵匡胤、朱元璋、黄巢,现在的问题又回到了宋徽宗的身上,难道宋徽宗就不想让他的诗歌不朽吗?难道宋徽宗就没有倾尽全力地去努力过吗?结论无疑不应该是这样!

那么,李后主比其他的帝王诗人词人究竟多出了什么?王国维先生曾经总结过:"后主之词,真所谓以血书者也,宋道君皇帝《燕山亭》略似之。然道君不过自道身世之戚,后主则俨有释迦、基督担荷人类罪恶之意,其大小固不同矣。"①无疑,这里的"大小固不同",不但对于宋徽宗是有效的,而且对于乾隆皇帝、赵匡胤、朱元璋、黄巢也是有效的,对于他们而言,存在的问题都是一致的,所谓的"小",就"小"在"不过自道身世之戚",而李后主的"大"则"大"在哪里呢?结论显而易见:"俨有释迦、基督担荷人类罪恶之意。"

"俨有释迦、基督担荷人类罪恶之意",这就是李后主比其他的帝王诗人词人多出的东西。

二、李后主的"以血书"和"忧生"

"边缘情境"

当然,讨论至此,问题仍旧没有结束。

我们已经知道李后主比其他的帝王诗人词人多出的东西,就是"俨有释

---

① 《王国维文集》第1卷,北京:中国文史出版社1997年版,第145页。

迦、基督担荷人类罪恶之意",可是,李后主与其他的帝王诗人词人一样同为帝王,为什么他的作品中就"俨有释迦、基督担荷人类罪恶之意"?为什么其他的帝王诗人词人的作品中就没有"释迦、基督担荷人类罪恶之意"?当然,过去有不少学者都注意到了这个问题,而且也已经做过初步的解释。他们认为,这应该是与李后主后期的亡国之君、阶下之囚的人生转折有关,而我在前面也已经郑重提示过,李后主前期与后期的作品存在着天地之别,换言之,就是所谓"国家不幸诗人幸",可是,我在前面也已经讨论过,宋徽宗也经历过后期的亡国之君、阶下之囚的人生转折,但在他的作品中就没有出现前期与后期的天地之别。那么,同样是人生转折,为什么李后主的转折就生发了不朽之作?为什么在宋徽宗这里竟然波澜不惊?看来,人生转折并不是作品成功的必然结果。写就不朽之作,应该还有其更为隐秘的奥秘。

在过去的美学论著中,我曾经提示过多次:在这方面,西方哲学与美学中提出的"边缘情境"概念,非常有助于揭示作家之所以能够写就不朽之作的隐秘的奥秘。

边缘情境,是德国的一个大哲学家雅斯贝斯提出来的,指的是当一个人面临绝境,例如死亡、失败、生离死别时的一种突然的觉醒,这个时候,与日常生活之间的对话关系出现了突然的全面的断裂,赖以生存的世界瞬间瓦解,于是,人们第一次睁开眼睛,重新去认识这个自以为熟识的世界。这个时候,生命的真相得以展现。也是这个时候,我们才真正成为了我们自己,真正恍然大悟,真正如梦初醒。用雅斯贝斯的话说,人只是在面临自身无法解答的问题,面临为实现意愿所做努力的全盘失败时,换一句话说,只是在进入边缘情境时,才会恍然大悟,也才会如梦初醒。你很可能会想,如果我还只能活半年,那我换一种活法。我过去太浑浑噩噩了,一切都是在迎合别人,我根本就没为自己活过一天!我发誓,这次我如果大难不死,我一定真正地活一次,为自己活一次。我一定要为那些更值得一做的事去活一次,不再去拍别人的马屁,也不再去追求那些虚荣的东西。我要为爱而活,要自由地活。显然,这正是因为在重病中你突然彻悟到人生的真相。

海伦·凯勒,一个美国盲人,写过一本名著《假如给我三天的光明》,表达了她对光明的强烈渴望。其实我们每个人的心灵都是盲人,都是心眼未开,可只是很少有机会意识到而已。一旦遭受灭顶之灾,陷入绝望与痛苦之中,才有可能聆听到灵魂的呐喊,也才可能转而寻找生之意义,寻找生命的本真状态。正如卡尔·雅斯贝尔斯所说:人只有面临自身无法解答的问题,面临为实现意愿所做努力的全盘失败时,才有可能真正地认识世界。也正如俄罗斯当代宗教哲学家别尔嘉耶夫所说,只有死亡,才能深刻地提出生命的意义问题。

例如"池塘生春草,园柳变鸣禽",中国人都知道,这是千古名句,可是,为什么偏偏天助谢公灵运?为什么偏偏是他写出了千古名句?原来,初春的时候,池塘周围,向阳处的草,得池水滋润,又被坡地挡住了寒风,因此复苏得很早,是春天来临的最早的印痕,不过,这也太微不足道了,因此千百年来一直为世人所疏忽。同样,初春的时候,迁徙初到的鸟儿首先在柳枝上开始出现,而且在快乐地鸣叫,遗憾的是,这也非常细微,因此千百年来也为世人所难以察觉。值得庆幸的是,千百年后的某一天,谢灵运在病了几个月后,大病初愈,对于生命与世界的美好特别关注,而不像过去那样只去关注有用、有益的东西,结果,那一天当他第一次移步窗前,意外地就看到了过去从来没有关注过的春天来临之际大自然万物萌发的最初的动人心魄的场景。他为这种美丽的灿烂瞬间而感动,诗思涌上心头,于是,才有了"池塘生春草,园柳变鸣禽"的千古名句。

还有一个例子,战国时代有一个著名乐师雍门周,一次,他去求见孟尝君。众所周知,孟尝君是当时的一个名人,用今天的话说,大概相当于战略咨询策划大师,他的下面很多鸡鸣狗盗之徒,日常的主要工作就是为各国的统治者提供帮助,为此,他名利双收,过得很是惬意,堪称现实生活中的"无冕之王"。也因此,现在他见到了雍门周,他觉得自己完全不需要去欣赏雍门周的音乐,但未免自恃而且自负,他说:"听说先生的琴声无比美妙,可是,你的琴声能够使我悲伤吗?"雍门周闻言淡淡一笑:"不是所有的人都能够悲伤啊,我只能让这样的人悲伤:曾经富贵荣华现在却贫困潦倒,原本品性高雅却不能见信于人,自己的亲朋好友天各一方,孤儿寡母无依无靠……如果是这些人,连鸟叫凤鸣入耳以后都会无限伤感。这个时候再来听我弹琴,要想不落泪,那是绝对不可能的。可是您就不同了,锦衣玉食,无忧无虑,我的琴声是不可能感动您的。"孟尝君听了,矜持地一笑。

可是,雍门周接着却话锋一转:"不过,我私下观察,其实,你也有你的悲哀。你抗秦伐楚,把两个大国都给惹了,可是看现在的情况,将来的统治者肯定非秦则楚,可您却只立身一个小小的薛地,人家要灭掉你,还不是就像拿斧头砍蘑菇一样容易。将来,在您死后,祖宗也无人祭祀了,您的坟头更是荆棘丛生,狐兔在上面出没,牧童上面嬉戏,来往的人看见,都会说:'当年的孟尝君何等不可一世,现在也不过是累累白骨啊!'"

闻听此言,孟尝君不免悲从中来,他一想,确实是这样,从表面看,我是什么都得到了,可实际上我什么都没得到,死亡会使我一无所有,于是,他开始热泪盈眶。就在这个时候,雍门周从容地拿起琴来,只在弦上轻轻拨了一下,孟尝君就马上放声大哭起来:"现在听到先生的琴声,我觉得我已经就是那个亡国之人了。"

以上都是作家从事创作的例子,其实,即便是作家本身,也仍旧是如此。在古今中外的作家中,我们也确实看到了很多类似的例证。例如曹雪芹的从"钟鸣鼎食"之家沦入"待罪之身",鲁迅的"从小康之家坠入困顿",结果,也正如鲁迅所说的:"我以为在这途路中,大概可以看出世人的真面目。"[①]这里的"迷途",就也可以理解为我这里强调的"边缘情境",而"真面目",则是指的他们在"迷途"中的"恍然大悟"和"如梦初醒"。生活的"迷途",导致了他

---

① 鲁迅:《呐喊·自序》,《鲁迅全集》第1卷,北京:人民文学出版社1981年版,第415页。

们的心理转换,陀思妥耶夫斯基也如此,由于参加彼得堡拉舍夫斯基小组的革命活动,1849年12月22日,陀思妥耶夫斯基被判死刑,不过,在执行枪决前的一刻,他被改判4年苦役、6年兵役。从此,他自称是一个从"死亡的边缘"走回来的人,而且成了一个作家。还有托尔斯泰,奥地利著名的传记作家斯蒂芬·茨威格曾描述过他遭遇死亡恐惧的情形:

> 突然在一夜之间,所有这些(指托尔斯泰的盛名、财富、地位等——笔者注)就再也没有了意义,没有了价值,工作令这个辛勤的人厌恶,妻子让他感到陌生,儿女们使他觉得淡漠。夜晚他常常从凌乱的床上爬起来,像病人一样心神不安地跑上跑下;白天他空着双手,直着双眼,痴痴地坐在写字台前。有一次他匆匆上楼去,把猎枪锁进橱里,为的是不至于把枪口对准自己。有时候他心胸崩裂般地呻吟,有时又像孩子一样,在昏暗的房间里啜泣。他再也不拆开一封信,再也不接待一个朋友。儿女们害怕,妻子绝望,看着这个忽然间阴沉下来的人。①

显然,死亡恐惧正是边缘情境。在日常生活中,托尔斯泰忙碌、沉湎其间,乐此不疲,以为生活充实而富有意义。直到这一天,死神突然闪现,才大梦初醒,伏尔泰的描述,无疑可以代表他的心声:"我们所有的人就像死囚犯,暂时在草地上嬉戏。每个人都在等着轮到自己上绞架,却不知死期何时来临。当死亡临近时才发现自己白白度过了一生。"②于是,犹如卡尔·雅斯贝尔斯说的"我们成为了我们自己"③,从此以后,托尔斯泰也成为了托尔斯泰。

---

① 茨威格:《人文之光——托尔斯泰》,魏育青等译,桂林:漓江出版社2000年版,第144页。
② 伏尔泰:转引自魏施德《后楼梯——大哲学家的生活与思考》,李贻琼译,北京:华夏出版社2000年版,第151页。
③ 卡尔·雅斯贝尔斯,转引自魏施德《后楼梯——大哲学家的生活与思考》,李贻琼译,北京:华夏出版社2000年版,第264页。

"垂泪对宫娥"

还回到李后主,其实,李后主成为李后主,也是因为边缘情境。

作为一个含着金汤勺出生的皇帝,李后主的前半生完全是在快活乡温柔谷里,陪伴着他的,是南唐的和风细雨。本来,南唐地域也算辽阔,还是具备统一中国的实力的,可最终不幸在竞争中落败。不但没有能够统一中国,而且到他当了皇帝,正好赶上南唐的日暮,他自己只好忍气吞声成了"江南国主",成为附庸,多次向后周、宋割地求和,还要进贡。在中宗即位时,国库里还有七百万钱,但是到李后主即位的时候,南唐已经割让了一半的国土,苟延残喘而已。"风里落花谁是主","惆怅落花风不定"(李璟),始终是南唐的写照。

遗憾的是,即便如此,南唐也还是无法维持。终于,李后主在40岁的时候,不得不面对国破家亡、沦为俘虏的残酷现实。南唐如风中落花,终归尘土。李后主也从"江南国主"摇身一变,成为"违命侯",从君主成为俘虏,每天的日子都无异于打落牙齿和血吞。入宋后,他给庆奴写信,声称:"此间日夕,只以泪水洗面。"而从记载看,他也不断地向宋太祖求酒,以求每天能够以酒度日。

今天来看,李后主所置身的正是边缘情境。亡国之君,惨状一定难以言状。记得南朝宋顺帝就曾说:"愿生生世世,再不生帝王家。"可是,一旦当真面对,那也真是水深火热。李后主当时有词云:"四十年来家国,三千里地山河。凤阁龙楼连霄汉,玉树琼枝作烟萝。几曾识干戈?一旦归为臣虏,沈腰潘鬓消磨。最是仓皇辞庙日,教坊犹奏别离歌。垂泪对宫娥。""几曾识干戈",意味着这血淋淋的真实,他过去从未见过。昔日的世界完全崩塌了,一切都成为"曾经",现在的现实是"沈腰潘鬓销磨"。而"最是仓皇辞庙日,教坊犹奏别离歌",则意味着正是在教坊弹起了离别歌曲的时候,李后主瞬间大梦初醒,犹如前面提到的孟尝君。

李后主成为李后主,一定是从"仓皇辞庙日"的时候"教坊犹奏别离歌"的那一瞬间开始的。王国维先生注意到李后主的诗词写作的"以血书"和"忧生"的特征,应该说,此时此刻就是起点。而汉斯·昆说过:"什么地方所激起的对整个现实的本原的信赖,能比在面对世界上和自己生活中一切苦难和罪恶时更多呢?""对于苦难的态度从根本上说与对于上帝和对于现实性的态度有深刻关联:在苦难中人达到它的极端的辩解,对于他的同一性,对于他生命的意义和无意义,乃至对整个现实的意义和无意义,他都提出了决定性的质问。"①我们能否这样说,"最是仓皇辞庙日,教坊犹奏别离歌"这一边缘情境所导致的李后主的"以血书"和"忧生",也正是他所发出的"决定性的质问"?

　　当然,李后主成为李后主,也并非偶然。王国维先生所说的"长于妇人之手",应该说是李后主的一个非常明显的特征。正是这个特征,造就了王国维先生说过的"不失赤子之心者"的"词人"心态。烈火烹油、鲜花着锦的繁华生活,享受音乐、享受月光,是我们所看到的前期的李后主的典型形象。大周后有病,他甚至要跳井来殉她,自古都是皇后殉皇帝,而皇帝殉皇后,据史家说,是自他而始。在这方面,跟他十分相似的宋徽宗也如此。例如,据说在被押解北上的途中,宋徽宗听到财宝等被掳掠,一直毫不在乎,而听到皇家藏书也被抢去,却不禁仰天长叹。在这一声叹息里,我们不难窥见他文化人的本性。不过,在这方面,李后主确实是比他有过之而无不及。就以前期的词作而论,宋徽宗只以宫廷生活为内容,但是李后主在此之外还浓墨重彩地书写过情感生活。而且,在前期的《渔父词》里,李后主更直接描写过自己的"一壶酒,一竿身"的人生理想,而"世上如侬有几人"是自问,也是反问,"万顷波中得自由"则是他"赤子之心"的心声。显然,与他相比,宋徽宗的帝

---

① 汉斯·昆:《上帝和苦难》,《20世纪西方宗教哲学文选》(上卷),上海:上海三联书店1991年版,第902、901页。

王心态要浓烈得多。这样,当我们看到"垂泪对宫娥"的句子的时候,也就不会大惊失色了。苏轼曾批评李后主,不恸哭于九庙之外,以谢其民,竟然还有心肝向宫娥挥泪,其实,这见解迂腐得可以。要知道,这就是李后主之为李后主的原因。当年大英雄项羽不也是挥泪对虞姬吗?今天我们倒反而要说,这正是李后主置身边缘情境而能够幡然梦醒的逻辑前提。

三、李后主比其他帝王多出了什么

"眼界始大,感慨遂深"

由此不难回答,李后主比其他帝王多出了什么。

"多出了什么",就李后主的诗词而言,其实也就是"多看到了什么"。那么,李后主比其他帝王多看到了什么呢?

罗尔斯的《正义论》中有一个很有启迪的比喻,他说,只有当你不知道自己是谁的时候,才能想清楚什么是正义。为此,他甚至专门创造了一个术语,叫作"无知之幕"。当然,边缘情境就是这样的"无知之幕"。置身于绝境,当李后主再一次地睁开眼睛,世界无疑不会依然如故,否则还需要"边缘情境"吗,还需要"无知之幕"吗?那么,李后主究竟看到了什么呢?当然,正是人生本身。借用别尔嘉耶夫的话:"人对于自己而言是个伟大的奇迹,因为他所见证的是最高世界的存在。"[①]"最高世界的存在",这就是李后主的所见,也就是李后主的所见中所"多出来的东西"。

海明威在给朋友的信中曾经这样地谈及自己在《老人与海》中比别人多看到了什么,他写道:"没有什么象征意义的东西。大海就是大海,老人就是老人。男孩就是男孩,鱼就是鱼。鲨鱼就是鲨鱼……人们说什么象征意义,全是胡说。更深的东西是您懂了以后所看到的东西。一个作家应当懂得许

---

① 别尔嘉耶夫:《论人的使命》,张百春译,上海:学林出版社 2000 年版,第 63 页。

许多多东西。"①

那么,这个"您懂了以后所看到的东西,一个作家应当懂得许许多多东西",又是什么?

印度的诗剧《沙恭达罗》的最后一幕中曾经写过一个帝王在置身边缘情境、置身无知之幕后的大彻大悟:

摩哩折:因为现在——

愿因陀罗给你人民充足的雨量!

你也要多多祭祀,使得他满意。

在无量万千年中,你们俩互相帮助,

天上地下两界的人民都能够互利。

国王:尊者呀!我要尽力去做。

摩哩折:孩子呀!我还可以加给你什么恩惠呢?

国王:尊者呀!还有能超过这个恩惠的吗?就这样吧!

愿国王为人民的幸福而精勤努力!

愿文学爱好者都崇拜萨罗萨伐底!

愿自存自在的弥偏宇宙的湿婆大神,

把我同再生永远地割断了联系!②

"把我同再生永远地割断了联系!"无疑,这也正是李后主的所见,王国维先生说李后主落难以后,诗词的"眼界始大,感慨遂深",道理在此;王国维先生说李后主的诗词区别于他人的"自道身世之戚",是"担荷人类罪恶之

---

① 海明威,转引自余秋雨:《伟大作品的隐秘解构》,北京:现代出版社2012年版,第149页。
② 迦梨陀娑:《沙恭达罗》,季羡林译,北京:人民文学出版社1957年版,第148页。

意","其大小固不同",道理在这里;王国维先生说李后主的诗词是"以血书",是区别于"忧世"的"忧生",是区别于"政治家之眼"的"诗人之眼""宇宙之眼",道理也在这里。

真正的诗词应该写出"人人心中所有,人人口中所无",在跨越了帝王生活的门槛以后,我们终于在李后主的诗词中看到普遍的人生被写进诗词。我们也终于可以慨然而叹,终于有人写出了我们的心声,终于有人能够为我们立言。《布罗茨基传》的作者洛谢夫说,他跟布罗茨基相识很早,但是直到第一次听到他的朗诵,才第一次意识到,这是一个诗人,因为他听到的诗是源于某个人的梦,但也是他自己梦寐以求的,现在,是布罗茨基捕获了它,而且,把它写了下来。当然,我们对李后主也可以这样评价。亚里斯多德说:诗歌比历史真实。李后主写出的,就是这个"真实"。黑格尔说:要长期流传,就要摆脱速朽性的东西。李后主终于摆脱的,也正是那些"速朽性的东西"。

克尔希奈说:"立在周围世界一切过程与事物背后的伟大秘密,常常影像似的现出来或可感,如果我们和一人谈话,站在一个风景里,或花及物突然对我们说话。你设想,一个人坐在我对面,而在我诉说他自己的经历时,突然出现这个不可不可把握的东西。这不可把握的东西赋予他的面貌以及他的最个性的人格,却同时提高他,超过那人格,如果我和他能在这个我几乎想称之为狂欢的状态里联系上,我就能画一幅画,而这画,虽然紧紧接近他自己,却是一种对那伟大秘密的描绘,它归根到底不是表现他的个别的人格,而是表现出在世界里荡漾着的精神性或情感。"①

李后主诗词中"多出来的",也是这样"一种对那伟大秘密的描绘,它归根到底不是表现他的个别的人格,而是表现出在世界里荡漾着的精神性或情感。"

---

① 克尔希奈,转引自余秋雨:《伟大作品的隐秘解构》,北京:现代出版社2012年版,第88页。

"慨当以慷"

不妨以曹操诗词来做一比较：

我一直固执地认为,曹操的诗歌相比其他所谓帝王诗歌要更具终极关怀,也更让我们感动。比如曹操的这首诗——

短歌行
对酒当歌,人生几何？譬如朝露,去日苦多。
慨当以慷,忧思难忘。何以解忧,唯有杜康。
青青子衿,悠悠我心。但为君故,沉吟至今。
呦呦鹿鸣,食野之苹。我有嘉宾,鼓瑟吹笙。
明明如月,何时可掇。忧从中来,不可断绝。
越陌度阡,枉用相存。契阔谈讌,心念旧恩。
月明星稀,乌鹊南飞。绕树三匝,何枝可依。
山不厌高,海不厌深。周公吐哺,天下归心。

凡是读过曹操这首诗者,都会被莫名地感动。不同于阅读其他帝王诗词时的震慑于作者之帝王气度,在曹操的诗歌中,我们却是深受感动于作者的人生情怀。不难发现,诗歌中的曹操出现了一个很大的身份转换,原本一般的帝王诗,往往都难以脱离自己的帝王身份,或者是一个流氓气十足的帝王,或者是一个附庸文雅的帝王,或者是一个有雄才大略的帝王,也因此,这些诗歌往往写得很像政治文件,好一点的则像政治宣传诗。但是,在曹操的诗歌中,他却开始离开了这种特定的帝王身份,变成一个纯粹的诗人、真正的诗人。也因此,他也就在自己的诗歌中加入了一点多出于一般的帝王诗歌的东西。这就是一种人生的普遍感伤。这一点,可能是自觉的,也可能是不自觉的,但是无论如何,我们都可以看到,这个时候的曹操已经不是帝王,而只是人。

具体来说,曹操在自己的诗歌里加进去的,就是"慨当以慷"。

建安十三年(208年),曹操在平定了北方割据势力以后,朝政也被他稳稳地控制在手里。于是,他率领八十三万大军,直捣三国赤壁,准备与孙权和刘备决一死战,从而最终一统中国。那年的十一月十五日,曹操在大船上摆酒设宴,款待众将。席间,曹操先以酒祭奠长江,然后横槊赋诗,也就是这首《短歌行》。

非常可贵的是,恰恰就在这个时候,做为最高统帅的曹操,却偏偏溢出了统帅的身份轨道,悄然回归一个普通人的身份,犹如所有的人一样,不论是期待着大成功,还是期待着小成功,往往都有一种隐隐的担忧,唯恐自己跑不过冷酷的时间,尤其是在胜利的一瞬间,更是有一种百感交集同时又祈祷自己不要功亏一篑的感慨,这就是我们人人都会出现的不能实现理想的一种慷慨之情。所谓"慨当以慷,忧思难忘"。

类似的例子,是我看到的一个电影,其中讲到一个男生跟一个女生的爱情故事,就在一天晚上,当两个人彼此确认了爱情之后,那个女生突然非常严肃地说:"咱们分手吧。"不知道别人是什么感觉,我当时真是觉得电影的导演太了解爱情的微妙心态了。刚刚得到了爱情,但是又唯恐失去,因此不惜设想干脆不要开始,其实,这正是一种非常典型的"慨当以慷,忧思难忘"。

公元前201年,时年四十岁的吴芮与同甘共苦多年的爱妻毛苹共同庆祝自己的生日,席间,其妻吟咏云:"上邪!我欲与君相知,长命无绝衰,山无陵,江水为竭,冬雷震震,夏雨雪,天地合,乃敢与君绝。"吴芮听罢,内心波澜起伏,情不自禁而言:"芮归当赴天台,观天门之暝晦。"这段话的意思是说,我可以因此而死了,死后请把我送回家乡,我要和父母一起,朝迎旭日东升,暮送夕阳西下。熟悉西方文学作品的人一定会立即想到歌德的名作《浮士德》中的名言:"多么美呀,请停留一下"。完全一样的,在事业一旦成功的瞬间,他们想到的,竟然不约而同,都是可以慨然离开尘世。显然,这也是一种非常典型的"慨当以慷,忧思难忘"。

从这个角度再去品味一下曹操的诗句,可以看出,他的诗歌之所以能够赢得那么多人的心声,无疑是因为深深触及我们每一个人的心弦,因为"人同此心"。我们固然没有贵及帝王,甚至我们连大臣都没有当过,可是这一切都并不影响我们被曹操的诗歌所触动。因为我们每个人心中都有一块同样柔软的地方,我们都希望成功,我们也都在与时间赛跑,然而我们究竟能否跑得过时间?这却是一个非常难以回答的问题。也因此,当我们经过了艰难的拼搏,终于来到成功的门前的一瞬间,心中都难免会有一丝丝莫名的感伤。而曹操,就正是第一个在诗歌中说出这种莫名的感伤的人,因此他的诗歌才得以不朽。

"千古词帝"

在讨论了曹操的作品之后,再回到李后主的诗词,我们不难发现,李后主会被公认为"千古词帝",真是毫无悬念,而且至今无可取代。原因很简单,尽管身为帝王,他的作品中却蕴含了最多的人类情感。

例如这首《相见欢》:

> 无言独上西楼,月如钩。
> 寂寞梧桐深院锁清秋。
> 剪不断,理还乱,是离愁。
> 别是一般滋味在心头。

这是李后主囚禁期间的作品,表面上看,似乎是上阕写景而下阕言情,其实完全不然,它是凄婉之情的一以贯之,上下阕都被笼罩其中。劈头一句"无言独上西楼",就全无帝王身份,全然一介孤独身影。而全篇本来是写"失国",但是李后主的深刻却在于,他竟然透过"失国"把自己的忧思提炼为人人心中所有的"离愁"。而且,一开始他还试图打一个奇妙的比方,离愁无法根除,就是拿剪子也无法剪断,离根更如春草,更行更远还生,因此也是理不顺的。最后,他干脆连比方也不打了,因为在他看来,这离愁是无论如何也无法说清的,反正,就是"心头"的"别是一番滋味"。

显然,帝王并非人人能做,灭国的帝王更是如此,不过李后主写的却不是帝王的"失国",而是因为自己的"失国"而更加深刻地体验到的人人都会体验到的"离愁"。这样一来,他所独有的"失国"体验,就极为有力地深化了他对于"离愁"的体验。结果,他对于"离愁"的体验反而最为深刻,最为触动人们的心扉。试想,如果他不是写"离愁",而是仅仅肤浅地去写"失国",那么这种特殊的情感又有谁能够懂得,更有谁能够被触动、被打动呢?

再如这首《浪淘沙》:

帘外雨潺潺,春意阑珊;罗衾不耐五更寒。
梦里不知身是客,一饷贪欢。
独自莫凭阑,无限江山,别时容易见时难!
流水落花春去也,天上人间!

我一直认为,这首词应该是李后主的压卷之作。当然,每个人对于李后主的诗词的喜好各自不同,但是从美学的角度,从终极关怀的角度,我却忍不住要说,只有这一首才是巅峰之作。因为,正是在这一首诗里,他把生命的有限与无限、把想控制命运又控制不了的那种微妙感觉清清楚楚地把握到了,而这正是在过去的中国诗词里所从来没有的。这就是:"梦里不知身是客,一饷贪欢。"每个人在生活中都会失去自己,都会"不知身是客",都会"一饷贪欢"。换言之,每个人都以为自己生活得很真实,其实却是在梦里,却是命运被别人掌握在手中。因此,此刻究竟是在"天上"抑或是在"人间",全都未可知也。就这样李后主又一次透过自己的"失国"之痛,触及人们在生活中通常都会经历的一种人生体验。而且,他用简单的几句话就概括了人们的普遍遭遇。人心中最柔弱的部分被唤醒了,人生中最神秘的部分也被唤醒了。

由此,我又想起了海明威在给朋友的信中谈及的自己在《老人与海》中比别人多看到了什么的时候所回应的,"更深的东西是您懂了以后所看到的东西。一个作家应当懂得许许多多东西。"我记得,美国艺术史家贝瑞孙不满足于海明威的回应,因此,就干脆挑明曰:

> 《老人与海》是一首田园诗,大海就是大海,不是拜伦式的,不是麦尔维尔式的,好比荷马的手笔;行文又沉着又动人,犹如荷马的诗。真正的艺术家既不象征化,也不寓言化——海明威是一位真正的艺术家——但是任何一部真正的艺术品都能散发出象征和寓言的意味,这一部短小但并不渺小的杰作也是如此。①

在李后主的诗词中,我们也看到了处处"散发出象征和寓言的意味",换言之,李后主在自己"懂了以后所看到的东西"里,放进了"人人心中所有,人人笔下所无"的"象征和寓言",于是,李后主最终成为"李后主"。

"永远是一个谜"

海明威说过:"真正优秀的作品,不管你读多少遍,你不知道它是怎么写成的。""一切伟大的作品都有其神秘之处。而这种神秘之处是分离不出来的,它继续存在着,永远有生命力。"法国现代诗人儒夫也说过:"任何一首诗,只要它是真正的诗,那么它就永远是一个谜。"

---

① 贝瑞孙,转引自余秋雨:《伟大作品的隐秘解构》,第149页,北京:现代出版社,2012年.

可是,为了能够说清楚李后主的"成功",为了能够说清楚李后主的作品中究竟"多出了什么",抑制不住的冲动,还是让我铤而走险,说了上面的这些话,是否能够道出李后主的"成功"实在没有把握。不过,既然一部伟大的作品"永远是一个谜",其中的"神秘之处是分离不出来"的,那么更加重要的,不就是去勇敢地、不停地探索,不就是去享受探索的过程给我们带来的愉悦?

我愿意把我的上面的这些话都当作一种探索。

当然,我也希望自己上面的这些话,能够些许有益于所有喜欢思考、喜欢探索的人们。

本文原名为《从终极关怀看李后主词》,见《词学》第34辑,华东师范大学出版社2005年版。

第四章

忧患·悦乐·禅悦

第一节
"哀怨起骚人"

本书曾经指出,国内十分流行的所谓"忧患意识"和"乐感意识",并非指的中国美感心态的深层结构的根本内容或基本特色,而是指的中国美感心态的深层结构的两大类型。但是,它们的美学内涵是什么?它们的具体表现又是什么?对此,本章拟予以阐释。要说明的是,本章还加进了关于在禅学基础上形成的"禅悦"心态的一节。之所以如此,主要因为"禅悦"心态作为"忧患""悦乐(乐感)"心态的第二次融合(第一次完成于楚骚,但影响不大),对后期社会的中国美感心态影响颇为显著,而且在许多人的心目中又往往与"忧患""悦乐"(尤其是后者)心态杂糅掺和在一起,因而很有辨析清楚的必要。

本节先谈"忧患"心态。

正像我在本书第一章中指出的,或许是命中注定,当我们的民族跨过文明的门槛,在东方的地平线上昂首挺立,尚未成熟的稚嫩心灵中就已经被笼罩上一层浓重的"忧心忡忡"的阴影。在这里,很难看到西方常常出现的那种莽撞之魂,那种粗犷之气,那种好勇斗狠之举,到处是战战兢兢的身影,到处是小心翼翼的告诫,到处是息事宁人的目光。也许,这就是《尚书》记载的"心之忧危,若蹈虎尾"?大概是的。"当尧之时,天下犹未平……尧犹忧之,举舜而敷治焉。禹疏九河……后稷教民稼穑……(民)饱食暖衣,逸居而无教,圣人有忧之,使契为司徒,教以人伦……圣人之忧民如此。"[1]颇具趣味的

---

[1] 《孟子·滕文公》。

是,后人从被拘羑里的周文王所作的《周易》中,同样也体味到一种深沉的痛楚:"作《周易》者其有忧患乎?"是的,其有忧患。

历史的推进没能抹去这道"忧心忡忡"的浓重阴影,反而将这种上古君王的"忧患"转而化作天下之士的普遍的"忧患",所谓"今世之仁人,蒿目而忧世之患"(庄子)。也正因为如此,我们才会理解到处碰壁的孔子为什么竟不改初衷:"世衰道微,邪说暴行有作,臣弑其君者有之,子弑其父者有之,孔子惧……"①才会理解时时提醒人们"天降大任"而不是"天降大罪"的孟子为什么会"生于忧患,死于安乐",也才会理解《礼记·儒行》中赞语的真实分量:"虽危,起居竟信其志,犹将不忘百姓之病也,其忧思有如此者。"而人们初读《诗经》,不免感到困惑,它简直可以被看作中华民族的"忏悔录"。"心之忧矣,我歌且谣""心之忧矣,其毒大苦""心之忧矣,其谁知之""耿耿不寐,如有隐忧""战战兢兢,如临深渊,如履薄冰"……说不完道不尽的忧思,说不完道不尽的痛楚,"悠悠苍天,此何人哉"。可是,假如把这一切与上述历史事实对看,不是统统很容易理解了吗?

颇为引人瞩目的是,"忧患"心态同样是中国美感心态的精英和灵魂。纵看历史,正如白居易的深刻所见:"予历览古今歌诗,自《风》《骚》之后,苏李以还,李陵、苏武始为五言诗,次及鲍谢徒,迄于李杜辈,其间词人,闻知者累百,诗章流传者巨万,观其所自,多因逸冤遣逐、征戍行旅、冻馁病老,存殁别离,情发于中,文形于外。故愤忧怨伤之作,通计古今,什八九焉。"②白居易的所见并非盲目。我们当然不会忘记晚清刘鹗的肺腑之语:"《离骚》为屈大夫之哭泣,《庄子》为蒙叟之哭泣,《史记》为太史公之哭泣,《草堂诗集》为杜工部之哭泣。李后主以词哭,八大山人以画哭,王实甫寄哭泣于《西厢》,曹雪芹寄哭泣于《红楼梦》。"③"哭泣"云者,忧患心态之谓也。确实,"哀怨起

---

① 《孟子》。
② 白居易:《序洛诗》。
③ 刘鹗:《老残游记序》。

骚人",屈原呵壁问天,行吟泽畔,抒发的是"忧时忧国"的千古悲情,"信而见疑,忠而被谤","岂余身之惮殃兮,恐皇舆之败绩","长太息以掩涕兮,哀民生之多艰"。贾谊日夜忧虑,声泪俱下,"臣窃惟事势,可为痛苦者一,可为流涕者二,可为长太息者六……"字里行间充溢着深哀剧痛。曹植诗中流露出的往往是抱负落空的凄怆,"闲居非吾志,甘心赴国忧",然而,"江介多悲风,淮泗驰急流。愿欲一轻济,惜哉无方舟",因此只能终生叹息着"天命与我违"。阮籍"夜中不能寐,起坐弹鸣琴",彷徨失所,进退失据,既不能抗志扬声,"一飞冲青天",又"岂与鹑鷃游,连翩戏中庭",故而每每是"中路将安归"的迷途痛苦。李白"羞做济南生,九十诵古文",向往着济世安邦,大展雄才。杜甫"有句皆忧国"(周紫芝语),然而,"向来忧国泪,寂寞洒衣巾"。还有幽州台上"念天地之悠悠,独怆然而涕下"的陈子昂,还有岳阳楼中"进亦忧,退亦忧"的范仲淹,更有"栏杆拍遍,无人会,登临意"的辛弃疾,"不平则鸣,随处辄发,有英雄语,无学问语","英雄感怆","是直挦血性为文"。直到明清之际的国破家亡,"诗人就像古希腊悲剧里的合唱队,尤其像那种参加动作的合唱队,随着扮演情节的发展,歌唱他们的理想,直到这场戏剧惨痛的闭幕,唱出他们最后的长歌当哭"[①]……人生最难堪的是英雄失路,是无处安顿,是不能见容于江东父老,然而也正是在这最难堪中,产生了中国美感心态历程中的壮怀激烈的诗篇,谱写了中国文学艺术史上的最为灿烂夺目的一页。

横看中西,中国的忧患心态更显突出。我们知道,在西方的文学艺术作品中,在社会生活中瞩目最多的是荡人心肺的爱情。爱情的美丽,爱情的快乐,爱情的缠绵、执着甚至忧伤,以及为爱情的颠沛流离和不惜从容就死,从古至今,演变出多少动人的旋律。"假使你有一双好眼睛,洞视着我的诗歌,你就看到有一位少女,在里面徘徊悠游!"这不仅仅是诗人海涅的自白,而且

[①] 钱钟书:《宋诗选注》,人民文学出版社1979年版,第197页。

是所有西方人的自白。而在这一切的背后,我们当然不难窥见一种热烈的"欢乐"心态。它是西方美感心态在社会生活中的一种典范类型。而在中国的文学艺术作品中,在社会生活中瞩目的却是社会秩序的失调,从中流露出一种深沉的"忧患"心态。且不去说人们常常谈及的社会动荡,黎民疾苦,个人抱负,英雄伟业,统治者的横征暴敛、奢侈享乐,仕途挫折之类的文学艺术的反映对象,即便在一般的抒情、爱情、青春和描写日常生活的作品中,这一特色也明显可见。例如以抒发个人微琐感情的词为例,况周颐早已指出:"吾听风雨,吾览江山,常觉风雨江山外有万不得已者在。此万不得已者,即词心也。""人静帘垂,灯昏香直,窗外芙蓉残叶飒飒作秋声,与砌叶相和答……斯时若有无端哀怨根触于万不得已,即而察之,一切境象全失,唯有小窗虚幌,笔床砚匣,一一在吾面前,此词境也。"[①]这里所谓"万不得已",正是指的"忧患"意识。正像纳兰性德讲的"诗亡词乃盛,比兴此焉托。往往欢娱工,不如忧患作"(《饮水词·填词》),即便是描写爱情、青春和日常生活的作品,也往往被染上一层浓郁的"忧患"色调。在爱情作品中,凡是有"深度"的作品,往往是描写情爱中融和着忧患意识的、间或跳出一两个明快欢乐的音符但总基调却是低咽和悲伤的作品,而并非那些写男欢女恋、卿卿我我的"艳歌""艳曲"。作品中出现的人物,或是"妆楼颙望,误几回,天际识归舟"的"望夫女",或是"执手相看泪眼,竟无语凝噎"的"闺中妇",或是"不见去年人,泪湿青衫袖"的失恋人,或是"落花人独立,微雨燕双飞"的孤独者……总之都是一些带有内心创伤的痴男恨女。而另外一些"留恋光景惜朱颜"的作品,又何尝不在整体上笼罩着一层伤感的阴云,"往事莫沉吟。身闲时序好,且登临。旧游无处不堪寻,无寻处,惟有少年心"(章良能《小重山》),"黄鹤断矶头,故人曾到否?旧江山浑是新愁。欲买桂花同载酒,终不似,少年游"(刘过《唐多令》),字里行间对于"少年心""少年游"的无限深情的眷恋、留

---

① 况周颐:《蕙风词话》。

念,不就是一种"人生无常"的悲恸和忧患?爱情和青春,应该说是人类生活最甜蜜的美酒,但在中国人为它们唱出的"祝酒歌"中,我们仍然没能听到太多明快、欢乐的调子;相反,"离歌且莫翻新阕,一曲能教肠寸结。直须看尽洛城花,始共春风容易别。"在这种不忍与恋人、不忍与"春天"告别的哀曲里,我们尝够了"恨愁愁,几时休"的苦涩。中国人的心灵蒙受"忧患"意识的沉重负荷,在情波欲海中执着地追求,痛苦地呻吟……"人生自是有情痴,此恨不关风与月。"欧阳修确乎是其中的"解人"。使中国人为之"肠寸结"的,绝不是人间的"风月"(爱情)和自然界的"风月",而更主要的是那令人痴爱、却又令人苦恼的"人生""社会"。

应当指出的是,"忧患"意识不能狭义、简单地阐释为"忧时忧国",虽然它主要表现为"忧时忧国"的执着追求,虽然这种"忧时忧国"构成了主旋律,但实事求是地讲,"忧患"意识确乎还触及了更为广阔、更为深沉的人生思索,文化历史的关注和痛楚的宇宙悲情。而且,我们发现,只有那些将政治的忧患感与人生的忧患感融为一体的作品,才尤具艺术魅力。"仰天长啸,壮怀激烈"固然使岳飞的《满江红》产生"警顽立懦"的艺术效果,但"莫等闲白了少年头,空悲切"却毕竟使人为之变色动容;"江南游子,把吴钩看了,栏杆拍遍"固然使辛弃疾的《水龙吟》催人深省,但"可惜流年,忧愁风雨,树犹如此"却毕竟更为令人触目惊心。看来,政治上的危机感,势必会延伸为对于整个人生的忧患感,而对于人生的忧患感,又势必反过来助长政治的危机感。由乎此,苏轼《念奴娇·赤壁怀古》的结句"人生如梦,一尊还酹江月",便也绝非某种肤浅、粗俗的人生感伤,而是诗人忧患人生虚度、事业无成的大痛,是在政治斗争中悟出的人生真谛和思想结晶,是一种看似消沉,实际相当严肃的忧患意识。而且,笼罩在宝黛爱情的悲剧,贾府被抄的政治变故和"白茫茫一片大地真干净"的《红楼梦》上的,不也正是那如轻烟如梦幻,时而又如急管繁弦般的沉重哀伤和喟叹吗?因此,人们对《红楼梦》叙说的千言万语,就总是不如鲁迅先生的几句话来得精粹:"……颓运方至,变故渐多;宝玉在繁华丰厚中,且亦屡与'无常'觌面……悲凉之雾,遍被华林;然呼吸而领会之者,独宝玉而已。"

可是,这是为什么?在社会、人生的迎头痛击下,为什么中国人不但从不灰心丧气、改弦更张,反而不改初衷甚至领死如饴?不仅仅如此,在日常平淡无奇的生活中,为什么中国人又不但从未开怀大笑、趾高气扬,而且反而居安思危甚至忧不安寝?我认为,在这一切的背后,是一种中国独有的责任原罪感在浮沉隐显。正如西方文学中的"欢乐"心态背后总有一种出生原罪感在作祟。西方人往往把人与社会对立起来,因此总是把人的出生看成罪恶,它与生俱来,到死方能解脱。"人的最大的罪恶,就是,他诞生了。"有一则西方神话说,诸人为了惩罚坦塔罗斯(宙斯之子)杀子骗神的罪恶,对他处以三种极刑:焦渴、饥饿、死神威胁,让他置身湖水而渴不得饮,目睹鲜果而饥不得食,更有一块千斤巨石悬在头顶,随时可能被它压得粉碎。他就这样永远处于渴望与死亡的残酷折磨之中,永无解脱之日。这正是西方人"罪恶"意识的典型写照。这一点从但丁《神曲》、叔本华的哲学中都不难强烈感受到。它们是西方人出生原罪的典型写照。而且,正是这样一种出生原罪,把西方美感心态分为"欢乐"和"罪感"两个世界,也就是分为此岸的人生欢乐和幸福与彼岸的神秘天国两个世界。它们互相对立,但更相互沟通。正如拉斐尔美丽迷人的圣母像可以是神与爱情的融汇,基督教同样并不排斥个人的人生欢乐、幸福和爱情。或许,西方的"欢乐"心态正是应当在这里得到满意的解释。中国则不然。责任原罪把中国美感心态分为"忧患"和"悦乐"两个世界,也就是分为社会和自然两个世界。它们同样互相对立,但更相互沟通。治国安邦与幽谷秋风,"达则兼济天下"与"穷则独善其身",就这样才被出人意外地"一以贯之"。毫无疑问,"忧患"心态应当在这里得到满意的解释。牟宗三先生对此颇具慧眼:"中国人的忧患意识,绝不是生于人生之苦罪,它的引发是一个正面的道德意识,是一种责任感,由此而引申的是敬、敬德、明德与天命等观念。"看来,"忧患"心态与儒家的美感心态,与阳刚之气更为接近。它瞩目的是人伦社会的和谐,是道德秩序的和谐乃至一种明确意识到自己的责任和使命的人格理想的实现。孔子说:"鸟兽不可与同群,吾非斯人之徒与而谁与?"这种对人世、对社会的太过执着的热爱,太不知节制的一往情深,导致了中国人身上过分沉重的精神重负,并且又命中注定地太容易落空。颜渊形容孔子说:"夫子之道至大,故天下莫能容,虽然,夫子推而行之,不容何病? 不容,然后见君子。"这正是"忧患"心态的典型写照。然而,也正是这种可悲亦复可敬的"不容"的厄运,使中国人成为莫食的深井、徒悬的瓠瓜。他们的理想,上不能通于政治,下不能显为教化。"人生无根蒂,飘如陌上尘",落得上无所蒂、下无所根,飘然四散于山巅老屋、野水古道之间。"人生不满百,长怀千岁忧",这"千岁忧"难道不正是中国人深沉厚重的千古悲情?

进而言之,从美感心态的心理特色看,"忧患"心态深刻折射出一种中国特有的"自虐"心理。本书曾经指出:中国文化心态的特点是肉体的正常生长和心理的永恒不成熟,亦即个体自我、个体人格的永恒夭折。这就意味着个体空有其身、肉体、生理欲望,但却没有其心、自我、精神欲望。这"心"、这"自我"、这"精神欲望"统统被社会洗劫一空,掠为己有。这就与个体自我获致充分发展的西方大为不同。一个显而易见的表现就是:凡是涉及西方的"人格""自我"之类含义的,中国统统用肉体的"身"去表示:"人身攻击""安身立命""翻身""献身""出身""修身",等等。不言而喻,这种肉体的从童——青——老和心理的永恒儿童化,蕴含着中国文化心态和美感心态的最为深层的秘密。正是因此,中国美感心态在社会中才不去瞩目个体自我、人格平等、自由和民主之类的话题,而倾尽全力关注着社会的盛衰治乱、安定分裂,并简单地以"民不聊生""无立锥之地""吃不饱穿不暖"和"丰衣足食""冬有棉夏有单""广厦千万间"作为"失道"与"得道"、不"尽欢颜"与"尽欢颜"的内在标准。与西方相比,他们虽然未曾让自己(人格)在上帝面前受审,但却始终让自身(肉体)在人生、社会面前受审。虚无缥缈而又令人鼓舞的责任感使他们尽最大可能压抑自己、剥夺自己、虐待自己,以神最终得以实现或者哪怕只是更为接近。"天将降大任于是人也"的神话犹如一座十字架,使他们自觉放逐于个体的"安乐"之外,"先天下之忧而忧"的亘古原罪更使他们抛弃个人的一切幸福、理想、自由乃至生命。因此,"忧患"心态实在是一种处处以天下事为己任的心理境界,一种绝不"与世推移""淈其泥而扬其波"的无条件地主动选择苦难、牺牲的心理境界。它造就了伟大,同时也造就了愚昧;它塑造了英雄,同时也塑造了懦夫。身体上的伟大与心理上的愚昧,行为上的英雄与思想上的懦夫,就是这样令人迷惑地构成了"忧患"美感心态的不可或缺的全貌。

中国文学艺术中的"忧患"心态表现为三种形态。首先,表现为感性的汹涌澎湃。这方面毫无疑问要以屈原为代表。屈原处于光怪陆离的荆蛮。"纷红骇绿的神话传说,交织着仿佛来自史前时期深渊的各种原始意象,加上潇湘水国遥岑远波引起的凄婉渺茫的遐想,和雨雾深锁的山谷、峻岭引起的惶惑和恐惧,便构成楚国特有的斑斓万翠、闪烁明灭的美感心态。"[1]这种美感心态一旦与儒道两大美学思潮合流,便很快独树一帜,把儒家的入世精神和道家的追求遁世自由的精神完美地结合起来。也正因为如此,屈原虽然执着地固守儒家以天下为己任的"忧患"意识,却没有儒家那种过于机械的道德束缚和过于冷酷的自虐心理,而是肆无忌惮地纯任志气、袒露性情乃至"露才扬己"。在这里到处流溢着的是具体而又复杂的主体情感。它之所以具体,是因为这些情感始终萦绕着、纠缠于自身参与了的具体的政治斗争、危亡形势和切身经历,它丝毫也不"超脱",而是执着在这些具体事务的状况形势中来判断是非美丑善恶;它之所以复杂,是因为它把人性的全部美好思想情感,包括对社会、人生的种种眷恋,统统打入感性行动和感性情感之中,从而区别于儒家美学所要求塑造、陶冶的普遍性的"以一人之言系一

---

[1] 高尔泰:《屈子何由泽畔来》,载《文艺研究》1986年第1期。

国之事"的情感形式；它之所以是主体的,也就因为这是屈原以舍弃个体的生存,主动选择苦难、死亡的代价,去自由自在地遨游宇宙,去无所顾忌地怀疑传统,去愤慨异常地议论时政,去诅咒,去询问,去探求……"唯极于死以为态,故可任性孤行。"(王夫之)因此才能突破"哀而不伤"的框架或束缚,偏偏要"哀伤之至",要"怆快难怀",要"忿怼不容",从而为"忧患"意识赋予了一层空前的悲剧色彩。在中国,屈原是前无古人,后无来者的。这样讲并不是说屈原感性宣泄的美感心态再也没在后世出现。在后代的文学艺术创作中,我们还能看到屈原的影响。例如在司马迁、嵇康、阮籍、柳宗元的文学作品中,我们就不难窥见对于儒家的中庸保身和道家的逍遥齐物的突破。但总的来讲,他们都未达到屈原的高度,而且,以屈原为代表的感情的汹涌澎湃的宣泄,并未能在后世蔚为大观,以至成为美学主潮。之所以如此,当然要从中国美感心态的深层结构去阐释。本书不去详细剖析。

其次,"忧患"意识又表现为理性的冷静剖析。这或许应以白居易为代表。《旧唐书》记载白居易"蒙英主特别顾遇,颇欲奋厉效报。苟致身于讦谟之地,则兼济生灵",但"蓄意未果,望风为当路者所挤,流徙走江湖,四五年间,几沦蛮瘴"。出乎意料的是白居易虽然与屈原遭遇相类似却并未走向屈原式的悲怆,而是把"忧患"诉诸冷静犀利的批判和讽谏。"不能发声哭,转作乐府诗。篇篇无空文,句句必尽规……非求宫律高,不务文字奇。惟歌生民病,愿得天子知。"(《寄唐生》)人们熟知的《买花》《新丰折臂翁》《卖炭翁》《杜陵叟》,都是白居易站在客观的立场,层次分明地指责社会上的丑恶现象的结果。也正是因此,白居易才那样醉心于自己的诗作的社会效果:"凡闻仆《贺雨》诗,而众口籍籍,已谓非宜矣;闻仆《哭孔戡》诗,众面脉脉,尽不悦矣;闻《秦中吟》,则权豪贵近者,相目而变色矣;闻《乐游园》寄足下诗,则执政柄者扼腕矣;闻《宿紫阁村》诗,则握军要者切齿矣。"[1]在中国文学中,元

---

[1] 白居易:《与元九书》。

稹、张籍等人都以同样心态出现,自觉成为社会伦理的代言人。至于以议论为主的宋诗,也是这一心态的深刻折射。

最后,"忧患"心态表现为理性沉淀于其中的感性情感,既不同于屈原的感性的激情澎湃,也不同于白居易的理性的冷静剖析,理想的"忧患心态"是上述二者的统一,是一种理性沉淀其中的感性情感。这或许唯独"诗圣"杜甫足以当之。他"一生却只在儒家界内"。沉重的责任原罪,被溶化在血液之中,溶化在生命的分分秒秒,成为有机的组成部分。因此他的"忧患"才并不局限于时人常常谈论的国家动荡、生灵涂炭之际的"登兹翻百忧""忧端齐终南""多忧增内伤"和"独立万端忧",而且既深且广。"岂无成都酒,忧国只细倾"(杜甫《八哀诗》之三)是饮酒时写下的诗句;"国步犹艰难,兵革未衰息"(杜甫《送韦讽上阆州录事参军》)是送别时写下的诗句;"干戈知满地,休照国西营"(杜甫《月》)是他咏月时写下的诗句;"不愁巴道路,恐湿汉旌旗"(杜甫《对雨》)是他咏雨时写下的诗句;"时危惨淡来悲风"(杜甫《题李尊师松树障子歌》)是他题画时写下的诗句;"风尘鸿洞昏王室"(杜甫《观公孙大娘弟子舞剑器行》)是他观舞剑器时写下的诗句。"少陵有句皆忧国",确乎如此。虽然从美学上很难对杜甫的"诗史"美称予以首肯,但胡宗愈在《成都新刻草堂先生诗碑序》中的断语却毕竟先得我心:"先生以诗鸣于唐,凡出处去就,动息劳佚,悲欢忧乐,忠愤感激,好贤恶恶,一见于诗,读之可以知其做。学士大夫,谓之'诗史'。"不言而喻,杜甫是中国的"忧患"美感心态的最为典范的代表。在这个意义上,他的诗篇不正是中华民族的空前绝后的"诗史"吗?

第二节
"归去来兮"

毫无疑问,"忧患"心态是中国美感心态的基本类型之一,然而,严酷的社会现实却往往不能令人满意,对社会秩序失调的殷切关注换来的反而常常是痛苦的失败。挫折、失意、流离失所,成为"忧患意识"的必然结果。"虚负凌云万丈才,一生襟抱未尝开。鸟啼花发人何在,竹死桐枯凤不来。……"(崔珏《哭李商隐》)这是何等凄切的声音,何等沉重的叹息!

那么,到何处去安慰自己的心灵?那是颗饱经创伤的孤独的心:痛楚、凄凉、烦恼、困惑、骚乱、愤闷而哀伤。在中国,固然有屈原那样的士大夫,"上穷碧落下黄泉"地走遍世界,去寻觅、去冥思、去质问、去倾诉、去诅咒、去执着地反省是是非非、美丑善恶。"何昔日之芳草兮,今直为此萧艾也?""何方圜之能周兮,夫孰异道而相安?"(《离骚》)即便在既"贬"且"窜"后,仍然义无反顾地执着于自己的信念情感,悲愤哀伤于永难忘怀的人际世事。但是,屈原毕竟只有一个,大部分的失意者采取的方式并不同于屈原,而是自我放逐,既不正面反抗,也不与当权者合作,不约而同地走向山水自然的怀抱。

在这里,山水自然似乎同样含蕴着中国美感心态的一个深层的秘密。我们知道,中国美感心态的深层结构的核心内容是生命意识。这生命就是古人津津乐道的"道"。这"道"既存在于此岸的社会秩序中,也存在于此岸的自然秩序之中,但却绝不存在于彼岸的天国之中。因此,在"失道"的社会秩序中碰得头破血流、心灰意冷之后,中国人不可能沉湎于声色自娱,又不可能投身天国,只能投身超人间的山水世界,把它作为"慢形之具"。这就是所谓:"仙境日月外,帝乡烟雾中。人间足烦暑,欲去恋清风。"(张乔)这一点与西方人不同。在西方人间是与天堂"一以贯之"的。倘若在人间处处碰壁，不妨转身投入上帝的怀抱，求得心灵的宁静与平衡（一种"罪感"心态）。至于山水自然，在人间与天堂的挤压下被无情地撕裂了，丧失了独立的价值。它被天堂的巨大幻影所遮蔽，又被人间的占有欲望所吞噬。这样，在中国人看来，西方的伊拉斯玛斯（Erasmus）攀登阿尔卑斯山时却只一味地去抱怨客店的秽臭和葡萄酒的酸味，就实在是一件难以理解的咄咄怪事。中国人并不如此。对于他们，自然山水既不是"地形连海尽，天影落江虚"的"独坐清天下"，也不是"苍茫云海间，长风几万里"的"惆怅意无穷"，而是"山气日夕佳，飞鸟相与还"的"欲辨已忘言"。因此，他们一旦从社会遁入山水，心灵的重负就会被流水消融，被清风吹散，心安理得地皈归于山水自然"归去来兮"的令人心折的温柔呼唤。他们登山傍水，把酒凌虚，"红涵秋影雁初飞，与客携酒上翠微。"清晨，沉浸在"杨柳岸，晓风残月"的清新美丽之中；日间，融解在"落霞与孤鹜齐飞，秋水共长天一色""孤帆远影碧空尽，惟见长江天际流"的奇幻迷离之中。"山僧野性好林泉，再向岩阿倚石眠。""山树为盖，岩石为屏，云从栋生，水与阶平，坐而玩之者可濯足于床下，卧而狎之者可垂钓于枕上。"或戏唤山川"飞舞奔走与游者偕来"，或召引草木"效伎于堂庑之下"，或邀请山林"咸会于谯门之外"。山水风光都在"似与游者相乐"，"星霜分益亲"，"鸥鸟更相亲。"入夜，静观着"潭烟飞溶溶，林月低向后"的迷乱星空；梦中，仍然融汇在大自然中，向往着"抱琴却上瀛洲去，一片白云千万峰"……

然而，即便是走向山水自然，在美感心态上仍旧有其深刻的区别。有些人虽然投身自然，但往往只是借自然反衬出自我的孤寂与无助，从而与自然貌合神离甚至格格不入，从中折射出的还是"其有忧患"的深层美感心态。在他们那里，走向山水并非一种安顿、一种归宿，因而就很难"端然自若""陶然自得"。相反倒往往是"驾言出游，以写我忧"的暂时登临，这样不论登临之际如何赏心悦目，流连忘返，当暮霭沉沉夜幕低垂时，也不能不勉强支撑沉重疲惫的身体,返回令人"夜中不能寐"的红尘。其中充满嘲弄的失落之感,确乎令人"忧思独伤心"了。

在本书看来,阮籍、谢灵运或许就是这类人物的代表。阮籍一则不愿与司马氏同流合污,二则又耿耿于怀不忍离开是非之地,因此他虽然"登临山水,经日忘归",但却始终未能抚平内心深处的困惑、焦灼与痛苦。《晋书》记载阮籍"时率意独驾,不由径路,车迹所穷,辄恸哭而返"。它简捷地勾勒出阮籍置身自然时的心路历程。"率意"意味着在现实阴云压抑下的愤然出走。"独驾"意味着自我与失去秩序的社会的主动疏离,"不由径路"显示出任性纵情的人生选择,意在开辟一条独特的生命道路。"车迹所穷"却暗示出继续的失落与挫败,自然也未成为安身立命之地。最终的"恸哭而返"则又一次把他抛向纷争的尘世。从"率意独驾"到"恸哭而返",正好构成一个封闭的周而复始的循环圆圈。这情况令人如此沮丧,追寻与失落像梦魇一样时刻不离。丽日清风、山川湖泊、花草树木,似乎总是无法引起瞩目,虽置身其中偏又可以视而不见。"登高临四野",感受到的是"感慨怀辛酸,怨毒常苦多";"徘徊蓬池上,还顾望大梁",看见的是"绿水扬洪波,旷野莽茫茫,走兽交横驰,飞鸟相随翔"。在阮籍的心中充溢着的,每每是那股浓重得永远无法化解的忧思,那种"不由径路"的横冲直撞与"车迹所穷"的屡试屡败交织而成的焦灼。"阮籍使气以命诗",刘勰所言确乎道出了阮籍美感心态的基本特征。

谢灵运也是如此。虽然时下的文学史将他作为"庄老告退,面山水方滋"的第一人,虽然他一生写下了大量模山范水的诗篇,但本书却认为他实在未能登堂入室,得到中国山水美感心态的真谛。沈约《宋书·谢灵运传》载:谢灵运调任永嘉太守时,沉溺山水,"郡有名山水,灵运素所爱好。出守既不得志,遂肆意游遨,遍历诸县,动逾旬朔。民间听讼,不复关怀。所至辄为诗咏,以致其意。"这里的"以致其意"颇值深究。在谢灵运,清新的大自然是与污秽的人世间相对存在的。因此他爱用"赏心"一词表白他的心情:"我心谁与亮,赏心惟良知","将穷山海迹,永绝赏心晤","含情尚劳爱,如何离赏心"。然而在这"赏心"背后,却又隐现着一股被勉强按捺下去的巨大的愤懑、悲怆和忧患,而且随时都会倾泻而出。或许,我们应该从这里去理解谢诗中大煞风景的关于人伦世界的痛苦反省。这种"赏心"与"忧患"、山水沉溺与人世反省在谢灵运心灵深处难舍难分地相互纠缠。白居易在《读谢灵运诗》中评价说:"壮志郁不用,须有所泄处。泄为山水诗,逸韵谐奇趣。……岂唯玩景物,亦欲摅心素。"所论十分恰当。因此,谢灵运并没有真正走出"忧患"美感心态。在不平与愤怒中,他疯狂地奔向山水:"自始宁南山伐木开径,直至临海,从者数百人。临海太守王琇惊骇,谓为山贼。""在会稽,亦多徒众,惊动县邑。"①但是,这种方式固然可以发现山水之美,也可以使作品满纸山水,但自我却始终被疏隔在山水之外。谢灵运的美感心态实在还缺乏一种圆融的智慧,缺乏一种与自然的呼应贯通,缺乏一种宁静和谐的生命启示。

那么,走向山水自然之后的典范的中国美感心态应当是什么呢? 本书认为,应当是一种"悦乐"。或者用庄子的话来讲,应当是一种"天乐":"与天和者,谓之天乐。""其生也天行,其死也物化……无天怨,无人非……以虚静推于天地,通于万物,此之谓天乐。"如此"悦乐"当然并不局限于山水美感,虽然本书主要从山水美感的角度阐释、说明和理解。相比之下,"悦乐"心态甚至有点"假乎禽贪者器","利仁义者众","意仁义其非人情乎,彼仁人何其多忧也?"(《庄子》)。因此它"不以物挫志"(《天地》),"不以物舍己"(《秋水》),"胜物而不伤"(《应帝王》),"物物而不物于物"(《山木》),"与物有宜而莫知其极"(《大宗师》),总之是"与物为春"(《德充符》)。这样,假如"忧患"心态与社会原则密切相关,强调的是人的自然性必须符合和渗透社会性。"悦乐"心态则与自然原则密切相关,强调的是舍弃社会性并向自然性复归。它把自身从社会剥离出来,投入自然的怀抱,去效法无所不在的无目的而又

---

① 《宋书》。

合目的、无规律而又合规律的宇宙自然的生命秩序——道,"不乐寿、不哀夭、不荣通、不丑穷"(《天地》),"与天地并生,与万物为一"(《齐物论》),最终"备于天地之美",可以"游夫遥荡恣睢转徙之涂"(《大宗师》),达到"无为而无不为"的"忧乐"境界。"圣人之生也天行,其死也物化。静而与阴同德,动而与阳同波。不为福先,不为祸始,感而后应,迫而后动,不得已而后起。去知与故,循天之理。故无天灾,无物累,无人非,无鬼责。其生若浮,其死若休。不思虑,不预谋,光矣而不耀,信矣而不期。其寝不梦,其觉无忧。其神纯粹,其魂不罢。虚无恬淡,乃合天德。"(《刻意》)

如此看来,从深层的意义讲,"悦乐"心态与"忧患"心态其实并不矛盾。它们都是对于某种生命秩序的服膺,都是对于个体的否定。(有人以为道家基础上的"悦乐"追求的是个体的自由。其实,这里的个体和自由统统不是针对社会而言的。因此也就不是真正意义上的个体和自由。何况,在这里个体又被认同于自然了。)因此冯友兰才有"以天地胸怀来处理人间事物","以道家精神来从事儒家的业绩"的警语。这警语用本书的语言去转述,则可以称之为"忧患的悦乐"和"悦乐的忧患"。不过这只是一种理想化的看法,毕竟"仰之弥高",很难真正企及。在日常的审美实践中,往往只能偏于"忧患"或"悦乐"的某一极,或忧国忧民(在人伦世界),或悦乐自若(在山水自然)。这样,在受到现实社会的迎头痛击之后,固然有屈原、白居易、杜甫那样的不屈不挠,"虽九死其犹未悔",有阮籍、谢灵运那样的借山水"以致其意",但也有一些人则干脆纵浪大化,与山水自然相冥契、融贯。"问余何意栖碧山,笑而不答心自闲。桃花流水窅然去,别有天地非人间。"

在这方面,最具典范意义的,或许要推陶渊明。陶渊明所处的时代环境大体与阮谢相当:"真风告逝,大伪日兴""举世少复真"。出于中国士大夫的传统心态,陶渊明也曾有过"猛志逸四海,骞翮思远翥"的人伦理想和"抚剑独行游"的入世豪情。但是,一再的"违己交病",一再的"与物多忤",使他自叹"性刚才拙",只好悻悻然"归去来兮"。颇为有趣的是,与阮、谢恰成深刻对比,陶渊明十分自然地完成了从人伦世界中的"忧患"到山水自然中的"悦乐"的心态转换,"求融合精神于运动中,即与大自然融为一体"(陈寅恪)。"平畴交远风,良苗亦怀新""俯仰终宇宙,不乐复如何",这是自然,也是心情,更是二者的统一。显然,在陶渊明眼中,自然并不仅仅是"赏心"的对象,而且更是自我的一种归宿、一种安顿,它也就是人类的感性本体。因此,在他的山水美感心态中处处洋溢一种家园之感。不是在前呼后拥中去寻觅、探究山水风光的绮丽,不是在壮怀激烈中借山水倾泻自己的郁闷心情,甚至也不是早去晚归地徜徉于花前柳下、水边桥头,这未免太做作、太生分、太貌合神离或者太格格不入了。陶渊明只是把全部身心融解在山水之中,让生命之泉与之汩汩流淌在一起。"结庐在人境,而无车马喧",虽然并没有去刻意寻找什么美好景色,但自然风光却已悄悄轻拂心头。"孟夏草木长,绕屋树扶疏。众鸟皆有托,吾亦爱吾庐",你看,这不也其乐融融吗? 而"采菊东篱下,悠然见南山"所透露出的陶渊明与山水的手足之情,更在暗示出人的生命与自然生命的呼应交融,浑然一体。"居尘"而又"出尘",居世间而又超世间,"翳然林木,便自有濠濮间想也。觉鸟兽禽鱼,自来亲人"(《世说新语》)。而这种"悦乐"心态正是"心远地自偏"的必然结果。

上述例子似乎简单了一些,不妨由此入手做点深入的阐述。

在中国人看来,山水自然绝不是一片风景、一个背景,或者一种点缀,甚至也不是尘世纷争中鞍马劳顿之后的停泊港湾,而是一种恒定如斯的"在",一种永恒的生命,或者说,是一种感性本体。它"暖焉若春阳之自和,故蒙泽者不谢;凄乎如秋霜之自降,故凋谢者不怨",万古长新,生机永存;它"大盈若冲,其用不穷",是元气鼓荡、生香活态的空灵胜境,其势芳菲蓊勃、酣畅淋漓,其用驰情无碍,广大悉备;它"成性存存,道义之门",是"坤厚载物,德合无疆,含弘光大,品物咸亨"的意义境界,其生机浩荡充周,包天含地,其妙性钩深致远,陶铸众美。回到自然,也就是回到永恒,回到生命,回到真正意义上的"在"。因此,不但"越王勾践破吴归,义士还家尽锦衣。宫女如花满春殿,只今惟有鹧鸪飞"(李白),人世繁华、院落笙歌、帝王事业、功名利禄……远远不如山水自然的优胜与超然,而且,狰狞恐怖的大漠河汉、震撼云天的风雷闪电,似乎也远远不如樵夫渔父、小舟风帆、乡村酒招、行人三两来得惬意自得。"丘园养素,所常处也;泉石啸傲,所常乐也;渔樵隐逸,所常适也;猿鹤飞鸣,所常观也。"(郭熙《林泉高致》)"牵裳涉涧,负杖登峰,心悠悠以独上,身飘飘而将逝,杳然不复自知在天地间矣。"(祖宏勋)而这种"杳然不复自知"的"悦乐",就凝结、沉淀为五彩纷纭的文学艺术作品。"观今山川,地占数百里,可游可居之处,十无二三,而必取可游可居之品。……画者当以此意造,而赏者又当以意穷之。"(郭熙)"'明月照积雪''大江流日夜''客心悲未央''澄江静如练''玉绳低建章''池塘生春草''秋菊有佳色',俱千古奇语,不必有所附丽。"①

不过,要指出的是,山水美感"悦乐"心态的产生,并不只是远离尘世的必然结果。在这里,还要有一个内在的日常生活经验的转换。也就是说,要与自然圆融无碍,就必须从生活的功利、机械和板滞无味中重返生命源头。解衣滂薄,与道冥合,为树为石,为风为云。这就是所谓"以玄对山水"("雅好所托,常在尘垢之外……方寸湛然,固以玄对山水。孙绰《庚亮碑文》)。只要排除超越被庄子概括为"悲欢""喜怒""好恶"的人伦忧患,就不难达到这一境界。而且只有达到这一境界,才能真正恍然大悟:"会心之处不在远。"(《世说新语》)山水美感的"悦乐"心态其实并不是"道在迩而求诸远",恰恰相反是"道不远人"。"尽日寻春不见春,芒鞋踏遍陇头云。归来笑拈梅花嗅,春在枝头已十分。""侬家家住两湖东,十二珠帘夕照红。今日忽从江上望,始知家在画图中。"看来,"悦乐"心态的产生并不需乎"尽日"寻觅,它就存在自己的心中。只要能够摆脱日常生活经验的束缚,不再黏滞其中而超然物外,就能够达到浑然与自然统一的原始生命之和谐。人生中"不知悦

---

① 董其昌:《画禅室随笔》。

生,不知恶死"的超然与自然中"自荣自落,何怨何谢"的永恒,也就互相往复、交融共生了。"北山输绿涨横陂,直堑回塘滟滟时。细数落花因坐久,缓寻芳草得归迟。"(王安石《北山》)字里行间流溢着的只是与落花芳草浑然相契、物我双泯的一片淡淡的和谐宁静之心,一片超乎悲喜、超乎时间的慧境。"青苔满地初晴后,绿树无人书梦余。惟有南风旧相识,偷开门户又翻书。"(刘攽《新晴》)"傲吏身闲笑五侯,西江取竹起高楼。南风不用蒲葵扇,纱帽闲眠对水鸥。"(李嘉祐《竹楼》)在这里诗人和风景都在隐退的时间中被融解在无语的空间之中,进入"我见青山多妩媚,料青山见我应如是"的浑然"悦乐"之中了。

本书以为,中国文学艺术中的满纸山水所体现出的深层美感心态,都应从这里去寻找。正像古人早就一再暗示的:"只在此山中,云深不知处。"

第三节

"以禅悦为味"

谈罢中国深层美感中的"悦乐"心态,意犹未尽,禁不住要略谈几句中国深层美感中的"禅悦"心态。之所以如此,倒不仅仅因为佛教东来,漫延华土,给中国深层美感心态以巨大而深刻的影响,不谈不足以道尽中国深层美感的全部底蕴和奥妙,甚至也不仅仅因为禅宗美学在中国后期古典美学中地位极其重要,"禅悦"心态在中国后期文学艺术创作中到处可见,[1]而是因为"禅悦"

---

[1] 强调一句,时人往往强调"禅宗"在后世美感心态中的作用,但却忽视了宋明理学尤其是其中的"心学"在后世美感心态中的作用,是有失公允的。其实,假如说"禅宗"是"百尺竿头",宋明理学尤其是其中的"心学"便是"更进一步",假如说"禅宗"是"山重水复疑无路",宋明理学尤其是其中的"心学"便是"柳暗花明又一村"。真正使"禅宗"美学走出庙堂的,是宋明理学尤其是其中的"心学",这个问题本书无法展开。

心态与前面的"悦乐"心态混淆纠缠在一起,在人们心目中已经很难不去加以区分,但在本书中上述二者的区分却是一个不容忽视的工作。

被黎锦熙形象地称之为"这餐饭整整吃了千年"的中国文化对印度佛教的吸收消化,迄至禅宗的诞生而达到高潮。在这期间,从艺术到文学,从信仰到思想,排拒者有之,吸收者有之,皈依者有之,改造者有之,或引庄说佛,或儒佛相争……经过了种种数不清道不尽的明争暗斗和风云变幻,经过了数百年的挑选汰洗之后,在中国土生土长的禅宗终于一跃获得中国人一致的推崇和青睐,成为宗教纷争中最后和最令人羡慕的优胜者。

就文化心态而论,禅宗一方面承续儒道线索而又别开生面,另一方面则对传统佛教的读经、礼佛、坐禅等烦琐仪式和抽象思辨全面加以改革。它假托"达摩西来",提倡所谓"即心即佛""见性成佛"和"言下顿悟"。认为"成佛"并不在于追求另一西方世界,而在于彻悟"本地风光"。"万法尽在自心,何不从心中顿见真如。""汝今当信佛知见者,只汝自心,更无别佛。""菩提只向心觅,何劳向外求玄?听说依此修行,西方只在眼前。"也因此,它不诉诸理知的考究,不执着于世间有无、生灭、得失的区别,不在"饥来吃饭,困来即眠""挑水砍柴"和"逍遥自在,逢人则喜,见佛不拜"之外去否定现世人生并且企图升入净土天堂,不去喋喋不休地雄辩论证色空有无,不一味去枯坐冥思,甚至"不立文字",而是在"一切声色之物,过而不留,通而不滞,随缘自在,到处成"的"平常心"中"悟道"成佛。这一切本书同样都毋庸细说。

就美感心态而言,严格说来,禅宗的神秘体验并不等同于审美体验。然而,倘若剔除禅宗身上的种种宗教内容,禅宗宣扬的神秘体验不是又十分接近审美的心理体验吗?你看,"世尊在灵山会上,拈花示众,是时众皆默然。唯迦叶尊者破颜微笑。世尊曰,吾有正法眼藏,涅槃妙心,实相无相,微妙法门,不立文字,教外别传,付嘱摩诃迦叶"[①]。拈花微笑,道体身传,这是何等

---

① 《五灯会元》。

激动人心的一幕。融自身于鲜花之中,以非功利的态度看待人生稍纵即逝的当下的存在,这无疑给人们以审美的眼光去看待人生,在生存过程的一举一动、一颦一笑中去体验自由快乐以极为重要的启迪。而在"如何得自由分"的人生谜、生死关的凿穿后壁中,它完全借助于个体的独特感受和直观体会,也就是借助个体感性经验的某种飞跃,它超越有无、是非、生灭、得失,"用智慧观照,用一切法,不取不舍","本性自有般若之智,自用知惠观照,不假文字"①,认定有是有同时又是非有,无是无同时又是非无,"在不住中又常住"。同时又无所谓"住不住","闻中生解,意下丹青,目前即美,久蕴成病","直下了知,当处超越"②。它"行住坐卧,无非是道","纵横自在,无非是法"的"不指天地""唯我独尊"③……不是也在同审美经验暗相沟通、契合无间吗?或许也正是因此,禅宗的"禅悦"心态才继儒家的"忧患"心态和道家的"悦乐"心态之后,成为中国深层美感心态的又一重要组成部分。

进而言之,"禅悦"心态距"忧患"心态较远,距"悦乐"心态较近。"禅悦"心态其实是"悦乐"心态的演进形态。为什么这样讲呢?我们知道,从庄子发端的"悦乐"心态所建构的意义境界、自由境界是"安时而处顺"的。它所面对的主要是人与自然的关系,因此也就主要着眼于外在自然的无限,并要求主体服膺于这无限。泯物我、同生死、超利害、一寿夭,使人与自然合理地融为一体。然而,这里显然存在着一个失误。这失误就是"悦乐"心态固然开创了对内征服和瞩目于有限与无限关系解决的美学道路,但却又不自觉地滑向了实在论。因为世间只有人这自知终有一死的动物,才会有有限与无限的苦恼、生命的苦恼,自然本身是无此问题的。这样,"悦乐"心态本来是要确立一个诗化的人间世界,结果却偏偏阴错阳差地确立了一个诗化的自然世界。有限与无限的苦恼、生命的苦恼,并未能最终得到解决。怎么办

---

① 《坛经》。
② 《五灯会元》。
③ 《五灯会元》。

呢？唯一的办法是把本体论的内涵转换一下，从庄子的实在的、自然的本体论转变为生命的、生存的本体论。毋庸讳言，这正是玄学的一大贡献。它把本体论从自然秩序转向一种人格理想，把人格理想作为存在的根据，从而较好地解决了这上述失误。本书在上节之所以重点谈陶渊明而对庄子一笔带过，原因就在这里。然而，这种解决又仍显不足，或者说，还不彻底。因为从有限与无限的人生论角度讲，本体论应该是指人的超越性存在、人的价值存在，是指生命意义的显现。因此本体并不外在于人，它只是指人的感性的诸感觉，像情感、回忆、想象、爱恋，等等。人所把握的，其实是感觉所把握的；人所超越的，其实是感觉所超越的。人的感性的诸感觉，才是人类存在的本体。如此看来，"悦乐"心态从庄子到陶渊明的演进，就又存在着一个共同的缺陷：不论是以自然世界还是以人格理想作为本体，都未能最终摆脱作为对立面的"物"的纠缠。他们的过人之处只是表现在要求"物物而不物于物"，"应物而不累于物"而已。

"禅悦"心态正是在这样的背景下应运诞生。它视一切为虚幻，"一切诸法，皆由心造"，"一切境界，本自空寂"，"开眼则普观十方，合眼则包含万有"，"物非真，物物非物，限于何而可物。"这就从根本上道破了"悦乐"心态追求外在无限本体的自欺和荒谬之处，并且最终摆脱了一切作为对立面的"物"的纠缠，使意义境界、自由境界既不是奠定在自然世界的基础上，也不是奠定在人格理想的基础上，而是奠定在一种彻悟心境、一种心理本体的基础上。这正是"禅悦"心态的最大成功。它不再从客观方面去寻找"美"，从主观方面去寻找"美感"，不再去笨拙地区分"审美对象"和"审美主体"，而是把二者打成一片，融会贯通。① 它使我们啜饮生命之泉，瞩目于某种具体而

---

① 从生存状态的自我反思的生命美学角度考察人生，关键之处在于"问题"在"问者"之中，二者一旦分开，便成为认识论角度的追问。生命美学的关键也正在这里，一旦把"美"和"美感"、"审美对象"和"审美主体"分开，生命美学便不复存在。反之，则目前所流行的种种美学体系均将不复存在。这个问题很重要，容他书详述。

又单纯的东西,以致最终从主体与客体、精神与肉体、生命与死亡、理想与现实等痛苦、失望和苦恼的纠缠中超越而出,获得一种人生彻悟和生命愉悦。平心而论,"禅悦"心态问世后,中国人便不复是"寻声逐响人,虚生浪死汉"。"百尺竿头,更进一步",中国美感心态经过这"更进一步"的致命一跃,意外地发现自己已经安坐在从"无明"到"悟"和使生命成为诗篇的"盛开的莲花座"之上了。千年之后,当我们在西方存在主义美学家的著作中读到"我在故我思"、读到"思与存在同一",当我们着手建构现代的生命美学之时,不能不惊叹"禅悦"心态的深刻与博大。

具体而言,"禅悦"心态首先表现为一种对时间的超越。在第五章(《混沌世界》)中,本书将详细论述:由于在人类感知中,时间远不是事物的客观延续性,而被罩上了无限的人生色彩和一去不返的生命焦灼,因此,与西方往往从因果关系的角度去感知时间、从偶然性的角度去感知时间恰成对照,中国往往是把时间放在生命中去感知,放在整体的必然性中去感知,从"个体—时间"转向"生命—时间",这样一来,时间被空间化了,对时间的恐惧最终消融于自然、消融于空间的纯粹经验世界中了。人生因此变成了生命本体论意义上的"在"或"有",主体因此成为"无意志、无痛苦、无时间的主体"(叔本华)。在这里本书有必要进一步指出,这种对时间的看法,在"禅悦"心态中表现得最为淋漓尽致,或者反过来讲,对时间的上述看法,正是在"禅悦"心态中最终得以成熟的。在《五灯会元》中,我们不难找到大量类似记载:"问:'和尚在此多少时?'师曰:'只见四山青又黄。'又问:'出山路向什么处去?'师曰:'随流去。'""洞曰:'和尚住此山多少时邪?'师曰:'春秋不涉。'洞曰:'和尚先住,此山先住?'师曰:'不知。'""问:'如何是孤峰独宿底人?'师曰:'半夜日头明,日午打三更。'"……令人焦灼恐惧的时间之流突然被截断、停止或超越了,因果、过去、现在、未来、物我,似乎统统都融解缠绕在一起,无法剖解,也当然无须剖解,时间即空间,瞬间即永恒,感性即超越,实即虚,色即空,动即静,生即死,从而进入佛我同一、物己双忘、宇宙与心灵互为表里的异常奇妙、美丽、愉快而又不乏神秘的"禅悦"境界。正像维特根斯坦讲的："如果把永恒理解为不是无限的时间的持续,而是理解为无时间性,则现在生活着的人,就永恒地活着。"

其次,"禅悦"心态又表现为一种对人生秘密的顿悟。我们知道,人生面临的不仅仅有数不胜数的形而下的"问题",而且还有令人销魂的形而上的"秘密"。知的执着导致了"问题"的不断解决和不断提出,但知性只能解决"问题",却无从把握人生最深的现实性和最高的可能性,生死关、人生谜正是知所面对的银山和铁壁。当知一旦触及到此处,便只有转化成为"悟"。用禅宗的话讲,生死关、人生谜是一只铁牛,知的执着则是一只有心无力的蚊子。确实,生死关、人生谜绝非一个可以简单用"是"或"不是"来破解的问题,而是一个令人心折又复销魂的人生秘密。它永远没有答案,否则人类便无法生存下去,生命也会停止歌唱。能够逼近它的,只有审美顿悟。慧能云:"不思善,不思恶,正与么时,那个是明上座本来面目?"[①]"师坐次,僧问:兀兀地思量甚么?师曰:思量个不思量底。曰:不思量底如何思量?师曰:非思量。"[②]而且,既然是顿悟,自然在任何场合、任何情况、任何条件下,都可以"悟道"。"春有百花秋有月,夏有凉风冬有雪。若无闲事挂心头,便是人间好时节。""(智闲)一日芟除草木,偶抛瓦砾,击竹作声,忽然省悟。"甚至一顿"德山棒",几声"临济唱",大拇指被砍掉,鼻子被扭痛,都是"悟道"的契机。而且,一旦"悟道",也并不表现为得到了什么,而是什么也没得到——充其量得到的也只是"不疑之道"[③]。当然,倘若不从认识论而从人类学的角度讲,又不妨说得到了很多。透过审美顿悟,人的存在被异乎寻常地嵌入某

---

① 《坛经·行由品第一》。
② 《指月录》卷九。
③ 有人认为禅宗的"顿悟"是"自由直观",这种看法是错误的。虽然他的本意是想高扬禅宗的价值,但实际却贬低了禅宗的价值。之所以如此,仍然是没能注意到"问题"与"秘密",认识论与人类学的深刻差异。

种胜境。它是一切创造的巅峰,是一切可能的巅峰,也是一切自由的巅峰。透过审美顿悟,生命表现出一种超常的力量,一种无以名状的快乐。这快乐使世界开口说话,而人达到这一胜境之后,便会以一种全然清新的身心,一种前所未有的凛冽心境毅然重返尘世。

最后,"禅悦"心态使人成为生活的艺术家。"禅悦"心态从不诱惑人们离开具体而又单纯的生活,有限即无限,无限即有限,理解了这一点,也就理解了"禅悦"。在"禅悦"心态,一切都只是作为本体的感性诸感觉的"一念之差"。烦恼即菩提,生死即涅槃。迷时为生死烦恼,悟时即菩提涅槃。短暂与永恒、现实与理解、有限与无限,"无明"与"悟",也如此。这就是"前念迷即凡夫,后念悟即佛;前念著境即烦恼,后念离境即菩提。"[①]因此,"禅悦"心态瞩目于存在的诗化、人生的诗化,这无疑是中国美感心态的重大发展。我们知道,瞩目于存在的诗化、人生的诗化虽然是中国的美学传统,但只是迄至"禅悦"心态出现才真正的彻底实现。在"忧患"或"悦乐"心态中,现实与理想、现在与未来、手段与目的、存在与本质、原因与结果,往往截然对立,因此人生往往被看作到达光辉理想的必经之路,它本身并无实际意义和价值。人之所以要活着,是因为有一个光辉理想。只有它才是最为真实和最为美好的。在"禅悦"心态中这一切都开始被颠倒了过来,不是理想、未来、目的、本质、结果,而是现实、现在、手段、存在、原因,总之不是必然而是偶然受到了突出的重视。正像《古尊宿语录》讲的:"如今明得了,向前明不得底,在什么处?所以道向前迷底,便是即今悟底。即今悟底便是向前迷底。"或者是"山前一片闲田地,几度卖来还自买"。这样,禅宗过的依旧是平常人的生活。"挑水砍柴,无非妙道。""坦然斋后一瓯茶,衣连床上伸脚睡。"然而这日常生活却又毕竟有其与平常人不同的意义。"问和尚修道,还用功否?师曰用功。曰如何用功?师曰饥来吃饭,困来即眠。曰一切人总如是,同师用功

---

① 《坛经·般若品》。

否?师曰不同。曰何故不同?师曰,他吃饭时不肯吃饭,百种须索,睡时不肯睡,千般计较。"①"师与密师伯过水次,乃问曰:'过水事作么生?'伯曰:'不湿脚。'师曰:'老老大大作这个话。'伯曰:'尔作么生道?'师曰:'脚不湿。'"②或者说,在开悟前后虽同是一人,在心境上却又恍若隔世。开悟前只是一条曳尾于涂中的青蛇,开悟后却是遨游天宇的巨龙;开悟前只是一条摇尾乞怜的杂种狗,开悟后却是一匹桀骜不驯的金尾狮。在这里,生命犹如愉快的步行旅游,在一步一步的旅程中,单位时间内的审美体验增加了,生命力得到了正常的发挥,更犹如优美的生命咏叹调,它的每一个音符都闪耀着一星灼目的生命火花,它的每一节旋律都含孕着一股浓郁的生命情调,它的每一段乐章都流淌着一种灿烂的生命境界。这确乎是一种奇妙的转变。"虽获俗利,不以喜悦。""虽处居家,不著三界;示有妻子,常修梵行,现有眷属,常乐远离;虽服宝饰,而以相好严身;虽复饮食,而以禅悦为味。"③生活还是日常生活,可是却又在放射出逼人眼目的生命光芒。或许,这就是禅宗中著名的公案:"老僧三十年前参禅时,见山是山,见水是水,及至后来亲见亲识,有个入处,见山不是山,见水不是水,而今得个体歇处,依然是见山只是山,见水只是水。"或许这其中的哲理还是苏东坡讲得更为透彻:"庐山烟雨浙江潮,未到千般恨不消;及至到来无一事,庐山烟雨浙江潮。"不难看出,这时的现象界已是再造了的。昔日是"心迷法华转",现在是"心悟转法华",昔日是"世界之夜",现在是"恬然澄明",昔日是无味的散文,现在是迷人的诗篇。

由上所述,不难看出,禅宗"禅悦"心态与儒家"忧患"心态、道家"悦乐"心态有其深刻的一致之处,这当然是对生命、对人世的眷恋和瞩目。因此"禅悦"心态便从来不是"枯木死灰"而是花开草长、鸢飞鱼跃的生机盎然。笃信禅宗的苏东坡虽然曾经写下"人生到处知何似,应似飞鸿踏雪泥。泥上

---

① 《景德传灯录》。
② 《洞山语录》。
③ 《维摩诘所说经》第一卷。

偶然留指爪,鸿飞那复计东西","人生如梦,一尊还酹江月"的禅意盎然的诗句,但不同时也曾经唱出"起舞弄清影,何似在人间","会挽雕弓如满月,西北望,射天狼"和"休对故人思故国,且将新火试新茶,诗酒趁年华"的既旷放豁达(道)又忧时忧国(儒)的人生抱负吗?禅意甚深的宗炳、倪云林不也曾经留下"誉恋庐衡,契阔荆巫""余复何为哉,畅神而已"的人生感叹和"兰生幽谷中,倒影还自照。无人作妍暖,春风发微笑"的生命咏叹吗?然而它们毕竟又是不同的。"禅悦"心态到底是一种宗教体验。它不但超越整个宇宙存在、整个人类存在,转而寻找"心生,种种法生;心灭,种种法灭;一心不生,万法无咎"的通往永恒本体的心灵路径,而且已经失掉了中国美感心态中气势宏伟、参赞化育的真谛,更浓郁地渗透了一种孤寂冷清的意味,走向轻灵、精致、小巧、淡远。谈得稍微具体些,"忧患"心态更为强调人与社会的统一,推誉"天行健,君子以自强不息"的雄强。宏观世界以"风骨"胜,以"气"胜,即便是宇宙、历史、人生存在的探寻,也绝对没有超出"忧患"心态的襟怀和感伤。"禅悦"心态则强调一切空幻、短暂,人生如流浪在外,不知何去何来,从而高扬寂灭。"悦乐"心态更为强调人与自然的统一。"禅悦"心态并不如此。它不但没有像"忧患"心态那样走向实用心理,也没有像"悦乐"心态那样走向自我放逐心理,而是沉浸到一种心灵妙悟之中。"庄子树立夸扬的是某种理想人格,即能作'逍遥游'的'圣人''真人''神人',禅所强调的却是某种具有神秘经验性质的心灵体验,庄子实质上仍执着于生死,禅则以渗透生死关大扬,于生死真正无所住心。所以前者(庄)重生,也不认世界为虚幻,只认为不要为种种有限的具体现实事物所束缚,必须超越它们,因之要求把个体提到与宇宙并生的人格高度。它在审美表现上,经常以气势取胜,以拙大胜。后者(禅)视世界、物我均虚幻,包括整个宇宙以及这种'真人''至人'等理想人格也如同'干屎橛'一样,毫无价值,真实的存在只存于心灵的感觉中。它不重生亦不轻生,世界的任何事物对它既有意义也无意义,都可以无所谓。所以根本不必去强求什么超越,因为所谓超越本身也是荒谬的,无意义的。从而,它追求的便不是什么理想人格,而只是某种彻悟心境。庄子那里虽有这种'无所谓'的人生态度,但禅由于有瞬刻永恒感作为'悟解'的基础,便使这种人生态度、心灵境界比庄子更深刻也更突出。在审美表现上,禅以韵味胜,以精巧胜。"①……而在中国后期美感心态中,"据于儒,依于老,逃于禅"的"三教合流"成为主要态势。它承续儒家"忧国忧民"和道家"山水悦乐"而又糅之以"心灵境界",人际——山水——心灵三者融合为一个整体,其锋芒直指某种神秘的永恒本体。略显实在、固着、具体、结实的前期美感心态由是挥洒、散发乃至化解稀释开来,趋向空灵、缥缈、含混、冲淡,总之是趋向某种平和而淡漠、耐人长久咀嚼品尝的"韵味"了。

最后,还有一个问题要稍加说明。在一些同志的心中,道家、禅宗与山水自然的关系往往界限模糊。这在一定程度上会影响对"悦乐"和"禅悦"两种美感心态的认识和理解。确实,禅宗像道家一样对大自然充满了特殊的感情。"天下名山僧占多",在中国宗教中居重要地位的禅自然更喜爱栖隐山林。晋代僧人于法兰"性好山泉,多处岩壑"②,支昙兰"憩始半赤城山,见一处林泉清旷而居之"③,刘宋时代僧人昙谛同样"性爱山林"④,隋代僧人靖嵩"嘉尚林家,每登践陟"⑤,清初僧人智周"久厌城傍,早狎巨壑"⑥……"吃茶吃饭随时过,看山看水实畅情。"⑦似乎人人都是"自然江海人",而且禅的悟道也与山水自然密切相关。"青青翠竹,总是法身;郁郁黄花,无非般

---

① 李泽厚《禅意盎然》,《探索》1986年1期。
② 《高僧传》卷四。
③ 《高僧传》卷十二。
④ 《高僧传》卷八。
⑤ 《续高僧传》卷十二。
⑥ 《续高僧传》卷二十三。
⑦ 《景德传灯录》卷二十二。

若。"①"问如何是佛法大意？师曰，春来草自青。"②"问如何是天柱家风？师答，时有百云来闭户，更无风月四山流。"③还有"吾心似秋月，碧潭清皎洁"，"不雨花自落，无风絮自飞。""山花开似锦，涧水湛如蓝。""雁度寒潭，雁去潭不留影；风来疏影，风过竹不留声。""掬水月在手，弄花香满衣。"如此这般，乍看去，与道家确有几分相似，然而却又毕竟大不相同。

在我看来，二者的根本区别在于禅宗强调"境由心设"。山水自然刹那间的纷藉，诸如荒城古渡、落日秋山、寒钟古寺、深林返景、幽篁青苔、暮蝉衰草……都是"心生，种种法生"的结果。"譬如工画师，及与画弟子。布采图众形，我说亦如是。彩色本无文，非笔亦非素。为悦众生故，绮错绘众象。"④因此自然山水并不是真实存在，而是禅宗"能画世间种种色故"⑤。而道家则强调纯任自然，并不去人为造境，所谓"纵浪大化中，不喜亦不惧"。之所以如此，只要联想一下禅宗重视从花开花落、鸟鸣春涧的动的现象世界去领悟那"万古长空"的静的本体，从纷繁流走、灿烂美丽的实在的自然景色去达到"无心""无念"的空灵的永恒，最终"一刹那间妄念俱灭""销魂大悦"，沉入"禅悦"心态，就不难道破个中三昧。

这方面的代表，自然应推王维。唐代苑咸称王维"当代诗匠，又精禅理"⑥，清代徐增称王维"精大雄氏之学，篇章词句，皆合圣教"⑦，已故刘大杰先生称王维的作品是"画笔禅理与诗情三者的组合"⑧，都是颇具识见之语。确实，王维特别喜爱描绘大自然中清寂空灵的山林、光景明灭的薄暮，塑造

---

① 《大珠禅师语录》卷下。
② 《五灯会元》卷十五。
③ 《景德传灯录》卷四。
④ 《楞迦阿跋多罗宝经》第一卷。
⑤ 《大乘本生心地观经》。
⑥ 《全唐诗》第一二九卷。
⑦ 徐增：《而庵诗话》。
⑧ 刘大杰：《中国文学发展史》中卷第77页，1958年版。

一种虚空不实、变动不居的境界。诸如"逶迤南川水,明灭青林端","湖上一回首,青山卷白云。""白云回望合,青霭入看无。"但在这里山水自然都并非客观存在,而是"境由心设"的结果。正像王维自己讲的:"心舍于有无,眼界于色空,皆幻也。离亦幻也。至人者,不舍幻而过于色空有无之际。故目可尘也,而心未同。"①因此,倒是清人赵殿成讲得更为贴切而令人信服:"右丞通于禅理,故语无背触,甜彻中边,空外之音也,水中之影也,香之于沉实也,果之于木瓜也,酒之于建康也。使人索之于离即之间,骤欲去之而不可得。盖空诸所有,而独契其宗。"②

其实,在王维的山水观照尤其是山水诗中充溢着"禅悦"美感心态。不论是往往为人们所称赞的"动"与"静"的描写,还是数不胜数的对听觉、视觉的渲染,都如此。以"动""静"为例。"木末芙蓉花,山中发红萼。涧户寂无人,纷纷开且落。""人闲桂花落,夜静春山空。月出惊山鸟,时鸣春涧中。""谷静惟松响,山深无鸟声。""雨中山果落,灯下草虫鸣。""野花丛发好,谷鸟一声幽。"……纷纷藉藉的自然现象,闪烁明灭,折射出王维心中"毕竟空寂"的"禅悦"心态。《大般涅槃经》指出:"譬如山涧响声,愚痴之声,谓之实声,有智之人,知其非真。""譬如山涧因声有响,小儿闻之,谓之实声,有智之人,解无定实。"这正是"动""静"描写的出处和渊源。认清这一点,就很容易把王维描写山水自然中的"禅悦"心态的诗歌与道家"悦乐"心态的诗歌区别开。"采菊东篱下,悠然见南山"(陶潜)显然出之于"悦乐"心态,"相看两不厌,只有敬亭山。"(李白)显然也出之于"悦乐"心态。因为他们所描写的自然景色实在具体而主客融洽无间。即便是"桃花流水窅然去,别有天地非人间"(李白)也是如此。虽然它写的是空,但指向的仍然是实。而"行到水穷处,坐看云起时"(王维),虽然看上去很有点"悦乐"意味,但毕竟仍是出之于

---

① 王维:《王右丞集》第十九卷。
② 赵殿成:《王右丞集》卷首题序。

"禅悦"心态。不仅仅如此,我甚至认为它典型地折射出"禅悦"心态的真谛。不妨看看清人徐增鞭辟入里的剖析:"行到水穷,去不得处,我亦便止。倘有云起,我即坐而看云之起。……于佛法看来,总是个无我,行无所事,行到是大死,坐着是得活,……此真好道(佛)人行履,谓之好道不虚也。"①毫无疑问,这当然就是我所讲的"禅悦"心态。

附　录
禅宗的美学智慧

"平常心是道"

中国的美学智慧诞生于儒家美学,成熟于道家美学,禅宗美学的问世则标志着它最终走向完成。之所以如此,与禅宗美学所带来的全新的美学智慧密切相关。

研究禅宗美学,学术界关注的往往是它的作为"文献"所呈现的种种问题,而并非它的作为"文本"所蕴含的特殊意义。事实上,就中国美学的研究而言,考察禅宗美学"说了什么"以及它所带来的特定的"追问内容"(庄子所谓"圣王之迹")固然重要,但是考察禅宗美学"怎么说"以及它所带来的特定的"追问方式"(庄子所谓"圣王之所以迹")或许更为重要。因为,在人类美学思想的长河中,前者或许会随着时间的流逝而逐渐消失,然而后者却永远不会消失,而且会随着后人的不断光顾而展现出无限的对话天地、无限的思想空间。所谓"禅宗的美学智慧",正是指的后者。

---

① 徐增:《唐诗解读》第五卷。

那么,禅宗美学为中国美学所带来的全新的美学智慧是什么?禅宗美学为中国美学所带来的新的美学智慧的贡献与不足又是什么?

具体来说,全新的美学智慧,可以概括为两个方面:其一,是从庄子的天地—郭象的自然—禅宗的境界,其二,是从庄子的以道观之(望)—郭象的以物观物(看)—禅宗的万法自现(见)。

从庄子的天地—郭象的自然—禅宗的境界,体现了中国美学的外在世界的转换。禅宗美学直接渊源于道家美学,尤其是庄子美学。然而,在庄子,美学的外在世界只可以称之为"天地自然"。显然,这仍旧是一种人为选择之后的外在世界,一种亟待消解的对象。对此,郭象就批评说:"无既无矣,则不能生有。"而郭象转而提出的个别之物则完全是"块然而自生",既"非我生"又"无所出",其背后不存在什么外在的力量,而且这个别之物又"独化而相因"、"对生""互一""自因""自本""自得""自在""自化""自是"。所以,有学者甚至称郭象为"彻底的自然主义",换言之,也可以把郭象称之为"彻底的现象主义"。"游于变化之涂,放于日新之流"(郭象),现象即本质,凡是存在的就是合理的,这大概就是郭象美学的核心。由此,庄子的天地就合乎逻辑地转向了自然(现象)。相对于庄子的天地,郭象的自然可以相应地称之为新天地,它使得中国美学的内涵更为精致、细腻、丰富、空灵。我们知道,福科曾经惊奇于人们为什么将一张桌子、一棵树当作艺术对象,而却不把生活本身当做艺术对象。在福科的心目中生活本身就是活生生的创造,因此是最好的艺术品。人生劳作的主要乐趣就在于使自己成为不同于昨日的另外之人。这实在可以与郭象的"游于变化之涂,放于日新之流"对看。到了禅宗美学,郭象的自然又被心灵化、虚拟化的境界所取代。与郭象的万物都有其自身存在的理由相比较,禅宗的万物根本没有自性。对于禅宗而言,世界只是幻象,只是对自身佛性的亲证。对此,我们可以称之为"色即是空"的相对主义。结果,从庄子开始的心物关系转而成为禅宗的心色关系。区别于庄子的以自身亲近于自然,禅宗转而以自然来亲证自身。

对于庄子来说,自由即游;对于禅宗来说,自由即觉。于是,外在对象被"空"了出来,并且打破了其中的时空的具体规定性,转而以心为基础任意组合,类似于语言的所指与能指的任意性。这就是所谓:"于相而离相。"由此,中国美学从求实转向了空灵。这在中国美学传统中显然是没有先例的。美与艺术从此既可以是写实的,也可以是虚拟的。中国美学传统中最为核心的范畴——境界正是因此而诞生。这个心造的境界,以极其精致、细腻、丰富、空灵的精神体验,重新塑造了中国人的审美经验(例如,从庄子美学的平淡到禅宗美学的空灵),并且也把中国人的审美活动推向成熟(当然禅宗的境界是狭义的,中国美学的境界则是广义的,应注意区分)。

从庄子的以道观之(望)—郭象的以物观物(看)—禅宗的万法自现(见),则体现了中国美学的内在世界的转换。禅宗美学直接渊源于道家美学,尤其是庄子美学,也因此,对于两者在内在世界的追问方式上,在许多中国美学的研究者那里,也往往不加区别。实际上,两者之间的差异是很大的。最初,在庄子只是"以道观之"(望),所谓"道眼"观"道相",因此,他才尤其强调"用心若镜"。尽管在庄子看来"道无所不在",然而之所以如此的关键却是要有"至人":"至人之用心若镜,不将不迎,应而不藏,故能胜物而不伤。"这意味着庄子只希望看到一个为我所希望看到的世界。这样的眼睛只能是"道眼",是所谓"以道观之"。"以我知之濠上",所以才看到"鱼之乐"。这是一个为我所用的世界,被我选择过的世界。有待真人"和以自然之分,任其无极之化,寻斯以往,则是非之境自泯,而性命之致自穷"(《庄子·齐物论》),而且是"有真人而后有真知"(《庄子·齐物论》)。到了郭象,中国美学的内在世界开始发生微妙的转换。在郭象看来,庄子固然提出了"泰初有无无"(还有"树之于无何有之乡""立乎不测",等等),但是作为立身之地的"无无"却还是没有被消解。同样,人之自然固然被天之自然消解,但是天之自然是否也是一种对象,是否也要消解? 这是庄子美学的一个漏洞,也正是郭象美学的入手之处。在郭象看来,既然是"无无",那就是根本不存在了,所谓"块然而自生"。在此意义上,我认为假如把庄子的《齐物论》在中国美学中的重要性比作龙树的《中观》在佛教中的重要作用,那么郭象的《齐物论注》就是中国美学中的新《齐物论》。一切的存在都只是现象,而且"彼无不当而我不恰也"(郭象:《齐物论注》)。

值得注意的是,在庄子是"夫循耳目内通而外于心知",而在郭象却是"使耳目闭而自然得者,心之知用外矣"。一个是从内到外去看,一个是自然得之。在庄子是"至人之用心若镜,不将不迎,应而不藏,故能胜物而不伤",在郭象却是"物来乃鉴,鉴不以心,故虽天下之广,无劳神之累"。一个要用心,一个要不用心。在庄子是"凡物无成与毁,道通为一",在郭象却是"夫成毁者生于自见,而不见彼也"。一个是"以道观之",一个是"自见"。在庄子有大小之分、内外之别、有无之辩、圣凡之界,大、内、无、圣则无疑应该成为看待世界的出发点,在郭象则是大小、内外、有无、圣凡的同一。这样,一个是"望",一个是"看"。结果,一个在庄子美学中所根本无法出现的新眼光由此而得以形成。苏轼曾经精辟剖析陶渊明的"悠然见南山"云:

> 陶渊明意不在诗,诗以寄其意耳。"采菊东篱下,悠然望南山",则既采菊又望山,意尽在此,无余蕴矣,非渊明意也。"采菊东篱下,悠然见南山",则来自采菊,无意望山,适举首而见之,故悠然忘情,趣闲而景远,此未可于文字精确间求之。(转引自晁无咎:《鸡肋集》)

这里的"悠然见南山"中的"见"就是"看"。从中不难看出,至此中国美学已经日益成熟,就只等待着禅宗的一声"棒喝"了。而禅宗的诞生,在美学上所酝酿的恰恰就是一场深刻的从"看"到"见"的转折。我们知道,禅宗之前的佛教,强调的是"看净",即看护之意。而禅宗则是从"看净"到"见性"。值得注意的是,这里的"见"实际上是"见"与"现"的同一(并非"驴子看井",而是"井看驴子")。铃木大拙曾经剖析二者的区别云:"看和见都与视觉有关,但

'看'含有手和眼,是'看'一个独立于看者之外的对象,所看与能看是彼此独立的。'见'与之不同,'见'表示纯粹'见'的活动。当它和性即本性或本心连在一起时,便是见到万物的究竟本性而不是看。"[1]这就是《坛经》中所说的"万法尽是自性见"。如前所述,在庄子美学,只是"无心是道""至人无待",这实际并非真正的消解。禅宗则从"无心"再透上一层,提出"平常心是道"。在禅宗美学看来,"无心"毕竟还要费尽心力去"无",例如,要"无心"就要抛开原有的心,而这抛开恰恰就是烦恼的根本源泉。心中一旦有了"无心"的执着,就已经无法"无心"了。实际上,道就在世界中,顺其自然就是道。而以"无心"的方式进入世界同样会使人丧失世界。这其中的奥秘,就是禅宗讲的那个既不道有也不道无、既不道非也不道是的"柱杖头上一窍"。也因此,在禅宗美学看来,"时时勤拂拭",是一种"看心"的方法,"勿使惹尘埃",则是一种"看净"的方法。借助马祖的三个不同说法,所谓"即心是佛",无疑与儒家美学类似,"非心非佛",无疑与道家美学类似,"不是物",则无疑与禅宗美学类似。这样,当禅宗美学对面世界之时,甚至就并非是在"求真",而是只为"息见"。

在这方面,禅宗美学的"古镜"给我们以重大启示:古镜未磨时,可以照破天地,但是磨后却是"黑漆漆的"。因此,真正的生命活动就只能是"面向事物本身"。禅宗美学说得何其诙谐:"这世界如许广阔,不肯出,钻他故纸,驴年去!"结果,从庄子的"用心若镜"到郭象的"鉴不以心",转向了禅宗的"不于境上生心",所谓"瞬目视伊"。它既非"水清月现"也非"水清月不现"。或者说,这里的"见"实际上是非"见",即见"无"或者见"虚空",只有这样,才是真正的"见"。在此之前,或许还是"去年贫,无卓锥之地",现在在禅宗却真正做到了"今年贫,锥也无"。结果,以庄子之眼(主动)望见的或许是"天地之美"的世界,以郭象之眼(被动)看到的或许是"游外宏内之道坦然自

---

[1] 铃木大拙:《禅风禅骨》,中国青年出版社1989年版,第37页。

明",以禅宗之眼(非主动、非被动)呈现(见)的却必然是"万古长风,一朝风月","触目皆如,无非见性"。这样,在庄子是"小隐隐于野",在郭象是"大隐隐于市",在禅宗则干脆是"一念悟时,众生即佛"。铃木大拙说得好:"当'本来无一物'这一观念代替'本心自性,清净无染'的观念时,一个人所有逻辑上和心理上的根基,都从他脚底一扫而空,现在他无处立足了。这正是每一诚心学佛者在能真正了解本心之前所必须体验的。'见'是他无所依凭的结果。"[1]最终,道家美学的一线血脉中经郭象,终于被禅宗美学接通、开掘、延续、发扬光大。这就是所谓:"于念而离念。"

"古今一大关键,灼然不易"

就中国美学而言,我们可以以中唐为界,把它分为前期与后期。清人叶燮在谈及"中唐"时指出:"此中也者,乃古今百代之中,而非有唐一代之所独得而称中者也。……时值古今诗运之中,与文运实相表里,为古今一大关键,灼然不易。"(叶燮:《百家唐诗序》)在中国美学,"此中也者"也"为古今一大关键"。而在这当中,禅宗美学为中国美学所带来的新的美学智慧,在后期的中国美学中无疑就起着非常重要的作用。

首先,从外在世界的角度,禅宗美学使得中国美学从对于"取象"的追问转向对于"取境"的追问。过去强调的更多的是"目击可图",并且做出了全面、深入的成功考察。"天地之精英,风月之态度,山川之气象,物态之神致"(翁方纲),几乎无所不包。但是所涉及的又毕竟只是经验之世界。禅宗所提供的新的美学智慧,使得中国美学有可能开始新的美学思考:从经验之世界,转向心灵之境界。"可望而不可置于眉睫之前也",这一审美对象的根本特征,第一次成为中国美学关注的中心。"象外之象""景外之景""味外之味""韵外之致"……则成为美学家们的共同话题。这一转换,不难从方方面

---

[1] 铃木大拙:《禅风禅骨》,中国青年出版社1989年版,第38页。

面看到,例如,从前期的突出"以形写神"到后期的突出"离形得似",从前期的突出"气"到后期的突出"韵",从前期的突出"立象以尽意"到后期的强调"境生于象外",从前期的"气象峥嵘,五色绚烂"到后期的"渐老渐熟,乃造平淡",等等。其中的关键,则是从前期的"象"与"物"的区分转向后期的"象"与"境"的区分。前期的中国美学,关注的主要是"象"与"物"之间的区别,例如《易传》就常把"象"与"形""器"对举。"见乃谓之象,形乃谓之器。"(《周易·系辞传》)宗炳更明确地把"物"与"象"加以区别:"圣人含道应物,贤者澄怀味象。"(宗炳:《画山水序》)后期的中国美学,关注的却是"境生于象外"(刘禹锡)。语言文字要"无迹可求",形象画面要"色相俱空",所谓"大都诗以山川为境,山川亦以诗为境。名山遇赋客,何异士遇知己,一入品题,情貌都尽"(董其昌:《画禅室随笔》)。结果,中国美学就从"即物深致,无细不章""有形发未形"的"象",转向"广摄四旁,圜中自显""无形君有形"的"境"。由此,美学的思考也从个别的、可见的艺术世界转向整体的、不可见的艺术世界,从零散的点转向了有机的面。这样,与"象"相比,"境"显然更具生命意味。假如"象"令人可敬可亲,那么"境"则使人可游可居,它转实成虚,灵心流荡,生命的生香、清新、鲜活、湿润无不充盈其中。其结果就是整个世界的真正打通、真正共通,万事万物之间的相通性、相关性、相融性的呈现,在场者与未在场者之间的互补,总之,就是真正的精神空间、心理空间进入中国美学的视野。

其次,从内在世界的角度,禅宗美学带来了中国美学从对于"无心"的追问转向对于"平常心"的追问。这是一种对于真正的无待、绝对的自由的追问。在追问中,中国美学的精神向内同时向上无限打开,不断趋于高远深邃,也趋于逍遥、超越以及人生的空漠之感。这一点,可以从苏轼对于"寓意于物"和"留意于物"的讨论中看出:

  君子可以寓意于物,而不可以留意于物。寓意于物,虽微足以为乐,虽尤物不足以为病。留意于物,虽微物足以为病,虽尤物不足以为乐。老子曰:"五色令人目盲,五音令人耳聋,五味令人口爽,驰骋田猎令人心发狂。"然圣人未废此四者,亦聊以寓意焉耳。(苏轼:《宝绘堂记》)

这种看法显然明显区别于道家美学的"为腹""为目"之类的观念。在苏轼看来,道家美学无疑有其不足。其一,是忽视了即使是"为腹"之欲也同样会令人心发狂,其二,何况"为腹"之欲也是不可能完全消除的。苏轼认为,"为腹"还是"为目",或者"微物"还是"尤物",实际上都并不重要。重要的是要"寓意"而不要"留意"。"然圣人未废此四者,亦聊以寓意焉耳。"这就是苏轼的看法。其中的关键在于:"无待"。不过,这里的"无待"已经是对于庄子美学的新阐释,其中隐含着禅宗美学所提供的新的美学智慧。我们知道,庄子认为"不假于物"的"无待"是普通人所无法做到的,但是苏轼认为"假于物"也可以"无待",所谓"酒肉穿肠过,佛祖心中留",因此,普通人也可以做到"无待",而不必走庄子美学的那条"不假于物"的"无待"的绝境。显然,这是以禅宗的"空"的美学智慧取消了一切价值差异的必然结果,个体因此而得以获得"心灵的超然"、真正的无待、绝对的自由。而且,不难发现,类似的苏轼的看法,在后期中国美学中极为常见。例如,陆游就说过"渊明之诗皆适然寓意于物而不留意于物"(陆游:《老学庵笔记》)。欧阳修也如此:"十年不倦,当得书名,然虚名已得,而真气耗矣。万事莫不皆然,有以寓其意,不知身之为劳也;有以乐其心,不知物之为累也。然则,自古无不累心之物,而有为物所乐之心。"(欧阳修:《学真草书》)因此,"不寓心于物者,真所谓至人也;寓于有益者,君子也;寓于伐性泊情而为害者,愚惑之人也。学书不能不劳,独不害情性耳。要得静中之乐者,惟此耳"(欧阳修:《学书静中至乐说》)。在此,欧阳修提出了三种标准:"不寓心于物"的"至人"、"寓于有益"的"君子"、"寓于伐性泊情而为害"的"愚惑之人"。它们分别相当于苏轼提出的"不假于物""寓意于物""留意于物"。"不寓心于物"和"不假于物"是道家美学提出的,事实证明无法做到,"寓于伐性泊情而为害"和"留意于物",则会导致种种病患,因此最好的方式还是"寓于有益"和"寓意于物"。而这正是禅宗提供的新的美学智慧,所给予后期中国美学的新启迪。

也正是因此,后期的中国美学在方方面面都展现出一种新的美学风貌。例如:从前期的"退隐""归田"到后期的"心灵的超然",从前期的"外师造化,中得心源"到后期的"本自心源,想成形迹",从前期的"山川草木造化自然"的"实境"到后期的"因心造境,以手运心"的"虚境",从前期的"不假形也"到后期的"透彻之悟"……其中的关键,是从对于"神思"的关注转向对于"妙悟"的关注。所谓"妙悟天开"(叶燮),"唯悟乃为当行,乃为本色"(严羽)。我们知道,刘勰强调的还是"文以物迁,辞以情发"(《文心雕龙》),而王昌龄强调的就已经是"目睹其物,即入于心,心通其物,物通即言"(《诗格》)。从中不难看出,中国美学的内在世界已经层层内转,而且从相感深入到相融。因此,已经不是什么"随物以宛转",而干脆就是"心即物"。这样一来,传统的确定、有限的形象显然已经无法予以表现,其结果就是转向了不确定的、空灵的境界。与此相应的,是"妙悟"的诞生。在"神思"还是与象、经验世界相关,在"妙悟"则已经是与境、心灵世界的相通。"神思"与"妙悟"之间,至为关键的区别当然就是其中无数的"外"("悬置""加括号")的应运而生。味外之旨、形上之神、淡远之韵、无我之境……这一切都是由于既超越外在世界又超越内在心灵的"外"的必然结果。也因此,中国美学才甚至把"境"称之为"心即境也"(方回)、"胸境"(袁枚),并且把它作为"诗之先者"。而美学家们所强调的"山苍树秀,水活石润,于天地之外,别构一种灵奇"(方士庶:《天慵庵随笔》上),"一草一树,一丘一壑,皆灵想之所独辟,总非人间所有"(恽南田:《南天画跋》),"鸟啼花落,皆与神通;人不能悟,付之飘风"(袁枚:《续诗品》),以及"山谷有云:'天下清景,不择贤愚而与之,然吾特疑端为我辈所设。'诚哉是言!抑岂独清景而已,一切境界无不为诗人设。世无诗人,即无此种境界。夫境界之呈于吾心而见诸外物者,皆须臾之物。惟诗人能以此须臾之物,镌诸不朽之文字,使读者自得之"(王国维:《人间词话》),则也都正是对禅宗美学智慧所孕育的"呈于心而见于物"的瞬间妙境的揭示。

审美活动的纯粹属性、自由属性

综上所述,不难看出,禅宗美学为中国美学带来了全新的美学智慧。

就以境界为例,无疑,它正是中国美学为审美活动所提供的本体存在的根据。

首先,"一切境界,无不为诗人设。世无诗人,即无此种境界"。这意味着,在审美活动之前,在审美活动之后,都不存在境界。境界之为境界,只存在于审美活动之中。

其次,更为重要的是,"夫境界之呈于吾心而见诸外物者,皆须臾之物。""须臾之物",是一个非常重要的提示。由于种种误解的原因,不少学者对于境界的认识还始终停留在肤浅的层次上,例如,以"情景交融"来解读境界,就是其中的一个典型表现。其实,境界之为境界,根本就不是什么"情景交融",而是一个全新的世界的诞生,是美学大师王国维目光如炬之所说"须臾之物"。由此,精神世界的无限之维就被敞开了。结果它不但敞开了人的真实状态,而且敞开了人之为人的终极根据。

再次,"惟诗人能以此须臾之物,镌诸不朽之文字,使读者自得之"。这段话涉及的是境界的基本内涵。1912年,王国维在一篇《此君轩记》中论画家画竹的时候还曾经谈到:"其所写者即其所观,其所观者即其所蓄也。物我无间而道艺为一,与天冥合而不知其所以然。故古之画竹者,高致直节之士为多。"结合这段话,围绕着"须臾之物",我们就不难把境界划分为"呈于吾心而见诸外物"的循序渐进的三个层面。其中的第一境界是"其所蓄",有点类似于郑板桥所说的"心中之竹"。第二境界是"其所观",有点类似于郑板桥所说的"眼中之竹"。到此为止,第一境界与第二境界应该是"诗人"与

"常人"都共同存在的境界,也就是王国维所说的"有诗人之境界""有常人之境界"。其中的共同之处,应该说是人人的"心中所欲言",美学所关注的境界正是这两个境界。第三境界是"所写者",这有点类似于郑板桥所说的"手中之竹",此时此刻,"惟诗人能以此须臾之物,镌诸不朽之文字",涉及的也是"大诗人之秘妙",因此,也仍旧是美学所关注的境界。

由此,境界之为境界,作为审美本体,它的奥秘就在于能够"呈于吾心而见诸外物"的循序渐进的三个层面,把人类的不可见的精神世界转换为能够看得见、摸得到的"须臾之物",把人类的超越性的自由实现的全部过程也转换为能够看得见、摸得到的"须臾之物"。

于是,在境界中,你可以在"在场"中看到"不在场",也就是说,它一定要在你身边的东西里呈现出背后的更广阔的世界。海德格尔说:动物无世界。之所以如此,就因为它只有"有"即眼前在场的东西,但是却没有"无"即眼前不在场的东西。人之为人就完全不同了,境界之为境界也就完全不同了,它"有"世界。因此尽管人与动物都在世界上存在,但是世界对于人与对于动物却又根本不同。对于动物来说,这世界只是一个局部、既定、封闭、唯一的环境,在此之外还有其他的什么,它们则一概不知。就像那个短视的井底之蛙,眼中只有井中之天。而人虽然也在一个局部、既定、封闭、唯一的环境中存在,但是却能够想象一个完整的世界。而且,即使这局部、既定、封闭、唯一的环境毁灭了,那个完整的世界也仍旧存在。这个世界就是海德格尔所说的"存在",这样,人就不仅面对局部、既定、封闭、唯一的环境而存在,而且面对"存在"而"存在"。

也因此,境界无疑应该是对在场的东西的超越(只有人才能够做这种超越,因为只有人才"有"世界)。它因为并非世界中的任何一个实体而只是世界(之网)中的一个交点而既保持自身的独立性,同时又与世界相互融会。所以,海德格尔才如此强调"之间""聚集""呼唤""天地神人"。在这里,我们看到,一方面境界包孕着自我,它比自我更为广阔,更为深刻。境界作为生命之网,万事万物从表面上看起来杂乱无章、彼此隔绝,而且扑朔迷离、风马牛不相及,但是实际上却被一张尽管看不见却恢恢不漏、包罗万象的生命之网联在一起。它"远近高低各不同",游无定踪,拐弯抹角,叫人眼花缭乱。而且,由于它过于复杂,"剪不断,理还乱",对于其中的某些联系,我们甚至已经根本意识不到了。然而,不论是否能够意识到,万事万物却毕竟就像这张生命之网中的无数网眼,盛衰相关,祸福相依,牵一发而动全身。另一方面,每一个自我作为一个独特而不可取代的交点又都是境界的缩影,因此,交流就成为自我之为自我的根本特征。显然,有限中的无限,无限中的有限,这一特征只有在审美活动中才真正能够实现。而在在场者中显现不在场者,就正是境界之为境界。

当然,禅宗美学为中国美学所带来的全新的美学智慧还不仅仅只是境界。

总的来看,禅宗美学为中国美学所带来的全新的美学智慧应该是:真正揭示出审美活动的纯粹属性、自由属性,真正把审美活动与自由之为自由完全等同起来。

与儒家美学、道家美学相比较,禅宗美学并没有把自己的所得之"意"赋之于"仁",并且以"乐之"的方式去实现,也没有把自己的所得之"意"赋之于"象",并且以"象罔"的方式去实现,而是把自己的所得之"意"赋之于"境",并且以"妙悟"的方式去实现。同时,与儒家美学、道家美学相比较,禅宗美学既没有"咏而归",也没有"与物为春",而是"拈花微笑"。而且,"子与我俱不可知"(苏轼:《前赤壁赋》),"物之废兴存毁,不可得而知也"(苏轼:《凌虚台记》)。显而易见,这种境界只有在把人的本体完全视为"虚无",直到"桶底脱",直到"虚室生白"(也就是铃木大拙所说的"无处立足"),才有可能最终趋近。刘熙载在《诗概》中断言:"苏轼诗善于空诸所有,又善于无中生有。"在此,我们也可以把"空诸所有"以及在此基础上的"无中生有",称之为禅宗美学为中国美学所带来的新的美学智慧。

而要深刻理解禅宗美学为中国美学所带来的全新的美学智慧,最好的方式,还是转而考察西方现象学美学为西方美学所带来的全新的美学智慧。

我一再强调,类似佛教思想中只有"大乘中观"在中国开出华严、天台、禅宗等美丽的思想之花,西方思想要真正与中国思想产生根本性的交流,也离不开现象学思想。西方现象学(尤其是海德格尔美学)就正是当代的"大乘中观"思想,也正是悟入中国思想与西方思想之必不可少的津梁。具体来看,就美学而言,现象学美学同样"为古今一大关键,灼然不易"。一反西方美学传统的自以为有根可追、有底可问并且不断地追根问底,现象学美学发现世界事实上是无底的,德里达称之为"无底的深渊"(这使我们想起"桶底脱""虚室生白")。这意味着:世界只有根源而没有根底。同样,一反西方美学传统的把审美活动归属于认识活动,现象学美学强调审美活动就是最为自由的生命活动、最为根本的生命活动(这使我们想起"心灵的超然")。这无疑意味着现象学美学与西方美学传统的完全对立。不难看出,从把握事物之间的相同性、同一性、普遍性转向把握事物之间的相通性、相关性、相融性,将审美活动从认识活动深化为自由生命活动,这正是现象学美学为西方美学所带来的新的美学智慧。这样,假如我们意识到这一切正是中国美学传统所早就孜孜以求的(但只是相通,而非相同,此处不赘),就不难意识到禅宗美学为中国美学所带来的新的美学智慧的贡献究竟何在了。

不妨再做具体对比。首先,就对于外在世界的考察而言,犹如禅宗美学,现象学美学不同于西方美学传统,没有再把审美对象作为客观对象。美不在物也不在心,人们就生活在美之中,那是一个主体与客体分化之前的世界。因此所谓审美对象只是一个意向性的对象(这使我们想起"诗以山川为境,山川亦以诗为境"),它并非实在,却真实,不能证实也不能证伪,而只能解释(这使我们想起"于相而离相")。同时,它又是一个比科学、知识世界要更为根本的生活世界。现象学美学称之为"时间性场地"(这使我们想起"境"),而且强调,不同于西方美学传统的认为"在场的东西"先于"不在场的东西",应该是"不在场的东西"先于"在场的东西"。显然,这个"时间性场地"体现的已经不是一事物与其本质之间的关系,而是一事物与其它事物之间的关系,海德格尔称之为"枪尖",是过去、现在、未来的凝聚。我想,这是否可以理解为,是对于系统质的把握(因此才"可望而不可置于眉睫之前也")。换言之,假如西方美学传统强调的超越性是执着于在场的东西,现象学美学则执着于不在场的东西,或者说,执着于在场者与不出场者的关系(这使我们想起"象外之象""景外之景""味外之味""韵外之致")。杜夫海纳指出:在创造中要通过可见之物使不可见之物涌现出来。海德格尔在谈到里尔克的"最宽广之域""敞开的存在者整体"时强调:这一种"无障碍地相互流注不因此而相互作用""全面相互吸引"的整体之域照亮了万物,也敞开了万物,使得万物一体、万物相通(这使我们想起"境生于象外")。胡塞尔也多次谈到"明暗层次",并一再告诫说:在直观中出场的"明"不能离开未出场的"暗"所构成的视域(这使我们想起"隐"与"秀"、"形"与"神",尤其是"象"与"境")。

其次,更为重要的是,就对于内在世界的考察而言,犹如禅宗美学,现象学美学在西方美学传统中也是最切近自由本身的。在它看来,人没有任何的本质,人是X(这使我们想起"今年贫,锥也无"),只是在与源泉相遇后,人才得以被充满,然而也只能以意义的方式实现(这使我们想起"于念而离念")。这意味着审美活动必须对现实的对象说"不"或者"加括号"从而像禅宗美学那样,透过肉眼所看到的"色"而看到"空",最终把世界还原为"无"的世界(不但包括客体之现实即客体之"无",而且包括主体之现实即主体之"无")。然而,这样一来,自由就不再是一个可以把握的东西、一个可以经验的对象(否则事实上也就放逐了自由,西方传统美学即如此)。那么,怎样去对自由加以把握呢?现象学美学推出的是与"妙悟"十分类似的"想象"。梅洛·庞蒂声称:"一物并非实际上在知觉中被给予的,它是内在地由我们造成的,就其与一个世界相联系而言(此世界的基本结构与我们联系在一起)

是由我们重新建构和经验到的。"①这就是想象(对此胡塞尔、海德格尔、杜夫海纳等也都有所论述)。它使得那些过去实际上是不可能、不确定和空灵的东西在想象中得以出场。因此这同样是一种"心境""胸境"。所以萨特才会声称:"这个风景,如果我们弃之不顾,它就失去见证者,停滞在永恒的默默无闻状态之中",②海德格尔也才感叹"每件事物——一棵树、一座山、一间房子、鸟鸣——在其中失去了一切冷漠和平凡","好像它们是第一次被召唤出来似的"。大千世界因此而在想象中变得令人玩味无穷(所以"即之不可得,味之又无穷也"),并且最终呈现为"呈于心而见于物"的瞬间妙境(这使我们想起"世无诗人,即无此种境界")。

综上所述,禅宗美学为中国美学所带来的全新的美学智慧无疑至今也没有过时,而且仍旧给当代的美学研究以根本性的启迪。它所企及的美学深度,也绝非20世纪中国的那些转而拜倒在西方柏拉图、黑格尔美学膝下的美学家们所可以望其项背的。

当然,禅宗美学为中国美学所带来的新的美学智慧也有其不足。我们知道,所谓自由包括对于必然性以及客观性、物质性的抗争,以及对于超越性以及与之相关的主观性、理想性的超越两个方面。禅宗的美学智慧与现象学美学一样,都是对于超越性以及与之相关的主观性、理想性的超越的片面关注,都并非片面地认识必然而是片面地体验自由,也都是对自由的享受。在这里,人类第一次不再关注脱离了自由的必然(例如西方美学传统、中国20世纪美学),而是直接把自由本身作为关注的对象。由此,自由本身成功地进入一种极致状态(美学本身也因此而进入了一个全新的广阔领域),但也正因如此,自由一旦发展到极致,反而就会陷入一种前所未有的不自由。具体来说,自由不但意味着对于一切价值的否定,而且意味着在否定

---

① 转引自张世英《进入澄明之境》,商务印书馆1999年版,第129页。
② 转引自张世英《天人之际》,人民出版社1995年版,第417页。

了一切价值之后,必须自己出面去解决生命的困惑。这样,当真的想做什么就可以做什么之时,一切也就同时失去了意义,而且反而会产生一种已经没有什么可以去为之奋斗的苦恼,反而会变得空虚、无聊,并且进而暴露出人之为人的无助、孤独、困惑。这实在是一种更难把握的东西,然而对此人类又无可逃遁,恰成对照的是,现象学美学采取的态度是:自由地选择(荒诞)。它勇敢地逼近这一危机,承认生存的荒诞性,并且坦然地置身之中,在其中体验着自身的本质。禅宗美学乃至后期的中国美学采取的态度却是:自由地摆脱(逍遥)。结果,"空诸所有"的结果却转而取消了生命澄明的可能。生命只有在有"待"、有问题之时才有可能获得澄明的契机。正如袁枚所说:"必须山川关塞、离合悲欢,才足以发抒情性,动人观感。"然而从儒家的"咏而归"到道家的"与物为春"再到禅宗的"拈花微笑",这种内在的紧张却逐渐消失得一干二净(刘熙载在《诗概》中就曾批评苏轼"意颓废")。于是,心灵的澄明同时又再次被遮蔽。其结果,就是滑向庸俗不堪的生活泥坛而不能自拔,这又是我们时时需要加以高度警惕的。

本文原名为《禅宗的美学智慧——中国美学传统与西方现象学美学》,见《南京大学学报》2000年第3期。

第五章

混沌世界

第一节
感知恐惧

作为美感心态的深层结构的中介,中国的集体感知同样颇值探讨。

正像本书曾经提到的,所谓集体感知,是指的某种共同的感觉方式和知觉方式。在心理学中,感觉一般是指外界事物对一种感觉器官的刺激作用引起的主观经验。它是大脑对直接作用于感觉器官的客观世界的对象和现象的个别属性的反映。而知觉则一般是对事物的各种属性,各个部分及其相互关系的综合的、整体的反映。它们之间的区别是显而易见的。例如,从生物进化的序列看,无疑地代表节肢动物发展阶段的知觉,要比代表环节动物发展阶段的感觉,要超越一个种系时代。从认识程序看,感觉先于知觉。再从感觉和知觉的认识特点和质的规定性看,感觉分析器的特点是单项性,知觉分析器的特点是多项性;感觉分析器在种系发育上适应于反映物质运动的某一特殊形态,而不提供其他运动形态,知觉是若干分析器系统协同工作的结果,因而是多项式的;感觉的质是发生学意义上的东西,知觉的质是分析器的传导综合;感觉有直接性意义,知觉只有间接性意义;等等。但在日常生活中,感觉与知觉又是很难分开的,在审美中尤其如此。因此本书一般将二者并列,称之为感知。

感知显然是本我——超我——现实之间的中介。它是对本我的一种最直接、最迅速的调节。遗憾的是,过去的心理学很少把主体需要(动机)与感知联系起来加以研究。只是在近年来,二者的关系及其重要性才被日益注意到。舒尔茨在《现代心理学史》中谈道:"知觉研究的方法在近年来已有很大的改变。在所谓关于知觉的'新看法'的支持下,从二次世界大战以来有着一种明显的趋势,即着重知觉的某些内部决定因素,如需要、价值观、态度和人格等因素。在此之前,传统的重点几乎只是集中在刺激情境的各个方面。""知觉过程不再仅仅被认为是感觉印象的结合,而感觉印象则是从刺激的组织或过去经验获得其意义的。现在认识到动机的、情绪的和社会的因素,不仅在决定一个人感知对象时有影响,而且也影响到他用以感知对象的方式。""知觉愈来愈被看作人与其经验世界相互作用中的一种重要过程。"①

感知的调节作用其实很容易得到证明。心理学中曾经进行过大量的"剥夺试验"。据研究,每比特(bit,十分之一秒)就是人脑的一个"经验框架"。在这个时间内人脑可以接受一千信息单元。人每天平均眨眼五万余次,网膜摄拍五万余幅次,以极其广博众多的视觉图像实现着"刺激力向意识事实的转化",从而维持着人这个"巨系统"的动态平衡。在丰富的感觉中,对人的智力有不寻常的影响,主要是引起大脑皮质密度增大,和脑胆碱酯酶的增强,显然甚至有某种训练的迁移来迎接新的任务,即在对待新任务时的一种提高的智力。"随着有关非常微弱的视觉、听觉、触觉和其他外受刺激的反应的研究,关于人完全需要相当复杂的连续传递信息系统这个问题已经有所意识了。人好像是沐浴在感觉刺激的海洋之中,缺少了它,人就不能有正常的作用。""正常机能依赖于感觉成分的总和和平衡两方面。这些感觉成分在连续不断地敲打着许多感官的大门。"②但一经"感知剥夺"之后,则发生了完全相反的变化,引起了大脑皮质密度的缩小,并降低了脑胆碱酯酶(它能保持神经冲动的正常传递)的活动作用,人的大脑智力受到了破坏。"感官的大门"一旦停止了"敲打",就意味着"刺激力向意识事实的转化"这种正常的、神圣的职能停滞了、破坏了。"一个高等动物的神经系统是

---

① 舒尔茨:《现代心理学史》,人民教育出版社1985年版,第252页。
② 墨菲:《近代心理学历史导引》,商务印书馆1982年版,第458页。

用来应付周围环境的,有一个最佳时期、状态。"①人脑按其作为动态系统的本质来说,是喜欢矛盾和冲突的。任何动物为了正常发展都需要有各种感觉刺激,正像它需要食物和水一样。机体喜欢被打扰(例如一部兴奋的小说,爬山等等),而且确实如果不这样,他们就不可能正常充分地生活。特别是在早期生命塑造期,在他们的环境中必须有大量的刺激作用。如果没有,机体就有可能永远停留在不成熟阶段。不但是"感知"的"剥夺",即便是感知的"削弱",也会造成生命个体的终身缺陷,影响生命的正常进程和机能的成熟,甚至连指挥生命奋进的内驱力,也因之而消逝。②

不难看出,感知的调节作用是一种生理和物理的过程,例如色彩感知问题。心理学家们的实验证明,那些强光照射下的色彩,高饱和度的色彩以及磁波较长的色彩都能引起高度的兴奋和造成强烈的刺激。像一种比较明亮的和比较纯粹的红色就比一种暗淡的和灰色较大的蓝色活跃得多。法国心理学家弗艾雷(Fere)在试验中发现,在彩色灯的照耀下,肌肉的弹力会增加,血液循环会加快,其增加的程度以"蓝色为最小,并依次按绿色、黄色、橘红色、红色的排列顺序逐渐增大。"另一位心理学家古尔德斯坦在观察中也发现,那些因患大脑疾病而丧失了平衡感的病人,当让他们穿上红色的衣服时,就会变得头晕目眩,甚至有跌倒的危险。但是当给他们换上绿色的衣服时,这种症状便很快消失了。经过多次试验之后,他得出结论说:凡是波长较短的色彩,都会引起收缩性的反应,凡是波长较长的色彩,都会引起扩张性的反应。"在不同的色彩的刺激下,整个机体或是向外界扩张,或是向中心部位收缩。"这当然意味着全人类的感知中的某种共同性、恒常性。不过,这只是问题的一个方面,更重要的是,从另一个方面看,感知还是一种心理

---

① 汤普森等主编,《生理心理学》,转引自劳承万著《审美中介论》一书,上海文艺出版社1986年版。
② 本段系参照劳承万同志《审美中介论》一书有关内容写出,谨此致谢。

和文化的过程。正像康德所敏锐观察到的："经验就是现象(知觉)在一个总识里的综合的联接,仅就这种联结是必然的而言。因此,一切知觉必须被包摄于纯粹理智概念下,然后才用于经验判断。在这经验判断里,知觉的综合统一性是被表现为必然的、普遍有效的。"①因此,人类感知中又潜在着某种个体的或集体的历时性和选择性。就后者而论,不同文化心态的选择使得人类的感知被赋予了某种特定的心理体验和文化意蕴。再来看色彩感知问题。同一色彩在不同文化心态看来,其心理体验是可能有所不同甚至截然相反的。"克拉因色彩感情价值表"和"大庭三郎色彩感情价值表",恰恰详赡展示了西方和东方在感知上的巨大区别。原因何在？有人归之于东西方的不同生理感受,其实不然。像白色,从物理性质上有其二重性,一方面是光谱上所有色彩加到一起后形成的一种最完满的统一体,另一方面又是因缺乏色彩和缺乏多样丰富性而造成的一种色彩。因此,它给人的生理感受就可能也有两种。在此基础上的心理体验自然也就不同。既可以是一种生活已经达到高度完满的体验,也可以是一种尚未进入生活的纯洁和幼稚的儿童和女性的体验,既可以是一种丰富性的体验,也可以是一种虚无的体验。究竟产生哪种体验,则不能不决定于特定文化心态的选择(这种选择当然是直接的、当下即得的。其中的历史积淀过程,本书无法展开讨论)。白色在西方文化心态中,之所以会产生一种纯洁的心理体验,在中国文化心态中之所以会产生一种悲哀的心理体验,或许应作如是观。

这样,集体感知的问题就应运而生。它是在一定文化心态基础上所产生的一种共同的感知方式和心理体验。共同的客体结构、生理结构与不同的文化心态结构相结合,会产生不同的集体感知,从而成为对不同的社会本我—社会超我—社会现实之间的激烈冲突加以调节的中介。那么,中国的集体感知的特点是什么呢？

---

① 康德:《未来形而上学异论》,商务印书馆1982年版,第70页。

在中国的自我萎缩的内倾文化心态基础上产生的,是一种自我萎缩的集体感知,恰恰与西方在自我扩张的外倾文化心态基础上产生的自我扩张的集体感知遥遥相对。本书把前者称之为"感知恐惧",把后者称之为"感知信赖"。

在中国人看来,大千世界是一个大化流衍的生命整体。"乾道变化,各正性命。""物各自然。""自本自根。""凫胫虽短,续之则忧;鹤胫虽长,断之则悲。"这世界,毋庸划分,毋庸界定,更毋庸剖解。"是非之彰也,道之所亏也。"概念、逻辑、思辨,任何刻意的追求都可能阻碍大千世界的自由兴作和天机完整。因此,他们对自身的感知充满了不信任感。他们不相信自身能够把握三维的物象空间。"横看成岭侧成峰"的苦恼,"封死则道亡"的不安,犹如一道浓重的阴影,始终笼罩在中国人心头。在感知恐惧中他们转向了"心眼""心耳",所谓"肉眼闭而心眼开","官知止而神欲行"。感知中的恐惧、苦恼和不安,完全是妄自尊大地相信感官的结果,一旦凭借"心眼""心耳"去拥抱"未始有物"的大千世界,则不仅能够"上下与天地同流",而且能够化解躁动不安的恐惧心态。这样,感知恐惧在推动着中国人远离规定世界、解释世界、理解世界的路径的同时,也远离了否定世界、逃避世界、自绝世界的路径。感知恐惧使中国人跃身大化,拥抱万物,走向"天人合一"。而在西方人看来,偌大世界是完全可以凭借人为秩序、思辨、概念、逻辑去把握去占有去征服的。他们对自己感知三维的物象空间的能力充满了自信。这样,集体感知上的巨大差异,就不能不导致中西方最终截然对峙的两个感知世界。不难看出,在感知方式上,中国是否定的、消极的、被动的,西方是肯定的、积极的、主动的;在感知内容上,中国是横向展开,注重把握事物的关系、功能、结构,西方是纵向展开,注重分析、推理、归纳、实验;在感知特色上,中国是伦理的,多为价值评价,西方是认识的,多为客观认知;在感知结果上,中国是转向体验,西方是转向动作;等等。总而言之,假如说西方的感知世界是一个"人皆有七窍,以视听声息"的理性世界,那么,中国的感知世界则是一个"人皆有七窍,以视听声息,此独无有"的混沌世界。(中西方的感知世界,是一个颇具魅力的课题。深入加以考察,不难发现诸多有趣的现象。例如,在西方,苹果从树上掉下来,引起很多人的注意,亚里士多德由此想到了苹果和星球间的相似性,牛顿由此联想到"为何重物脱离支撑后往下掉",但在中国这种现象却从未引起注意。孔子学富五车,却连早上的太阳大还是中午的太阳大这样的问题也不屑思索。再如西方的住房划分得十分精细,寝室、书房、育婴室、客厅等,中国的住房却往往不做上述划分;西方的椅子,不论高低、大小,靠背、扶手都十分适宜人体的各部分的特性,沙发更能够随遇而安,适宜于任何一个人的屁股、腰肢、脊背和手臂,但中国的"八仙椅子"却很不适体,坐上去很不舒服;再如西方有背包、提兜、皮箱等供旅行时视情况不同去使用,但中国在外出旅行时却统统是挎一个作用十分模糊的包袱在背上;再如西方的钢笔、茶杯都是精细地适合于人的手和口,中国的毛笔和茶杯只是约略地适合;西方的皮鞋十分适足,左右也有分别,中国的草履、木履不但十分不适足,且左右不分;西方的服装是量体裁衣、胸、腰、臀均十分贴切,无多余的布,中国的服装则是不量体裁衣,腋下、裤裆处重重叠叠的余布极多;等等。)

其实,中西方宏观的历时的集体感知方面的巨大差异,也完全可以从微观的共时的个体感知方面的巨大差异角度去证实。在对个体的内倾、外倾型人格的研究中,心理学研究已经取得了大量成果。从感知角度讲,内倾型人格的感知萎缩,厌恶刺激,耐感知剥夺,视后像长,兴奋强,抑制过程出现得慢,表现得弱,持续时间短,外倾型人格的感知扩张,喜欢刺激,不耐感知剥夺,视后像短,兴奋弱,抑制过程出现得快,表现得强,持续时间长,等等。下图主要根据艾森克及培特利等感觉阈限的实验材料。此图详细说明了,从无刺激(感知剥夺)到最大刺激量之间,各种类型的被试者所感觉的不同情况,横坐标表示感官刺激的程度,从左端的无刺激(感知剥夺)到右端的最大刺激(疼痛刺激)。纵坐标表示伴随不同水平的刺激引起的快乐情调,即舒适感,从最强的负性情调到最强的正性情调。负性情调就是感觉极不舒服或疼痛,企图逃避,要求终止刺激,感到厌恶痛极;正的情调就是觉得极度愉快,愿意延长刺激或增加刺激,感到如胶似漆不能脱离。在正负情调之间有一个"淡漠水平",表示被试者既不渴求也不躲避刺激。此时对被试者来说完全超于中性状态。假如一个被试者在连续不断的刺激之下,那么通常在实验心理学中提到的适应——抑制就相应地出现了,即被试者接受的有效的刺激量就减轻了。这也就表现了每人的个体差异。内倾者感觉阈限低,对连续刺激产生的适应——抑制少,即不易适应;外倾者感受阈限高,对连续性刺激产生的适应——抑制较多,即较适应。看起来似乎任何水平的刺激量对内倾者来说都是更为有效的。

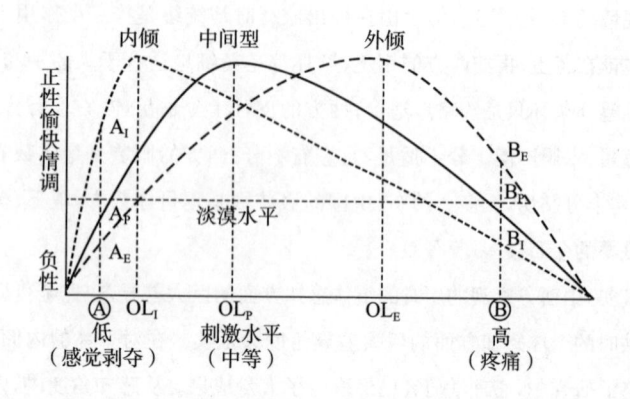

图中的 OL 表示最佳刺激水平。I 表示内倾,E 表示外倾,P 表示中间型。从它们的横坐标上的位置看,最佳水平显然有顺序增高的不同。图中横坐标上(A)及(B)两点各表示较低的及较高的刺激水平。从这两点画两线与纵坐标并行。这里表示了同一刺激量引起的不同情调。刺激强度在(A)的位置时,内倾者感到正的情调(AI),外倾者则感到负的情调(AE),中间型居两者之间,但也偏于负的情调。刺激强度在(B)的位置时,内倾者感到负的情调(BI),外倾者感到负的情调(BE),中间型居两者之间,但也偏于负性

情调。毋庸多言,这种内、外倾人格的不同感知特点是与中西方不同集体感知的特点严密对应、十分神似的。换言之,这种微观的共时的个体感知方面的巨大差异恰恰从逻辑浓缩的角度对中西方客观的历时的集体感知方面的巨大差异做出了令人信服的说明。

  人们当然会对中国的感知恐惧的产生颇感兴趣,然而这个问题是如此之大,以致任何论述都可能挂一漏万。为了考察中国的感知恐惧的产生,我们有必要重新回顾中国的"社会现实"和"社会超我"的种种特点,更有必要对原始余绪——尤其是原始感知的深刻影响给以高度重视。《原始思维》一书作者列维-布留尔指出:原始人丝毫不像我们那样来感知。对原始人来说,纯物理的现象是没有的。流着的水,吹着的风,下着的雨,任何自然现象、声音、颜色,从来就不像被我们感知的那样被他们感知着,也就是不被感知成与其他在前在后的运动处于一定关系中的或多或少复杂的运动。物体的移动当然是靠那些与我们相同的感觉器官来感知的;熟悉的物体是根据先前的经验来认识的;简言之,感知的整个心理、生理过程,在他们那里也和在我们这里一样。然而在原始人那里,这个感知的产物立刻会被一些复杂的神秘意识包裹着。原始人用与我们相同的眼睛来看,但却用与我们不同的意识来感知。这种意识就是对外在自然的恐惧。正像梯布鲁斯(Tibullus)讲的:"上帝在人间制造的第一种东西就是恐惧。"席勒也讲过:人类收获的第一个果实就是恐惧。例如画像,在原始人的感知中,被认为是有生命的,与原型同一的。一个曼丹人说:"我知道这个人把我们的许多野牛放进他的书里去了,我知道这一点,因为他做这事的时候我在场,的确是这样,从那时候起,我们再也没有野牛吃了。"又如对影子、名字的感知,原始人往往也把它们与生命实体融为一体。梦也是如此。原始人能够把在梦中获得的感知和在清醒时获得的感知区别得十分清楚,但又并不认为前者是虚幻可疑的,相反却认为它是对外在自然中的神秘力量、神秘本质的清晰感知。这样一种原始的神秘感知在中西方是一种轻重不同的普遍存在。但西方进入文明社会后,包裹着感知的神秘的恐惧意识被彻底剥离开来,感性世界呈现出其本来面目。中国则不然。进入文明社会后,这种神秘的恐惧意识不但没被剥离,反而被保护了下来,在中国人文化心态中潜存着的可道之道非常道,可名之名非常名的苦恼和"封死则道亡"的恐惧,还有"无知""无为""无我""心斋""坐忘"以及"官知止而神欲行"的态度,都只不过是原始神秘的恐惧意识的文明表述。

第二节
空灵的时空

中国的感知恐惧一旦进入审美系统,其鲜明特色尤其令人瞩目。

客观的生活信息首先是以感觉和知觉的形式出现的,这种感觉和知觉是生理的和物理的,也是心理的和文化的。它所反映的是事物的物理属性。但是文学创作不是生理的、物理的,也不仅仅是心理的、文化的,更是审美的。审美系统中的感知活动既有同普通感知相似的地方,又有与它不同的地方。同普通感知活动相同的地方在于:它同样也是一种积极主动的活动,其中同样也包含着选择、解释作用和情感作用。同普通感知活动不同的地方在于:它并不与实用目的联系在一起,而是与以情感方式为核心的情感、想象、理解联系在一起。如果对象的外在形式合乎情感方式,对象本身的感性形态——形体外貌、色彩线条等——就会获得充分的注意、观察、揭示和暴露。这种注意和观察不是一种认识和判断,而是内在情感方式与外在形式结构的契合,因为它并不满足于判断出这是一棵树,那是一座房子,这是一个人,那是一个动物。它不是按照人和非人、动物和植物、有机物和无机物、有用之物和无用之物去对各种事物归类,而是按照它们的形式中揭示的情感表现性去对它们分类。在以情感方式为核心的情感、想象、理解的作用下,生活的信息转化为艺术的感知。艺术的感知是经过作家的情感、想象、理解所选择、统摄、同化了的感觉和知觉。作家的情感、想象、理解不能同化的生活信息被排除了,与作家的情感、想象、理解相近的生活信息被接纳了,与作家情感、想象、理解相符的生活信息被强化了。在作家情感、想象、理解的组织下,生理的物理的感知发生了变异,产生了"误差",而这种"误差",正是艺术魅力的由来。

同样的生理感知,在不同的情感、想象、理解的作用下,显然会分化为不同的感知。不同的个体会分化出个体的感知,不同的民族也会分化出集体的感知。关于前者,人们研究的较为详细,但关于后者,人们却令人遗憾地研究甚少。其实,它实在太重要了。正像勃兰兑斯描述的:"法国人通常在观察中寻求诗意,德国人在强烈的感情中寻求诗意,而英国人则在丰沛的想象中寻找诗意。"在这个意义上,我们不妨说,并非一个民族的生活领域有多宽广,艺术的内容领域就有多宽广,而是一个民族的感知所达到的领域有多宽广,艺术的内容领域就有多宽广。李泽厚曾大声疾呼:"感知本身可以创造和引向一个独立的审美世界,这里面有大量的研究工作需要去做。"[①]的确,不论是个体感知,还是集体感知,都如此。

具体而论,作为"创造和引向一个独立的审美世界"的集体感知,中国的感知恐惧又有其特色。同西方的感知信赖一样,进入审美系统的感知恐惧同样是感知同情感、想象、理解三者的融合。它们互相渗透、互相融合,而不是各自独立、互不联系和泾渭分明的。当主体进入审美系统后,四种要素便进行积极调整和组合。感知是导向审美经验的出发点和归宿,理解为它指明了方向,想象为它开拓了天地,情感为它提供了动力,这样当最终形成的

[①] 李泽厚:《美学的对象与范围》,载《美学》第3辑。

结构与外在结构达到契合,外在结构似乎就变成了一种富有生命活力的东西,它会反转过来促进刚刚组成的内在结构的巩固和保持,从而产生一种愉悦。然而,中国的感知恐惧与西方的感知信赖又并不完全相同。这种不同集中表现在内在结构中四种要素的不同调整和组合。西方的感知信赖中,认识的要素起作用偏大,它在情感的推动下,每每压倒了感知,甚至每每从感知框架中逸出,去直接探索外在对象的分类和规律。中国的感知恐惧中,想象的要素起作用偏大,它在情感的推动下,每每使感知到的外在对象产生较大的变形、浓缩,使之成为一个独立的可容栖身的世界。相比之下,西方很有些驰于无极,一往不返。而中国却是"身所盘桓,目所绸缪",于一丘一壑、一花一鸟的有限中见到无限,但又于无限中回归到有限,栖身于有限。这样,不仅"路修远以多艰",而且"刘郎已恨蓬山远,更隔蓬山一万重"。感知方面的无能为力,教人仓皇延停,徒呼无奈,干脆"官知止而神欲行",退居到内心深处,"万物皆备于我矣,反身而诚,乐莫大焉"。于是网罗山川于门户,饮吸无穷于自我,"天地入吾庐","日月近雕梁",然后心安理得地"神游""卧游",所谓"虽不能至,心向往之"。而这也就与"一日三省吾身"的道德人格完善和"心斋""坐忘""澄怀味像""万物归怀"的旷达和通脱等自我萎缩的内倾文化心态,深刻地趋于一致,正像西方在无穷空间面前不是泯灭主客体界限,不是纵身大化、与物推移,而是把无穷空间作为征服的客体,因而与他们的自我扩张的外倾文化心态深刻地趋于一致。

不妨看看中国的空间感知和时间感知。作为最为深层同时又是最为原始的存在,毫无疑问,它们遮蔽着同时又呈现着中国集体感知的秘密。

先谈空间感知。在西方人看来,空间是一个脱离具体物质形态的一个容器,一个箱子,或者一个真空。其中的物质统统都是有形有状,有一定的位置、序列和边缘的质点和刚体。因此,它是机械论的又是结构论的,是绝对的又是共时的,往往成为吸引人们好奇心和征服欲的动力。中国却不然。

"天了无质,仰而瞻之,高远无极,眼瞀精绝,故苍苍然也。日月众星,自然浮生于虚空之中,其行止皆须气焉。"①首先,这空间是无限的,没有边界的。用庄子的话讲,是"远而无所至极"。其次,这空间不是容器、箱子或真空,而是"其中有物""其中有象""其中有信"的"气"。"太虚无形,气之本体。""气泱然太虚,升降飞扬,未尝止息。"显而易见,中国人眼中的空间是"虚而不屈,动而愈出"的。它是控制论的又是发生论的,是相对的又是历时的。这样,浩渺的空间不能不使中国人为之茫然。他们对外在物象的空间关系流露出缕缕把握不定的困惑和忧虑,因而不愿也不能去摹写外物的准确的空间位置,而是"藏天下于天下","万物万化,亦与之万化,化者无极,亦与之无极",相比之下,西方是以观察者为中心,中国是以空间自身为中心;西方是因果关系,中国是同步关系;西方是主动的,中国是被动的("无为而无不为");西方是"以小观大",中国是"以大观小";西方是"由近及远",中国是"由远及近";西方是单向推理,中国是多向呈现;西方是焦点透视,中国是散点透视……因此中国的空间不是几何学的复制性的科学空间,而是诗意浓郁的创造性的艺术空间,趋向着音乐世界,渗透了时间节奏。正像宗白华深刻指出的:"我们的空间意识的象征不是埃及的直线甬道,不是希腊的主体雕像,也不是欧洲近代人的无尽空间,而是萦回委曲、绸缪往复,遥望着一个目标的行程(道)!我们的宇宙是时间率领着空间,因而成就了节奏化、音乐化了的'时空合一体'。"②

以透视问题为例。焦点透视把一切视线都集中在一个焦点上,借助观者的联想,就能在空中再现出物象空间的三维性质,对焦点透视的遵循,使西方人总是站在某一固定点上观察事物,对物象的空间关系作直线的、因果律的追寻。在一个近立方体的画幅里,可以由无数根直线连接各个物象的

---

① 《晋书·天文志》。
② 宗白华:《美学散步》,上海人民出版社1981年版,第89页。

位置,最后显示一个锥形的透视空间,由近及远,由小至大,层层推进。画家的感知被向深空里直线掘进的焦点(锥点)系住,于是驰情入幻,往而不返。这种对空间的无畏无惧,是以西方的感知信赖为基础的。由此,西方人固执地认定各种数比关系和几何秩序是自然固有的性质,而不是我们描述自然框架的一部分。因此,西方的空间是建筑性的、纵横线组合的可留可步的空间,绝对的、静止的、不能变化的空间。与时间无关,且与之对峙。阿恩海姆评价说,焦点透视是"视觉想象的产物"。"这一新的发现无疑等于宣告,人类所进行的一切成功的制造,充其量也不过是对自然进行的准确的机械复制罢了。""从理论上说,这是人类理性向准确的机械复制的投降。"①中国却把空间看成一个整一的有机生命体,在"物各自然"天机完整的纯粹的经验事实中,没有离开空间的时间,也没有离开时间的空间,它们是互融互汇、互相渗透的。时间的节奏(一岁十二月,二十四节)率领着空间的方位(东南西北),构成中国整一的宇宙观。这种对时间的高度重视,使中国人不相信物象空间的三维性质,不相信能由二次元平面加以再现。他们的目光是随着时间的运动左右游移、上下漂浮的,他们唯恐直线的知识界划会破坏宇宙的时空合一的生命节奏和内在和谐,因此,他们绸缪往复,盘桓回旋,犹疑不决,不知站在什么角度再现,如何再现这混茫纷纭,裹挟在时间之流中的万物万象,"封死则道亡"的恐惧始终折磨着他们,应运而生的,是中国的"散点透视","中国画的透视法是提神太虚,以诗人的眼睛去鸟瞰整个律动的大自然,他的空间立场是在时间中徘徊移动,游目周览,集合数层与多方的视点谱成一幅超象空灵的诗情画境。"②可见中国人的空间感知中很少有形而上的焦虑和直线追寻的痕迹。他们不是戡天役物地从固定的角度对物象的空间作几何秩序的直线追寻,而是在时间中徘徊移动,游目周览,用"三远法"

---

① 阿恩海姆:《艺术与视知觉》,中国社会科学出版社1981年版,第394页。
② 宗白华:《美学散步》,上海人民出版社1981年版,第89页。

采取多重透视和回旋透视,以流动转折的视线,俯仰往返,由高至深,由深转近,再延向平远。中国人对物象空间在不同时间中的感知经验面都一视同仁地抚摸之,眷恋之,刻刻用心,处处留连,在这样的时间捕捉中,物象空间的每一面都同时出现。在这方面,最具代表性的当然是王维的《终南山》。从作品中可以清晰地把握到中国人那特有的空间感知的特色:

太乙近天都,
连山接海隅。〉(远看、仰视,整体呈示。瞬间一)
白云回望合,(从山里走出回头看,烟霞锁断。瞬间二)
青霭入看无。(走向山时看,写感觉真实。瞬间三)
分野中峰变,(在最高峰俯看。瞬间四)
阴晴众壑殊。(深远,高空俯瞰或同时在山前山后看。瞬间五)
欲投人处宿,
隔水问樵夫。〉(平远,下山后附近环境的呈示。瞬间六)

对此,日本金原省吾称之为"行动性的远近法",法国查里·布吕称之为"眼睛的遨游",中国人自己则称之为"游目骋怀""目想"。总而言之,都注意到了其中视觉扫描中的时空转换这一根本美学特征。而"散点透视"的结果,是使立体的、静的空间失去意义,不复是位置物体的间架,最终造成了含蕴微茫、诗情画意的"灵的空间"。

相比之下,时间感知或许更为复杂,同时也更为饶具兴味。人类心灵深处,潜存着对"时间——存在"的亘古的忧患与恐惧。因此在感知过程中,时间远不是事物的客观延续,远不是理所当然的,漠然无关世事的某种量度,而被罩上了浓郁的人生色彩和一去不返的生命焦灼。雪莱"哦!世界!哦!生命!哦!时间!"的吟咏,孔子"逝者如斯夫"的喟叹,不就正是这一情景的真实写照吗?在我看来,假如空间感知是对外在生命的征服,那么时间感知则是对内在生命的征服。"天与地无穷,人死者有时,操有时之具而托于无穷之间,忽然无异骐骥之驰过隙也。"时间感知正是这种惶恐与不安的千古大谜的化解。

或许也正是因此,才深刻地呈现出中西方的鲜明分野。看来,西方对外在生命的征服要远远超过对内在生命的征服。"高耸而下垂威胁着人的断岩,无边层层堆叠的乌云里挟着闪电和雷鸣,火山在狂暴肆虐之中,飓风带着它摧毁了荒墟,无边无界的海洋,怒涛狂啸着,一个洪流的高瀑,诸如此类的景象,在和它们相较量里,我们对它们抵抗的能力显得太渺小了。"[1]这种主要来自空间对象的惶恐与不安,与西方自我扩张的外倾心态互为表里。而在中国,却是对内在生命的征服要远远超过对外在生命的征服。"念天地之悠悠,独怆然而涕下",这种从空间的"天地"迅即转向时间的"悠悠"的惶恐与不安,在中国是屡见不鲜的。"黄河走东溟,白日落西海。逝川与流光,飘忽不相待。"(李白)"性命苟不存,英雄徒自强。吞声勿复道,真宰意茫茫。"(杜甫)万古长存的友情、刻骨铭心的相思、日久弥长的怀乡、生死不知的行役、"努力加餐饭"的劝慰、"奄忽若飘尘"的命运、"朝夕有不虞"的感伤、"终身履薄冰"的凄凉,以及数之不清的日月星辰、大河流水、天涯日暮、露水秋草、落花古木、白发霜鬓、荒台废墟、更声漏滴……都因为浸染在时间之流中,而有了永恒的魅力。当然可以断言,这种主要来自时间对象的惶恐与不安,同样是与中国自我萎缩的内倾心态互为表里的。

即便同为时间感知,中西方仍然有其不同。在西方人眼中,时间往往是与个体联系在一起的,"'个人''命运''时间'在此变成了同义语",因此他们往往以因果关系的角度去感知时间,从偶然性的角度去感知时间,从个体的角度去感知时间,从变化的角度去感知时间,从死亡的角度去感知时间。这样,正如空间感知被西方人体验为一种积极的崇高感,时间感知在这里被西

---

[1] 康德:《判断力批判》上卷,商务印书馆1985年版,第101页。

方人体验为一种前者的补偿形式,体验为一种消极的崇高感。车尔尼雪夫斯基所说的"然而要是这种事物在我们看来不是永久的,而是要毁灭的,那么我们就会产生这个念头:时间,这是无穷的奔流,这是吞噬一切的无底洞——这正是时间方面消极崇高的形式"[①],正是指的这一情况。"我看着自身不断地流走,没有一刻我不看着自己顷刻被吞没。但既然主把他挑选的人置于永不沉沦的地步,我确信在无数的巨浪中我将活下去。"这诗句活画出了西方人在时间之流中的恐惧与战栗。中国的时间感知有所不同,中国人是把时间放在宇宙中去感知,放在整体的必然性中去感知,也就是从生命的角度去感知,从延续的角度去感知,所谓"安时处顺,哀乐不能入也"。中国人似乎意识到了"个体——时间"是焦虑、惶恐和不安的根源,因此才把自己的感知固执地保持在原始意味颇为浓重的"生命——时间"的基础上。换言之,对时间,假如西方是"自其变者而观之",中国则是"自其不变者而观之"。这样,个体的生命虽仍是一次性的,时间虽仍是一去不返的,但一旦从生命的角度理解个体,从永恒的角度理解时间,人生就变成了生命本体论意义上的"在"或者"有",以时间为象征的内在生命因此也就被成功地征服了。正像维特根斯坦后来所领悟到的:"如果把永恒理解为不是无限的时间的持续,而是理解为无时间性,则现在生活着的人,就永恒地活着。"[②]说到底,这其实就是以不感知为感知("藏天下于天下"),使感知主体成为"无意志的、无痛苦的、无时间的主体"(叔本华语)。"夸父逐日"描述的或许就是中华民族的这一幻想,这位"不量力,欲追日影,逮之于禺谷"的英雄,或许就是希望通过与太阳(时间)的认同而沉入宇宙的生命律动。"纵浪大化中,不喜亦不惧。应尽便须尽,无复独多虑。"(陶潜)"行到水穷处,坐看云起时。偶然值林叟,谈笑还无期。"(王维)这种"但知日暮,不辨何时""叩舷独啸,不知今夕

[①] 车尔尼雪夫斯基:《车尔尼雪夫斯基论文学》中卷,人民文学出版社 1965 年版,第 53 页。
[②] 维特根斯坦:《逻辑哲学论》,商务印书馆出版,第 96 页。

何夕"的"无意志的、无痛苦的、无时间的主体"存在,或许不也正是以"心眼"去感知"生命——时间"的必然结果吗?因此,虽然是"生者百岁,相去几何?欢乐苦短,忧愁实多",却又能够"倒酒既尽,杖藜行歌","逍遥逸豫,与世无忧"。虽然是"人生不满百,常怀千岁忧","出郭门直视,但见丘与坟",却又能够"囊括大块,浩然去溟涬同科"。"余家深山之中,每春夏之交,苍藓盈堦,落花满径,门无剥啄,松影参差,禽声上下。午睡初足,旋汲山泉,拾松枝,煮若茗啜之。随意读《周易》《国风》……陶杜诗、韩苏文数篇。从容步山径,抚松竹,与麛犊共偃息与长林丰草间,坐弄山泉,漱齿濯足……归而倚杖柴门之下,则夕阳在山,紫绿万状,变幻顷刻,恍可人目。牛背笛声,两两来归,而月印前溪矣。"①这正是典型的中国人所感知并体验到生命的诗情。在这里,时间被空间化了,对时间的恐惧最终消溶于自然,消溶于空间的纯粹经验世界之中了。

进而言之,时间感知其实是中国美感心态的深层结构中最为核心的问题。为什么这样讲呢?本书认为,假如说西方美感心态是审美认识论的,关注的是思维与存在的关系,是实在论,是存在论,那么中国美感心态则可以说是审美人类学的。它关注的是有限与无限的关系,是价值论,是生存论。因此,中国美感心态并不是意在证明或者发现某一外在世界,而是意在设立或者创造一个内在世界。这世界是有限生命的超越,是生存的价值和意义,是人生的诗意的根据,是借以安身立命的梦想和自我拯救的神话。……就是这样,有限与无限,外在世界与内在世界、生命与永恒,人生与诗,所有这些人类在深思熟虑中所必然遇到的严峻提问,都被中国美感心态自觉不自觉地推上了美学的祭坛。那么,超越迷津的索桥栈道安在?通向"天地之根"的路径安在?时间,只有时间,不过,还要再强调一次,这里的时间不是西方人眼中的与自然实在密切相关的时间,不是现实性的客观刻度。它是

---

① 罗大径:《鹤林玉露》丙编第四卷。

内在的、主观的,是人类生存的根本设定。读者不难推想,在这里时间不是一个实在论或者存在论意义上的概念,而是一个价值论或者生存论意义上的概念。因此,假如我们能够诗化时间、美化时间,显然就能够诗化人生、美化人生。假如我们能够毅然终止客观的时间而代之以一种被深刻体验过的主观时间,就不难在生命的直观中主动建构起一种心理境界、意义境界。这境界不是实体,也不是实体的属性,而是一种心理本体,一种"不朽感"。正是它,把有限导向了无限,把外在世界导向了内在世界,把生命导向了永恒,把人生导向了诗。或许,这就是中国美感心态的深层结构的最为深层的秘密?

第三节
抽象与移情

这样,中国的感知恐惧就形成了自己的美学特征——抽象,犹如西方的感知信赖形成了自己的美学特征——移情一样。对此,西方的荣格和沃林格曾作出过极具启迪的研究,颇值借鉴(参见《美学新潮》第一辑荣格的文章,恕不一一注出)。

荣格指出:"不同的人感受艺术与美的方式是如此之不同,以致有的人根本不会经由这种方式被打动。审美态度当然也有无数个人的特性,其中有些甚至是独一无二的,但却有两种基本的、彼此相对峙的形式。沃林格把它们说成是抽象和移情。"所谓移情,冯德把它看作是基本的同化过程,因此它实际上是一种知觉过程,其特征是:经由情感,某些重要的心理内容被投射到对象之中,以便对象被同化于主体并且与主体结合到这样一种程度:以致他觉得他自己仿佛就在对象之中。立普斯的解释也很具西方特色:"一当我将自己的力量和奋求投射到自然事业上面时,我也就将这些力量和奋求在内心激起的情感一起投射到了自然之中。"不难看出,感知的移情态度显然是将感知的主动性和积极性推进到了极点。"这样,所谓移情,实际上是外倾的一种形式。……在西方,长久的传统已经把自然美和逼真奉为艺术美的标准,因为一般说来这也就是希腊罗马艺术和西方艺术的标准和基本特征……然而无疑也还存在着另一种艺术原则,存在着一种与生命相对抗,否定生活意志,却仍然提出对某种要求的样式。当艺术创造出来的是否定生命的、没有生气的、抽象的形式时,也就不再有任何来自移情要求的创造意志。现在的问题毋宁是一种直接反对移情的需要,也可以说,是一种压抑生命的倾向。"虽然看来荣格并不懂东方艺术,但作为它的根本特点,他毕竟是把握到了的。

颇具趣味的是,两种感知态度的心理前提何在? 沃林格指出:"我们必须在他们对于世界的感受,在他们对宇宙的心理态度中,寻找这些前提。移情要求的前提,是人与外部世界之间存在着的快乐的、泛神主义的信赖关系,而抽象的要求,却是这些现象在人心中引起的强烈的内心骚动的结果。"东方人"被现象世界的流动和混乱所折磨,这些人有一种对于安宁的巨大需要。他们在艺术中寻求享受,主要并不在于使自己沉浸于外部世界的事物之中并从那儿找到乐趣,而在于把个别的对象从任性的、偶然的存在中提升出来,让它们接近于抽象的形式来使之不朽,这样在外部现象的不停流动中找到一点安宁"。"这些抽象的、规定的形式,并不仅仅是最高的形式,它们是面对世界的可怕混乱,人能够从中找到安宁的唯一的形式。"总之,感知移情事先存在着一种对对象的主观信心、一种迎接对象的准备、一种同化对象的态度。它在主体和对象之间导致一种主观的理解,至少是伪装出一种主观的理解。感知抽象却并不主动去迎接对象,而宁可从对象退缩以保护自己不受对象的影响。它在内心中创造一种心理活动,让这种心理活动来抵销对象的影响;感知移情事先认定对象是空洞的并且企图对它灌注生命,感知抽象却事先认定对象是有生命的、活动的并且企图从它的影响下退缩出来;感知移情是一种肯定的、积极的无意识投射活动,感知抽象是一种否定的、消极的无意识投射活动;感知移情"相当于外倾机制",感知抽象"相当于内倾机制",等等。

感知抽象和感知移情,就其心理功能来讲,是适应和自卫的机制。就其有利于适应而言,它们给人提供保护以避开外部的危险;就其种种定向功能而言,它们把人从偶然的冲动中解救出来。这确乎是释放本我的有效机制。适应和自卫机制,使本我获致超我和现实的默契和允许。何况,它还可以使人得以摆脱那种低劣的、未分化的、非定向性的情绪。有的西方艺术史家认为二度平面的绘画可以把自己生命所系的对象从恐怖的三度空间中拯救出来,达到灵魂的安定和净化。这或许也可作为艺术感知的心理功能的一种说明,但由于本我——超我——现实三者的文化背景不同而产生的中西不同感知态度,心理功能又有其不同。荣格指出:感知抽象是为了打破在"原始参与"心态(这正是中国文化心态)基础上形成的对象对主体的控制。感知抽象创造了"一种抽象的普遍意象,这种抽象的普遍意象把种种混乱的印象转变为一种固定的型式。这种意象有一种神秘的意义以对抗经验的混沌流动。抽象型的人变得如此迷失和沉浸在这一意象之中,以致最后,这意象的抽象的真理被建立在生活现实之上,而由于生活(生命)可能干扰对于抽象美的欣赏,它遭到了完全的压抑。抽象型的人把自己转向和投入到一种抽象物之中,使自己同这一意象的持久效应打成一片,并从而在其中僵化,因为对他说来这已经成了一种重新得救的方式。他放弃了他的真实的自我,把他的全部生活投入他的抽象物之中。在这种抽象物之中他可以说是完全结晶化了"。感知移情则反之。"他的活动,他的生命已经移入对象之中,他本人也就当然进入对象之中,因为那移入的内容乃是他自己最基本的部分。他变成了对象,同对象打成了一体并以这种方式挣脱了他自己。通过使自己转移到对象之中,他把自己客观化了。"感知抽象的沉浸于抽象意象,"是抵抗那被无意识赋予了生气的对象的有害影响的堡垒"。感知移情的"转移到对象之中也是一种用来防止由于内在的主观因素引起分裂的自卫手段"。不过另一方面,感知抽象和感知移情又有其共同缺陷。"我们的心灵又不能不因此蒙受由于把自己等同于定向功能而蒙受的巨大损失,即个性的衰退。毫无疑问,人可以在很大程度上被机械化,然而却不可能到达完全放弃他自己的地步,否则就会遭致重大的损害。因为越是把自己等同于某一功能,越需要把力比多投入于其中,也就越要把力比多从其他心理功能中撤退出来。这些功能固然可以在相当长的一段时期内忍受被剥夺了力比多的痛苦,但最终它们是会起而反抗的。力比多枯竭使它逐渐沉沦于意识的阈限之下,丧失了与意识的联系并最终消逝于无意识之中。这是一种逆向发展,是精神返回到童年并最终返回到古代水平的倒退。"

感知抽象和感知移情,造成了中西方在审美感知方面的一系列泾渭分明的特点。在感知指向方面,西方往往偏重从审美对象的感性形式——形状、色彩、光线、空间、张力因素中去感受美,中国却往往偏重从审美对象的深邃内涵——品格、灵性、风骨、生机中去感受美。日本一位美学家指出,在对鲜花的审美观照上,西方注重的是花的美,中国注重的是花的品,这实在是深得个中三昧。又如西方往往偏重从个性鲜明的审美对象中去感受美,欣赏的是"一花独放",中国却往往偏重从群体和谐的审美对象中去感受美,欣赏的是"万紫千红"。在这方面,郭熙堪称解人。他指出:"盖画山,高者下者,大者小者,盎碎向背,巅顶朝揖,其体浑然相应,则山美意足矣。画水齐者汨者,卷而飞激者,引而舒长者,其状宛然自足,则水之态富赡也。""山有高下,高者血脉在下,其肩股开张,基脚壮厚,峦岫冈势,培拥相勾连,映带不绝,此高山也。故如是高山,谓之不孤,谓之不什。下者血脉在上,其颠半落,项领相攀,根基庞大,堆阜臃肿,直下深插,莫测其浅深,此浅山也。故如是浅山,谓之不薄,谓之不泄。高山而孤,体干有什之理。浅山而薄,神气有泄之理。此山之体裁也。"①在感知强度方面,西方要强于中国。在西方感官愉悦与随之而来的精神愉悦成正比,在中国却是成反比。压抑感官愉悦,强

---

① 郭熙:《山水训》。

调"心眼""心耳"的愉悦,强调迅速过渡到精神领域的悦志悦神,成为中国的鲜明特色。这就是《淮南子》所声称的:"且人之情,耳目应感动,心志知忧乐","今人之所以眭然能视,荟然能听……分白黑,视丑美,……何也?气为之充,而神为之使也"。在感知的组合方面,西方主要表现为相似组合,中国则主要表现为接近组合。相似组合是指"彼此相似的刺激物比不相似的刺激物有较大的组合倾向。相似意味着像强度、颜色、大小、形状等等这样一些物理属性上的类似"①。在西方感知的相似组合问题上,阿恩海姆在《艺术与视知觉》一书"组织原则"一节中,作过集中论述,读者不妨参看。值得注意的是,在这节中,阿恩海姆并未涉及其他组合原则(如接近组合)。为此他曾颇具歉意地声称本节标题"理应把它改为'相似性原则'"。这种情况,不仅意味着著者本人理论视野上的失误,而且尤其意味着西方审美感知中实际存在着的某种偏差。接近组合是指"彼此接近的刺激物比相隔较远的刺激物有较大的组合倾向。接近可能是空间的,也可能是时间的"②。中国人在审美感知过程中,往往在观照山的同时,观照到溪水、草木、烟云,往往在观照水的同时,观照到高山、亭榭、渔钓。正是因为感知上的接近组合所致,"山以水为脉,以草木为毛发,以烟云为神采。故山得水而活,得木而华,得烟云而秀媚。水以山为面,以亭榭为眉目,以渔钓为精神。故水得山而媚,得亭榭而明快,得渔钓而旷落。"③在诸如此类的传统看法中,确乎隐含着中国感知组合的秘密。

这种种审美感知上的特点,造成了中西审美意识上的巨大差异。简而言之,在审美对象上,假如说西方是以"美"为对象的话,那么准确地说,中国则是以"妙"为对象。在这个意义上,我们不妨强调说,漫长的历史进程中,在中国从来就不是审"美",而是审"妙"。中国人瞩目的不是冰冷无情的存

---

① 克雷奇:《心理学纲要》,文化教育出版社1981年版,第62—63页。
② 克雷奇:《心理学纲要》,文化教育出版社1981年版,第86—87页。
③ 郭熙:《山水训》。

在、实在、天国或彼岸世界,也不是令人流连忘返的具体世界,而是空、无而又实,有的元气淋漓的道的世界,是心理的和意义的世界。"'道'具象于生活、礼乐制度。道尤表象于'艺',灿烂的'艺'赋予'道'以形象和生命,'道'尤给予'艺'以深度和灵魂。"①这种得之于"道"的"深度和灵魂",正是中国特有的审美对象——"妙"。《老子》讲:"故常无,欲以观其妙,常有,欲以观其徼,此二者同出而异名,同谓之'玄',玄之又玄,众妙之门。"《庄子·寓言》也讲:"颜成子游谓东郭子綦曰:'自吾闻子之言,一年而野,二年而从,三年而通,四年而物,五年而来,六年而鬼入,七年而天成,八年而不知死,九年而大妙。'"这里的"妙"是对"道"的最高境界的规定,又是对美的深刻内涵的规定。它"视而不见""听之不闻""搏之不得","是无状之状,无象之象",只可意致,不可言传。它是"天地之心",是"太虚之体",是宇宙的气韵、灵机和生命秩序。因此,较之西方的"美",或许它更富宇宙意味、历史意味和人生意味。

在审美创造上,中国既不重再现,也不重表现,而是重"外师造化,中得心源"的心物感应和生命创化。在这里,"造化"并非西方所谓外在现实,而是生命节奏、宇宙韵律。"心源"也并非西方所谓内在反映,而是与生命节奏、宇宙韵律异质同构的灵府和游心。而审美愉悦就正是从这最深的"心源"和最广的"造化"接触时突然的领悟和震动中升华而出。这或许就是所谓"澄怀味像",所谓"澄观一心而腾踔万象",所谓"妙悟",所谓"以追光蹑影之笔,写通天尽人之怀",所谓"曲尽蹈虚揖影之妙"?……而其中最为重要的是"静穆的观照"和"飞跃的生命",这审美创造的两元。正像宗白华所精辟概括的:中国的审美创造,"既须得屈原的缠绵悱恻,又须得庄子的超旷空灵。缠绵悱恻,才能一往情深,深入万物的核心,所谓'得其环中'。超旷

---

① 宗白华:《美学散步》,上海人民出版社1981年版,第68页。

空灵,才能如镜中花,水中月,羚羊挂角,无迹可寻,所谓'超以象外'。"①

在艺术作品中,中国不像西方那样瞩目于外在形式的相似和逼真,而是瞩目于内在品格的空灵、神似和表现手段的含蓄。首先,在艺术真实观上就差异迥然:中国主情感逻辑,西方主理性逻辑;中国以主体真实为准,西方以客体真实为准;中国是建立在心理学基础上,西方是建立在认识论基础上。即便同为写实,中西仍有不同。"中国的写实不是暴露人间的丑恶,抒写人间的黑暗,乃是'张目人间,逍遥物外,含豪独运,迥发天倪'(恽南田语)。动天地泣鬼神,参造化之权,研象外之趣,这是中国艺术家最后的目的。"②这样,西方艺术作品中形形色色的人物、错综复杂的事件固然是真实的,中国艺术作品的"其意象在六合之表,荣落在四时之外。将以尻轮神马,御泠风以游无穷。真所谓藐姑射之山,汾水之阳,尘垢秕糠,绰约冰雪",也是真实的。虽然"总非人间所有",但"谛视斯境,一草一树,一丘一壑",毕竟都是中国艺术家"灵想之所独辟"③。西方的"天使"借助外在的生理之力"有翼而飞",固然是真实的,中国的"飞天"借助内在的心理之力"无翼而飞",也是真实的。虽然它或许荒诞不经,但却是中国艺术家"于天地之外,别构一种灵奇"④,从不同的艺术真实观出发,中西走上了或实在或空灵的道路。与西方艺术作品的充实繁复、密不透风相比,中国艺术作品却是在虚空中传出动荡,神明里透出幽深,创化出生命的流行、细温的气韵。"尤其是在宋、元人的山水花鸟画里,我们具体地欣赏到这'追光蹑影之笔,写通天尽人之怀'。画家所写的自然生命,集中在一片无边的虚白上。空中荡漾着'视之不见、听之不闻、搏之不得的'道',老子名之为'夷''希''微'。在这一片虚白上幻现的一花一鸟、一树一石、一山一水,都负荷着无限的深意、无边的深情。万

---

① 宗白华:《美学散步》,上海人民出版社1981年版,第65页。
② 宗白华:《中国艺术的写实精神》,载《中央日报》1943年1月14日《艺林副刊》。
③ 恽南田:《题洁庵图》。
④ 方士庶:《天慵庵随笔》。

物浸在光被四表的神的爱中,宁静而深沉。深,像在一和平的梦中,给予观者的感受是一澈透灵魂的安慰和惺惺的微妙的领悟。"[1]与空灵相关的是神似。西方艺术作品追求的是毫发不爽的形似,对景描模的逼真,而中国却认为"不宜逼真","逼真者,正所以为假也",转而提倡颊上三毛的传神、迁想妙得的写照。轻烟淡彩,虚灵如梦,洗净铅华,超脱繁华,舍形而悦影,舍质而趋灵。不过,这里的"神似",并非时人所简单理解的"以形写神"。因为在中国人看来,"形"和"神"是并不也不允许两分的。所谓"形"并不是生活中的原始再认意象,而是经过一系列置换、变形、移位、偏离等"洗尽尘滓,独存孤迥"的艺术处理后的一种完形结构,一种与对象本身内在生命韵律相对应的"异质同构"。所谓"神"则是这一完形结构的完形压强所产生的不同寻常的审美体验。而"神似"显然指的是借作品的"异质同构"暗示出与对象本身内在生命韵律相对应的生命活力。与中国的集体感知类似,神似的产生与原始心态相关。这一点从后代民俗传说中可以看得很清楚。钱锺书在《管锥编》中指出:"自古在昔,以为影之于形,象之于真,均如皮附肉而肉着骨,影既随形,像既传真,则亦与身同气合体,是以摄影足以损体伤生,'画杀'与'毫杀'遂如翻手云而覆手雨矣。"不妨举几个例子。《太平广记·怪松》记载:"每令画工画松,必数枝衰悴。"《水经注·漯水》记载:"昔闻容麃有骏马,赭白有奇相,逸力至俊,光寿元年,齿四十九矣,而骏逸不亏;俊奇之,比鲍氏骢,命铸铜以图其像,……像成而马死矣。"周密《云烟过眼录》卷一载《跋李伯时画〈天马图〉》:"鲁直谓余曰:'异哉! 伯时貌天厩满川花,放笔而马殂矣! 盖神骏精魂皆为伯时笔端摄之而去。'"《西游记》三十二回魔王"叫挂起影神图来,八戒看见,大惊道:'怪道这些时没精神哩,原来是他把我的影神传来也。'"而青铜艺术中的"铸鼎像物",实际也是旨在"传神"。请注意晋代郭璞在《山海经叙》中的剖析:"夫以宇宙之寥廓,群生之纷纭,阴阳之煦蒸,

---

[1] 宗白华:《美学散步》,上海人民出版社1981年版,第71页。

万殊之区分,精气浑淆,自相喷薄,游魂灵怪,触象而构,流形于山川,丽状于木石者,恶可胜言乎?"神似其实就是在这一原始心态的基础上发展起来的。

还值得一提的是含蓄。强调内在品格的空灵和神似,就必然导致表现手段的含蓄:"望之如有,揽之如无,却之如去,吹之如荡。"它"语不犯难",它"不道破一字",它"遇之匪深,即之愈深",它"神出古异,淡不可收"。"饮之太和,独鹤与飞"的冲淡,"如逢花开,如瞻岁新"的自然,"惟性所宅,真取不羁"的疏野,"落花无言,人淡如菊"的典雅,"如不可执,如将有闻"的飘逸,"采采流水,蓬蓬远春"的纤秾,"可人如玉,步屟寻幽"的清奇,"登彼太行,翠绕羊肠"的委曲,诸如此类中国艺术作品的美学风貌,谁又能说不与含蓄密切有关?

在审美欣赏方面,假如说西方是侧重感觉的真实,中国则是侧重想象的真实。因此当西方为了获得艺术作品的生命,竟然戕害艺术作品的浑然完整的"天生丽质",通过知性的解剖刀把小说切割成主题、人物、情节、语言等要素,把诗歌切割成意象、节奏、韵律等要素,将其按冷冰冰的逻辑程序编织起来,梳理其繁复多义的内容,使任何闪烁不定的感性的闪光都上升为理性的聚象,使任何内在的隐秘都转化为外在的坦白的时候,中国却毅然走上了另外一条道路。在中国人看来,艺术作品是一个充满内在生命、浑然不分的整体,含蕴的美"块然自生","无言独化",只能体会,不能言说。陶弘景诗中讲:"山中何所有,岭上多白云。只可自怡悦,不堪拣赠君。"艺术作品中的美同样只可自怡,不堪赠人。出于这种看法,中国人十分强调"缀文者情动而辞发,观义者披文以入情",十分强调作者既然以姿肆飞扬的情思进行创造,读者也应以同样自由展开的想象去欣赏观照。王夫之说:"作者一致之思,读者各以其情自得。"沈德潜讲:"古人之言包含不尽,后人读之,随其性情浅深高下,各有会心。"谭献讲得更为醒目:"作者之用心未必然,而读者之用心未必不然。"华琳则认为"画中之白",在读者的欣赏中不仅能变成"画中之画",而且能升华为"画外之画"。人们常常谈到的"意境",在我看来,就实在与这种独特的审美欣赏心态不无关系。其余像"味外味""言外言""象外象""弦外音",莫不如此。①

第四节
"一月能现一切水"

为了深入考查中国的集体感知,不妨再从中国的艺术形式的角度略作剖析。

艺术形式,本书把它看作集体感知的审美生成的历史的纵向展开,看作集体感知在漫长的历史进程中艰难成长、创进的美学中介,看作集体感知长期凝固而又逐渐变化的客观尺度。正像法国美学家列斐伏尔讲的:"艺术的各种不同的形式是从什么地方来的呢?……艺术的不同形式来自感觉。……可见,最初存在着多少种不同的感性活动,也就存在着多少种不同的艺术。在多种不同的感性活动的基础上,才能发挥绘画、音乐、雕刻(视觉和触觉的因素)、舞蹈等等的极其丰富的作用。"②

因而,作为人类感知中介的艺术不仅揭示着人类的某种秘密,而且自身也在创造着一种秘密。在心理代偿的意义上,艺术形式的功能是双向的。一方面,它区分了由艺术活动引起的感知经验和日常生活中的感知经验,区分了不同部门艺术活动引起的感知经验之间的差异,而它们之间的不同往往是最容易混淆的。由特定的艺术形式所唤起的感知经验之所以不同于一般生活的感知经验和其他艺术形式的感知经验,是因为形式已表达了某种

---

① 中国文学批评方面的鲜明特色,与中国审美欣赏的特色完全一致,请参阅我的论文《妙不可言》,《江海学刊》1986 年第 2 期。
② 列斐伏尔:《美学概论》,朝花美术出版社 1957 年版,第 63 页。

艺术秩序的定向作用。把人们引导到一个独特的审美世界，同时又造成了一种距离，遏止了种种非艺术的感知躁动，自然而然把非艺术的感知世界与艺术感知世界区别开来。在这个意义上，我们不妨将前边的结论加以修正：甚至也不是民族的艺术感知所达到的生活领域决定了艺术的内容领域，而是民族对艺术形式的把握程度决定了艺术感知所达到的生活领域乃至艺术的内容领域。另一方面，艺术形式又可能通过自身的力量巩固甚至封闭某种感知，使之凝固化，因而也就实际上造就了与感知分离的可能性，并开始用各种方式日益频繁地造就着这种"裂痕"。

就中国的集体感知与中国艺术形式这样一个特殊角度考察，上述两方面的情景都能看到，它们曲折地透露出中国集体感知的某些秘密。

线条在中国文学艺术中是个举足轻重的问题。李泽厚曾经指出："运笔的轻重、疾涩、虚实、强弱、转折顿挫，节奏韵律，净化了的线条如同音乐旋律一般，它们竟成了中国各类造型艺术和表现艺术的灵魂。"[①]这无疑与中国的感知恐惧和抽象态度密切相关。我们知道，在西方是色彩高于线条，并且西方人往往认为色彩表现情感，线条则表现理智。中国却与之截然相反，是线条高于色彩。从中国的集体感知出发，中国文学艺术对外在对象的表现手段，出于一种俯仰、游离、纵目的观照，目接物象，却于有限中分离出无限，实象化为空灵，引人神与物游，因而并不像西方那样严格恪守透视学、色彩学、解剖学等感知科学的规定，旨在创造对实际物象的真实感知，缩小甚至消除感知经验与物象间的差距对景描摹，步步进逼，以至斤斤计较于抽象的块体和色彩的明暗。而是围绕着物象作"俯仰往返，远近取与"的观照，用点线的飞动把实物从粗拙朴素中游离出来，组合成一个一个异质同构的新的生命。"一画众有之本，万象之根。……动之以旋，润之以转，居之以旷，出如截，入

---

① 李泽厚：《美的历程》，文物出版社 1981 年版，第 44 页。

如揭:能圆能方,能曲能直,能上能下,左右均齐,凸凹突兀……"①线条占有的是"下笔便在凹凸之形"的空间,是唤起无数感知的"灵的空间"。线的大小、方圆、虚实、强弱、顺逆、疾徐、疏密、聚散、轻重、干湿、浓淡,在"深沉静默地与这无限的自然、无限的太空浑然融化,体合为一"。而在这种"点线交流的律动的形相里面,立体的、静的空间失去意义,它不复是位置物体的间架,画幅中飞动的物象与空白,处处交融,结成全幅流动的虚灵的节奏"②。无限的空间游动,同大千宇宙默默对视甚至互诉衷情。

在艺术形式方面,中国人实在是太大胆,大富于幻想了。倘若不是十分善于品味自身的艺术感知,用空灵的线条去反映大千世界与作家感知中触发心灵异质同构,真是太难以令人置信了。在诗歌、建筑中,线条也成为艺术形式的核心。你看,"这种本质上是时间进程的流动点在个体建筑物的空间形式上,也同样表现出来,这方面又显出线的艺术特征,因为它是通过线来做到这一点的。中国木结构建筑的屋顶形状和装饰,占有重要地位,屋顶的曲线,向上微翘的飞檐(汉以后),使这个本应是异常沉重的往下压的部分,反而随着线的曲折,显示向上挺举的轻快飞动,配以宽厚的正身和阔大的台基,使整个建筑安定踏实而毫无头重脚轻之感,体现出一种情理协调,舒适实用,有鲜明节奏感的效果,而不同于欧洲或伊斯兰以及印度建筑。"③你看,当游客踏进上海豫园的大门,就见蜿蜒的小路在脚下向前伸展,忽起忽伏,如泣如诉,有时波浪式地向前,有时又回旋而上,令人舒心畅怀,毫无局促之感;有时曲径通幽,暗香浮动;有时豁然开朗,别有洞天。连豫园周围墙壁顶端,也起伏着庞大的雕龙的身影。它头、身、尾俱全,仿佛在游动、飞腾。墙壁的窗户,呈现出多种形状的图形。透过窗口望去,弱柳随风,青丝

---

① 宗白华:《美学散步》,上海人民出版社1981年版,第102页。
② 宗白华:《美学散步》,上海人民出版社1981年版,第102页。
③ 李泽厚:《美的历程》,文物出版社1981年版,第64页。

摇曳,更添一种万物归怀的佳趣。而滁州琅琊古道的峰回路转,醉翁亭畔的九曲流觞,让(酿)泉的潺潺流水,也都是S形,当人们的目光与之猝然相触,谁能相信不会回荡起一片"上下与天地同和"的乐声?你看,这神奇的线条甚至飘进了诗行:"大漠孤烟直,长河落日圆。"在这千古奇句中,除去景物形象本身及其他形式因素外,线的潜在作用岂能低估?试想,孤烟是一根直线,大漠边缘是一条横贯画面的地平线,落日是由弧线构成的圆形,长河的两岸则是两条婉转的曲线(蛇形线)。沙漠上的地形、景物本来是单调的,有了这种线、形的组合就显得并不单调了。同时,孤烟与地平线垂直,天上的落日与长河中的日影是恰成对称的两个圆形,给人的感觉都是平静、稳定。此外,长河的两条曲线蜿蜒伸向远方,与地平线相接,又给人以深远、辽阔的空间感。正因为作者捕捉了适当的瞬间景象,更舍形而悦影地捕捉到其中的内在节奏,所以才仅用十个字便勾画出了一幅东方式的瞬间景象——"灵的空间"。你看,"中国的雕刻也像画,不重视立体性,而注意在流动的线条……中国戏曲的程式化,就是打破团块,把一套套行动化为无数线条,再重新组织起来,成为一个最有表现力的形象。翁偶虹介绍郝寿臣所说的表演艺术中的'叠折儿'说:折儿是从线条中透露出形象姿态的意思。这个特点还可以借来表明中国画以至中国雕刻的特点。中国的形字旁就是三根毛,以三根毛来代表形体上的线条,这也说明中国艺术的形象的组织是线纹。"[①]而在这根神奇的线条背后,闪烁着的又统统是中国人特有的感知恐惧的目光。

接下来,我们可以探讨中国艺术中色彩运用的奥秘了。"夫随类赋彩,自古有能。如水墨晕章,兴我唐代。"[②]之所以会线大于色,之所以会"画道之中,水墨最为上"(王维),根本问题还在于中国画家对色彩问题的敏感而

---

① 宗白华:《美学散步》,上海人民出版社1981年版,第41页。
② 荆浩:《笔法记》。

不是相反。对于色彩,中国人有自己的看法:"画之色,凡丹铅青绛之谓,乃在浓淡明暗之间,则情态于此见,远近于此分,精神于此发越,景物于此鲜妍。"①不难看出,如是看法,还是出自中国人的感知恐惧。"五色令人目盲。""天之苍苍,其正色也?"这样一种考虑,使得中国人毅然甩开色彩缤纷的色泽,掉臂独行。他们以墨色和虚白抹杀了宇宙间各种光影色彩的微妙差异,用以黑、白、灰为主色的水墨与缤纷的自然色抗衡。这无疑是一种成功的抗衡。我们知道,从审美感知的角度看,黑、白、灰更宜于表现精神,彩色更宜于描写物质。这就因为从生理学观点看,人眼作为人接受外界信息的最主要的通道,分布在视网膜边缘部分的视杆细胞约有1.1亿—1.25亿个,这种视杆细胞对黑与白极其敏感,能感受一百万亿分之一瓦的微弱光亮。而分布在视网膜中央的视锥细胞只有650万—700万个,这种视锥细胞能分辨二万多种色彩和色调的差别。因此,人眼对黑白的感觉比对其他色彩的感觉视敏度高得多。科学家曾对此做出测定,发现红绿并列和黑白并列相比,红绿并列只达到黑白并列的40%,红蓝只达到23%,蓝绿只达到19%,由于黑、白、灰这种优先唤起视觉神经感知的特色,感知无疑会优先选择到它们。而且,正像凡·高指出的:"绝对的黑并不存在。"科学证明:黑与白是光觉系统的两个极端。在此之间,人间可以分辨的浓淡层次有六百种之多。由是,在艺术感知的作用下,水墨画中的墨,便既是黑色,又可以不是黑色。墨竹、墨牡丹、墨葡萄、墨梅、墨浪……可能使人在心理空间中把它感知为红、绿、紫、蓝等颜色。那浓墨泼成的叶子,看上去似乎闪烁着绿的油色,墨迹间的虚白,似乎是凸起的彩色花朵,难怪笪重光说:"墨之倾泼,势等崩云,墨之沉凝,色同碎锦。"②"墨分五彩",或许正是这个意思?

值得一提的,还有一个中国画的背景问题。中国水墨画的背景是冷色

---

① 沈宗骞:《芥舟学画编》第一卷。
② 笪重光:《书筏》。

的或白色的,画面的意境或它的表现的东西正是要从这个白色的背景中取出,因而白色背景才是画的真实存在;它仿佛是一个不变的发源地,一切转瞬即逝的形态都从中产生出来。欧洲油画的背景是暖色或黑色的,带着朦胧不安的神秘感,这引出了一位西方哲学家的惊奇:"这种区别虽然在整个人生态度中有着深刻的根源,然而这种区别的含义究竟是什么,在这里我还不敢冒昧地加以探讨。"①幸运的是,一位中国学者倒是在无意中已经给出了答案:"中国人不像浮士德'追求'着无限,乃是在一石一壑、一花一鸟中发现了无限。所以,他的态度是悠然意远而又怡然自足的,他是超脱的,但又不是出世的。"②进一步,这答案倒是十分接近本书的看法:中国人的集体感知是一种对外在自然的深刻恐惧,中国人的感知态度是把握"重获的原性","再得的自然"的抽象。

　　饶具趣味的是,中国诗歌中的"摘表五色"。不要忘记,"弃淳白之用,而竞丹臛之奇。"正是开山水诗风气之先河的谢康乐的一大发明。令人吃惊的是,迄至唐代,在画坛"水墨最为上"呼声大噪之时,中国诗歌却固执地进入了更为魅丽的色彩王国。诗人们贪婪地舒张着自己细腻微妙的色彩感知。你看,诗人们对颜色的兴趣远远超过了画家:"诗贵销题目中意尽,然看当所见景物与意惬者相兼迎……且,日出初,河山林嶂崖壁间,宿雾及气霭,皆随日色照著处便开,触物皆发光色者,因雾气湿著处,被日照水光发。至日午,气霭虽尽,阳气正甚,万物蒙蔽,却不堪用。至晓间,气霭未起,阳气稍歇,万物澄净,遥目此乃堪用。至于一物,皆成光色,此时乃堪用思。"③他们观察得何等细致。"红入桃花嫩,青归柳叶新"(杜甫),"日照香炉生紫烟"(李白),"日落江湖白,朝来天地青"(王维)……诸如此类的诗句比比皆是。然而,这是为什么?这里的关键在于诗歌是表现艺术,与作为再现艺术的绘画对色

---

① 参看《哲学译丛》1983 年第 4 期。
② 宗白华:《美学散步》,上海人民出版社 1981 年版,第 95 页。
③ 《文镜秘府论》。

237

彩的摒弃相反,它大量接纳色彩。之所以如此,就因为中国诗歌是表现与再现的统一。它不能从感性的有限中逸出。在此背后,潜在着的正是感知恐惧。而彩色一旦进入诗歌,也就兼有了表现的性质。这方面,最典型的是王维。他的诗歌中的色彩运用达到炉火纯青。而从写实色到写并不摹写具体对象但又具有表情功能的虚色,则是他对中国诗学的一大贡献,像他诗中大量运用的"白"和"青"色。例如"涟漪涵白沙,素鲔如游空"(《纳凉》),"一从归白杜,不复到青门"(《辋川闲居》),"白法调狂象,玄言问愁龙"(《黎拾遗昕裴秀才迪见过秋夜对雨之作》),王世懋在《艺圃撷余》中认为这是"失检点处",其实这正是王维的成功。钱锺书认为中国诗文中的颜色字有虚、实之分。实色,是指用来描绘具体对象的真实的颜色;虚色则不描绘具体对象而虚有其表。诗歌借颜色的形式美抒情达意,正是从唐代王维开始的,并且集中代表了中国诗人对颜色的看法。

　　线条和颜色之外,还可以举出结构、对偶白描、时空描写以及中国文学艺术中特有的速度、节奏、韵律、体积、声音……例如空间描写,我们已经剖析过中国的空间感知的基本特色,中国文学艺术中空间描写的运用不能不打下这一基本特色的深刻烙印。首先是"隔",楼、台、亭、阁、走廊、窗子、舞台的帘幕、图画的框廓、雕像的石座、建筑的台阶、黑夜笼罩下的灯火街市、烟水迷离中的幽淡小景,都被中国文学艺术用来布置空间、组织空间、创造空间、扩大空间。"一琴几上闲、数竹窗外碧。帘户寂无人,春风自吹入。"幽居的房子本来是与世界割裂孤立的,但一扇窗子却又使之与世界暗相钩连,"纳千倾之汪洋,收四时之浪漫","画檐簪柳碧如城,一帘风雨里,过清明","山翠万重当槛生,水光千里抱城来","朝挂扶桑枝,暮浴咸池水,灵光满大千,半在小楼里","画栋朝飞南浦云,珠帘暮卷西山雨",这些作品之所以能网罗天地于门户,饮吸山川于胸臆,不也是因为巧妙地借助帘、槛、楼、画栋的结果吗?这与西方空间描写的"见木不见林"恰异其趣。其次是移远就近、移高就低。西方的空间描写在处理远近、大小、高低之类空间关系时,往往是写出客观关系,而中国却只写出主观感受,似伪而实真,"折高折远自有妙理"。像"逶迤南川水,明灭青林端","山中一夜雨,树梢百重泉","江山扶绣户,日月近雕梁"统统不是西方的客观辨析,而是饮吸无穷于自我,空间随着心境可敛可放,流动不居,空灵飞动,洋溢着自身与宇宙空间亲近、融洽和相互扶持的气息。又次是借景,诸如远借、邻借、仰借、俯借、镜借等等。不难看出,中国文学艺术的空间描写是与中国的感知恐惧有其内在的一致性的。结构、对偶、时间描写、速度、节奏、韵律、体积、声音等中国文学艺术形式中,也统统渗透了感知恐惧的色彩。

以上列举的都是在中国文学艺术中普遍存在的艺术形式,这当然并不意味着对象的全部,除此之外,还有着大量的存在于某一领域的特殊艺术形式。它们与集体感知的关系同样颇具魅力。例如,中国戏曲的程式化。程式化是中国戏曲的表演形式。它把戏曲的艺术内容,转化为可以诉诸观众知觉的特殊的艺术符号。明人王骥德在《曲律》中称之为"不即不离,是相非相",还是十分准确的。诸如"兰花指"、"虎跳"、"云手"、跑圆场、拂袖、甩发、"起霸"以及有酒无肴、有杯无碗、离眼擦泪、掩袖而饮、有鞭无马、有桨无船等等,且不论其内涵方面的问题,就其艺术形式而言,统统都是"不即不离,是相非相"的。之所以如此,是否为中国的感知恐惧深刻影响的结果呢? 显然是如此。感知恐惧在审美观照中借助感知抽象赋予感知以秩序,使之成为与外在世界对应、贯通而又独立的世界,难道中国戏曲的程式化不就正是这与外在世界对应贯通而又独立的世界之一吗? 中国抒情文学中的"比兴"其实也是如此。"索物以托情,谓之比,情附物也,触物以起情谓之兴,物动情也。""比兴"源于原始文化,最初为一种东方色彩颇为浓郁的巫术活动,像甲骨文中的"兴"字中间是个"同"字,这似乎已经暗示了"兴"中蕴含的整体心态和大同世界。因此当"比兴"从巫术活动走向审美活动,其中感知抽象所造成的某种普遍形式就成为鲜明的特色。"无端说一件鸟兽草木,不明指天时而天时已恍在其中,不显言地境而地境宛在其中。"[①]风花雪月、人禽动

---

① 李重华:《贞一斋诗语》。

植、龙凤云霓、美人芳草，在中国抒情文学中统统是将无限有限化，并在这有限中去体验无限、把握无限的艺术符号。它们的产生显然是集体感知把种种混乱经验的混沌流动转化为一种足以安身立命的抽象形式，从而"在外部现象的不停流动中找到一点安宁"。毋庸讳言，这当然是中国特有的感知抽象的艰苦努力的结果，遗憾的是，像普遍艺术形式一样，诸如此类的特殊艺术形式同样无暇详述。

第五节
"一切水月一月摄"

中国的集体感知在不同的艺术部分也留下了自己的痕迹。它不但深刻影响了一些艺术形式的美学性格的形成，而且意外地导致了一些艺术形式的诞生。

首先自然是谈诗。在中国的文学艺术之宫中，诗占据着至高无上的核心位置。何以如此？当然是因为中国的诗截然不同于西方。它不是认识论的诗，而是价值论的诗；不是自然实体论的诗，而是生存本体论的诗。它是赋予生活以意义的理想天国，是废止现实世界的更高、更理想的心理本体，是面对世人争利于市、争名于朝时的一点忧心。德国美学家狄尔泰指出："诗把心灵从现实的重负下解放出来，激发起心灵对自身价值的认识。通过诗的媒介，从意志的关联中提取出机缘，从而在这一现象世界中，诗意的表达成了生活本质的表达。诗扩大了对人的解放效果，以及人的生活体验的视界。因为它满足了人的内在渴求；当命运以及他自己的抉择仍然把他束缚在既定的生活秩序上时，他的想象则使他去过他永不能实现的生活。诗开启了一个更高更强大的世界，展示出新的远景……诗并不企图像科学那样去认识世界,它只是揭示在生活的巨大网络中某一事件所具有的普遍意义,或一个人所应具有的意义。"①用狄尔泰的这段话去说明西方的诗其实很不适宜,因为在西方这还只是一种有待实现的理想,但若用来说明中国的诗却实在是再合适不过了。

应该承认,或许不能说中国诗的美学性格的形成,全赖中国的集体感知方式,然而,假如说"感知恐惧"是其中最为重要的因素,也应该承认是大致不差的。譬如,中国诗的生命几乎全在意象,意象是如何产生的?难道不是因为"感知恐惧"的推动力量吗?我们知道,西方的诗与中国大不相同,外在物象呈现的过程都细心地经过诗人感知接触的次序所接触,十分明显地给读者指点诗人如何接触它们。用一种单线的行进,而不让景物同时纵时(线)和并时(线)的接近读者。这些直线追寻的定向指标决定了"一定的时间"与"一定的角度"。中国的诗不是这样。中国人"万物归怀",往往在一种互立并存的空间关系之中,捕捉感知物象,涌现并演出于读者目前,使其超脱限制性的时空而自浑然不分的存在中跃出,形成一种气氛、一种环境、一种只唤起某种感受但又并不将之说明的境界,任读者移入、出现,作一瞬间的停驻,然后融入境中,并参与完成这强烈感受的瞬间美感经验。中国诗中的意象往往是以具体的物象捕捉这一瞬的原形。在这里,感知恐惧并没有成为否定自然、逃避万象的心理根据。相反,却成了中国人拥抱自然、跃身大化、天人合一的感知抽象的态度的内在动因。正是由于"封死则道亡"的无边恐惧,才会产生天机自现,物物无碍的意象诗歌,也正是由于有了"道可道,非常道"的深刻苦恼,才会在舍弃自我后进入天人合一万物归怀的自由世界和意义境界。

五古、七古、五律、七律、五绝、七绝、四句或者八句,在这句数苛刻限制

---

① 狄尔泰:《生存哲学》,转引自刘小枫《诗化哲学》,山东人民出版社1987年版,第167—168页。

的背后,意味着什么？它意味着中国人的感知被逼到一个特殊的范围之内。在这短小的形式中能表现什么？不能表现什么？这样一个特殊角度,或许能使我们窥见问题的症结。不难想象,在其中表现的不可能是事物繁杂的事件,也不可能是艰难的理性探索,而是一种刹那间所感知到的人生的真谛。例如王维的《鸟鸣涧》:"人闲桂花落,夜静春山空。月出惊山鸟,时鸣春涧中。"这首五绝,写的是夜晚寂静的春山中的瞬间印象。这瞬间印象,在诗人的感知抽象中凝聚成为极端耐人寻味的一种彻悟。它来自诗人感知到的宇宙动静交替的律动。"人闲桂花落,夜静春山空"整个画面所强调的是"闲"与"静",是寂静无声的空山,是一切生命的暂时止息。然而,也就在这一切生命都沉入静默中的时候,突然在最令人意想不到的一角,一个奇特的动态生命闯了进来:那突然出现在天边的月,像一个没有人知道它存在的生命,莽撞地闯入已在休息的生命群中,使那栖息在树枝上的山鸟为之一惊,腾飞而起,"时鸣春涧中"。这首诗展现出,在我们以为没有生命的所在中,正有一个永恒的生命在那里流动。那"月"已如宇宙生命的化身在一切生命暂时停止活动的时刻,还在慢慢地不停地动着。这生生之流,使静观着的诗人"当下彻悟"。律诗情况也是如此,虽然比较复杂。律诗比绝句多出四句,所能表现的感知范围当然大得多,但它依旧严格服膺感知抽象的规范而不肆意逸出。随意举出常建《题破山寺后禅院》:"清晨入古寺,初日照高林。曲径通幽处,禅房花木深。山光悦鸟性,潭影照人心。万籁此俱寂,惟闻钟磬音。"不难看出,诗中自始至终完全是感知的凸现。与绝句不同的是中间的对句。它由两两相对的四个感知印象构成,并被限制在自身的框架中,因而就更容易使印象在感知抽象的抚摸下自成世界,与异质同构的大千世界遥遥相对。显然,这种组织感知经验的模式,恰恰为中国人的抒情提供一种表达方式。如何把中国人的感知经验表现在某种形式之中,而不致流于泛滥的伤感,或者是细腻的感觉的过分写实甚至展开。换言之,如何使感知抽象的艺术世界具有本体意味,成为表征"天地之心"这一自由境界、意义境界的符号世界,或许是中国人追求形式的过程中最重大的课题。这课题在律诗中得以完成,律诗也因此被称为"美文",成为中国文学的一种特殊形式。

在中国书法、中国绘画艺术形式中,我们看到的也是这样的一幕。与西方画家越来越从形体光色关系上追求精致逼真、毫发不左,最后走入照相现实主义、自然主义的发展脉络相反,中国画家始终生息在虚静空灵、笔墨情趣的艺术形式之中,前者是感知移情的直线发展,后者则是感知抽象的强劲展开。中国画的艺术形式正是在惶恐不安的心境中日益走向宁静超脱的成熟的。由于"画鬼魅易,画犬马难"的忧虑,"气韵为主"的山水画很快取代了"形模为主"的人物画;由于"五色令人目盲"的恐惧,"出韵幽淡"的水墨山水又压倒了有画工气、"庙堂气"的"金碧山水"而成文人画的正宗;由于"多则惑"的焦虑,中国画又不能不以"水墨之为上"……虚灵、冷寂的氛围愈来愈从整体上笼罩了画面。因此,西方人罗丹说:"没有线,只有体积,当你们勾描人的时候,千万不要只着眼于轮廓。"这话已道出了西方绘画的风貌。西方人瞩目于对象的体积,这体积由面构成深浅的光影,最后用各个方向的面来构成体。而中国人却瞩目对象的生命韵律和神态意趣,然后用虚灵洒脱、飞动飘逸的线,摇曳不定,似真似幻,"曲尽蹈虚摄影之妙"。书法亦然,作为中国艺术的代表,中国书法的艺术形式同样是感知抽象的结果。例如流传已久的《笔阵图》就是以中国人的感知经验为依据的:"'一'如千里阵云,隐隐然其实有形;'丶'如高峰坠石,磕磕然实如崩也;'丿'陆断犀象,'乙'百钧弩发;'丨'万岁枯藤;'乀'崩浪雷奔;'勹'劲弩筋节。"脍炙人口的"永字八法"或许包含了对中国人感知抽象的模拟:"侧蹲鸱而坠石,勒缓纵以藏机。弩弯环而势曲,趯峻快以如锥。策依稀而似勒,掠仿佛以宜肥。啄腾凌而速进,磔抑趯以迟移。"[1]又如王羲之的感知白鹅习性,张旭的感知公主与担夫争道,怀素的感知夏云奇峰,黄庭坚的感知舟子荡桨,也如此。而书法的线,正是这感知抽

---

[1] 包世臣:《艺舟双楫》。

象的艺术沉淀。这奇妙的线,流美畅情,仪态万方,不可端倪,矢矫奇突。它重如崩石,轻如飞花,捷如闪电,涩如柏身,露如奔湍,著如蕴玉,刚如凿铁,柔如嫩荑。"且观天地生物,特一气运化,其功用秘移,与物有宜,莫知为之者,故能成于自然。"中国书法正是追寻着这"天地生物"的"一气运化",虚空中传出动荡,神明里透出幽深,墨气所射,四表无穷,直臻艺术的极境的。这极境被艺术家理解为宇宙的最为深层的结构,而在这艺术极境的背后,悸动着的偏偏是中国人对外在自然的深刻恐惧和躁动不安。

还有中国的戏曲。"中国戏曲的表现形式,基本上是一种歌舞形式……给观众一种美的感觉的艺术。"①(程砚秋)因此,"中国戏曲观众从走进剧场时起,就是为了来看看戏演得好坏的;甚至每个剧目的内容,他们都早已记得烂熟了。在看戏的时候,他们都还保持着极为客观的态度,比如欣赏某人扮相如何,某人的唱腔如何,甚至从前还要喝喝茶,嗑嗑瓜子。"(焦菊隐)②十分明显,在中国戏曲中,感知的模拟性、逼真性、客观性被大大削弱或者淡化掉了,而感知的表现性、普遍性、主观性却被大大强化或者突出出来。这也就是说中国戏曲中的感知,不是厚重、拥塞、严整的团块状,不喜欢步步设疑、处处设防、波澜迭起、惊魂不定,而往往倾向于空灵、疏松、流逸的流线状,置身于若即若离、潇洒从容、随意驻足、自由品味的情景之中。这一点可以从中国的戏曲结构中得到启迪。我们知道:"近代写实话剧的结构采取了团块组合的形式,这与欧洲的绘画、雕刻、建筑艺术的结构形式是共同的,也与从固定的视点和视向去观察物象的焦点透视法是分不开的。所以,近代写实话剧虽有一条主线贯穿全剧,但是它的一幕或一场,情节的主线与副线总是纵横交织,如同绕成的线团一样,形成一个立体的团块,因此,全剧的结构也是线隐没在点之间,只见点不见线的团块组合形式……从宋元时期的

---

① 转引自余秋雨:《戏剧审美心理学》,四川人民出版社1985年版,第346页。
② 转引自余秋雨:《戏剧审美心理学》,四川人民出版社1985年版,第356页。

南戏、杂剧开始到清代的地方戏,戏曲的故事大量是从民间的讲史、小说、诸宫调、鼓词、弹词中采撷来的。戏曲在把这些民间讲唱文学中的故事戏剧化的过程中,结构上也受到民间讲唱文学的深刻影响。民间讲唱文学反映生活与传统的绘画、建筑艺术一样,也是俯瞰全局,从事物发展的全过程来掌握它的前因后果和起伏变化的。所以,在情节的安排、布局上,历来注意有头有尾,有开有合,既要把来龙去脉交代清楚,又要突出重点,大加渲染,线与点的关系十分清楚。戏曲艺术继承了这一传统,在结构上同样是以一条主线作为整个剧情的中轴线,并且围绕这条中轴线安排容量不同的场子——大场子、小场子、过场,形成纵向发展的点线分明的组合形式。"[1] 应该承认,这种戏曲结构正是若即若离、潇洒从容、随意驻足、自由品味的感知心态的折射和沉淀。而这种感知心态不又正是我们一再提及的感知抽象吗?

中国的园林、建筑也复如此。它们始终是从感知抽象出发去进行审美判断,流溢出鲜明的中国气派。这一美学风貌,也就是古人所总结的"便生"与"适形":"失宫室之制,本以便生人,上林下宇,足以避风露,高台广厦,岂曰适形"。[2] 这就意味着,中国的园林建筑中不能使人因为宫室的巨大与高耸而感觉空旷与压抑,不能使人因为园林建筑的幽广与阴暗而感觉迷蒙与沉郁;不能使人因为居住在园林中而感觉不到阳光、雨露、树木与虫鸟的存在;也不能使人因为身在园林建筑之中,而感觉到内和外的悬隔。人、建筑和大自然同在,这就是"便生""适形"的底蕴。恐怕对中国古代建筑的以小体量的个体为基本因素,以由个体围合而成的院落为基本单元,以由若干院落组合而成的建筑群体为基本形式,从感知抽象的角度去破解,还是十分相宜的。园林也是如此。"园林巧于因借,精在体宜。"所谓因借,即将园林本身乃至园林周围环境作为一个有机整体,从感知经验出发,对风景画面进行

---

[1] 同上注,第356页。
[2] 《北史》第十二卷。

取舍、剪裁、制作、抽象。中国园林艺术的环境序列的精心布置，构图法则的刻意探求，象征题材的巧妙挖掘，无不可以由此得到解释。而西方的园林建筑却与中国差异判然，例如建筑，西方建筑的出发点是面，完成的是团块形态的体，具有强烈的体积感。最为典型的是哥特式大教堂，直插入云的飞腾动势，尖而又高的群塔，瘦骨嶙峋的笔直束柱，筋节毕现的飞拱尖券，昭示着这巨大石头集群随时都会拔地而起，进入神秘的天国。这当中在折射出对外在的自然的征服。而中国建筑的出发点却是线，完成的是铺开成面的群，因而在中国不是人围绕着建筑，而是建筑拥着人。单体与单体之间、单体与院落之间、院落与院落之间形象的对比谐调，位置的呼应衬托，全群轮廓的高下起伏，平面的进退曲折，空间系列的推进转换以及意境氛围的隐呈变化，及高潮的托出和消解，都吸引着人们游心其中，步移景换、情随境遇，玩味着各种"线"的疏密、浓淡、断续的交织，感知着在线外"有灵气空中行"的"空白"。而在上述差异中，透露出的感知上的差异，正是感知移情与感知抽象的差异，读者不难明察。园林方面，西方人把"上帝"就解释为"豪华的花园"，可见，园林确实是西方人的母体和子宫。值得注意的是，对园林，西方人采取的是肯定的、积极的感知移情的态度，他们不惮于改造自然。朗特别墅的花园以水景为主，泉水出自岩洞，形成急湍、瀑布、洞、湖、直到泻入大海，都是嵌入整个花园的笔直轴线上推进的，并且是在整整齐齐的花岗石工程里推进的。格罗莫尔陈述说："人类所创造的东西，如一所花园、一幢房屋，应该适应人的形象、人的尺度、人的创造手段和人的需要。"因而西方园林充满了自我扩张、颐指气使的痕迹，不免流露出对自然的步步进逼的感知态度。丹纳参观了马洛克式的阿尔比别墅后说：这座别墅使他了解了意大利贵族的心态，不许自然有自由，一切都矫揉造作……贵族对身外之物都毫无兴趣，他不允许它们有自己的灵魂和美，他只把它们当作达到他个人目的的附属品，它们在那里只不过是他的活动背景……如果树、水或者自然风光要分享这份乐趣，它们就必须人化，必须抛弃它们的天然形态和特点，它们的野趣,它们的不遵法度和洪荒未辟的样子,而一定要弄得尽可能像男男女女们聚会的地方:起居室、大厅,或者宫廷里神气活现的殿堂。而中国园林却与之相反。法国国王路易十四派到中国来的第一批耶稣会传教士之一李明,曾经敏感地发现:西方的城市是曲曲弯弯的,园林却是方方正正的,中国的城市是方方正正的,园林却是曲曲弯弯的,这种有趣的对比清晰地表达出不同文化心态想要摆脱的是什么,想要追求的又是什么。作为对大一统的无比威严的超我的一种转化,本我将自己通过文化心态的转换推入园林艺术。无锡寄畅园布局疏落有致,景物清新明朗,池水尺度适宜,假山落落大方。锡山龙光塔隔墙借入园内,衬以山势余脉,使园境大为开阔。苏州拙政园,空旷池山与曲折建筑互相辉映,空间尺度疏朗,山水建筑格调高雅。扬州园林,大多以某一名园或寺庙为主,将周围环境融合成一个范围要大得多的园林环境。如"四桥烟雨"即以黄氏花园为主体,将虹桥、长寿桥、春波桥、莲花园周围诸景——"白塔晴云""水云胜溉""长堤春柳""虹桥揽胜"和另外一些山水亭阁组合起来,成为一"片"园林区,甚至还沿游览路线分"段"设景,构成一条"线"的园林区。与西方造园是"为了玩,不是为了美"[①]相对,中国造园则是为了美而并非为了玩。差异如此之大,不能不考虑其中的集体感知的差异。

  类似的问题还有很多。本书有足够的理由指出,中国文学艺术的所有形式无不浸染着中国特定的集体感知的影响。在这众多文学艺术形式的深层,不是彼此相互沟通着的吗?因此,千言万语,万语千言,看来就不如那句著名的禅语来得简洁、明快而深刻,这禅语就是:

  "一月能现一切水,一切水月一月摄。"

[①] 圣西门:《回忆录》。

附录
唐代山水诗歌中美感的演进

一

美感是一种由审美对象所引起的复杂的心理活动和心理过程的复合，是一种对世界进行多维把握的整体结构和动态结构。限于心理学的发展水平，不可能对美感过程中每一种独立自足的心理因素以及所有心理因素间的复杂联系做出十分严格的科学分析。但一般说来，认为感知、理解、想象、情感是美感中不可或缺的四项基本心理因素，是大致不差的。这四种心理因素互相联系，互相渗透，互相制约，有机地融合成为美感的复合体。在这一复合体中，每一种心理因素都成为美感的有机因素，而不再是与美感的出发点无关的独立自足的心理因素。其中，作为美感的出发点与归宿，感知已经不复是纯客观的了，它深深凸显着理解的因素，是以情观物的结果。美感中的理解，也已不复是抽象的逻辑认识，而是溶解在感知之中，不着痕迹地引导、规范、支配着情感和想象活动。美感中的情感是美感的中心、中介或曰网结点。而美感中的想象，则是其余三种因素的载体和展现形式……正是这多种心理因素的互相联系、渗透和制约，使美感成为一种对世界进行独立自足的多维把握的整体结构。

美感的动态结构，从个人的审美感受来看，这固然是指在审美过程中，由于审美对象和审美主体不同，美感中的诸心理因素的配合比例、结构方式也会相应改变。但更主要的是，美感作为一种变幻莫测的动态结构，更具历史性的一面。首先，这种历史性指的是感知、理解、想象、情感等美感构成因素作为单独的心理因素的形成。其次,这种历史性指的是这四种心理因素逐渐溶合成美感复合体的"自然界生成为人"的历史过程。就后者而论,五官感觉的形成是以往全部世界历史的产物。这样,作为人的自然界的感觉器官,经由以往的全部世界历史,不仅在生物学的意义上形成起来,而且也在社会学的意义上形成起来。所以,美感作为人类丰富的、全面深刻的感觉,是人类的生理和心理结构发展到一定阶段才出现和随着人类的物质生产发展程度以及人类生理和心理结构的日益发展而不断演进的。

这种变幻莫测的美感结构,正是美学史研究中的一个巨大课题,"目断秋霄落雁,醒来时响空弦。"这或许是人类最早的艺术娱乐,也体现了极为粗糙简单的美感心理。随着世界历史的发展,出现了二胡、三弦、琵琶、古筝,以至钢琴,因而能够演奏出许多复杂的乐曲。透过这些乐曲,不也正体味到人类审美心理的复杂吗?马克思把工业的历史和工业的已经产生的对象性的存在,看作是人的本质力量的打开了的书本,是感性地摆在我们面前的人的心理学。同样,艺术作品作为人类历史的感性成果,作为打开了的人类的心灵,无疑是一定时代的产儿,但又是人类美感心理结构的对应物,是多种心理因素所构成的美感的物态化、凝聚化。在这不同时代,不同作品中物态化了的审美经验所体现的,正是人们审美心理逐渐形成的历史过程中各种心理因素的不同凸出和不同比例。审美对象的历史就是美感心理结构的历史。在这个意义上,通过一定时代的一定作品来研究美感的动态结构的演进,是美学史研究中一个大有可为的领域。

本文正是这一构想的初步尝试。本书试图通过对唐代山水诗的研究,进而研究物态化了的一定时代的审美心理结构,从而揭示出审美心理结构从魏晋进入唐代时的演进情况,以及这一审美心理结构对唐代山水诗的成熟所产生的影响。不当之处,敬祈指正。

二

首先,考察审美心理结构中感知、理解因素在唐代山水诗中的演进情况。

在山水美感中,感知的因素占据着相对突出的地位。因为在自然景色的审美观照中,自然景色的美的形式,如色彩、线条、音响的和谐、对称和多样统一,自然物体的质料、光滑度、软硬度、体积……主要作用于人们的感官,从而引起人们的或优美或崇高的精神愉悦。因此,人们的感觉、知觉是否与自然物的形式因素谐调一致,就在美感中具有重要意义。值得注意的是,这种美感中的感知因素不仅是历史的自然生成的结果,尤其是历史的社会生成的结果。这样,在感知因素中就不能不积淀着大量复杂的理解因素。只是在成熟的审美心理结构中,这种理解的因素宽泛而不确定,潜在而不外露罢了。

毫无疑问,这种审美心理结构中感知、理解因素的生成及相互之间的谐调一致,是一个历史的过程。明确了这一点,对山水诗的演进情况就不难从审美心理的角度作出科学的解释了。

山水诗的出现是在魏晋南北朝。最早的山水诗,或许要算东晋庾阐的《三月三日临曲水》《登楚山》。其后殷仲文、谢混又推波助澜,把山水诗的创作推进了一步。入宋之后,谢灵运以全力写山水诗,成就居南朝山水诗人之冠。谢灵运之后,"性情大隐,声色大开",谢朓等人继之而出,把山水诗的创作推向新的高峰。但是,早期的山水诗人,诗歌中存在不少问题。像钟嵘《诗品》指出的"颜头繁富为累","寓目辄书,内无乏思,外无遗物"。从审美心理方面,恰恰说明了审美感知能力的粗陋、肤浅,缺乏选择性和协调性。同时,审美心理结构中的感知、理解因素也未能融为一体,往往处于不谐调的矛盾之中,甚至理解因素居于突出地位,直接支配和限制着感知因素,这又造成了早期山水诗通篇说理式叙事、写景佳句时见其中的情况。像谢灵运的《登池上楼》,"池塘生春草,园柳变鸣禽。祁祁伤幽歌,萋萋感楚吟",前两句写景,清新自然,后两句却忽发理语,不免矫揉造作,无病呻吟,使美感烟消云散。相对而言,谢朓的诗要好一些,在景物的剪裁、情景的交融和表现的凝练上,比之谢灵运前进了一大步。但总的来看,直到孟浩然、王维才走完了这段漫长路程,初步做到感知与理解的谐和一致,从而把山水诗推向新高峰。

具体而论,在孟浩然的诗集中,山水诗约占一半。这些诗一部分是通篇写景而情在景中,如《舟中远望》《早发渔浦潭》《下赣石》,可称作十分成熟的山水诗。另外一部分诗歌,像《夜泊宜城界》《宿建德江》《夏日南亭怀辛大》《临洞庭赠张丞相》大多是把山水的刻画和旅游、怀人、赠答相结合。这一部分诗歌仍然采取了早期山水诗由情入景,或由景及情的情景分写方法。可见其美感心理中感知与理解虽趋于融合,但尚未为一,充分显示了他和早期山水诗的直接继承关系及作为唐代山水诗先驱者的美感特点。再看王维。王维的山水诗有近百篇,其中通篇写景而情在景中的诗,像《终南山》《汉江临泛》和《辋川集》20首,能够以景为中心,合理处理情景关系,在数量上远远超过了孟浩然。山水的刻画与旅游、怀人或赠答相结合的诗,在王维诗中也有一些,但以景取胜而不以情见长。名章隽句、层见迭出,络绎奔会,精彩绝妙,同样十分成功。这样,通过对唐代山水诗的代表孟、王诗歌的概述分析,就可看出,唐代山水诗中的美感比之魏晋,确乎有了较大的演进,其中感知因素不仅更丰富、更细致,而且更深刻了。也就是说,与理解因素结合得更紧密、更融洽了。

先谈谈唐代山水诗中感知因素的更加丰富。唐代山水诗虽然也有一些写山林隐逸、日常行旅、离情别绪、道心玄悟的诗篇,但更多的诗已经把笔触集中到大自然本身,因而描绘出一幅幅瑰丽奇幻的山水画卷,像写汹涌澎湃的钱塘潮水(孟浩然《与颜钱塘登樟亭望潮作》)、写终南积雪(祖咏《望终南积雪》)、写舟行山溪(綦毋潜《春泛若耶溪》)、写秋山夕照(王维《木兰柴》)、写春夜小润(《鸟鸣涧》)、写濑边景(《栾家濑》)、写山花开落(《辛夷坞》)……在泉为珠,着壁为绘,几乎写尽了自然风光。这一切都证明唐代山水诗人审美心理中感知因素的丰富性,"兴阑啼鸟换,坐久落花多"(王维《从岐王过杨氏别业应教》),坐在寂静的林中,诗人竟然能够敏捷地辨别出鸟声的变更,甚至能听到花瓣落地的微妙声响。倘若不是感知因素异常丰富的话,就不可能以诗人的灵心、画家的慧根和音乐家的锐耳去敏捷感受和准确表现这转瞬即逝的大自然的美。

其次,感知因素的细致,也是唐代山水美感的特色之一。因之唐代山水诗人不仅写对山水的一般的体验和赞叹,而且因物赋形,随影换步抓住自然风光变幻莫测中最为动人的一刹那,表现出自然美的丰富性和多样性。像孟浩然笔下的月亮,就令人目不暇接。"松月生夜凉,风泉满清听"(《宿来公山房期丁大不至》),"太虚生月晕,舟中知天风"(《彭蠡湖中望庐山》),或写清风鸣泉声中松林上空的明月,或写湖中荡舟时头顶光环笼罩中的明月,等等。同一明月,在作家的眼中,却如此清新动人。另外,人们对自然美的感知,一般是从整体上去把握的,这就需要把各种感官统统调动起来,使之交流融合,激起共鸣。倘若自然景象不是声、色、态俱全,就不易使人们的审美感知得到满足。正像李重华讲的:"必其章、其声、其色,融洽各从其类,方得神采飞动。"早期山水诗的不足就体现在这个问题上。在谢灵运时代,由于审美心理中感知因素的不成熟,诗人不可能把大量的音响、视像以至味觉、触觉等各方面的素材加以提炼、概括。像谢灵运《登池上楼》,忽而写"飞鸿响远音",忽而写"倾耳听波澜",忽而又掉笔写"园柳变鸣禽",设色错杂,绘声繁寓,显得极不谐调。而王维《鸟鸣涧》却不然。诗人写了桂花的香味,又写了明月的色泽,还写了鸟声的清丽婉转,但却能以色彩的纬线和音响的经线把这一切交织成一幅景物活脱、情态飞动、境界幽深的画面。

其次,唐代山水美感中感知因素的深刻性,是指的感知中积淀着理解。理解因素深深渗透在感知之中,朦胧而多义,却又很难甚至不能用确定的一般概念语言去限定、规范或解释,即之愈稀,味之无穷,只能感受到一种深深的领悟。一般的讲,上边提到的诗句都可视作对唐代山水美感中感知、理解浑合为一的分析说明,这里就不泛泛而论了。不妨只就山水诗中色彩的运用谈谈这个问题。马克思讲过,色彩的感觉是美感的最普及的形式。从山顶洞人在尸体旁撒下第一把矿物质红粉开始,我们的祖先对色彩的形式美就有明确的认识和运用。但是,对色彩的形式美有明确的认识和感受,并在审美中自觉加以运用,却是在经历了一个漫长的历史进程之后才出现的事情。诗至于刘宋而声色大开,突出的代表是谢灵运。谢诗已经注意到涉取自然景色中那些色彩艳丽的部分,组成"符采相胜""蔚似雕面"的画面。像"(晚出西射堂)中的,青翠奋深沉,晓霜枫叶丹,夕曛岚气阴",青、翠、红、白,明明暗暗,参差掩映,不仅给人一种美感,而且还使人强烈地感受到这妩媚画面的千变万化,摇曳多姿,活灵活现。明代焦竑《谢康乐集题辞》中指出谢诗有"弃淳白之用,而竟丹臒之奇"的特点,是很得谢诗之妙的。但也应指出,谢诗中的色彩只是精确事写具体对象的手段之一,并未能认识到色彩本身蕴含的情趣,因而也就未能借色彩来抒发情怀。唐代山水诗作者则不然。他们能够并且善于发现在不同的时期、环境、条件下,客观对象的某种色彩与人的气质、性格、情感、力量的关系,因而能在创作中通过恰当地描绘物象的色彩来渲染情绪,抒发情感,烘托意境。像王维《终南山》,"白云回望合,青霭入看无。分野中峰变,阴晴众壑殊",放眼四望,苍苍的青山淹没在茫茫的白云之中,青色不见而见白色,使人产生空旷开阔之感,情绪从舒适转为奔放。再细看那林中升起的雾气,恰似淡青色的薄纱一样在飘动,走近一看,却又不知飘到哪儿去了,真有点奇幻莫测。放眼山野,只见千山万壑由于阳光的作用,其固有色彩都发生了奇妙的变化,或淡青,或墨绿,或呈湖蓝色,或呈紫灰色……那些明亮的、实的、重的、跳荡的色彩,就给人似"晴"的感觉;那些浑浊的、虚的、轻的、隐伏的色彩,就给人似"阴"的感觉。由这些色彩组成的奇妙变化又促使人的情思起伏跌宕,逗引人的心胸奔涌起一股股壮阔的豪情。又如《山中》"荆溪白石出,天寒红叶稀。山路元无雨,空翠湿人衣",先用露出水面的白石和稀稀疏疏的几片红叶衬托空翠,使它成为笼罩整个画面的基本色调。这"空翠"看得见、摸不着,空灵一片甚至连游人的衣服也打湿了。本来是静止状态的景物和色彩,居然可以动起来,这不是一种迷幻的奇想吗?不然,光度强的色彩可以使人感到是向外散射,反之,光度弱的色则可使人觉得在向内部紧缩。王维恰恰准确地体察到了"空翠"所给人的运动感,并给以表现。这种"空翠"的形式感表现了作者的静——心中像一潭死水,没有一丝涟漪。更有意思的是,王维山水诗中常常出现"青"和"白"对称的情况。像"涟漪涵白沙,素鲦如游空","白水明田外,碧峰出山后","山临青塞断,江向白云平","一从归白社,不复到青门","青草瘴时过夏口,白头浪里出溢城","九江枫树几回青,一片扬州五湖白"等等,这显然不能视为一种偶然的现象。白色往往使人感到纯净、高洁或凄清,绿色则常常作为青春、生命、活力的象征而令人感到舒畅、快适和宁静,有时甚至会引起冷落感伤的情绪。王维大量使用"青""白"色彩,正因为这些色彩本身所具有的审美特性与他恬适的心境、淡泊的情怀和高洁的气貌相一致。有的学者更进一步指出,唐代山水诗,尤其是王维的山水诗中,色彩有虚实之分。用来描写具体对象的真实的颜色称实色,不实写具体对象但又具有表现功能的则称为虚色。后者如"白社""青门""蓝溪""玉川","白法调狂象,玄言问老龙",它们并不直接形容某一具体的物,却可以唤起人们对实色的联想,并由联想产生相应的情感。这种以色抒情,以色达意,利用实色和虚色的结合来表现自己的思想情趣的方法,正体现了唐代山水美感中感知、理解因素水乳交融的情景。

三

假如说感知是美感的出发点和归宿,理解是美感中的认识性因素,那么,想象则是它们的载体和展开形式。

想象作为美感中的心理因素的出现,是唐代之后。从早期山水诗来看,美感中的想象是较为贫乏的,并且还受到理解因素的抑制,自然界的日月风云、山壑江河、花木鸟兽等千品万类都并非孤立的存在,而是在相互联系和相互作用中呈现出它们各自的美。因此,在对自然美欣赏中,就要着重发挥想象的作用,使美感更丰富、更深刻。从美感演进的过程看,从《诗经》比较单一的景物描写,到《楚辞》以后多种景物的综合描写,无疑是美感演进的一大步;由非山水诗的景物描写,到山水诗的景物形象塑造,无疑是美感演进的一大步。这种演进,反映了人对自然美认识的不断深入。但是,由于山水美感的历史局限,早期山水诗,如谢灵运的一些诗句:"初篁抱绿箨,新蒲含紫茸。海鸥戏春岸,天鸡划和风。""猿鸣诚知曙,谷幽光未显。岩下云方合,花上露犹泫。"均为客观地模山范水,重表象,求形似,工笔刻画,调藻绘饰,人为斧凿,精雕细琢,未能给人以较深的美的感染。唐代山水诗中自然风光的描写,远远超过早期,但却又有景物的堆垛之病。这就因为唐人的山水美感中想象因素已与其他的心理因素和谐地融为一体,并且,想象已不再为理解所引导和规范,恰恰相反,想象指示着、引导着、趋向于某种非确定性的理解,因而使山水诗中艺术真实与生活真实的问题变得异常复杂和深刻。在唐代山水诗中,想象的作用表现为景物之间关系的处理。像孟浩然《舟中晚望》写江南水泽,除前联点出"青山水国"这个整体形象,又写了江上的千帆竞发,天台、赤城等越中名山,以及西天的晚霞夕照,组成一幅完整的江南水泽的画面。倘若没有作者通过想象而选择的上述局部景物,江南水泽的动人景象是不可能描写成功的。其次在景物的相互辉映上,唐代山水诗也处理得很好,像"孤帆渡绿氛,寒浦落红薰","日落江湖白,潮来天地青","天边树若荠,江醉火星流","风鸣两岸叶,月照一孤舟",或在色彩上,或在形态上,或在意趣上,由作者借想象选择,组织在统一的画面中,彼此互相辉映,相得益彰,富于诗情画意,深入地反映了客观世界的美。

远景、近景、大景、小景、实景、虚景的关系,唐代山水诗也处理得很出色。这些景物何尝不美？但当它们进入同一首诗,出现在同一画面时,却又不是随意摆布的结果,而是作者的想象所致。像"野旷天低树,江清月近人",景物由远及近。"鸡犬散墟落,桑榆荫远田",景物由近及远,均能相映成趣。"大漠孤烟直,长河落日圆","大漠""长河"是大景,"孤烟""落日"是小景,两两对映,"以小景传大景之神"（王夫之语）,令人赞叹不已。虚景指的是想象中的景,与早期山水诗只一味摹写实景,最终难免失之于板滞不同,唐代山水诗很注意实景与虚景的结合。像王维《鸟鸣涧》"人闲桂花落,夜静春山空。月出惊山鸟,时鸣春涧中","桂花"通常作为秋景出现；像"三秋桂子,十里荷花"（柳永《望海潮》）是久负盛名的句子,但在此诗中,却作为春景的点缀,显然是作为虚景处理的。这首诗写春山的月景,而桂与月的联系极密切。传说月亮里有桂树,因而"桂宫""桂魄"即成为月亮的代名词。这样,为突出春山之月而选择桂花,会显得更谐和一些。再则,与其他鲜花相较,桂花沁人心脾,清香绝尘,显然更适宜一些。可见诗中闲适、静谧、幽香的境界,正借香气四溢的桂花的虚景点化。孟浩然诗中,也有这种以虚化实的写法,像《舟中晚望》"坐看霞色晚,疑是赤城标",诗本来写天台山,却又调笔写赤城山,是借赤城山虚拟霞光云蔚的天台山。这一虚灵的想象,不仅为天台山增色,而且表达了远望天台山时无比喜悦的心情。

美感是多种心理因素的协同组合和综合作用,但情感却是其中的中介因素。它使想象插上翅膀,趋向理解,化为感知,形成一定的审美感受。因此,考察唐代山水诗中美感的演进,不能忽视情感。我国的美学传统注重抒情,因此不论早期或唐代山水诗,从抒情的角度讲,没有什么不同,但具体来看,不同时代的山水诗所抒感情内容又有所不同。早期山水诗中的情感,一方面真切劲直,具有鲜明的个性,另一方面却又不免拘狭落实,只限于一人一时一事一地,况且与个人政治上的浮沉荣辱直接相关,不易使读者受到较深的感动,引起更多的共鸣。像谢灵运的《登江中孤屿》,是在他被贬出京城在永嘉太守任上时写下的,它不仅把永嘉那灵秀的山光水色描绘得妩媚动人,且抒发了自己在政治上失败后愤愤不平而又无可奈何的情感。诗中表现出来的"云日相辉映,空水共澄鲜"的生意盎然的情绪,正因诗人不甘心政治上的失败,坚持"不为岁寒欺"的"皎皎明月心",希望死灰复燃的顽固信念,所以在为了保存一点赌注暂时放弃同新的统治集团作正面冲突而纵情山水时,无意间给山水风光带上的一些积极的生命情绪。唐代山水诗却不然。其中的情感一方面个性更为鲜明,另一方面又不为现实生活中的人事遭际所拘,而是由现实中的景物、人事所唤起或象喻的,包含着对人生感伤的某种理解更为丰富的情感。它既非一时的感情之实写,又非个体偶发性的感性之冲动,而是酝酿提炼过的在主观抒写中带有浓厚象喻意味,更具普遍性和永恒性,涉及人生本体的一种人生喟叹。孟浩然《夜归鹿门山歌》,祖咏《游苏氏别业》、常健《宿王昌龄处》、綦毋潜《题鹤林寺》,都表达了一种人生旷达、闲适乐观而毫无政治冀求的情绪。这种情绪是唐代某些知识分子那种朴实无华平淡自然的情理韵味、退避社会纷争追求人生幸福的生活态度和崇尚人与自然的牧歌关系的人生理想的反映。历代知识分子总是希望"天生圣明",仕途顺利,但往往事与愿违,他们每日所奔波的无非是官场、利禄、宦海浮沉、市朝倾轧。作为中小地主阶级中较软弱的一群,唐代山水诗人既不像李白那样以长啸浩歌与政治现实对抗,也不像杜甫那样更多地着重暴露讽喻,一心裨补时调,渴望能改变政治局面,又不像高适、岑参那样投笔从戎,转向边塞疆场去寻求建功立业的机会。况且时当盛世,社会危机还未来临,个人与社会在根本利益上是一致的,加之毕竟没有门阀制度的沉重压力,不如阮籍、谢灵运、陶渊明那样不由自主地卷入政治漩涡,因而他们遁入山水,是以精神上的超脱为荣的。王维是开元九年进士,旋即"发我遗世意",其他诗人亦类似。刘眘虚是开元十一年进士,祖咏是十二年进士,储光羲、綦毋潜是二十六年进士,常健是十九年进士,均不久便抽身退步,远离官场了。认真检讨一下他们挂冠不仕的原因,实在是出于一种对官场纷争的厌弃,以及一种深沉超逸的人生态度。他们不同于早期山水诗人的感伤,因为这种感伤已不只是对政治的退避,而是一种对官场纷争的厌恶,对整个人生宇宙和人世社会的无所希冀、满足、解脱和淡淡哀愁。这显然比早期山水诗中的情感更深一层。有的学者拘于文学社会学的研究方法,未能从审美心理方面加以认真分析,故把二者简单等同起来,忽略了其中的深刻区别。显然未能切中要害。它标志着在封建社会中审美心理中外部结构与情感结构的映对呼应,同形同构的最终完成。

四

但是,从美学史的角度讲,最重要的似乎还不是美感中诸心理因素的演进,而是美感诸心理因素在一定历史条件下的不同凸出,不同比例。它构成了人类美感的不同历史形态,作为不同历史时代艺术作品的对应物而历史地存在着。倘若不能准确地理解和说明不同历史形态的美感特点,就不可能令人信服地理解和说明不同历史时代的艺术作品。

那么,唐代山水美感的特点是什么呢?我认为,是美感中诸种心理因素的协调一致,用传统的讲法,即"情景交融"。不妨看看王维写山水的名篇——《汉江临泛》:"楚塞三湘接,荆门九派通。江流天地外,山色有无中。郡邑浮前浦,波澜动远空。襄阳好风日,留醉与山翁。"诗篇伊始,诗人就在想象中为汉江铺展开壮阔的背景:南接三湘、西通荆门、东达九江。借楚塞、三湘、九派、荆门这些形胜之地,映衬出汉江的雄伟气势,但是这种想象是从诗人的感知中伸展出去的,同时又受到潜在的理解因素的制约,更充溢着强烈的感情色彩。对比一下谢灵运的《从斤竹洞越岭溪行》,同样写河水,却截然相异。诗人一开篇就写自己在朝雾迷漫、露泫花梢的深山幽谷之中,傍隈隩、陟径岘、过急涧、登云栈、游枉渚、玩回湍……从这些诗句中,不难体察到一种细致而又敏捷的感知,以及无限热烈的情感,但这种不厌其烦的描写不但使想象窒息,而且看不到个中潜藏的社会意义。王维诗的颔联又回到感知,水天极目之处,江水拾头涌向天际,似乎是要流到天地之外,而处在水天之际的苍青山色也若隐若现,似有似无。这些虽然出自诗人感知和想象,但也离不开理解因素,显然是深得"近大远小"的透视效果和"远色偏弱"的色彩效果之妙的结果。在这水天浑茫之中,作者竟感到沿江的都市犹如漂浮在江面上,而浩大的天空似乎也在随着波涛的汹涌低昂不已。诗人的美感至此达到顶点,情不自禁地抒发起自己的感情,但这仍是寓情于景。淡淡一笔带出,却蕴无限意味。这里还可对比一下上面的谢诗。当敏锐的感知使他的感情激发到最高峰时,巨大的震荡突然使他从绮丽迷幻的美感中惊醒过来,"握兰勤徒结,折麻心莫展",对污浊丑恶的政治现实的憎恶与对优美圣洁的大自然的观照形成强烈的对比。于是诗人美感的浪头直跌而下。在这里,起主导作用的显然已是作者的理智。由此可见,谢诗中的美感往往以理解因素的凸出为特征,诸心理因素亦未能谐和一致。这样,诗人对大自然秀丽风光的审美观照往往是意在与龌龊的政治现实衬托,从而抒发自己的落拓之情,深刻批判现实。王维的诗则不然。诗人美感中各种心理因素十分谐和。毫无疑问,其中凸出的心理因素是感知,诗人始终以自己的感知为出发点和归宿,使感知专注于对象的感性形态,同时又使之与想象情感和理解诸因素互相渗透,通过想象和理解的作用,把感知到的表象加以改造,既保留了景物的具体性、生动性,又深刻反映了其内蕴,从而构成完整的美感体验。这种体验凝聚在艺术作品中,就是情景交融的唐代山水诗。

以上对唐代山水美感演进的分析侧重于审美的诸心理因素,这并不意味着山水美感演进是一个审美心理独立自主的演进过程。恰恰相反,审美心理的发展固然是心理因素本身的生成发展所致,同时社会历史条件的影响亦不容忽视,尽管这种影响十分复杂曲折。这是要着重强调的。其次,唐代山水美感并不是完美无缺的。虽然它所体现的审美心理有不可企及之处,但它既然是在一定的历史条件下出现,就不能不具有历史的局限和不足。社会生活的发展,必将打破这种历史条件,从而使山水美感发生新的演进。在美学史上,这种演进自晚唐始。晚唐的山水美感,已与盛唐截然相异,不复是审美心理的和谐统一,而是沿着偏重感知因素这一条线,走进更为细腻的官能感受和心境意绪的捕捉。从当时的山水诗来看,往往是通过对一些自然景色的白描使之更加细腻、具体、精巧和淡雅,并涂上一层更浓厚更细腻的主观情趣色调,因而也就不再是那种不可企及的情景交融的诗歌境界了。这预示着山水美感的心理因素又一次处于不谐和的状态,造成审美心理因素的新的不同凸出(这一点在后期封建社会的作品中不难见到)。因而也就预示着山水美感的诸心理因素将在新的历史条件下达到更高度的和谐统一。这,正是历史赋予新时代的光荣任务![1]

(本文原载《益阳师专学报》1996 年第 3 期)

---

[1] 本节初稿写于 20 世纪 80 年代,在写作时曾参考了国内关于古典诗歌艺术技巧研究方面的成果,特此说明并致谢。

第六章

"人心营构之象"

第一节
"诗者,妙观逸想之所寓也"

像集体感知一样,集体表象同样是中国深层美感心态的中介之一。

倘若知觉一般是指对事物的各种属性、各个部分及其相互关系的综合的整体的反映,所谓表象,则是指在知觉基础上产生的在记忆中一直保存下来的事物的形象。它同知觉的区别是十分明显的:诸如在反映客观世界的直接性和具象性上,它们有共同之处,但在鲜明性上表象不如知觉,在历时性上则反之;在反映客观事物的形象性上,表象不如知觉;在反映客观事物的概括性上,知觉不如表象;在反映客观事物的途径上,知觉只能产生于人们对客观事物的直接感受,表象却还有可能通过间接的途径形成;等等。

表象同样是历史生成的结果。在生物进化的谱系树上,我们看到,只有到了灵长类以下的脊椎动物,才有表象能力。这种动物分析综合能力较强,具有各种知觉能力,能比较完整地反映对象。特别是大脑皮层比较发达的哺乳动物,对多种复合刺激及其刺激痕迹形成暂时联系和关系反射,并能长时间保持。不但有粗细的知觉,而且有新的反映形式——表象。猿类则已有较稳定的表象功能和具体思维的萌芽了。表象能力在人类心理发展中是一个独立发展阶段,甚至是人类史前的最高心理功能。在此之前,人类心理的进化,由反应性到感觉、知觉,这都是主体和客体在特定的结构中产生的结果,尚不属主观世界。二者之中,失去任何一方,都会破坏这个原始结构的完整,都会导致失去作用和灵敏性。但当人类心理演进到表象阶段,这个原始结构则开始被突破了。人类开始了主观方面的大千世界。主体概念才真正得以确立,人类心理才能进入自我意识的准备阶段。这是人类心理觉醒和主体能动性的起码条件。表象虽然也联系于客体对象,但在表象世界中却又是独立的。它可以"不想象某种东西而真实地想象某种东西"(马克思语),它可以暂时抛开物质的纠缠而自由驰骋在心理世界中。或许也正是因此,它曾经成为一种人类原始状态的思维方式——"集体表象"。列维-布留尔在《原始思维》中指出:"他们的智力活动的可分析性是太少了,以至要独立地观察客体的映象或心象而不依赖于引起它们或由它们引起的情感、情绪、热情,是不可能的……在这种状态中,情感或运动因素乃是表象的组成部分。……原始人智力活动的这种形式,应当理解成不是纯粹的形式或者差不多纯粹的形式表现出的智力或认识的现象,而是一种更为复杂的现象,在这种现象中,我们本来认为是表象的东西,还掺和着其他情感或运动性质的因素,被这些因素涂染和浸润,因而要求被表象的客体持另一种态度。"①毋庸置疑,作为一种心理奇观,这种"集体表象"是那个"如火烈烈"的历史时期中人们把握自然的粗略方式,也是最高方式,它反映了那个年代人与自然之间建构起来的内在关系,俨然是自然向人生成的一个标尺。在此以后,人类思维便开始从起跑线上迅跑。

具体而论,在人们已经反复论述过的在实践的基础上表象之所以产生的哲学根据之外,表象生成的心理根据是什么呢?这无疑是一个难题。"摆在我们面前的唯一出路是向生物学家学习,他们求教于胚胎发生学以补充其贫乏的种族发生学知识的不足。"②何况现代科学业已证实,个体发生乃是种类发生的短暂而迅速的遗传重演,儿童智力发生与人类智力发生异形同构。这方面正像布鲁纳分析的:"现在,我们将怎样最有效地设想认知能力的成长即智慧的成长呢?从最广泛的意义上来看,认知力量或智慧乃是人获得知识、保持知识以及将知识转化为他本人所用的能量。"就人类智慧的

---

① 列维-布留尔:《原始思维》,商务印书馆1985年版,第26页。
② 皮亚杰:《发生认识论原理》,商务印书馆1982年版。

成长而言,保持知识也就是再现表象。"再现表象这个概念是设想智慧如何成长的一个有用的概念。""在人的智慧成长期间起作用的再现表象系统有三种,它们之间的相互作用是智慧成长的枢纽。所有这三种系统都可用相当明确的术语来说明;所有这三种系统在颇大程度上都受文化的制约和人类进化的影响,正像我们已经指出的,它们就是动作性再现表象、图像性再现表象和符号性再现表象。即对事物的认识是通过'做'来认识该事物的,通过该事物的图片或映象认识该事物的,或通过诸如语言这类符号工具而认识该事物的。"①在这里,布鲁纳告诉我们,人类表象的形成,大体有其线索。动作性再现表象,是一种移位的活动。对象不在面前,以动作去加以再造或重现,从而超出给定时空去追忆对象。它是人类表象形成的开端。而从主体"本我"的需要看,"在人们采取行动之前总要先有一个推动的因素,一种心理上的、情感上的或理智上的需要"。这就是通过他所喜欢的事物的重演,从而解决了遇到的所有冲突,并使现实世界得到补偿和改善。图像性再现表象是在前者基础上产生的。它第一次超越出身体动作,借助于图画、形象生产出不限于给定时空而且可以无限延续下去的另一世界。这就是列维-布留尔所说的"集体表象",而符号性再现表象显然是最为奥妙的一种。"在前者的基础上,它进而借语言去构筑了一个表象世界。""人的表象经常是和语言、词联系着的。""过去的经验总是以表象和词的形式保持着,回忆也总是凭借表象和词二者进行的。"②这就意味着人类表象的最终成熟并跨入思维阶段。

显而易见,人类表象的特性有其一致之处。其中最为重要而又与本书相关的,是表象往往沉浸在无意识的汪洋大海之中,一旦时机成熟,就会被无意识的心理能量推进到意识层面。而且,有些表象很容易被推进到意识

---

① 转引自《西方心理学家文选》,人民教育出版社 1983 年版,第 446 页。
② 曹日昌:《普通心理学》上册,第 231、233 页。

层面;有些表象很难被推进到意识层面,只有在特殊场合,才有可能;还有为数不多的一些表象(大多为遗传下来的记忆表象),则甚至从未被推进到意识层面。之所以如此,显然统统与自我的调节有关。表象的被忘却、被改装、被忆起,都要服从人的心理平衡的需要。同时,人类表象也有其在文化类型基础上形成的特色,这就是所谓"集体表象"。集体表象可以理解为一个民族在一定文化心态基础上所产生的集体记忆。不难想见,集体表象的被推出,显然是文化心态在原始本我—社会超我—生存方式三者的激烈冲突中调节的结果。具体来看,集体表象的形成决定于两个方面:从纵的方面看,集体表象历史生成的文化背景不同。正像布鲁纳指出的:"的确,在处理上述三种再现表象系统的关系上,各种文化各有其特殊的方式。"例如就中国而论,由于文化背景的影响,中国人的表象系统中图像性再现表象发展得较为充分,但符号性再现表象却未能充分发展,这就导致了原始的"集体表象"的思维方式的大量遗存。从横的方面看,表象的功能,一方面外显为记忆再现,和感觉、知觉保持直接的联系,另一面又内隐为在主体理解、情感诸因素推动、导引下的表象运动(想象)。在其中也有不同文化心态的沉淀。例如:由于不同文化背景的影响,西方较为推重记忆再现,故西方的表象世界较为丰富、多彩,中国却较为推重表象的内在运动,因为这种表象运动体现了文化心态的规定,是一种固定的人生追求,所以中国的表象世界较西方的表象世界更为稳定而少变化。

当集体表象进入审美系统,其作用似乎更为显著。我们知道,创作过程对表象的运用是通过审美改造来达到的。审美改造不仅仅是对表象的经验,而且是对表象的改造。它是利用表象的不稳定性所产生的可塑性,对表象进行分解和综合,从而形成艺术形象的。审美改造的过程,本书称之为想象;审美改造的结果,本书称之为意象。而在这一过程中,表象的集体色彩无疑会导致想象(表象的自我运动)和意象(表象的重新组合)的某种集体色彩。

本节先谈想象。古人云："诗者,妙观逸想之所寓也。"这话确乎不错。然而,中国人的"妙观逸想"又毕竟与西方人不大相同。总的来看,中国人的想象是价值论和审美论的,而西方人的想象则是认识论的和创作论的。在中国人看来,想象是人类生存的自由境界和意义境界的根据,是建构精神家园的审美人类学之思的路径,是沟通过去、现在与未来的中介。① 因此,它就不能不具有自己的鲜明特色。

这鲜明特色主要表现在两个方面。首先是想象的状态。在中国,想象的状态是一种"虚静"的状态。之所以如此,当然与中国美感心态的深层结构有关。如前所述,中国美感心态不像西方那样雄心勃勃、欲壑难填、步步进逼、寸土不让,而毋宁是"天人合一""藏天下于天下"的。在中国人看来,作家的内在世界与外在世界存在一种原始的对应关系,其原因在于人与宇宙间的异质同构。王夫之曾经对此有所说明:"情者,阴阳之几也,物者,天地之产也。阴阳之几动于心,天地之产膺于外。故外有其物,内有其情矣……絜天下之物,与吾情相当者不乏矣。"②因此,作家的心理内容不是在这种机遇下与这些事物对应,就是在另一种机遇下与那些事物对应。古典美学把这种人与宇宙的异质同构关系下形成的对应称作"应感""感兴""兴会"或"心物感应"③。例如"春秋代序,阴阳惨舒,物色之动,心亦摇焉","若乃登高送目,临水送归,风动春潮,月明秋夜,早雁初莺,开花落叶,有来斯应,每不能自已也。""物色万象,爽然有如感会。""我初无意于作是诗,而是

---

① 想象是哲学人类学、审美人类学中的重要问题,下面要谈到的"回忆"也如此。
② 王夫之:《诗广传》。
③ 中国人选择"感"和"兴"作为创作过程中的第一块路标,有其深远的文化背景。据考证,"感"在远古文化中是性关系隐语之一("感生")。通"咸""甘",联想到"咸池""甘渊",不难体悟到"感"中含蕴的人与自然的和谐的交合关系。"兴"也如此(详下),其中的美学意蕴颇值深究。

物、是事适然触乎我,我之意亦适然感乎是物、是事,触先焉,感随焉,而是诗出焉。"①碧波荡漾的流水,微微拂动的春水,皎皎明月和一字雁阵……这众多外在于人类的东西,都因为它们表现在人类头脑中的心理张力式样与人类生命力运动的结构模式相对应,因而作家才可"执成迹以悟",体味到一种深深的审美愉悦和强烈的创作冲动。

也正是因此,中国人在创作之前并不像西方人那样进入"神灵凭附"的"迷狂"状态,而是进入"心物感应"的"虚静"状态。他们既不以世界为有限、圆满的现实而崇拜模仿,也不向无尽的世界做无穷的理智的追求。相反,却认定宇宙的深处是无形无色的虚空,是与人合一的大气流衍的道。这虚空,这道是万象的源泉,是万物的根本,是生生不已的创造力。因此他们在进入创作过程之前要求自己"疏瀹五藏,澡雪精神",剔除刻意经营,用心思索的自我意识,进入深不可测的无意识的生命源头,返虚入浑,虚静以观,不借视听,徒以神行,从而使酣畅淋漓的创作灵机在深沉的内在世界与活泼的外在世界适然接触时的突然的感应和领悟中诞生。

具体而言,首先,"虚静"状态强调无欲无我的创作观照。无欲无我,亦即庄子所说的"莫若以明",主要是指不含任何杂念,不任性使气。创作中若有"尘埃心",则"难状烟霄质"。正像钱锺书先生总结的"先入为主,吾心一执","回黄转绿,看朱成碧,以心不虚静,挟欲弊欲。……我既有障,物遂失真"。② 因此,"虚静"状态十分强调"涤除肥腻,独露天机"③,清除胸中的愤懑和杂念,使生活中激发起来的感情经过时间的浸洗、降温后蟠结或回荡于胸中,最后与自然融化,默契为一。可见无欲无我,从心理内容讲,指的是一种无意识状态。它强调应摆脱理性、意志以及种种利害关系的羁勒和奴役,

---

① 刘勰:《文心雕龙·物色》;《梁书·肖子显传·自转》;遍照金刚:《文镜秘府论》;杨万里:《答建康府大门军库监门徐达书》。
② 钱锺书:《谈艺录》,中华书局1984年版。
③ 司空图:《诗品》。

回到无意识水平上,唯任本色,自发天真,自由地进入创作观照,客观地深窥人类或自然的内在气韵。李晔《紫桃轩杂缀》讲:"点墨落纸,大非细事,必须胸中廓然无一物,然后烟云秀色,与天地生生之气,自然凑泊,笔下幻出奇诡。若是营营世念,澡雪未尽,即日对丘壑,日摹妙迹,到头只与髹采圬墁之工争巧拙于毫厘也。"冠久在《都转心庵词序》中讲:"澄观一心而腾踔万象。"叶燮在《原诗》中描述得尤其准确:"当其有所触而兴起时,其意、其辞、其句劈空而起,皆自我而有,随在取之于心,出而为情、为景、为事。"这就是说,作家并不以自己的观念思绪去约束自然,而是以纯任自然的内在世界面对客观对象,使创作灵机在心物"有所触"的一刹那,随之"劈空而起"。

其次,"虚静"状态不主张像西方那样刻意师法一山一水、一草一木,认为这只是师象、师物,而主张不窘物象的"外师造化"。"山水之为物,禀造化之秀。""阳舒阴惨,本乎天地之心。"①师造化正是要师法这"造化之秀"。"天地之心",也就是师法这阴阳对转,元气淋漓的道。董其昌说:"诗以山川境,山川亦以诗为境。"②作家禀赋的诗心,对应着天地的诗心(《诗纬》云:"诗者天地之心。")。山川大地是宇宙诗心的影现,作家的心灵同样是宇宙的创化。他们凭借沉寂的心襟去"澄怀味象",在拈花微笑中感应着宇宙自由活泼的生命韵律。因此,作家在"妙观"中不必去把握自然——那已经远远超越了自己的所能,而是失落自己于自然之中,如树如石,如风如云,沉冥入神,与物宛转。在大自然中,他们"偶遇枯槎顽石,勺水疏林,都能以深情冷眼,求其幽意所在"③。目睹心会,真气远出,达到妙对通神的境界。《宣和画谱》载画家郭乾晖画花草禽鸟时,"常于郊居畜其禽鸟,每澄思寂虚,玩心其间,偶得意即命笔,格律老劲,曲尽物性之妙。"讲的正是画家自觉调整自己的心理节奏,使之与自然界草虫的生命韵律发生对应和共鸣,借以鸣发不可

---

① 汤垕:《画鉴》;孙过庭:《书谱》。
② 转引自宗白华《美学散步》,上海人民出版社1981年版。
③ 转引自宗白华《美学散步》,上海人民出版社1981年版。

遏止的创作冲动。而刻舟求剑式的寻寻觅觅,胶柱鼓瑟式的描头画脚,则被视作陈腐,是灵性泯灭,气韵全无的末事。这种役于物象不能自拔的作家是与中国无缘的。

最后,"虚静"状态产生于无意识水平,但不否认存在一种控制力量,对之加以诱导和规范。叶燮《原诗》描述说:"必有必不可言之理,不可述之事,遇之于默然意象之表,而理与事无不灿然于前者也。"王夫之在《姜斋诗话》中描述说:"落笔之先,匠意之始,有不可知者存焉。"这里描述的统统都是一种意向,一种整体性的经验,一种难以表达的复杂的心境意绪、情怀感受。它是在不知不觉的瞬间对过去的经验、知觉、记忆痕迹、事物表象所进行的一种组织,有点类似弗洛伊德讲的那种"海洋般"的感情。创作冲动正是被潜伏在阈下的感情之流发动并加以控制的。王夫之举过一个出色的例子:"言情则于来往动止,缥缈有无之中得灵蚃而执之有象。"[1]"蚃",《物类相感志》云"山行路迷,扼蚃虫一枚于手中,则不迷",可见是一种古人认为有灵应的小虫。这里是指,创作冲动由内在的理性规范控制着在无意识心理状态中产生。这理性像一只醒迷的小虫,引导作家为"往来动止,缥缈有无"的情感状态选择并找到适宜的表现对象。由此看来,作为一个真正的中国作家,应该善于发现通向无意识深处的道路,善于激发自己的创作冲动,然后才能"墨海中立定精神,笔锋下决出生活,尺幅上换去毛骨,浑浊里放出光明",使散兵游勇般的经验材料在情感逻辑的作用下,有秩序地迸发出来,最终完成"透过鸿蒙之理,堪留百代之奇"的文艺作品。

想象的方式同样值得深究。中国人称自己独特的想象方式为"神与物游",这其中颇具深意。从纵的方面看,显示出想象方式生成过程中独到的文化背景的影响。像前边提到的"感""兴"一样,"神"同样与远古文化关系密切。它不但反映出中国人对想象方式的真实想法,而且折射出中国人的

---

[1] 王夫之:《古诗评选》第五卷。

想象方式中遗存的大量原始遗绪。我们已经反复提到,由于符号性再现表象未能充分发展,作为原始思维特征的"集体表象"——图像性再现表象大量沉淀下来。而"在原始人的思维的集体表象中,客体、存在物、现象能够以我们不可思议的方式同时是它们自身,又是其他什么东西。它们也以差不多同样不可思议的方式发出和接受那些在它们之外被感觉的,继续留在它们里面的神秘的力量、能力、性质、作用"[①]。看来,推动这种"不可思议的方式"的并非某种极力想把某些记忆图像恢复并复制出来的愿望,而是内心深处所体验到的某种强烈情感。由于它是动力性的,有一定的速度、强度、复杂度和方向性,也有一定的起伏性、节奏性和断续性,所以被推进到意识层面的表象,当然也就因为其特有的"不可思议"的组合方式而令人迷惑不解。很有意思,当历史冲刷掉"神"的巫术意味,却又公正地还赠它以超历史的形式。不难窥见,中国独特的想象方式——"神与物游",同样是以情感结构而不是以认识结构为动力的。因此,"一川烟草,满城风絮,梅子黄时雨"之类表面上互不相关的表象,才因为与某种"闲愁"的情感相互对应而组合起来,"乱石穿空,惊涛拍岸,卷起千堆雪"之类表面上互不相关的表象,也才因为与某种"悲壮"的情感相互对应而组合起来。从横的方面看,中国人的想象方式中还有着大量深层美感心态的沉淀。我们已经反复提到,在中国深层美感心态看来,宇宙自然不是人以外的外在世界,而是含孕人于其中的一个整体。它是大化流衍,生生不已的,是以无为本,以气为本的,是生命之根,生化之原,是"有情的天地万物"(徐复观语)。而人不过是自然的一部分,是与宇宙自然异质同构的,因此人所能做并且也是所应做的,不是去征服、战胜或分解宇宙自然,而是主动调节自己的心理节奏,与之相亲相近,相交相游。对此,宗白华先生体会最深,"中国人抚爱万物,与万物同其节奏",而

---

① 列维-布留尔:《原始思维》,商务印书馆1985年版,第69—70页。

"深广无穷的宇宙来亲近我,扶持我,毋庸我去争取那无穷的空间"①……

中国独特的想象方式——"神与物游",表现为一种感物而动,与物浮沉,最终主客交融的心醉神迷。何绍基曾经谈道:"此身一日不与天地之气相通,其身必病;此心一日不与天地之气相通,其心独无病乎?……但提起此心,要它刻刻与天地通尤要。请问谈诗何为谈到这里,曰:此正是谈诗。"②在我看来,还可以再进一步,这话不仅是谈诗,更是谈诗的"妙观逸想"。"物色相招,人谁获安?",而"妙观逸想"正是"物色相招"的结果。大自然的风云变态、花开花落、鱼跃鸢飞、日月交替,都使"灵心巧手,磕着即凑,岂复烦踌躇哉"?因此,它"与道适往,著手成春",它"天地与立,神化攸同",它"控物自富,与率为期",它"气交冲漠,与神为徒"。一方面仰观俯察,流盼顾念,"虚怀纳物","体尽无穷以游无朕",去体认活泼万物的风神,舒展"与物宛转"的"妙观逸想"的羽翼,另一方面又把自身的情感投射于客体,"与物为一"。或许,这就是刘勰讲的"情往似赠,兴来如答"吗?

不妨再与西方的想象方式略做对比。西方的想象方式似与中国大不相同。柯尔律治描述说过,想象是"与自觉的意识共存"的,"它本质上是充满活力的,纵使所有的对象(作为事物而言)本质上是固定和死的"。他还描述说,想象"首先为意志与理解力所推动,受着他们的虽则温和而难于察觉却永不放松的控制"③。柯尔律治的描述是颇具深味的。看来西方的想象虽然也服膺于人类心理的一般规律,但与中国恰成对比的是,在他们那里不是情感而是理解因素充分凸出,不是图像再现表象而是符号性再现表象的充分凸出。在理解因素和符号性再现表象的推动下,西方的想象中充满着再现物象的几何秩序和空间关系的自信。因此,西方想象中的客体是"固定和死

---

① 宗白华:《美学散步》,上海人民出版社1981年版,第86页。
② 何绍基:《与汪菊士论诗》。
③ 柯尔律治:《文学生涯》,见《十九世纪英国诗人论诗》,人民文学出版社1984年版,第61—69页。

的",是与想象主体相对立的。只有在"意志与理解力"的"控制"下加以改造,才可能焕然一新。而主体方面呢？正像宗白华先生描述的"是追求的、控制的、冒险的、探索的"和"失落于无穷的"①。于是客体为主体所覆盖,成为冷冰冰的彼岸存在。这样,西方的想象便表现为主客体的对峙,它使主体面对自然时,感到一种深深的"痛苦的物我交流"。"人看着世界,而世界并不回敬他一眼。……他为物质的目的而利用世界。"②与中国的双向投射相比,西方的想象方式似乎只是一种主体向客体的单向投射。

这样,"神与物游"就导致了中国想象方式的一系列特色。最为重要的,起码有下列几点。第一,中国的想象方式是"应目会心"的体验。这就是说,中国的想象方式是以"画中人"的身份作"画中游",饱游饫看,目标集中在"物我俱忘""互藏其宅"的深心欢悦和契合状态之上。而不像西方那样以"画外人"的身份作"画外观",对景描摹,目标集中在物我对峙、主客冲突的眼前物象的描写上。第二,中国的想象方式是全方位的、多维的,时空跨度较大。所谓"文之思也,其神远矣。故寂然凝虑,思接千载;悄焉动容,视通万里"。这与西方单向度的、一维的、时空跨度较小的想象方式恰成对比。不过,许多人因此认为中国的想象在新颖性、独特性和创造性方面胜于西方,却实在把事情弄颠倒了。其实在新颖性、独特性和创造性方面,中国远不如西方。至于全方位、多维和时空跨度较大的特色,则是因为中国的想象方式的基础是情感结构,因此从认识结构看来,并非单向度、一维和时空跨度较小而已。第三,中国的想象方式是瞬时性的。也就是说,"来不可遏,去不可止",具有随机性。正像宋大樽在《茗香诗论》中讲的:"不佇兴而就,皆迹也;轨迹可范,思识可该者也。有前此后此不能工,适工于俄顷者,此俄顷亦非敢必觊也,而工者莫知其所以然。太虚无为之风,无始终之期;列子有

---

① 宗白华:《美学散步》,上海人民出版社1981年版,第94页。
② K·葛利叶:《自然、人道主义、悲剧》,见《现代西方论选》,上海译文出版社1983年版,第325、332页。

待之风,登空泛云,一举万里,尚何有迹哉?"而西方的想象方式延续性较强,也就是说随时都可以进行,具有受控性。

第二节
"诗言回忆"

颇具魅力的,还是对于意象(表象的重新组合)中某种集体特色的考察。

本书已讲过,表象是从无意识中酝酿、然后在意识中加以呈现。无意识包括集体无意识和个体无意识。前者是一个民族的生命源头,它与个体的经验无关,是一种集体的经验。后者是个体的后天经验、习惯、记忆等等,被以潜在的和无意识的形式加以保存。无意识是表象产生的心理能量。过去的经验本来被包含在脑细胞中的一种化学物质——核糖核酸(RNA)里转变成信息保存下来,它们在心理能量的推动下,在阈下反复进行着各种脑电信号的组合、传递尝试,一旦对上密码(经过了文化心态的检查),便会在瞬间使能量化作表象推进到意识的层面。在此过程中,集体无意识的强度决定表象的深度,个体无意识则决定表象的广度。这样我们不难设想,倘若从表象的重新组合逆推上去,当能把握到集体无意识和民族文化心态的脉搏。

对于上述设想,西方已经做了一定的尝试,并取得了较为可观的成绩。其中尤为突出的是把集体无意识和文化心态同原型意象联系起来加以考查的原型批评学派。他们认为,原型意象是通向集体无意识和文化心态的路标和探照灯。按照荣格的说法:"在每一个个体身上除了他的个体记忆之外还存在着伟大的……原始意象。那是些一直就是这样的人类表象的潜能。这种潜能通过脑组织由一代传给下一代。"而所谓"原始意象即——无论是神怪、人还是过程——都总是在历史过程中反复出现的一个形象"。其功能在于"给予我们祖先的无数典型经验以形式","原始意象……是同一类型的无数经验的心理残迹。""每一个原始意象中都有着人类精神和人类命运的一块碎片,都有着在我们祖先的历史中重复了无数次的欢乐和悲哀的残余……它就像心理中一道深深开凿过的河床。"一旦艺术作品触发了和唤起了原始意象,"生命之流就可以在这条河床中突然奔涌成一条大江,而不是像先前那样只是在宽阔然而清浅的溪流中向前漫淌。"因此在这个意义上,真正的艺术家是"用原始意象说话的人",而不朽的作品之所以感动人,就在于"用原始意象讲话"[①]。

荣格的"原型"及其"原始意象"理论,对本书有很大启发,同时也有一些根本性的为本书所不能接受的缺点。这些我们都不去详加谈论。本书把表象重新组合而成的意象中大量沉淀下来的集体表象称作原型意象。原型意象是一个民族在一定文化心态和美感心态基础上所产生的集体记忆。阿德勒指出:"在所有心灵现象中,最能显现其中秘密的,是个人的记忆。他的记忆是他随身携带,而能使他想起自己本身的各种限度和环境的意义之物。记忆绝不会出自偶然:个人从他接受到的,多得无可计数的印象中,选出来记忆的,只有那些他觉得对他的处境有重要性之物。因此,他的记忆代表了他的生活故事;他反复地用这个故事来警告自己,使自己集中心力于自己的目标,并按照过去的经验,准备用已经试验过的行为样式来应付未来……"[②]这也就意味着,一个民族的记忆实际是民族文化心态的一个组成部分,可以把它解释为某种民族"苦难和焦虑——饥饿、战争、疾病、衰老和死亡的精神治疗"[③]。它集中地折射出文化心态作为社会自我的瞩目之处是什么。而这

---

① 转引自张隆溪:《二十世纪西方文论述译》,三联书店1987年版,第60—61页。
② 阿德勒:《自卑与超越》,台湾志文出版社,第61页。
③ 荣格:《探索无意识》,《中州文坛》1986年第7期。

种民族的记忆进入审美场之后,就成为作品中的原型意象。① 这种原型意象的根源是直接的社会心理体验的产物,间接的又是历史文化的产物;这种原型意象是作品中可以独立交际的单位,同时又是一个联想群;这种原型意象可以是主题、人物、象征,也可以是结构单位;这种原型意象不断衰亡,又不断置换、变形及至生成。如此等等。

毫无疑问,原型意象是文化心态研究中的一个重要方面,遗憾的是,我们过去对此未能给以充分重视。正像荣格讲的:"我们越是往'集体意象'(或者使用教会的语言,'教义')的源泉的深处挖掘,我们就明显地发现原始类型的一个仿佛漫无止境的网,在以往的岁月里,这些原始类型从来不是意识反映的对象。……事实上,在以往的岁月里,人们并不仔细回想自己的象征;他们使象征获得永生,而象征的意义无意识地使他们获得生机。"②

令人欣慰的是,西方在原型意象的探索方面,业已做了一定工作。我们将之归纳并列出:

水:代表创造的神秘,生——死——复活、净化与赎罪、生产力与成长。荣格甚至认为水是民族记忆中最普遍的象征。

太阳(火与天空关系密切):代表创造的精力、自然法则、父性原则(月球与大地往往被视为母性原则)、时光与生命的流逝、意识(如思考、启蒙、智慧、精神灵魂等)。

颜色:黑色代表黑暗、混沌、神秘、不可知事物、死亡、忧郁、潜意识等;红色代表血、牺牲、强烈感情、紊乱;绿色意味成长、感官、希望。

圆圈:意味着完整性、统一性、上帝无限大、久远的生命、阴(阴性、死亡、黑暗、冰冷与潜意识)与阳(阳性、生命、光明、热、意识)的结合。

---

① "记忆"的本体论意义值得重视,它融合过去、现在与未来三维,使人进入广阔之域。使人与生存之根相联结,从而最终使人成为全面的人。遗憾的是本书无法过多涉及这一问题,容另文详述。
② 荣格:《探索无意识》,《中州文坛》1986年第1期。

创造:超自然存在如何创造宇宙、自然、人类。这是民族早期记忆中最为普遍的、最为根本的一项。

不朽:逃避时光、归返乐园或人类落入腐败、死亡的窠臼以前那种完美而永远的福祉,时间的神秘循环、死亡与再生循环不息、顺乎自然的永恒循环(尤其是四季循环的神秘周期)。

英雄追寻者:一个英雄历经艰难旅程,斩妖除怪,克服一切艰难障碍,拯救他的国家。

替罪羔羊:一个英雄通晓大义,置一己之利益于国家民族利益之下,为全民赎罪,使土地恢复丰收。

而原型意象在文学中的渗透,数弗莱研究的最为详赡:

黎明、春天、生的阶段:例如英雄诞生、苏醒、复活、创造四阶段的循环。击败黑暗势力、冬天、死亡。故事附属角色有英雄父母等。运用此类原型意象较多的是传奇、酒祭神之狂热合唱和狂文狂诗。

天顶、夏天、结婚或胜利的阶段:例如神圣化崇拜、神圣婚姻、升入天国。故事附属角色有英雄的同伴与新娘。运用此类原型意象较多的是喜剧、田园诗、牧歌等。

日落、秋天、死亡的阶段:如堕落、将死的神、暴死、牺牲、英雄的疏离。故事附属角色有背叛者与海怪。运用此类原型意象较多的是悲剧与挽歌。

黑暗、冬天、解体的阶段:丑恶势力的得逞、洪水、混沌再临、英雄败北以及神明式微。故事附属角色有食人巨妖、妖婆。运用此类原型意象较多的讽刺诗文。

诸如此类的探索无疑是统统极具价值而且很有借鉴意义的。不过,我要强调指出,西方的探索大多浸透了西方文化的色彩,未必适合中国原型意象的阐释。因此,有必要对中国的原型意象进行实事求是的探索,并在此基础上做出我们自己的阐释。在本书看来,完成这一工作不但是东方尤其是中国的不容推卸的历史使命,而且是颇具世界意义的历史使命。

对此,海内外意见并不一致,相当一部分人是持"西方文化中心论"看法的,他们只是满足于用西方的原型意象来剖析中国的文学,因此不但容易产生削足适履的缺点,而且影响了对中国文学的民族特色的深入开掘。实际在本书看来,在二者之间"求异"的意义要远远大于在二者之间的"求同"。

当然,本书并不反对人们去做"求同"的工作,例如中国台湾颜元叔关于"薛仁贵与薛丁山"故事中的俄狄浦斯情结的探索,就令人大开眼界(见《薛仁贵与薛丁山》,载《比较文学的垦拓在台湾》)。情节大体是这样的:薛仁贵告别妻子柳迎春,挂帅征东十八年,凯旋后被册封为平辽王,微服回到家乡。途中在一个叫汾河湾的地方,遇着一个少年正在射雁,箭艺精妙。不仅可以一箭射双雁,而且可以在雁开口叫的时候,射中喉头,这叫开口雁,是猎雁中最高的技艺。薛仁贵大为激赏。这时一只大虎突然扑出,要吞食射雁少年。薛仁贵为了保护少年,立即发出一只袖箭,殊料大虎消失,箭却正中少年咽喉,把他射死了。许多年后,薛仁贵挂帅征西。薛丁山当年被王禅老祖救活。这次回来作了副帅。薛仁贵兵败白虎岭,薛丁山率兵解围。"元帅困在山头,一日一夜,腹中饥饿,不能行走,立望救兵,心中昏闷。天色已晓,坐在拜台上,蒙眬睡去;泥丸宫透出原形,是一只白虎。丁山一见,忙左手取弓右手搭箭;一声响,正中虎头。那白虎大吼一声,回进庙中。众人赶到庙前,下马一看,说,啊呀不好了,白虎不见,倒射死了元帅了。"《《薛丁山征西》》以上情节是根据《汾河湾》和《薛丁山征西》描述。在其中我们无疑看到了西方十分流行的杀父故事。然而要借此来证实中西原型意象的密合和对应,却又很难令人信服。首先,在这里找不到娶母的无意识,这当然使俄狄浦斯情结中"性嫉妒"的核心因素无法坐实,因此与其说它反映了杀父娶母的俄狄浦斯情结,不如说它反映了新老两代人的嫉妒和冲突,而后者在中国又正是一个极常见的原型意象。其次,故事中两次误杀都因为白虎的缘故,这种将父与子的矛盾化作人与动物的矛盾,比之西方将父与子的矛盾化作人与人的矛盾,"误杀"中的伦理色彩当然也以前者尤为浓重。而且,诸如薛仁贵与薛丁山这样的例子,在中国也实在是并不多见。

这是一个冷酷的事实,它击碎了我们幻想同西方原型意象认同的黄粱美梦,迫使我们看到,西方的很多原型意象在中国文化背景中都不可能出现。有些原型意象即使在中国也能见到,内容也不同,而且令情况变得复杂的是,在西方未曾出现的原型意象都在中国出现了。

具体而言,西方的很多原型意象在中国文化背景中都无法见到。我们不妨从荣格的《探索无意识》谈起。在这篇文章中,他曾举出了他"所见过的梦的最为怪诞玄秘的系列"的一个八岁女孩的梦中,在其中出现了一系列西方的原型意象:

1. "邪恶的动物",一条长着很多犄角的蛇形怪物,杀死并且吞噬了其他所有的动物。然而,上帝却从四个角落里来,事实上是四位独立的神,使所有死去的动物都重新复活。

2. 升进天堂,天堂里正在庆祝异教徒的舞会;堕入地狱,地狱里天使们正在做着善举。

3. 一群小动物吓坏了做梦人。动物变得硕大无朋,其中一只小动物把小女孩吞没了。

4. 蠕虫、蛇、鱼和人穿入了一只小老鼠的身体,于是,小老鼠变成了人,这勾画出了人类起源的四个阶段。

5. 一滴可见的水珠,当透过显微镜观看时,水珠就出现了。小女孩看见这滴水珠里满是树枝。这勾画出了世界的起源。

6. 一个坏男孩手里拿着个土块儿,他向每个路过的行人身上扔着。这样,所有路过的行人都变坏了。

7. 一个喝醉的女人跌入水中。女人从水中出来时头脑清醒,面目焕然一新。

……

荣格一共列出了十二个梦,为节省篇幅,此处只引出七个。荣格指出,这十二个梦都"蕴含着'集体意象',而且,它们在某种方式上与传授给原始部落中的青年教义相似。这些教义当青年人加入成年人的行列时便传授给他们。在这种时刻,青年人学习关于什么是上帝、什么是精神,或者'创造性'动物所做的一切,世界和人类是如何被创造的,世界的末日将会怎样到来和死亡的意义是什么"。显然,尽管上述原型意象的内容或许中国也会偶尔涉及,但上述原型意象在中国却几乎未曾出现。像第一个关于上帝的梦,上帝是由来自"四个角落"的四位神组成的,长着四个犄角的大蛇是一种水星和基督教三位一体的对手的象征。"邪恶的怪物杀死了其他动物,上帝却通过神的恢复原状或者归原来使它们复原。"第二个梦则蕴含着一种约定俗成的价值的颠倒,第四第五个梦则是关于"宇宙起源的神话"。显而易见,这些"与原始神话更为紧密地联系在一起"的原型意象,中国人是没有的。

在西方文学中出现的原型意象,同样也是如此,例如西方原型意象中的英雄神话。当然与原始的"图腾考验仪式"有关。英雄的父母地位显赫,通常是一国之王,其诞生前往往倍受外界的干扰,并且总有梦或神谕预言提出不利于孕儿的警告,这使得父母万分惊恐。大多的情况是把婴儿装在盒子里,抛进水中,而后又被动物或低阶层人家救出来抚养,养大之后却犯下杀父娶母的过失。像俄狄浦斯就是这样的一个原型意象。在这种原型意象中,父与子的冲突在英雄的黎明时期便全面展开,他的出生违背了父亲的意愿,反而在父亲的邪恶意图下受到拯救。篮子里的弃婴显然是诞生的象征性表现。篮子就是母体,水流则是子宫(在无数的梦中,儿童和父母的关系都是通过从水中拉出或救出去表现的)。长大成人之后,他被命运推动着一步步走上杀父娶母的深渊。不难看出,这类原型意象的西方有其心理基础。对希腊人来说,梦见与自己的母亲结婚是件平常事。他们也流传杀父的故事,年老的神必须被杀死是西方司空见惯的事情(参阅弗洛伊德《图腾与禁忌》)。但在中国这类原型意象却不可能出现。《诗经·大雅·生民》中后稷"三弃三收",只是一种必须的"酋长考验仪式",并且最终也以有功于国家民族为归宿,全然找不到个体和性的影子。不妨再看看毕加索的《格尔尼卡》,1937年4月26日,西班牙格尔尼卡的巴斯卡小镇被德国法西斯空军夷为平地,毕加索极为愤慨,两天后便开始以发狂般的热情为这一事件作画,持续了几个星期后才最后完成了这一名画。看过该画的都知道,毕加索是靠使用原型意象来创作的。画的右部是一个瞪着绝望的眼睛的妇女,她正举着双手从着火的屋顶上掉下来。另一个妇女冲向画的中心。左边是一个母亲和一个死孩。中间地上有具战士的尸体,他一手握一截断剑,剑旁是一朵正在生长的鲜花。占据画面中央的是一匹死马,被一根由上而下的长矛所刺杀。死马的左边是一头举首顾盼的站立的牛,牛头与马头之间是一只举头张喙的鸟。右上方有一个从窗口斜伸进的手臂,手中掌着一盏灯,灯发出强光照耀着这个血腥的场面。这一切的上方,则是一只眼瞳为灯泡的明亮的眼睛。在这幅画中,牛代表无意识迷宫中潜伏着的黑暗势力。马的牺牲代表世界的覆灭。"当马牺牲时,也就意味着世界的牺牲和覆灭……马意指力比多,只不过已经历经幻变而进入了世界。"母亲和死孩的形象代表圣母抱起死去的耶稣。掌灯女人代表自由女神。这一系列原型意象在中国也无从见到。又如西方原型意象中,儿童往往代表非凡的能力。"因为'儿童'是诞生于无意识的子宫,滋长于人性的深层之中,或者说,它们就生育于生命之本性之中,它是生命之活力的人格化,完全超出了意识所及的有限范围。它的活动方式和手段是我们那片面的意识所无从知晓的,它代表着整个自然的深层,是每一个生命的最强烈、最必然的冲力,这就是那种实现自身的冲力。"火则代表情欲。"火是热和光的来源。就像普罗米修斯神告诉我们的,它是人类文明生活所必需的。……在英国的气候下,它是社会生活和家庭生活的焦点……火常被用来喻指情欲,它给人温暖和舒适,同时也烧毁一切。宗教,特别是基督教,关于精神净化和永恒的惩罚的概念,通常也用火来形容。"[1]大海充满了

---

[1] 戴维·洛奇:见《勃朗特姐妹研究》,中国社会科学出版社1988年版,第621页。

悲剧力量,使人想到死亡,红色则充满了恐惧力量,使人想到地狱……以及猫头鹰意味着聪明,熊意味着愤怒,狮子意味着勇猛,狼意味着贪婪,狗意味着驯顺,蛇意味着时间,如此等等,在中国的原型意象中也很难找到。

更为容易令人迷惑的倒是某些在中西方都经常出现的原型意象,倘若不注意从集体表象的角度去把握,往往会把它们混淆起来。例如"启悟"原型意象。"启悟"蕴含着人生成熟的意味,它不但是人物成长的过程,而且是文化演进过程的缩影。人类学认为,"启悟"代表原始民族"成丁仪式"里的"传授族史族事",象征性的"脱离母体母教"和"经历冥府凶域",因为"洞悉大千善恶"而象征式的重任。但当"成丁仪式"中的"启悟"进入文学,在中西文学中却激起了不同的浪花。在西方,"启悟"原型意象往往描写人物一朝顿悟,报国立业,最终成为国王或驸马。在中国,"启悟"原型意象往往描写人物一朝顿悟,洞彻人生。例如《杨林》:

> 宋世焦湖庙有一柏枕,即云玉枕,枕有小坼。时单父县人杨林为贾客,至庙祈求。庙巫谓曰:"君欲好婚否?"林曰:"幸甚。"巫即遣林近枕边,因入坼中。遂见朱楼琼室,自赵太尉在其中。即嫁女与林,生六子,皆为秘书郎。历数十年,并无思归之志。忽如梦觉,犹在枕旁。林怆然久之。

结婚和生子是杨林的两大愿望,这愿望被压入无意识。在现实世界无法实现,在梦中世界却得以实现。其深层结构为:主人翁受一使者引导,经过一扇门,与一位地位很高的女性结婚,然后退出门槛,得到某种人生的知识。具体来说,主人翁到庙中祈求,受到庙巫的指点。在这里庙巫是一个"智慧老人",同时也是一个父亲形象。按照荣格的说法,他是人类的"拯救者","自文化的黎明期,他就埋没或蛰伏在人的无意识中","每当人类铸下大错,他便醒过来","梦中的他,可能扮成巫师、医生、僧侣、老师、祖父,或其他任何有权威的人。每当主角面临绝境,除非靠睿智与机运无法脱困时,这位老人便出现。主角往往由于内在或外在的原因,力有未逮,智慧便会以人的化身下来帮助他"。① 在庙巫的引导下,杨林穿过进入无意识深渊(梦)的洞口(小坏——母体意象),这是出发阶段。其中包括:① 赴冒险的召唤;② 超自然的帮助;③ 跨越门槛;④ 进入鲸鱼之腹(无意识深渊)。杨林进入室中,见到赵太尉(父亲形象),结婚、生子,是变形阶段;杨林找到了力比多或欲望深渊中的自我,因此又可称之为遂愿阶段;洗礼阶段包括邂逅女神赵太尉之女(母亲形象)、父亲之补偿(赵太尉与杨林、杨林与六子,皆为父子的补偿认同关系),从"历数十年"到故事结束,是第三阶段——回归。包括拒绝回归("并无思归之志"),跨越回归门槛("忽如梦觉")。最终杨林是否经生历死,大彻大悟,洞察人生真相,文中没有明言。但"怆然久之"却是一句耐人寻味的话。身为"工商贱民"的杨林,在小坏(无意识、梦境、母体、阴间、死亡与再生之地)与太尉之女结婚生子,解除了他情意与功名的情意结。事实上,他已经经历了现实与梦、生与死两个世界。出洞("忽如梦觉")这个动作暗示出主角的再生,他的生命已经更新到较高的一个层次。"曾经沧海难为水",以后的杨林,定然能够充满睿智地生活,这便是他带回现实世界的"最后恩赐"。从心理学角度讲,从超越的深渊带回的恩赐,一到人间便被理性化为乌有。或许,应该这样去解释杨林的"怆然久之"?

《杨林》是"启悟"原型意象的奠基之作。在此之后,它又不断"置换"和"改装",出现在众多作品中,像《枕中记》《南柯太守传》《樱桃青衣》《黄粱梦》《邯郸记》《续黄粱》……正像列维-斯特劳斯讲的:"神话以螺旋形状不断旋转下去,直到产生这神话的智慧冲力枯竭。它的生长过程不断,但其结构却永远不变。"在"置换"或"改装"过程中,增损是有的。例如"智慧老人"。他

---

① 奥德赛下降地狱,受到先知泰瑞西斯(Tiresias)指点;他的儿子寻父受困,受到化身老师的雅典娜的指点;伊尼亚斯(Aeneas)到阴间寻女,受到先知赫伦纳(Helenus)的指点;但丁迷失在人生途中,受到老师维吉尔的指点。

在众多作品中均曾出现,《枕中记》是道士,《南柯太守传》是使者,《樱桃青衣》是僧,但作用较《杨林》更为明显。在《枕中记》中,道士吕翁完全控制着情节,操纵着主角的命运。在主角的意识里,吕翁无疑是他现实世界追求功名的绊脚石(卢生对吕翁说:"先生窒我欲。"),这种关系形成了卢生与吕翁的冲突(Orotagonist——antagonist),冲突随着吕翁与父亲形象的认同而加深。因为在潜意识中,父亲是情欲的敌人。随后,隐藏在潜意识中的情欲情结和功名情结,在梦中的复形阶段获得解决。"娶清河崔氏女。女容甚丽,生资愈厚,生大悦。"而且官越做越大。父亲形象转化到皇帝身上,成为"救赎的父亲"。情结的解决引出醒后卢生与吕翁、少年与智慧老人、儿子与父亲的和解,冲突最后以卢生的醒悟获得解决:"生抚然良久,谢曰:'夫宠辱之道,穷达之运,得丧之理,死生之情,尽知之矣。此先生所以窒吾欲也。敢不受教?稽首再拜而去。"又如"门槛"。在《樱桃青衣》中也有深化。"过天津桥,入水南一坊。有一宅,门甚高大。卢子立门下,青衣先入。少顷,有四人出门,与卢子相见。"过河是洗礼仪式,似乎是进入潜意识的不可避免的一步。入水南一坊暗示已进入母体(坊为女性象征),四少年近乎门槛守卫,实际是主角的影子。又如"情结满足"。功名情结的满足为《杨林》中所无,而且其中有成功,也有失败,显然是"成丁仪式"中必经的痛苦考验。《枕中记》中卢生的上疏与皇帝的下诏,正是"与父亲的补偿"。至于"是夕,蒙。卢生欠伸而悟,见其身方偃于邸舍",主角在梦中死去,却跨过了两个世界之间的门槛,在现实世界中醒来,暗示出"生兮死所伏,死兮生所伏"的另一原型意象。情欲情结的满足则较《杨林》有所发展。在《樱桃青衣》中,郑氏女作为与启蒙英雄结合的原型女性,往往以两种身份出现:母亲与少女。母亲是太初之母或大地之母,象征着生育、温暖、保护、丰饶、生长、富足;那不知名的少女是灵魂的伴侣,象征着精神的实现与满足。这位原型女性代表"美的极致,一切欲望的满足,英雄在两个世界中追求的福祉目标。在睡眠的深渊里,它是母亲、姊妹、情人与新娘……它是圆满承诺的化身"(坎贝尔语)。小孩与母亲的关系,演化为成年人与物质世界的关系。启蒙英雄与少女的神圣结合,也象征了肉体与物质的满足。因此,范阳卢子进入姑宅,等于回到母体,得到庇护与富足。随后与郑女的结合,功名利禄便与之俱来了。① 不过,由《杨林》奠定的中国"启悟"的原型意象和其中蕴含的特殊内容却始终"一以贯之"的。

以上所谈的是"启悟"原型意象,为了对中国的原型意象能有一个较为深刻的理解,不妨再看看与"启悟"密切相关的"乐园游历"原型意象。

"乐园游历"原型意象表达的是中国人生长寿和社会安宁的愿望,在这原型意象中,昆仑、蓬莱等古代神话中的人间乐园,成为一种象征符号和理想模式,借以满足中国人无意识中的执着追求。而假如说乐土是无意识中的理想模式,游历则是过程。乐园的追求只能借"游历"才能完成。而且在某些作品中,创作者并未提供乐园的蓝图,只是将自身游离出"大逆陵夷"的现实人世,翱翔太虚,或求得精神之逍遥,或企求肉体的解脱。在游历中,任一意象,诸如服食变化、遇女成婚、乐园逸乐,都是民族心象的累积沉淀,其中涵蕴着民族的心理与智慧:对于死亡危机的逃避,困厄环境的希求解脱;在经历奇遇之后,使烦恼、迷惑的心情净化,使生命成熟而清明。遗憾的是,对于这类表现为"仙游"的深层意象,我们的文学史家往往从某种功利标准出发,予以否定。其实从体现中国文化心态的角度,它们倒是最为值得重视的。这就因为它们以仙乡不死和还原成仙的永恒悸动而鲜明区别于西方的斩妖除怪,建功立业的"浮士德式"的浮躁不安。唐君毅在《中国文化之精神价值》一书中曾着重指出:"吾人谓中国文学之精神,不求透过自然之形色,以接触宇宙生命或神之意旨,所谓中国自然文学中,无宗教情调,然此宗教情调,另是一种。中国自然文学之精神,以宇宙之生机、生意,即流行洋溢于目之所遇、耳之所闻,则自然之形色之后,可更无物之本体与神。于是当其

---

① 参见张汉良:《杨林故事系列的原型结构》,载《比较文学的垦拓在台湾》。

透过自然之形色而超越之时，所得之境界，遂为一忘我、忘物、亦忘神的解脱境界。此解脱亦为宗教的。唯此解脱境界，乃得之于自然，故不如佛家之归于证四大皆空；乃仍返而游心自然，此之谓仙境。黑格尔论艺术精神，必过渡至宗教精神，其言深有理趣。故西方自然文学之赞美自然，恒引人进而赞美上帝。然在中国之自然文学，则其高者，恒与游仙之文学合流。吾尝思西方有上帝、有天使。印度有梵天、有佛、菩萨，皆不尊仙。上帝天使皆有使命、有任务。印度梵天，不必如西方上帝之责任感之强，印度神话中有谓彼乃以游戏而造世界者，然梵天本身仍常住而不动。佛、菩萨悲天悯人，精进无少懈。中国之神，亦有任务、有责任。仙则无任务、无责任。在道德境界中，仙不如上帝、天使、佛、菩萨与神。而在艺术境界及宗教境界中，则中国人之尊仙，亦表示一特殊之精神。中国人以仙之地位高于神，封神传以仙死而后成神，其尊仙可谓至矣。中国之仙无所事事，亦可谓之大解脱。其唯乘云气，骑日月，游于四海为事，乃游心万化之艺术精神之极致。仙亦不似上帝，梵天之为纯精神之存在，彼有身而身在虚无缥缈之间。上帝创造天地万物，全知、全能、全善、全在、而不与万物为侣，仙则可与人为侣，故仙非只表现高卓性。上帝无身不与万物为侣，亦可谓能伟大不能平凡，而有所不全。仙则能平凡矣。西方言上帝全知全能全善，而不能言其全美。……仙之游心万化，则可得自然之全美。中国山水田园之诗文，与游仙诗文合流，而有仙意或仙人之化境，即中国文学艺术精神，与中国宗教精神之相通也。"应该说，唐君毅已经把中西"乐园游历"原型意象的不同意蕴剖析得清清楚楚了。

文学中的"乐园游历"，可以说源于巫风浓重的屈原的《离骚》《远游》和《悲回风》。《离骚》在诗人佩戴了兰花等芳香缤纷的花草之后（《文选》李注引《韩诗》："郑国之俗，三月上已于溱洧二水之上，执兰招魂，袚除不祥也。"）这当然是一种"神秘互渗"心态），开始观乎四荒，进入充满魅异、奇幻的神话世界。第一次虽受阻于帝阍，却已游历玄圃、饮马咸池；第二次则登阆风、游春宫，见有娀之佚女、求宓妃之所在，第三次则由巫咸降告和灵氛吉卜之后，驾飞龙瑶车，西渡流沙，远赴昆仑。而在屈原之后，文人往往轻举而远游，写出了大量"乐园游历"的作品。为了便于了解，本书把这类作品的表层结构分成几类加以介绍。第一类是服食沐浴。"天门郡有幽山峻谷。谷在上，人有从下经过者。忽然踊出林表，状如飞仙，遂绝亦。年中如此甚数，遂名此处为仙谷。有乐道好事者入此谷中洗浴，以求飞升，往往得去。"仙谷之境为"幽山峻谷"，是一般仙境的共同形象，造成迥异人间的世界。入此谷中沐浴，即传达其神秘力量，变化成仙。这种心态与原始人的"交感巫术"和"神秘互渗"的心态完全一致。在《山海经》中可以找到昆吾之师沐浴、颛顼沐浴的记载。原始沐浴的含义有二：消灾求福获得新生；求子。从《山海经》中的"浴日"和"浴月"故事推测，这种心态大概出于日月起于海上的观察。显然，沐浴是外在的"神秘互渗"，内在的"神秘互渗"则要靠服食。《异苑》载："西域荀夷国山上有石骆驼，腹下出水，以金铁及手承取，即便对过；唯瓠芦盛之者，则得饮之。令人身体香净而升仙。其国神秘，不可数遇。"这种服食同样源于一种原始的"神秘互渗"心态。上述故事一再流传、增饰，出现了种种置换或改装的故事。《搜神后记》载：

> 嵩高山北有大穴，莫测深浅，百姓岁时游观。晋初尝有一人误堕穴中，同辈冀其傥不死，投食于穴中。坠者得之，为寻穴而行。计可十余日，忽见其明，又有草屋，中有二人对坐围棋，局下有一杯白饮。坠者告以饥渴，棋者曰："可饮此。"坠者饮之，气力十倍。棋者曰："汝欲停此否？"坠者曰："不愿停！"棋者曰："从此西行，有大井，其中多蛟龙，但投身入井，自当出；若饿，取井中物食。"坠者如言，投井中，多蛟龙，然见坠者辄避路。坠者随井而行，井中物如青泥而香美，食之，了不复饥。半年许，乃出蜀中。归洛下，问张华。华曰："此仙馆大夫，所饮者玉浆也；所食者，龙穴石髓也。"

这显然是一个深层结构为"乐园游历"的服食仙药的故事。其中的"大穴"是"神秘门户",它类似巫者从此升降的昆仑山上众帝上下的"建木"(世界大树),具有隔绝凡仙的象征意义。通过"大穴",始能进入另一不同于人间的世界。此类"进入"即象征由人间进入乐园。其中解释神秘历程的"智慧人物",则由张华担任。第二类是仙境观棋,这类故事大多表述的是一种心灵深处对"时间"的悲情。《异苑》载:"昔有人乘马山行,遥望岫里有二老翁相对樗蒲,遂下马造焉。以策注地而观之,自谓俄顷,视其马鞭,摧然已烂;顾瞻其马,鞍骸枯朽,既还至家,无复亲属,一恸而绝。"故事强调的是"时间"观念:"自谓俄顷。"它以游历的过程,解决现实世界的危机——时间消逝的恐惧,或者说死亡的威胁。"世上百年,天上一日。"仙境中在浑忘时间的无意识状态,短短一日或数日,复归之后,始知百年匆匆,人事全非。时空所造成的不同情境的强烈对照,显示人世间的荒谬与虚无,造成一种"启悟"。而后世文学中此类意象反复出现,象征着人世间的死亡恐惧和沧桑之感。第三类是人神恋爱,这类故事当以原始圣婚仪式为基础(巫者与神之间的象征性仪式)。最初的故事是郑交甫游江滨,遇江妃二女,二女遗以佩玉。六朝时这类故事经过"置换"和"改装",大量出现。这当然是借象征方式满足被压抑的生理欲望。《搜神后记》载袁相、根硕二人,打猎迷路,见"有山穴如门,豁然而过。既入内,甚平敞,草木皆春。有一小屋,二女子住其中,年皆十五六,容色甚美,著青衣;一名莹,一名珠。二人至,忻然云;早望汝来。遂为室家。忽二女出行,云复有得婿者,往庆之,曳履于绝岩上行,琅琅然。二人思归,潜去。归路,二女已知,追还,乃谓曰:自可去。乃以一腕囊与根等,语曰:慎勿开也。于是乃归。后出行,家人开视其囊:囊如莲花,一重去,复一重,至五,尽,中有小青鸟,飞去。根还,知此,怅然而已。后根于田中耕,家依常饷之,见田中不动,但有壳如蝉蜕也"。这个故事中的迷路为出发阶段。进入"山穴如门",则为历程阶段。"山穴"当然是无意识之门,象征着仙凡之隔。与"年皆十五六,容色甚美"的女性"遂为室家",则是明显的无意识中性本能的满足。"思归"之后，则转入回归阶段。只是这部分写得不大好，未能将"启悟"突出出来。第四类是乐园隐居，这类故事是追求生活安宁的民族心态的象征。在这里"乐园"可能是仙境，也可能只是拟仙境——理想的人世建构。《搜神后记》载："荥阳人，姓何，忘其名。有名闻名也。荆州辟为别驾，不就，隐遁养志。常至田舍收获，在场上，忽有一人长丈余，黄疎单衣，角中来诣之。翩翩举其两手，并舞而来。语何云：君曾见韶舞云？此是韶舞。且舞且去，何寻逐径向一山，山有穴，才容一人。其人即入穴，何亦随之入。初甚急，前，辄开广，便失人。见有良田数十顷，何遂垦作，以为世业，子孙至今赖之。"故事中的山穴当然又是无意识之门。这种隐居无疑是民族心态中"乐园"幻想的体现。永恒而安宁的乐园世界，以其永恒，弥消了死亡的恐惧；以其安宁，化解了现实的重压。中国文学中此类作品甚多，最著名的当然是陶潜的《桃花源记》。

除此之外，在中国文学中还有大量的原型意象是西方文学中很少甚至从未出现过的。这个问题留待下面再谈。但即便从上述并非全面的论述中，或许已经没有足够的理由再对中国原型意象的探索和阐释掉以轻心，漠然视之了。

第三节
"向后站"：在广阔的文化心理背景下探索

本书已经指出，在中国文学中有大量的原型意象是西方文学中很少甚至从未出现过的。在本书看来，对这类原型意象的探索和阐释，不但是东方尤其是中国的不容推卸的历史使命，而且是颇具世界意义的历史使命。也正是因此，本书拟在本节和下节对中国原型意象做一些尝试性的探索和阐释。

然而,对于中国原型意象的探索和阐释,不但需要巨大的勇气,而且需要适宜的方法。这适宜的方法,就是"向后站"的方法。众所周知,这一方法是弗莱在从事原型批评时率先提出的,他指出:"看一幅绘画,我们可以站在它的近处,分析它的工笔和调色刀的细节。这大体上与文学中的新批评是一致的。稍微向后站远一些,画面设计就看得更清楚一些,我们宁可研究它所表现的内容:例如,现实主义的荷兰画,那种我们觉得理解画意的地方是最好的距离,再后退一些,我们就更了解画面构成的设计;例如,我们站在离一幅百合花画很远的地方,我们只能看到百合花的原型,一大片向心的蓝色,有意思的中心点与之对照。在文学批评里,我们也常常不得不从诗'向后站'我们看到一个有次序的光圈的背景,以及一个不祥的黑团突进低处的前景——颇像我们在《约伯书》开始时所见的原型形式。如果我们从《哈姆雷特》第十五场的开始'向后站',我们看到舞台上一个墓正被打开,主人公,他的敌人以及女主人公下到墓穴,接着是上面世界一场关键的搏斗。如果我们从一部现实主义小说——如托尔斯泰的《复活》或左拉的《萌芽》——'向后站',我们可以看到那些书所指的神话般的构思。"①

需要略费笔墨加以强调的是,在探索和阐释原型意象的过程中,之所以要"向后站",不但有心理方面的生成根据,而且有文化方面的生成根据。就后者言之,也就是说,原始文化一度是一个混沌整体。进入文明社会之后,其内容,如思辨的、认知的因素被剥离出来,成为科学、哲学。其形式,如巫术仪式,却在文学艺术中顽固遗存下来。而大量的集体记忆也就得以附着其中,凝结成为原型意象。因此,"向后站"实在是探索原型意象时必不可少的一步。

确实,一旦把文学作为一个整体放在人类历史进程中去考察,马上就会

---

① 转引自《文学批评方法论基础》,江西人民出版社1986年版。

发现它与原始文化心理——诸如神话、传说、仪式的血肉联系和心理动机上的一致。韦勒克说,可以在"全部文学后面发现人类的原始神话:天父、地母、堕入地狱、炼狱之梯、诸神的殉难,等等"。布莱克说:乔叟《坎特伯雷故事集》里的人物是"一切时代、一切民族"的形象。① 尼采说:希腊悲剧不过以不同面貌再现同一个神话:"酒神一直是悲剧的主角,希腊舞台上所有的著名人物——普罗米修斯、俄狄浦斯等等——只是酒神这位最早主角的面具而已。"② 弗莱说:神话是"文学的结构因素,因为文学总的来说是'移位的'神话"。他甚至引用格雷夫斯的诗句陈述道:"有一个故事而且只有一个故事,真正值得你细细地讲述。"③ 这些论述都不无道理。仪式和文学都是传递文化信息载体的符号现象。从发生学角度讲,以身体动作的媒介的仪式行为显然早于以语言为媒介的文学行为。这样,这两种表象系统之间存在着结构上的渊源关系和同构性是不奇怪的。而正像语词在历史发展中会丧失本义而变得难以理解,文学也会因时间的尘封成为对现代人来说的"密码"。在这种情况下,必须摆脱文学批评的"近视",在宏观文化背景中,从原始文化的观照中找到"解码"的奥秘。此时,文学不再是孤立的字面上的东西,而是整个人类文化创造中的有机组成部分。正像弗莱指出的:"从这种观点来看,文学的叙述方面乃是一种重复出现的象征交际活动,换句话说,是一种仪式。在原型批评家那里,叙述被当作仪式或对人类行为整体的模仿而加以研究,而不是被当作对某一个别行为的模仿。"具体而言,"对于一篇小说、一部戏剧中某一情节的原型分析将按照下列方式展开,即把这一情节当作某种普遍的、重复发生的或显示出与仪式相类似的传统行为:婚礼、葬礼、智力方面或社会方面的加入仪式,死刑或模拟死刑,对替罪羊或恶人的驱逐,等等。"

在文学与原始文化心理的关系上,西方已经做出过大量的研究。荣格

---

① 转引自张隆溪《二十世纪西方文论述评》,三联书店1986年版,第59—61页。
② 转引自张隆溪《二十世纪西方文论述评》,三联书店1986年版,第59—61页。
③ 转引自张隆溪《二十世纪西方文论述评》,三联书店1986年版,第59—61页。

相信文学的原动力深潜于人类心灵深层神秘的远古"集体心象"。维柯则从历史学与解释学的视角把人们引向古老的原始回忆。更早的柏拉图在谈诗的"迷狂"时指出的"酒神",则似乎是意识到诗人只有体验到"酒神的狂欢"才能倾泻出诗章。尽管他们语焉不详,但却已经显露出"集体心象""原始回忆""迷狂"与原始酒神仪式之间隐隐约约、闪烁不定的连结线。这样尼采的看法就更富价值了。他指出西方诗源于希腊艺术,希腊艺术源于希腊悲剧,而希腊悲剧最终源于原始希腊酒神节庆,而且赋予在母系社会基础上产生的"酒神"概念以原始的生命力、活跃的意志、永恒的自由精神等意义,都确乎称得上一个理论发现。然而这一切又毕竟失之空泛,缺乏实证的说明。值得庆幸的是,西方人类学的出现,很快便为之扫清了道路。堪称创始的是弗雷泽。他首先揭开了许多仪式与文学方面的神秘关联。如西方常在大地回春之际举行一种巫术仪式:"在同一时间内用同一行动把植物再生的戏剧表演同真实的或戏剧性的两性交媾结合在一起,以便促进农产品的多产,动物和人物的繁衍。"(Frazer: The Illustrated Golden Bough. P. 34)这种巫术仪式显然与古希腊罗马流传下来的关于阿佛洛狄忒(维纳斯)与阿都尼斯、得墨忒尔与佩尔塞福涅等众多神话有着内在的心理联系。这方面的权威是牛津大学的韵伯特·墨雷(G·Marray)。他在1912年发表的《保存在希腊悲剧中的仪式形式》,正式揭开了由弗雷泽开创的这一研究的序幕。在该文中,他认为希腊悲剧脱胎于古代的宗教仪式。在两年后的一次重要讲演《哈姆雷特与俄瑞斯忒斯》中,他指出这样两个不同国度和时代的悲剧形象,有其仪式方面的一致性:部落首领或国王为了社会群体的福利被当作替罪羊而杀掉或放逐。与墨雷同时的英国女学者赫丽生在《忒弥斯女神:论希腊宗教的社会根源》和《古代的艺术与仪式》等著作中,也做出了相近的结论。她强调指出:希腊文"仪式"(dromenon)和"戏剧"(drama)两词间的相似绝非偶然。"这两个分家了的产物本出一源,去掉一个,另一个便无法了解。一开始,人们去教堂和上剧院是出于同一个动力。"这就是通过模仿行为来表达主体情感意愿的强烈冲动。具体言之,希腊戏剧起源于原始"酒神"仪式,尤其与酒神仪式中全体成员集体演出的歌舞"酒神颂"渊源甚密。"酒神颂"是一个春天的歌舞,一个驱牛的歌舞,一个第一次诞生的歌舞。当其中的浓烈巫术意味随着文明社会的来临日益消失,其中凝聚的对自然、生命与青春的迷狂体验便显现出来。"旁观"代替了"做","审美"代替了"实用"。原来全体成员参与"演出"的实用巫术仪式"移位"为由演员表演、观众旁观的"戏剧"艺术。因此希腊艺术表面上虽然远离"酒神"仪式,但在其深层活跃着的正是这永恒连绵的酒神精神。在他们之后,英国女学者鲍特金(M·Bodkin)出版了《诗歌中的原型模式》,详细分析了贯穿于西方文学中的一些基本原型。例如《俄狄浦斯王》,她认为其中表现了一种原型性的冲突,即遭受瘟疫的社会群体与导致这场瘟疫的主人公个人之间的冲突。这种冲突是每个人在心理发展过程中都要经历的本人的自我形象和群体的自我形象之间冲突的外化表现。悲剧经验一方面在英雄人物身上使其有想象欲望的自我得到客观的形式,另一方面又通过主人公的受难或死亡、满足情欲的反向运动,即放弃本人自我的欲求,将它归化在具有更大力量的群体意识之中,而这样一种心理经验与仪式中的牺牲主题所产生的心理经验是十分类似的。又如英国女学者杰茜·韦斯顿(J·L·Weston)在《从仪式到传奇》中考查了欧洲中世纪流行的圣杯故事的仪式基础。法国学者奥特朗(ch·Aatran)论证了古希腊、印度、伊朗和巴比伦的叙事文学源于仪式。英国学者拉格伦(F·Raglan)和荷兰学者弗里斯(Jan de Vries)论述了一切叙事题材均源于仪式。美国学者卡彭特(R·Carpenter)在《荷马史诗中的民间故事、虚构和英雄传说》一书中认为《奥德修记》的核心故事滥觞于图腾仪式——熊祭,奥德修本人则是熊图腾的后裔。英国学者奈特(G·W·Kingt)认为莎士比亚的悲剧世界是对牺牲仪式的模仿和改造(这种观点又为弗莱所发挥,认为在悲剧中如同在牺牲仪式中,有两种彼此冲突的情感,即对英雄死亡的必然性的恐惧感和对英雄死亡的不合理性的遗憾感,这种情感冲动造成了牺牲仪式也造成了悲剧世界的张力),尤其值得一提的是日本学者小金丸一在《古代文学的发生序说》一书中,也提出了抒情文学源于仪式的观点。他指出,韵律文学最早出自仪式上的唱和仪式,"招魂祭仪的唱和歌是日本短歌和长歌发源的直接土壤"。高崎正秀在该书序言中进一步断言:"一切文学艺术都来自宗教上的仪式,最初的日本文学便是从祭祀仪式上发生的巫觋文学,作为一种咒术宗教而存在。这些最初的作家群,当然是祭神的巫祝们了。"①

在中国情况似乎也是如此,正像李泽厚指出的:"后世的歌、舞、剧、画、神话、咒语……,在远古是完全撮合在这个未分化的巫术仪式活动的混沌统一体之中,如火如汤,如醉如狂,虔诚而蛮野,热烈而谨严。你不能藐视那已成陈迹的、僵硬了的图像轮廓,你不要以为那荒诞不经的传奇,你不要小看那似乎非常冷静的阴阳八卦……想当年,它们都是火一般炽热虔信的巫术礼仪的组成部分或符号标记。它们是具有神力魔法的舞蹈、歌唱、咒语的凝冻化了的代表。它们浓缩着、积淀着原始人们强烈的情感、思想、信仰和期望。""远古图腾歌舞,就是戏剧和文学的先驱。古代所以把礼乐同列并举,并且把它们直接和政治兴衰联结起来,也反映原始歌舞(乐)与巫术仪式(礼)在远古是二而一的东西。"②

诗歌起源于原始巫术仪式中的咒语,这是毫无疑问的,而从心理的角度看,古人云"诗言志"。按照杨树达、闻一多、朱自清等人考证,在原始意义上,"志"就是"回忆"。"诗言志"在原始意义上就是"诗言回忆","诗表达回忆"。(这与前述荣格、维柯、柏拉图、尼采等人看法相近)然而并不是任何琐碎的往事都可以构成回忆。《诗大序》认为,"志"(回忆)不是随便什么"言"便可以表达的,而必须以"言之""嗟叹之""咏歌之""手之舞之、足之蹈之"等层层递进的超越于日常消息性语言之上的最高的表现性语言,才能尽悉表

---

① 关于西方的原型批评,请参见《陕西师大学报》1986 年 2—3 期刊载的叶舒宪的介绍。
② 李泽厚:《美的历程》,文物出版社 1981 年版,第 11—12 页。

达。显然诗回忆着某种震撼心神的东西,某种极原始的集体体验,诗人神魂飞越,沉醉痴迷,急不可待地要借助外在物态把它表现出来。那么,这个如此纠缠在诗人内心中的"回忆"是什么呢?无疑是一种巫术仪式。孔子说"诗可以兴",又说"兴于《诗》",这有意无意地为我们指出了一条上溯民族生存方式深层的途径。"兴"繁体字作"興",甲骨文作"🙾",商承祚认为它像两人或多人共同抬起一件"🙾"形物,郭沫若进一步认为这所托之物是"槃",意即盘牒和盘旋,有环转的动态因素。商承祚后来又在钟鼎文中找到"🙾"字(添了"口")。由此得出结论,兴是合力举物时众人发出的声音。可见,"兴"很可能是原始人们的一种巫术仪式。不妨推测一下,起初,人们虔诚地抬起盛有贡品的盘状物,在酋长指挥下,伴随着"乐队"的旋律,缓缓举向上苍,请神灵受用。继之,为了进一步"娱谢"神灵,还要举行狂欢仪式。人们狂欢、喧闹起来,热烈地吼动,疯狂地旋舞,极度兴奋、痴迷,急切地要把狂欢的心情"具象化、内身化"(宗白华)。倘若祷告阶段的仪式是肃穆的,歌舞阶段的仪式便发展到热烈冲动,沉醉酣畅。前者在于敬神,后者在于娱神。前者庄严,富于理性意味;后者狂热,有极强的非理性色彩。

不妨再看看戏剧。由于戏剧特有的台上台下极易进入的一种集体的心理体验,使得它更与仪式有着一致之处。英国戏剧家马丁·艾思林也曾经借用《亨利五世》一剧来说明戏剧所具有的集体心理仪式的性质:"像《亨利五世》这样一出戏的演出,不可避免地会成为国家的仪式。每个观众看到他周围的观众有什么反应,就会估计出剧中塑造的国家的自我形象在多大程度上仍然是有效的。同样地,一个国家精神状态的变化通过戏剧也可以看出来。当《亨利五世》不再记起他想要记起的感情时,显然,这个国家的精神状态、理想和他本身的形象已经根本改变了。这就使得戏剧成为政治变化的有效的指示器和工具。"[1]在我国也有一些剧目含有特定的含义,适宜在有

---

[1] 马丁·艾思林:《戏剧剖析》。

关节日和纪念活动中演出。他们的仪式意义十分明显:统统是一种过渡心理的标志,或为庆祝丰收,或为考试及第,或为向死去的亲人表达崇敬之情,或为迎贵宾,或为赔礼,或为清除邪祟,等等。画家黄永玉曾经追述儿时在故乡湘西农村看到的这类戏剧活动。一种是"大戏",假野地和广场演出,上万人看,在阳光下,夜火中,"上万人颠簸在情感的海洋里,在沸腾呼啸"。"你不但看见了艺术,并且雷霆似的指挥才能震撼着舞台上下和周围山谷。不管是演员或观众,你都身不由己,听从摆布。一种威势在抠着人心,沉浸于浓稠的烈酒里。""你完全可以相信,这个成功不单只在戏本身上了,不单只在演员身上了。它一切措施只为这个广场,为了这个特定的空间功能性。它那本账,是连观众的情绪也算在里头的。"①这样一种集体的心理宣泄,与巫术仪式是完全一致的。关于巫术仪式的心理功能,我们不会忘记马林诺夫斯基的话:"巫术的功能在使人的乐观仪式化,提高希望胜过恐惧的信仰,巫术表现给人的更大价值是自信力胜过犹豫的价值,有恒胜过动摇的价值,乐观胜过悲观的价值。"它能"建立、固定,而且提高一切有价值的心理态度,即对于传统的敬服、对于环境的和谐以及奋斗困难视死如归等勇气及自信之类"②。与上述"大戏"的正式的稳定的情感仪式相对,还有一种被黄永玉称作"洋戏"的不太正式、不太稳定的以流动戏谑为主的情感仪式。诸如旱船、巫师、高跷、竹马、杂技、武术,这类自编自演的节目大多构成一种心理转换。这种心理转换通过人们正常途径的转换——粉碎自己并扮演某种角色来完成。这方面的例子或属黄永玉的回忆更为生动:"每年年底,一种借'完傩愿'、'酬神祭'的形式的戏剧'洋戏'出现了。任何一家出得起四天饭费、津贴一点酒钱和微薄酬劳的人家都可以举办一次这种演出。""这是一种小型的江湖流浪剧团的专业演出。在某一家的天井里搭一个两张双人床大小的

---

① 黄永玉:《艺术的空间功能》,载《文艺研究》1980年第2期。
② 马林诺夫斯基:《巫术科学宗教与神话》,中国民间文艺出版社1986年版,第71页。

戏台,高不过盈米,几个人组成小乐队就在家里吹弄起来,演员们打扮成大家既能理解也能谅解的简陋角色,轻轻松松地上场了。由于台上台下彼此熟悉,或者原是熟人,或不到剧情的深入发展,加上一点点插科打诨,就已打成一片,浑然一体。脚本情节又原是大家背得出来的,只不过借这么一种特定的场合联系加上一点音乐和节奏,笑闹在一淘。""我的一位久别故乡的长辈参与了一次这种活动,回家后禁不住老泪滂沱,泣不成声,他竟然给这种温暖的风情感动了。"[①]不难想见,这种情感仪式与巫术仪式的关系更为密切。

舞蹈也是如此。据学者考证,陕北秧歌便并非插秧的"秧"歌,而是由祭祀仪式演变而来的带有神秘色彩的舞蹈。秧歌原为"阳"歌。《佳县县志·风俗本》云:"元宵夜……乡民扮杂剧唱春词曰阳歌。"《米脂县志·风俗本》云:"春闲社火俗名闹秧歌(又名阳歌)。"《绥德州志·风俗本》云:"十五日元宵……是夜金吾不禁乡民装男扮女游街市以阳歌为乐。"阳歌是与原始社会的太阳崇拜联系在一起的,是一种祭祀太阳的仪式活动。现在秧歌队中的伞,很可能就是由祭祀活动中高举的太阳形物衍化而来的,而且史料中也可以找到秧歌与"社仪"(祭祀土地神)、"傩仪"(驱瘟逐鬼邪的祭祀)的记载。《续陕西通志稿·风俗四》《大荔县志·风俗》均谈道:"秧歌颇具古乡傩遗意。"《靖边县志》谈道:"上元灯节前后数夜,街市遍张灯火,村民亦各鼓乐为傩装扮歌舞,俗名社火义取逐瘟。"《米脂县志》谈道:"春闲社伙(火),俗名闹秧歌,村众合伙于神庙立会……由会长率领排门逐户跳舞唱歌,悉中节奏有古乡人傩遗意。"其次,陕北秧歌的活动程序和表演程序与祭祀仪式也完全相同。陕北秧歌的活动程序是:谒庙(由会长率领大家去敬神烧香),排门子(由伞头率秧歌队在村内挨门逐户拜年,搭彩门进行表演),然后在元宵夜里扭大场(即"大场秧歌"),各种舞蹈节目一一登场献艺,最后大场秧歌再起,开始转九曲。陕北秧歌的表演程序是:伞头探伞儿,虎铮发令,鼓乐齐鸣,秧

[①] 黄永玉:《艺术的空间功能》,载《文艺研究》1980年第2期。

歌舞队在伞头的带领下,列队翩翩起舞,扭出千变万化,丰富多彩的场子图案。扭大场结束,秧歌队成"太阳圈"图形,伞头在圆场心开始领唱秧歌,众跟着接唱每段的尾句,演唱完毕后再起大场集体舞结束。这种活动程序和表演程序与祭礼仪式也完全相同。又次,陕北秧歌的组织形式、内容、基本动作、场图、服饰、音乐唱词也是如此。组织形式突出伞头的地位和作用。伞头是秧歌队的组织者,也是秧歌表演时的领舞和领唱,如同祭祀活动中举幡杆引头的和尚,伞头手中的伞如同道教的神幡。伞头后面的人物均和祭礼有关。如二十八宿像秧歌,是由一名伞头二十八名秧歌队员组成。伞头也如同阴阳五行中代表阳的太阳(或称主宰群星的紫微星),二十八名秧歌队员打扮成二十八宿像来进行祭祀、祷告。秧歌中大场子的幡杆与祭祀活动《道场子》的"幡杆转道"很相似,秧歌中的"挥马"很像《道场子》"跑马放赦中"的马童,《九曲秧歌》则实际上是道教祭祀仪式中的《转九曲》。场图变化的"扎四门""拜五方"显然是受"阴阳五行"的影响。服饰方面的"五彩衣"、"五彩袍"无疑也是如此。①

还值得一提的是小说。借助语言文字的小说与巫术仪式的联系较为疏远,但一旦把小说放在人类文化进程之中,小说与巫术仪式的联系便显示出来了。与戏曲稍有区别的是,这种联系不在艺术形式而在艺术内容(这当然因为戏曲与动作性再现表象有关,而小说与符号性再现表现有关)。例如,从文学人类学的角度看,《水浒》中的梁山泊是一个对抗旧有世界的具有洪荒性格的原始族类集团,是一个从旧有世界逃离出来,渴望退回到极自由、极满足的异域王国的族类集团。特定的角度使它充满了某种原始心态。一个极其醒目的标志,就是参与缔造这原始族类集团和异乡王国的一百零八人都经历了大体相近的历程。这就是:难题困境—杀人流血—历险受难—策名投山。这一被人称作"逼上梁山"的历程充满仪式意味。当这些人被社

---

① 参见《文艺研究》1985年3期刊载的有关资料。

会排挤出来,像林冲、武松、宋江、杨志、雷横、朱仝、卢俊义都是戴着刺印去逃窜江湖的,而鲁智深、史进、阮氏兄弟、花荣、李逵、杨雄、石秀等则在被刺配之前便自放草野,不能不另行结成一个团体。而要建立新的法纪秩序和国度,否定旧有世界,又不能不高度凝结每一分力量。于是他们采取了一个最原始,同时又最坚固的集团模式——原始族类集团的模式。在这里每一分子的加入,都必须完成类似原始成年仪式的考验。通过仪式考验的,才证明他有能力成为集团的成员,并保证终身服膺该集团的规定。从这个角度才可以对杀人流血和历险受难做出合理的解释。原始人在通过成年仪式时,必须要举行杀戮,就像猎首祭一样。《水浒》安排一百零八人加入梁山,往往要杀人,这正是含蕴着人首祭(书中称之为"投名状")的仪式的象征。历险受难也是如此。"男孩子在成丁仪式中必须显示出他已充分具有一个成人的素质。考验个人的勇气是在强迫下进行的。孩童时期象征性的'死亡',常导致真正的残废。他们长时期隐居在荒野之中做智力的和体力的准备,远离温暖的家和亲人,在扮演精灵的老人引导下经受严格的考验。"①《水浒》对一百零八人杀人流血后历险受难的描写,同上述成年仪式中的考验也有相近之处。而他们一旦经过历险受难走上梁山,也就意味着成年仪式的完毕。又如,在清代钱彩的《说岳全传》中,有关岳飞少年时随母亲坐在大缸中共赴洪灾的描写。认真想来,这描写不也充溢着原始文化的色彩吗?在水中浸泡,这正是原始成年仪式中最为重要的内容之一。

饶有趣味的是,中国的原型意象正是在上述广阔的文化背景下产生的。套用章学诚说《易》时讲过的一句话,不妨称之为"人心营构之象"。

例如"日"和"月",二者都是中国文学中的原型意象。太阳作为原型意象,象征着不死或再生。它产生的心理基础,正像荣格分析的:"原始人对于客观理解显而易见的事物并不感兴趣,但是他有一种本能的需要,或者说他

---

① 里普斯:《事物的起源》,四川人民出版社1982年版,第100页。

的无意识心理有一种不可压抑的冲动,要把所有外在的感官经验同化为内在的心理事件,看到日出与日落,对于原始人的心理来说这是不能满足的,这种对外界的观察必须同时代表着某一神或英雄的命运,而这一神或英雄归根结底只存在于人的灵魂之中。"[1]太阳虽然每天西沉,但次日又会从东方诞生。这种永恒的循环在原始心理中被理解为不死或再生的象征,理解为超自然的生命,利普斯指出:"灵魂国土的位置,时常与太阳运行直接联系。太阳神是引导死者灵魂去他们新居的向导。在所罗门群岛上,灵魂是和落日一起进入海洋,这一观念和太阳早晨升起是出生,黄昏落下就是死亡的信仰是有密切联系的。因此地球没有任何活的东西比太阳更早,太阳第一个'出生',也是第一个'死亡'。玻利尼亚人有一个神话和这种思想相联系,即认为太阳神'毛以'不死,在它以后的人类也不会死亡。"[2]在我国则不但有甲骨卜辞中"出入日,岁三牛"的祭俗和《尚书·尧典》中"宾日"于东、"饯日"于西的仪式,而且在出土文物和崖画中多见太阳神的形象,如龙山文化晚期的将军崖岩画 A 组中,常常可以见到一种有光芒的头像,有人指出这正是太阳神的象征:"将军崖这列太阳神岩画,南北排作一列,看去颇如太阳从海面升起的样子,面部采用变态的人面形,是对太阳人格化的表示。在这列太阳神之间,有一个个圆形凹窝,这显然是一个个星座,表示太阳神高居于布满星斗的太空之中。"[3]这当然是一种太阳崇拜。太阳原型意象当然是在这样一种人与太阳之间的交融中产生的。月亮也是如此。它同样以不死或再生,以超自然的生命,成为原始文化心理的某种深刻象征。例如,"关于死亡起因的神话也不少,它们通常是同月亮联系着的,心理上的联系在这里是清楚的。"[4]这当然也与原始人"要把所有外在的感官经验同化为内在的心理事

---

[1] 转引自叶舒宪:《英雄与太阳》,载《民间文学论坛》,1986年1期。
[2] 利普斯:《事物的起源》,四川民族出版社1982年版,第342页。
[3] 参见《徐州师院学报》1983年4期,盖山林的文章。
[4] 参见《澳大利亚和大洋洲各族人民》,三联书店1980年版,第320页。

件"有关。在中国,月亮崇拜十分广泛。例如,对中国美感心态的深层结构的产生起过决定影响的东夷集群——周,就是以月亮作为自己的图腾的。周字在甲骨文中作"囲",即在象征月的鬼头纹(田,原应为圆形,因甲骨文刻写的关系改为方形)中加上四个小点,这四个小点如同"六书"中的"指事",意谓任何一个四分之一月都是一周。而东夷集群著名的履"大人"之迹的创生传说,诸如"姜原出野,见巨人迹,心忻然悦,欲践之,践之而身动如孕者","履帝武敏","后稷之时,履大人迹"。其中的"大人",正是"龙衔烛以照太阴,盖长千里"的月亮,使东夷集群的人死后返国的"唯魂是索"的"长人千仞"也同样是月亮。毋庸讳言,这种月亮崇拜无疑构成了月亮原型意象文化心理背景。

还可以举出"木"和"石"。作为原型意象,木往往是国家的象喻。这当然应从原始心理中寻找答案。世界各民族都有着对木的崇拜。希腊的樵夫们崇拜着叫"突里押"的木神,墨西哥的"陶大"(Tota)、罗马的丘比特·法列特里亚斯(Jupiter Feretrias)的被供奉像都作树木形,此外还有所谓"世界生命树"(roorld life trees)以及北欧神话中的司理命运和智慧的神树"依格突拉西"(yggdrdsi),橡树是丘比特的代表,桂树是阿波罗的代表,等等。在中国,木则被视若国家的命脉所在。其原因在于:"以相当于史前人文化水平的塔斯马亚人(现已灭绝)、澳大利亚人(今仍存在)和其他大陆上采集者部落之中,还可以看出黎明时期曾有过'木器时代'。若假定铁器时代、青铜时代和磨光石器时代,各有三千年的历史,可以有把握地说,打制石器时代及其以前可能存在的'木器时代'延续的时间更长。"[1]正像恩格斯断言的:"在人用手把第一块石头做成刀子以前,可能已经经过很长的一段时间,和这段时间相比,我们所知道的历史时间就显得微不足道了。"在人类走出愚昧和野蛮的过程中已经经过了许多次革命,而这许多次革命就是木器不断发展

---

[1] 利普斯:《事物的起源》,四川民族出版社1982年版,第105页。

的革命。有了木,才产生了木器;有了木,才有了"钻木取火"("日出扶桑"或亦与此有关),人类文明缘木而诞生。原始人又怎能不虔诚地纪念它?《淮南子·齐俗训》说:"有虞氏之祀其社用土。""夏后氏之祀其社用松。""殷人之祀其社用石(柏)。"《墨子·明鬼》说:"昔日虞夏商周之圣王,其建国营都之日,必择国之正坛置以为宗庙,必择木之修茂者立以为菆位。"(孙诒让《墨子闲访》证"位"乃"社"字之误。)孙作云《诗经恋歌发微》说《鄘风·桑中》云:"这桑中我以为即卫地的桑林之社,卫国为殷故土,而且是殷的王畿,殷社曰'桑林',相传汤祷雨'桑林之社',宋为殷后,宋之社亦曰'桑林',其乐曰《桑林之乐》,殷人的社为什么叫桑林,我想因为他们把桑树当作神树,在社的前后左右广植之,因此,他们的社叫桑林。"毋庸讳言,木作为原型意象,正是在这强烈的崇拜心理中凝结而成的。石头作为原型意象,也与原始心理关系密切,石头,当最初进入文化的视野,正是作为一种图腾的象征。石头是人类最早的劳动工具,是人类向文明社会迈进的重要标志。然而,由于早期人类不能客观地认知石头的属性,故将它作为崇拜的对象,赋予它一种神秘的属性。荣格的秘书兼传记作者杰菲指出:"我们知道,就连未经凿斫的石块,对古代社会的原始社会来说,都具有某种高度的象征意义。粗糙的、自然形态的石块常常被认为是灵魂或神人住所,在原始文化中被用作墓地、界石或宗教崇拜的对象。这类石块的用法可以视作雕刻的原始形式——是赋予石块比自然际遇给予它更多的表现力量的首次尝试。"在这方面,可以举出大量的例子,例如在西方,希腊人认为只要把一块被狼咬过的石头放在酒里,喝过的人就要互相争斗。婆罗门男孩行冠礼时,要脚踏顽石,频频祝诵曰:"踏此石上,如石之坚。"马达加斯加人为了逃避厄运,往往也在房柱下埋块石头。这无疑是着眼于石头的坚固和沉重。秘鲁人、印第安人用某种穗轴状石头去促使玉蜀黍增产,又用某种牛羊状的石头去促使牛羊增产。板克群岛人将圆片状的石头用来聚钱,若遇着一块大石头下面有许多小石头,像母猪在猪仔群中那样,则认为在其上献钱便可以得到猪。希腊人将有树形斑纹的石头称作树玛瑙,认为把两块这样的宝玉系在牛角上,庄稼便可以丰收。希腊人还认为把一种乳石放在酒中,妇人喝了,乳汁便会不断。这又着眼于石头的形状或颜色。总之,把石头作为一种神秘感应的对象的结果,就不能不使石头最终成为一种图腾。[①]

在中国,石头的地位更其重要。女娲"炼五色石以补苍天"。涂山氏化身为"石人""黄帝伐蚩尤……炼石为铜",蚩尤则"铜头铁额,食沙石子"。我们无疑应当把其中的石头看作一种象征。只有如此,我们才能深刻理解原始文化中的灵石崇拜。《左传》明公八年,"石言于晋魏榆。晋侯问于师旷,对曰:'石不能言,或冯焉。'"庄公二十四年,原繁说:"先君桓公,命我先人典,司宗祐。"而其中影响最大的,还要数石祖崇拜了。石祖崇拜是我国由母系氏族社会过渡到父系氏族社会在文化上的反映。它标志着由对女性生殖器官的信仰转向对男性生殖器官的信仰,这种石祖崇拜的细节今天虽已不可见,但从国内流传的乞子石(《太平御览》卷52《郡国志》"乞子石在马湖南岸,东石腹中出一小石,西石腹中怀一小石。故僰人乞子于此,有验,因号乞子石"),公母石(公石为男性生殖器,母石为女性生殖器),鸳鸯石(《南越随笔》"石凡二,各长丈许,大四五尺,一俯一仰,号曰鸳鸯石。")揣测,亦可得其一二。石祖崇拜对后世的影响很大,封建社会的生育之神为高禖。《通典》卷五讲:"汉武帝晚得太子,始为立高禖之祠。高禖者,人之先也,故立石为主,祀以太牢也。"蔡邕《月令章句》讲:"高禖,神名也;高犹高也,禖犹媒也。吉事先见之象,谓人之先,所以祈子孙之祀也……后祀将嫔御,皆会于高禖,以祈孕妊。"高禖实为石质偶像。《说文》也指出:"祐,宗庙主也。周社有效宗石室,一曰大夫以石为主,从示石,石亦声。"孙作云认定:"至于高禖石的最初形象,据我推想大概是象征着人类的生殖器吧。"(《中国古代的灵石崇拜》)这对我们是很有启迪的。

---

① 杰菲:《视觉艺术中的象征意义》,载《美术译丛》1985年2期。

又如"春"。"春"在中国文学中已经远远不是一个单纯的季节概念,而是一个原型意象。它是中华民族长期同类经验所形成的巨大心理能量的凝聚,其中的情感内容远比任何个人的心理经验强烈、深刻得多。在这个意义上,本书甚至称中国美学和中国文学为春天的美学和文学。之所以如此,当然也与中国的原始心理经验有关。我们不妨详加分析。

首先要指出的,是中国"春"美感心态形成的地理因素。对于地理因素,黑格尔在《历史哲学》中早就加以着力强调,但我们却一直未予重视。从地理因素看,与处于温带的其他国家相比,中国有显著的四季特征。① 例如在欧洲中部和美国中部,严冬的来临稍微提前一些。在欧洲西南部和北美墨西哥湾一带,严冬来临得较早,盛夏来临得较迟。在英国,最热的一周在春末或秋初,最冷的一周,则在秋末或春初。与热带国家相比,中国有着明显的不同。在印度,季风是气候上最显著的现象,因之也是季节划分的主要因素。一般海洋季风到2月退却,被从大陆上来的干燥而低温的空气所代替。这种干冷空气的侵入,通常继续到3月初,所以12、1、2这三个月也是印度的寒冷季节。3月至6月中,气流的方向虽然没有很大变化,仍然算作大陆季风时期。但是,空气的性质变了,即在强烈的太阳辐射下,空气的温度很快地升高,以至于最高,便形成了热季或夏季。6月中,海洋季风很快变强、雨量加多,雨季开始。潮湿多雨的大气情况一直延续到9月中,这就是印度的雨季。在10月、11月,海潮季风衰颓,有的地方雨量减少,有的地方仍然多雨。所以10和11两个月,一般仍算作雨季,由于此,印度只有冷、热、雨三季。只要与中国的气候稍加比较,便可看出:① 印度在3月中旬,温度升高剧烈,从冷季直到热季,中间几乎没有春季。② 阴晴影响于温度的程度大于太阳位置的影响,所以最高温度不在夏至或夏至后,而在夏至前的晴朗时期。③ 雨季的云雨,减少了太阳辐射的影响,使温度降低。④ 由于雨季的

---

① 参看李宪之著《季节与气候》,科学出版社1957年版。

延长,它就占去了相当中国秋季和夏季时间的大半。埃及和苏丹的气候与印度相仿。埃及4月至7月为夏季,8月至11月为雨季,12月至3月为冬季。苏丹2月至5月为干热季节,6月至10月是阴雨季节,11月—12月是干凉季节。作图如下:

	11月,12月,1月,2月,3月,4月,5月,6月,7月,8月,9月,10月,11月
苏丹	干凉季 | 干热季 | 雨季
印度	冬（冷）季 | 夏（热）季 | 雨季
埃及	冬（冷）季 | 夏（热）季 | 雨季

其次,从我国古代对季节的认识过程,也可以看到对"春"美感心态的影响。我国古代由于重视农业生产,人们都极重视季节的轮替,历代都把历法作为巩固政权的根本大法,即把历法当作皇权的象征。如《春秋》记鲁桓公"四不视朔",《论语》记"子贡欲去告朔之饩羊",《皋陶谟》"抚于五辰,庶绩其凝"。值得重视的是,原始五行也与季节有关。《管子·内篇》"作立五行正天时",《礼运》"播五行于四时"。古代神话的"羲和""常仪""嫦娥""重黎""阏伯""实沈""后羿"也与历法有关。我们知道,"春"是一年劳动生产的开始,因此它自然而然成为人们最早要努力把握的核心问题。这一点不难从古代神话中见到。《左传·昭公元年》:"昔高辛氏有二子,伯曰阏伯,季曰实沈,居于旷林,不相能也,日寻干戈,以相征讨,后帝不臧,迁阏伯于商丘,主辰,商人是因,故辰为商星。迁实沈于大夏,主参,唐人是因,以服事夏商。"这则神话,反映了古代夏、商两族的斗争,此处不去涉及。值得注意的是,阏伯"主辰",实沈"主参",实即胜利者商族祭祀大火,失败者夏族祭祀参宿。夏族失败后被遣送到"大夏"即今山西一带。从此地观测,春耕时机来临时,太阳刚刚下山,参宿星座恰在西方地平线上闪烁。商族胜利后定居商丘,此地当大火(心宿二)在东方地平线上闪烁时,便为春耕之时。由此,我们可以看到古人对春天的重视。同时,不难看出,古代最早认识的就是东西和春

秋。上古对于大地方位的认识,是逐渐发展起来的。从无到有,从二维到四维、六维、八维以至全方位观念。在相当长的一段时间内,上古初民借助对太阳运行的观测,只认识到两个方向,这就是太阳升起的方向和太阳落山的方向,这一点清代学者顾祖禹、阎若璩、胡渭等人在研究《尚书》时便已发现。他们指出:上古人凡地理言南者,皆可与东通,凡言北者,皆可与西通。而这样一种二方位的地理观念,无疑便促成了二分法的季节观念,这在文献资料和考古资料中均可得到证明。于省吾讲:"甲骨文和《山海经》均没有四时的说法。《书·尧典》才把四方和四时相配合。商代的一年分为春秋两季制,甲古文只以春和秋当作季名,西周前期仍然沿用商代的两季制,到了西周后期,才由春秋分化出夏冬,成为四时。"陈梦家《阴虚卜辞综述》也讲:殷人只有春秋二季。考以近年发现的彝族太阳历,我们可以得到同样的结论。由是倘若我们指出,较之夏冬,春秋被更深地积淀在华夏民族感情深处,或许不为妄说。其次,即使在后代逐渐发展起来的方位、时序观念中,"春"也占有至上的地位。例如,春在我国古代天文学中便地位颇尊。郑文光在《中国天文学源流》中指出:"我国古代天文学可以称为'春天的天文学',即从整个天文学的起源可以看出是为了春耕生产服务的。二十八宿的起源也是为了春耕生产服务的。"这方面的论据很多。例如二十八宿分为四象:东宫苍龙,北宫玄武,西宫白虎和南宫朱鸟。四象同为二十八宿的组成部分,都是络绎经过南中天的恒星群。为什么有东宫、北宫、西宫、南宫的区别呢?正因为它们是以春天的观测为准的。初春的黄昏,朱鸟七宿正在南中天,它的东面是苍龙七宿,西面是白虎七宿,北面是玄武七宿。这种星群布列方式在古书中多有记载。像《鹖冠子》:"前张后极,左角右钺。"张代表朱鸟七宿,正在坐北朝南的人的正前方,后面是北天极,左面(东面)是苍龙七宿的代表角宿,右面(西面)是白虎七宿的代表参宿(参宿一名伐,也就是钺)。《说文》:"龙,鳞虫之长也,春分而登天,秋分而潜渊。"其中作为天象的苍龙七宿不正是从春分到秋分这一段时间初昏时横亘过南中天吗?再从十二次和十二辰的关系也可以看到我国古代恒星的布局确是以春天初昏天象为观测的基准点的。十二次自西至东,以星纪为首,依次为玄枵、娵訾、降娄、大梁、实沈、鹑首、鹑火、鹑尾、寿星、大火、析木;十二辰则相反,自东往西,按十二地支排列,两者密切对应的关键点在于午位鹑火。午位就是正南方。故至今还把天球上从天北极到正南方的大圆,称为子午圆(天北极以下为子位)。这仍然是以鹑首、鹑火、鹑尾三次横亘南中天而布列的,依然是根据春天初昏的星象。又次,从古人的"阴阳"观念也可以看出"春"的重要性。"阴阳"观念是古人世界观的核心。本书以为"阴阳"的应用主要与季节有关。《系辞》说"一阴一阳之谓道","阴阳之义配日月",这里的"道"、"日月",其最原始的意义都是指季节的循环。《春秋繁露·阴阳终始》讲的"天之道,终而复始",《黄帝内经素问·五运行大论》讲的"天地者,万物之上下左右者,阴阳之道路",也是此义。这里的"阴阳"实际指的正是一年中的春和秋。《春秋繁露·阴阳位》说:"阳以南方为位,以北方为休,阴以北方为位,以南方为休。阳至其位而大暑热,阴至其位而大寒冻,……故阴阳终岁,各一出。"进一步,又从春和秋中具体分为春夏秋冬,所谓"春夏秋冬,阴阳之推移也"。《系辞》说:"易有太极,是生两仪,两仪生四象,四象生八卦。"孔《疏》说:"两仪生四象者,谓金木水火享天地而有,故云两仪生四象。土则分王四季,又地中之别,故云四象也。"太极指天地之气(《春秋繁露·五刑相生》:"天地之气,合而为一,分为阳阴,判为四时。"),两仪指阴阳、春秋,四象指金木水火,又指少阳、太阳、少阴、太阴。《春秋繁露·天辨在人》说:"少阳因木而起,助春之生也;太阳因火而起,助夏之养也,少阴因金而起,助秋之成也;太阴因水而起,助冬之藏也。"

不妨将之与八卦联起来看(见图),古人云"震为动","离为火,而少阳主木,木为草木",可见在元气流衍的"震""离"两卦中正蕴含着生命的复苏与回归。

再次,古人往往把一年分为两半。称前半年为生年,后半年为成年。民

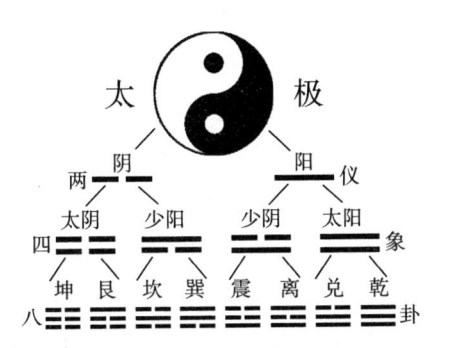

```
              太    极
         ┌─────────┴─────────┐
      两 阴                  阳 仪
      ┌──┴──┐             ┌──┴──┐
     太阴  少阳           少阴  太阳
   四 ☷   ☶   ☵   ☴   ☳   ☲   ☱   ☰ 象
   八 坤  艮  坎  巽  震  离  兑  乾 卦
```

以食为天,种植和收获的季节在古人是最快乐的季节,因之往往要进行庆祝活动。具体而论,春天的到来,在古人看来,意味着神的复活。这就导致人们的狂欢以及种种庆祝活动。如今这一情况尚可在少数民族中见到。例如:"每年农历的三月初三,是海南黎族苗族自治州西部部分黎族人民的传统节日。在这一天,男女老幼都沉浸在诗一样的节日生活中。特别是青年男女,他们要在这个节日里选择对象……他们相互选择,相识,彼此交换礼物,倾诉爱情,尽情地在山坡上欢度爱情。"①又如:广西凤山县山乡的少数民族,其青年男女,"各于正、二、三月之子日,于一定之地点,分为两队,各持红绿色带结成之圆球,互相抛接……即成配偶"。②类似的记载在古籍中亦不难见到。《周礼·地官·媒氏》中就曾指出:"媒氏掌万民之判。……中春之月令会男女,于是时也,奔者不禁;若无故而不用令者,罚之,司男女之无夫家者而会之。"可见在春天,人们经过长期性禁忌之后,可以"在一个短时期内重新恢复旧时的自由的性交关系"(恩格斯语)。这确乎是一种情感的放纵、倾泻与狂欢。"爰采唐矣?沫之乡矣。云谁之思?美孟姜矣。期我乎桑中。要我乎上官。送我乎淇之上矣。"《诗经·卫风·桑中》描摹的正是春天中的一幕。诗中的"桑中""上宫"都指的是春天的祭坛,或曰"春台"(请回忆

---

① 参见《民族画报》1957 年 9 期。
② 刘锡藩:《岭表纪蛮》。

307

老子"众人熙熙,如享太牢,如登春台")。神圣的祭坛竟然成为自由性交的场所(《史记》索隐引干宝《三日纪》:孔子生于"空桑")。这难道还不是令人触目惊心、难以忘怀的吗?春天又是祭祀高禖的佳节。"高禖"是管理人间生育的女神,它象征着民族的"第一位"女祖。《礼记·月令》指出:"仲春之月……是月也,玄鸟至,至之日以大牢祠于高禖。天子亲往,后妃师九嫔御,乃礼天子所御,带以弓韣,授以弓矢,于高禖之前。"不难体会到,这种充满神秘气氛的仪式会给人们留下何等强烈的印象。春天还是祓禊求子的佳节。古人认为在祭祀高禖时在河边洗洗手脚甚至干脆跳进河里洗个澡,便会得子。《西京杂记》:"高祖与戚夫人……出百子池边濯濯,以祓妖邪。"《汉书》卷九十七《外戚传》记载:"武帝即位,数年无子,平阳主求良家女十余人,饰置家。帝祓霸上,还过平阳主。主见所侍美人,帝不悦。即饮,讴者进,帝独说子夫。"《汉书》注引孟康曰:"祓,除也,于霸水上自祓除,今三月上已祓禊也。"可知汉武帝春天裡祓禊霸滨,本意是在求子。这种临水祓禊,后来演变为一般性的士民游乐。晋城公绥《洛禊赋》云:"考吉日,简良辰,祓除解禊,同会洛滨。妖宾媛女,娃游河曲,或浣纤手,或濯素足。临清流,坐沙场,列垒樽,飞羽觞。"庾肩吾《三日侍兰亭曲水宴》:"禊川分曲洛,帐殿掩芳洲。踊跃赪鱼醉,参差绛藻浮。百戏俱临水,千钟共逐流。"江总《三日侍宴宣猷堂曲水》:"上已娱春禊,芳辰喜月离。北宫命箫鼓,南宫列旌麾。绣柱擎飞阁,雕轩傍曲池。醉鱼沉远岫,浮枣漾清漪。"这又是何等动人心魄的热闹场面。

限于篇幅,本书无法列举更多的原型意象,其实,对任何一个原型意象都有必要在广阔的文化心理背景下去考察一番,而且任何原型意象从逻辑上讲都应该并且可以找到自己的心理依据和原始文化的印痕。只不过它们已经潜入人类无意识的深层,只能偶尔觅得一些蛛丝马迹了。正如美国科学家卡尔·萨根指出的,至今还能看到人类保存着一些对低等动物时期的"记忆":"我们起源于爬虫和哺乳这两类动物。白昼爬虫复合体受到抑制,夜晚飞龙在梦里搅动。我们每个人都可能重演亿万年前爬虫类和哺乳类之间的战争……"人类常见的梦境如从高处摔落、受害、受攻击等,"明显地同我们树上生活起源有关"。例如水原型意象的形成,显然与原始心理视水为"生"与"死"的界限有关。我们或许难忘记,弗洛伊德曾转引鲁道夫·克南波的论断:"活人无法防止死人们的攻击,除非彼此之间隔着水。"①很难忘记中国古代的辟雍往往"雍之以水","外水"。不难看出,这正是后世"所谓伊人,在水一方"的心理根据。又如马。荣格指出:"'马'在神话及民间传说故事中是一个相当普通的初型。就一种动物而言,马代表一种非人的精神,次于人的、野兽方面的,即所谓的潜意识。这便是为什么在民间传说故事中的马常会看到幻影,听到音响,以及会说话的原因。就其为一负荷动物而言,马和母亲的基型关系非常密切……就其为低于人之动物而言,马代表肉体的下部及源于该部的兽性。马是种动物力,是旅行的工具,它仿佛自然地把人带走。它和所有缺乏意识性的动物一样会受惊。另外,它和邪术或符咒都有连带的关系——特别是那种在黑夜中能预知死亡的马。"②在中国,马作为原型意象,主要是与女性联系在一起的。这当然也与原始文化有关。马是容易驯养的动物。除南北美洲外,很多古老民族都在史前时代驯马为家畜。大约早在新石期时代,马和人类便形同手足,密不可分了。据说英国殖民者初到澳大利亚,以马负物,当地土著居民竟以为马是这伙外来入侵者的老婆。原来这些土著居民便是叫自己的妻子驮运负重的。这不啻给我们某种启迪:马与女性,在深层是有其难以言传的微妙关联的。中国驯马的记载,最早是殷族的第三代男性祖先"相土作乘马",其时为原始社会末期,刚刚进入父系氏族社会。《管子·轻重戊》也说:"殷人之王,立帛牢,服牛马,以为民利。""马"原型意象的产生当然是建立在这一基础之上的。关于"马"的记载,在我国有很多。见之于神话的,像"蚕马"(《搜神记》卷十四。又见

---

① 参见弗洛伊德:《图腾与禁忌》,中国民间文艺出版社1986年版,第79页。
② 荣格:《追寻灵魂的现代人》,台湾志文出版社,第268页。

宋戴埴《鼠璞·蚕马同本》引唐《乘异集》蜀中寺观多塑女人披马皮,谓马头娘,以祈蚕,俗谓"蚕神"),像"奇相"(《一统志》转引《山海经》:"神生汶川,马首龙身。禹导江,神实佐之。"),见之于文献的,有《后汉书·方术传下》"冷寿光行容成公御妇人法"。《社记·昏记》:"古者天子后立六宫,三夫人、九嫔、二十七世妇、八十一御妻。"马永卿《懒真子录》:"驸马都尉之名,起于三国。故何晏尚魏公主,谓之驸马都尉。"段玉裁《说文解字注》:"副者,贰也。……非正驾车皆为副马。"故《能改斋漫录》称之为:"盖御马之副,谓之驸马。")张岱《陶庵梦忆》记述扬州人养处女卖给人家作小老婆,谓之"养瘦马"。见之于文学作品的,如宋玉《讽赋》:"主人之女又为臣歌曰:'内怵惕兮胡玉床,横自陈兮君之旁。君不御兮妾谁怨?日将至兮下黄泉。'"白居易诗:"莫养瘦马驹,莫教小妓女。后事在眼前,不信君看取。马肥行快走,妓长能歌舞。三年五年间,已闻换一主。"关汉卿《诈妮子调风月》:"独自向银蟾底,只道是孤鸿伴影,几时吃四马攒蹄。"王实甫《西厢记》写红娘调侃张生:"你本是个折桂客,做了偷花汉,不想去跳龙门,学骗马。"《集韵·三十三线》:"扁马……,跃而上马也。或书作骗。"褚人获《坚瓠集·广集》卷六:"俗呼撮和者,曰'马泊六'。"《水浒》中的王婆便被唤作"马泊六"。而拉纤又称"拉马(索马)",通淫则呼作"入马"。《西游记》二十三回"四圣试禅心",猪八戒以放马为由,去与妇人调情,孙悟空便讽刺他:"没处放马,可有处牵马么。"见之于民谣俗语的"要来的老婆买来的马,任我骑来任我打","八十老汉娶嫩妻,花钱买马别人骑","骏马常驮痴汉走,巧妻常伴拙夫眠",等等。又如黄色作为原型意象,当然是中国原始太阳崇拜心理的结果,"黄,光也"(《风俗画》),"黄,晃(日光)也。犹晃晃像日光色也"(《释名》),"日煌煌似黄"(《易传》),可见中国的黄色崇拜实在是源于一种日光崇拜。又如启蒙或追求为原型意象,显然起源于原始人的"成丁仪式",这一仪式是一种"死亡"或"再生"的心理转换,它象征着从母亲即女性的世界转变到父亲即男性的世界(在文明社会,孩子到成年就要用大名代替乳名,就是这一习俗的痕迹)。通过仪式便意味着与旧有一切的决裂,这在心理上与启蒙或追求无疑是同构的。又如"难题求婚"原型意象折射出原始"考验婚"的余绪,"姐妹易嫁"折射出原始群婚心理的影响,"人兽通婚"折射出原始图腾社会的阴影,"望夫石"原型意象也沉淀着由族外群婚转向对偶婚中女子贞操和子女血统问题等文化心理痕迹,如此等等。但若详细加以勾勒,可能已经很难尽如人意了。或许,这情景正应了那句著名的古诗"此情可待成追忆,只是当时已惘然"。

第四节
诸神的复活

同样颇具魅力的,是中国原型意象的内在的美学生成。对此,唐人刘知几剖析说:"夫有知而无知,有质而无性者,其惟草木乎?然自古设比、兴而以草木方人者,皆取其善恶熏莸,荣枯贞脆而已。""寻葵之向日倾心,本不卫足,由人睹其形似,强为立名。"[1]这种"草木方人""人睹其形似",故"强为立名"的看法,在一定程度上道出了原型意象生成的秘密。但毕竟失之粗疏。在本书看来,中国原型意象的生成,是一个深刻的历史过程,并且,往往要经过几代甚至几十代作者和读者的共同创造才能臻于完善。这种创造是一种不自觉的社会协作,是一种原型意象从内容到形式的历史生成。

那么,这种历史生成的内在美学规律是什么呢?我们先看两个例子。"鱼"和"鸟",作为原型意象,在《诗经》中已经多次出现(如《旱麓》:"鸢飞戾天,鱼跃于渊。"),但往往只是用来烘托气氛,是具体环境的写照。它们的形

---

[1] 刘知几:《史通》。

式是理性的,但内容却是感性的(只要我们认识了其中蕴含的原始的图腾意蕴,就不难理解其内容)。但随着历史的发展,情况却逐渐有了变化。陶潜《始作镇军参军经曲阿作》:"望云惭高鸟,临水悦游鱼。"杜甫《中霄》:"择木知幽鸟,潜波想巨鱼。"僧玄览:"大海从鱼跃,长空任鸟飞。"这里,"鱼""鸟"原型意象已趋于抽象化、一般化,过去曾经是十分具体易懂的内容,现在却变得宽泛而不确定。它的形式转而成为感性的,内容却成为理性的了。又如"雨",它在《诗经》经常出现(如《东山》:"我来自东,零雨其濛。"),但同样只是一种具体场景的描绘。随着历史的发展,"雨"中的意蕴借助积淀而日益宽泛丰富,日益从客体转向主体,从自在走向自为,从对象化为意象。迄至唐代,它演变成为一种独立的原型意象,送别时不论下雨与否,都要用到它。像王维《送元二使安西》:"渭城朝雨浥清尘,客舍青青柳色新。"王昌龄《芙蓉楼送辛渐》:"寒雨连江夜入吴,平明送客楚山孤。"在这里,"雨"已成为一种主观性、像喻性很强的模式,成为中国深层美感心态的对应物。毋庸多言,中国原型意象的历史生成的内在美学规律大体与此相类似。亦即:日益从特定的具体的美感意蕴中剥离出来,越来越多地具有某种宽泛的社会性的审美符号意义。具体讲,由某种气氛、场景的写实而逐渐演进为抽象的符号,由再现到表现,由写实到符号化,这正是一个从内容到形式的生成过程,也正是原型意象的生成过程。它决定于审美主、客体的双向生成:一方面,原型意象的内容日益融化在形式中,使其获得超模拟的内涵和意义,成为成熟的原型意象;另一方面,正由于对意象的感受有深刻的内容蕴含其中,使主体的审美感受取得了超感觉的性能和价值,才不同于一般的快感,而成为特殊的审美感受。不过本书要强调的是,这里的原型意象的历史生成,似乎使人感到只是一种抽象的纯形式,其中并没有什么具体含义和内容,实际它的内容非但没有消失,反而由于与形式的和谐统一而显得更加强烈,更加深刻了,形成了一种不可用概念言说和穷尽表达的深层情绪反应。或许也正是如此,才导致了中国文学艺术的鲜明特色:在创作过程中,往往使用现成的原型意象,去表现特定环境中的思想和情怀。例如王维《鸟鸣涧》中"桂花"的运用就颇值深味。桂花,本应开在秋天,但这里却被用于春景。原因何在? 王维此诗,意在勾勒山涧春夜的恬静。诗中的皓月、隐士、春夜、春山、山鸟、春涧,都在"静"这个轴心上聚集起来。而桂花,不但具有清香绝尘的高雅品格,又与月亮关系密切,选择桂花去抒发对闲适、静谧、幽香境界的感受,是再合适不过了。又如行役诗中的"飞蓬""归雁"原型意象出现得相当多("征蓬出汉塞,归雁入胡天。"),在写离愁别恨时,"鸟啼""鹤舞"原型意象大量出现("霜黄碧梧白鹤栖,城头击柝复鸟栖。"),硬要说这统统是诗人的写实,是难以令人置信的。唯一的解释是他们现成地运用了这些原型意象。应当说,这样做的结果是,美感效果不但没有由此而减弱,反倒更加丰富和强烈了。当然,也无法排除另外一种消极的结果,这就是有时原型意象也会因为重复的仿制而日益苍白,最终沦为规范化的装饰美,引导人们踏上形式主义的歧途。正像薛雪在《一瓢诗话》中指出的:原型意象"口熟手溜,用惯不觉,亦诗人之病,而前人往往有之"。这种病离间了人们与现实的亲密关系,支配了人们观察的角度,限制了人们感受的范围。赏景作诗,不写自己直接的感受和体验,转手从原型意象中寻找材料。这些作品常常使人迷惑:作者是真的领略到了其中的情景呢,还是闭门造车,仅仅从原型意象分类的仓库中挑选、拼凑的呢?

不过,对于本书而言,尤为重要的似乎还是对于种种中国原型意象的美学阐释。它们的美学意蕴是什么? 它们与中国美感心态的深层结构的内在关系是什么? 逐一阐释,无疑是不可能的。不妨选择若干具有代表性的略加阐释。

例如月亮,作为中国的原型意象,它所含孕的深层美感心态就颇具情致。我们知道,月亮几乎可以说是中国人最大的感兴因子。在漫长的心路历程中,月亮载沉载浮地从原始文化的世界中飘然而至。征夫怨妇,望月而叹;骚人墨客,感月而哀;悲欢离合,皆通乎月亮的阴晴圆缺;乡恋别愁,更牵

313

连着月亮的东升西沉……月亮,简直成了中国深层美感心态的象征。于是,中国人那根极轻妙、极高雅而又极为敏感的心弦,每每被温润晶莹、流光迷离的月色轻轻地拨响。一切的烦恼郁闷、一切的欢欣愉快、一切的人世忧患、一切的生离死别,仿佛统统是被月亮无端招惹出来的。而人们的种种缥缈幽约的心境,不但能够假月相证,而且能够在温婉宜人的月世界中有响斯应。维摩经上讲:"有法门,各无尽灯,譬如一灯燃百千灯,冥者皆明,明终不尽。"这话真像是讲中国文学中的月亮。不难设想,假如抛弃掉这月世界,中国文学将会失去多少温馨、多少慰藉、多少快乐、多少美丽的忧伤。

然而,假如不是中国深层美感心态作为月亮原型意象的渊薮,又怎么会有中国文学中的月世界?艾烈德(Mirua Eliade)在《永恒复现的神话》中指出:"月亮是最先死去,但也是最先重生的。在谈到死亡与复活、生育、再生、发端等等的相关理论时,我们随处可见月的神话占有相当重要的地位。在这里我们只要能想到,事实上月是用来'度量'时间的,就知道月亮同时也正说明了'永恒性的周而复始'。月的阴晴圆缺——始于初现,由盈转亏,然后在经过三天的黑暗之后重现——在研究周期概念上至为重要。……月的规律变化不仅可定出较短的时距(如一周、一月),也可据以推演出更长的时距来;事实上,人的出生、成长、衰老及消迹,也近似月的一周期。而这相似性之重要,不仅在于使我们了解宇宙依'月'的构造形式是很适合的,而且也在于能因此有一个乐观性的推论:就像月的消失因为会再有新月随之出现,所以不会是绝对的终极一样,人的消逝也不是最后的结局。"[①]不难看出,这种因月亮而得出的"乐观性的推论",与中国深层美感心态中的生命意识有着内在的一致性。并且,正是后者为月亮在中国文学中成为重要的原型意象提供了深厚基础和广阔天地。

你看,屈原"月光何德,死则又育"的焦灼追寻,由一个"碧海青天夜夜

---

① 转引自《从比较神话到文学》,东大图书公司1983年版,第329—380页。

心"的嫦娥、一帖永远也捣不烂的灵药、一棵砍斫不损的桂树、一枚"一生常共月方盈"的蚌蛤,以及高唐忆梦、秦娥吹箫、青鸟传讯、穆王西游、青女结霜所交织而成的月世界的恍惚迷离,不是一一都融汇着中国那固有的对生命的赞颂和追求吗?而苏东坡不乏禅机玄思的《水调歌头》,不也正因为道出了那有史以来一直困扰着中国人的生命秘密,道出了那大我和小我的互藏其宅,道出了那人类与自然为一的渴望,道出了那对永恒不朽所怀有的希望和恐惧……才能够直契代复一代中国读者的心灵吗?在这里,月亮是永恒的生命存在。它"始于初现,由盈转亏,然后在经过三天的黑暗之后重现"的周而复始的循环,或许也堪称生命启示。这循环和中国人育种成性、开物代务、创进不息、变化通几、绵延不朽的生命境界暗相契合。除了延续和循环之外,月亮的团聚意味也与中国深层美感心态中的生命意识有着内在的一致性。正月初一,新月出现。它是新光明和新生命的象征。艾烈德在上述论著中对此也曾有所阐述:"每一个新年都是回到时间的起点,也就是宇宙创造的重现。……(表示)在年终岁末,对新年的期待中,那由混沌产生宇宙秩序的神秘时刻会再重现。"[1]此时此刻,月亮就如生命认同的母体。但在中国这种返回母体的生命认同却一无例外地属于血缘集团。个体的生命认同既不可能也无意义。"举头望明月,低头思故乡","今夜鄜州月,闺中只独看",这类诗句其实正是不能重返生命认同的母体所发出的深长喟叹。

月亮原型意象的美感特色与中国深层美感心态的美感特色也有其内在的一致性。《易·系下》指出:"日月之道,贞明者也……夫乾确然,示人易矣,夫坤隤然,示人简矣。"这也就是说,日为太阳,代表父性原则,是众阳之根;月为太阴,代表母性原则,为众阴之本。因此,清淡、素丽、哀婉、悲慨、悱恻、柔媚、恬静、飘逸、高雅之类情愫,统统因为旁通于"阴柔"而附丽于月亮。月亮,是中国的蒙娜丽莎。只要皓月当空,我们便不难看到那令人心折的永

---

[1] 转引自《从比较神话到文学》,东大图书公司1983年版,第329—330页。

恒的微笑。读者不会忘记,中国深层美感心态正是以其令人心折的永恒的微笑在观照着大千世界。宗白华指出:中国深层美感心态的特色在于"空诸一切,心无挂碍,和世务暂时绝缘。这时一点觉心,静观万象,万象如在镜中,光明莹洁而各得其所,呈现着它们各自的充实的、内在的、自由的各个生命,在静默里吐露光辉"①。试想,在这"各个生命"中,首先不就应是"在静默里吐露光辉"的月亮吗?

作为原型意象,石头中含孕的深层美感心态同样颇具情致。说来奇怪,石头冷冰冰、硬邦邦、形式粗糙、丑劣不堪,在西方人眼里是毫无美感可言的,但在中国,石头却是一颗璀璨夺目的明珠,象喻着一种极高的美。它被珍藏在宝室之中,安置在花园之内,成为最为重要的审美对象之一。李白在黄山对石饮酒赋诗,醉中绕石三呼;袁宏道:"每遇一石,无不发狂大叫。"米芾每每见到形状怪异的石头必具袍笏下拜,以"石丈"称之;李开先平生与石为友,"把酒浇石示同志"……而色彩斑斓的文学艺术,更为僵冷的石头注入了灵秀的生命,赋予它深隽的意味、丰富的感情、恬淡的气度和坚贞的性格。石头不但在文学作品中屡屡出现,有着举重若轻的地位,而且在绘画、园林等艺术领域中,更同"枯枝"一道成为惹人喜欢的表现对象。然而,这又是为什么?石头不言,为什么却偏偏博得中国人的如此厚爱?在一块块石头身上,中国人深刻感受和体味到的究竟是什么?

这确乎可以称之为美学中的"石头之谜"。而它的谜底,在我看来,就蕴含在中国美感心态的深层结构之中。作为原型意象,石头的美学意蕴,显然主要并不在其自身,而在于审美主体的被"唤醒的心情"(黑格尔语)。出于中国深层美感心态的规范,中国人认为"无不忘也,无不有也,澹然无极而众美从之"。因此,往往推重那种"入水不濡,入火不热""御六气之变以应无穷"的对生命秩序的体认,那种不假人工、不事雕琢的天然之美,而鄙视"终

----

① 宗白华:《美学散步》,上海人民出版社1981年版,第21页。

身役役而不见其成功,苶然疲役而不知其所归""与物相刃相靡,其行尽如驰,而莫之能止"之类的人为努力和造作。石头之所以能成为原型意象,关键正在于它的纯任自然、寂寞无为。具体来说,一方面,它是无始终、无生死、无喜怒、无爱恶、无愿欲、无意志的。成方成圆,任丑任陋,在它是无足轻重、无须费神之事。另一方面,它又将"处于材与不材之间"的永恒生命状态,作为自己的目的,从来不生发扬蹈厉、奋进征服之念。因此,在石头身上,体现了一种合规律与合目的、必然与自由的原始统一。换言之,石头存在的目的的实现恰恰就包含在规律自身的作用之中。在这里,目的不是外在于规律与之不能相容的东西,而是内在于规律、与规律混沌不分的东西。因而,也就必然表现为一种中国式的"大美"。这样,当中国人在人生旅途中受到打击,在社会生活中到处碰壁,在艺术欣赏中深感不足,被迫转向"素朴而天下莫能与之争美"的自然去追求慰藉、寻觅答案之时,就不能不注意到"一块元气,结而成石""丑而雄、丑而秀""妙在不方不圆之间"的石头。吴无奇游黄山,见一怪石,往往瞋目大叫:"岂有此理!岂有此理!"石头不为外在功利目的所动的自尊、自负而又自得其乐的情趣与他愤世嫉俗、掉臂独行的人生理想两相凑集、一触即合,正是一种典型的心态。或许也正是因此,石头才公然蹑入为美的光环所净化所笼罩的文学艺术宫殿,成为一种寄托、一种象征、一个安身立命的精神家园,使中国人借此大"快其心",然后毅然重返尘世。

春,在中国也是一个重要的原型意象。在中国文学艺术中,"春"和"秋"一样远较"夏"和"冬"更为突出。相比之下,春已不复是一个单纯的季节感,而是一个原型意象。它是中华民族长期同类经验所形成的巨大心理能量的凝聚。其中的情感内容远比任何个人关于季节变换的心理经验强烈、深刻得多,因而可以撼动每一个国人的心灵。简而言之,春,赋予中国人的往往是一种深长的怀才不遇和年华易逝的感伤。如前所述,由于中国的四季十分鲜明,因而美好的"春"和"秋"的易逝,给人们留下了深刻的印象。"春女思,秋士悲,而知物化矣。"(《淮南子·谬称训》)"春,女悲,秋,士悲,感其物化也。"(《毛诗正义》)"年华无一事,只是自伤春。"(李商隐)"花近高楼伤客心。"(杜甫)"问君能有几多愁,恰似一江春水向东流。"(李煜)"春去也,飞红万点愁如海。"(秦观)但"吹皱一池春水,干卿何事",不正是因为这春色惹动了中国人的情愫吗?在中国人看来,春象征着美好理想,象征着美好事物,象征着生命秩序,象征着人生责任,但这一切统统又是那样遥远,那样脆弱,那样转瞬即逝,就像"渐行渐远"的春色。中国人时时刻刻渴望实现美好理想,再建美好事物,投身国家、民族的生命秩序,承担安邦定国的人生责任。然而得到的往往是无边的失落、无尽的烦恼、无穷的痛楚,就像从春得到的往往是夏,是"落尽梨花,飞尽杨花",是"断肠院落,一帘风絮",是"朝来寒雨晚来风",因此才会频频"惆怅问春风,明朝应不住",才会反复地惜春、探春、忆春、伤春、访春、咏春……"惟草木之零落兮,恐美人之迟暮"(屈原),"浮生恰似冰底水,日夜东流人不知"(杜牧),人生不满百年,但却怀才不遇,最终难免赍志以没,这不正是中国人心目中最大的深悲剧痛?"天荒地变心虽析,若此伤春意未多",正是因此,春才成为中国文学中的原型意象。

与上述月、石头、春等原型意象相比,"补天"原型意象略有不同。它并非直接得自大自然的启迪,在中国文学艺术中的运用也较为复杂,本书在论述中国神话的深层底蕴时曾经指出,在女娲、大禹或时空、四季神话中,含孕着一种在混沌中重建宇宙秩序的强烈愿望。假如把西方神话中混沌中创造宇宙秩序的强烈愿望称为"开天",对中国在混沌中重建宇宙秩序的强烈愿望,则不妨称为"补天"。假如说"开天"是不承认任何秩序,而要凭借自身的努力去创造,"补天"则认为存在一个既定秩序,自身的任务只是去认同。就其深层结构而言,"补天"体现了一种重返母体的心态,流露出浓郁的集体赎罪意识,显然与中国深层美感心态有着内在的一致性。不难看出,中国文学艺术中的"补天",显然是一个重要的原型意象,就细微处观之,中国文学艺术中常见的妖魔鬼怪及政治动乱,多为天地秩序乖戾所致。《搜神记》云:

"妖怪者,盖精气之依物者也,气乱于中,物变于外。"王符《潜夫论》云:"及其乖戾,旦有昼海,宵有夜明,大风飞车拔树,偾雷为冰,温泉成汤。"而宝剑、宝镜、符箓、官印之类则象征了另外一种征服的力量,一种人类重返秩序的意愿。像宝剑之所以能够"剑面合阴阳,刻象法天地。乾以魅罡为杪,坤以雷电为锋,而天罡所加,何物不服?雷电所怒,何物不摧?"①

又如中国文学中的报应、复仇,戏剧中的"六月雪""九更天",往往是人类对宇宙秩序重建的一种渴望。天序失常,象征着人世的不平和冤戾唯有秩序重被建立,一切不平和冤戾才得以平复。窦娥无端招罪,以清白之身承担着他人社会和宇宙秩序失常所导致的罪愆,恰似原始文化中牺牲仪式中的"代罪羔羊"。她的死折中了个人和外界的敌对关系,积极将其推向信念中的和谐领域,促使宇宙秩序的重建。(如图 A)果然,随着窦天成的出现,宇宙秩序开始重建,换言之,跨过死亡的门槛之后,重新从家庭——社会——宇宙逐步将秩序建立起来,全剧也随之结束。(如图 B)

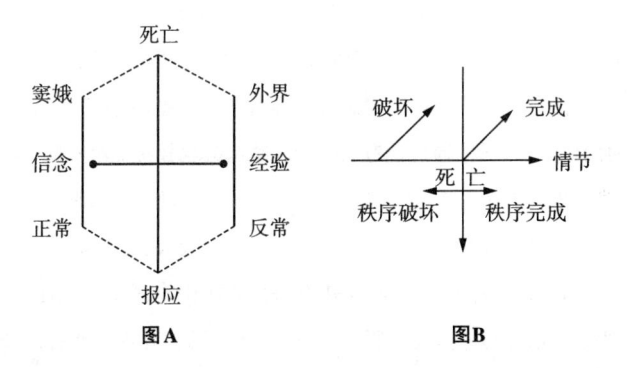

图A

图B

复仇问题也是如此。中国文学艺术中的复仇殊异于西方。在西方复仇仅仅是手段,展现主体人格的光辉才是目的。在中国个体被淹没在家族、集团之中,复仇也就直接成为目的。刀光剑影、血肉横飞、血泊恨海、你死我

---

① 司马承祯:《景震剑序》,载《全唐文》第 924 卷。

活。然而人们所瞩目的又只是宇宙秩序的恢复,正像梁山鲁智深所说:"只今满朝文武,多是奸邪,蒙蔽圣聪就比俺的直缀染做皂了,洗杀怎得干净?"而且,不论是报应还是复仇,在行动的勇敢背后又往往隐藏着精神的萎缩。西方的俄狄浦斯不满足于回答出"我们是谁",还要执着地追索"我是谁"?这追索使他不断地主动寻找命运,抗争命运。中国的人物却是命运主动逼他节节败退,逼他投奔梁山,逼他屈辱就死。不言而喻,只会按照命运指定的方式行动(报应或者复仇)的人恰恰因为他是思想上的懦夫。就宏大处观之,中国小说往往以"天命"始,又以"天命"终。《水浒传》《红楼梦》《镜花缘》《儒林外史》《三国演义》《封神演义》,莫不如此。小说中的开端,主要是说明主人翁存在的根源,并指出他诞生的主要目的,通常这些人物的一点灵犀可与天命遥契,故他虽懵懂于天命所预设的情节而不自知,却能恪遵天命的安排。因为他们本身只是天上的星座或神祇降临人世(包公是奎星下降,薛仁贵是白虎星下降)。在天命的安排下,这些命中注定要聚合的人物,不断向一个中心汇集。《水浒传》一百零八位天命下降的魔君,遇洪而开以后,分散在各地,齐奔梁山;《儒林外史》中所有有德的文人汇集南京,共祭泰伯祠;《镜花缘》中的所有女子也在长安聚首;《封神演义》也如此。殷周之际,纣王无道,姬周代兴,姜子牙辅佐周朝,双方经过无数次恶战,最后商纣覆亡,所有战死的英雄与异仙聚集在封神台下,捐弃一切恩仇是非,同封为八部诸神,共掌人间秩序。而小说中的人物一旦完成天命,便往往重归原位,是石即还归为石,是仙即还归为仙,所谓以"天命"终了。

值得谈及的原型意象还有很多。例如"落花"。"寻花不问春深浅,纵是残红也入诗。"中国人在"落花"中寄寓着自己的情怀。他们把酒临风,吟咏唱叹:"落红不是无情物,化作春泥更护花。""秋时自零落,春日复芬芳。""为君结芳实,劝君勿叹息。""但使灵根在,重看锦树芳。"在这里,"落花"显然蕴含着一种永恒循环的生命意识。黑格尔在《历史哲学》中指出,"不死鸟"自焚再生的故事包含着东方哲学的最高境界。"死亡固系生命之结局,生命亦即死亡之后果",这其实也是"落花"的境界。又如"倒影"。列维-布留尔在《原始思维》一书中指出:"中国人拥有与生命和可触实体的一切属性互渗的影子的神秘知觉,他们不能把影子想象成简单的'光的否定'。"这当然是原始心态的一种遗存。在此基础上,形成了中国特有的"舍形而悦影,舍质而趋灵"的美学风貌,形成了中国特有的"倒影"原型意象。"月光随浪动,山影逐波流"的山影,"流波将月去,潮水带星来"的月影,"斜阳波底湿微红"的日影,"醉后不知天在水,满船清梦压星河"的天影,"美人楼上晓梳头,人映清波波映楼"的人影,"河上并禽池上暝,云破月来花弄影"的花影,"疏影横斜水清浅,暗香浮动月黄昏"的梅影,"帘影竹华起,箫声吹日色"的竹影,"那堪更被明月,隔墙送过秋千影"的秋千影,"楼阴缺,栏杆影卧东厢月"的栏杆影……因此而成为中国人瞩目的审美对象。它们与同样是在原始余绪基础上形成的贵气韵、贵传神的中国深层美感心态互为表里,轻烟淡彩,虚灵如梦,点缀着中国文学艺术的迷乱星空。又如"失爱自虐"。爱情失去之后,伴之而来的每每是自怨自艾地自我虐待。这在中国也成为一种原型意象。后羿之妻嫦娥如此,大禹之妻涂山氏也如此。直到高鹗笔下的林黛玉,依旧是在失去爱情之后不是拼死力争甚至残酷报复,而是退避三舍,闭门思过,自我虐待,自我报复甚至自我毁灭。它与西方从希腊神话直到《奥赛罗》《呼啸山庄》等作品中一线贯穿的失去爱情之后的不可扼止的仇恨和疯狂凶残的报复形成泾渭分明的对比。之所以如此,显然与中国深层美感心态中个性、自我的先天萎缩息息相关。除此之外,蛇女、树木、凤凰、柳、秋、鱼……都是中国的原型意象,在中国文学艺术中有着广泛的应用。

  原型意象固然大多是在民族的早期记忆的基础上形成的,但也不排除某些原型意象是在民族的深层文化心态和美感心态的逐渐发展演进的基础上凝结生长的。它们或者与原始文化有些一度不曾被注意的蛛丝马迹之类的联系,或者纯然是后天形成的,但无论如何,在中国文学艺术的长廊中,它们同样有其不可替代的美感功能。例如"才子佳人"。同样缱绻情场,在西方主角是驰骋沙场的英雄与美人,在中国却是吟风弄月的才子与佳人。这或许是因为在西方深层美感心态中,"勇敢被认为是男人最崇高的品质,因而男性的勇敢成了妇女的一种理想"。[①] 但在中国深层美感心态中,勇敢不但毫无价值,并且恰恰是"勇于不敢"的,"好勇不如好学"(孔子),倒是以道德修炼为主要内容的"好学"之士——才子尤为惹人瞩目(而英雄美人,例如猪八戒、王矮虎之类,便成了被讽刺的好色之徒)。而"才子佳人"原型意象的首次出现,最早也只能是《诗经·子衿》。讲得妥当一点,则不妨以晋代葛洪《西京杂记》中司马相如与卓文君私奔的故事作为起讫。又如"高唐云雨"。作为原型意象,"高唐云雨"溯源于宋玉的《高唐赋》。这种"愿荐枕席"的爱情理想,在中国文学艺术中俯拾皆是;一涉及男女关系就联想到"性",一见钟情的结果肯定是"宽衣解带,云雨一番"。它清晰地折射出中国深层美感心态中性器期空白所造成的严重缺憾。又如"天涯日暮"。置身悬隔的时空中,日暮怅望,徒呼遥远,疲惫忧虑而又不无执着,是中国文学艺术中经常出现的原型意象。时日蹉跎,歧路凄凉。漂泊无着的心魂,对时间的"晚"和空间的"远"感受尤为敏感而且强烈。中国人的很多诗篇都是站在这个特有的"晚"与"远"的时空坐标上写就的:"夕阳西下,断肠人在天涯。""日暮乡关何处是。""参差连陌,迢递送斜晖。""春日在天涯,天涯日又斜,莺啼如有泪,为湿最高花。""刘郎已恨蓬山远,更隔蓬山一万重。""所谓伊人,在水一方,溯回从之,道阻且长。""远路应悲春晼晚。""肠断秦台吹管客,日西春尽到来迟。"在这里,日暮天晚,象征岁月的匆匆流逝,路远天阔,象征理想的难于实现。它们成为一种原型意象,无疑与中国深层美感心态中集体赎罪的焦灼感和壮志难酬的失望感密切相连。因为社会不予接纳和承认,便借助时间的"晚"和空间的"远"这具体画面所造成的心理收缩,自我接纳、自我美化,在孤独天地中自恋自虐、自傲自大,却将挫折归咎于外界,从而达到减轻

---

① 勃兰兑斯:《十九世纪文学主流》第1分册,人民文学出版社1981年版,第130页。

焦虑和维护自尊的双重目的。这无疑是一种自我放逐,结果或者是沉浸在白日梦中,明明是自己想要,偏说成是自己不想要的(反问心理);或者是将外在失落转化为内在自虐,将对外界的沉重失望转化为对内在的道德修炼的热烈渴望。

中国文学艺术中的原型意象实在应该是一部甚至几部研究专著的题目。它会以自己的深邃、博大和鲜明特色,令世人为之心折。本书的简要论述显然无法达到这种效果。这未免不是一个大题小作的遗憾,但无论如何,作为中国美感心态的深层结构的中介,中国文学艺术中的原型意象所主动建构的以生命意识为核心内容,以女性情绪为基本特色的自由境界、意义境界,却毕竟被粗线条地勾勒了出来。这或许可以称之为"诸神的复活"? 或许不妨干脆认定:在中国诸神从未死去? 不管怎么说,原型意象是某一民族"苦难和焦虑——饥饿、战争、疾病、衰老和死亡的精神治疗",原型意象"是一种巨大的决定性力量,它导致了真正的事件的发生。……原型意象决定着我们的命运"(荣格)……现在,当读者再次读到这类乍一接触未免使人暗暗吃惊的断语,还会认为是不经之谈或者耸人听闻之语吗? 无疑是不会了。

附录一
明末清初才子佳人小说的美学风貌

对于明末清初才子佳人小说,在相当长的时间内,人们曾简单地把它置之于研究的视野之外,而现在人们却又对它产生了愈来愈浓的兴趣。但是,公认的科学评价始终没有出现。这固然有历史的、理论的、研究范围的种种原因,但毋庸讳言,还有一个研究方法上的原因。

在我看来,这里的关键是坚持马克思、恩格斯所一贯倡导的"美学的和历史的"文艺研究的方法问题。文艺作品作为审美对象,一方面是一定时代社会的产物,另一方面又是一定时代社会的审美心理结构的对应物。因而对于作为审美对象的文艺作品的研究,往往也正是对物态化了的一定社会的审美心理结构的研究。审美对象的历史正是审美心理结构的历史。这就构成了"美学的和历史的"文艺研究方法的合乎逻辑的内在根据。十分清楚,这种"美学的和历史的"研究方法,是我们文学史研究中唯一科学的研究方法。鉴于明末清初才子佳人小说不是以某个作家或某篇作品的存在而奠定其历史地位和美学价值,而是以一大群作家、一大批作品所构成的浑然整体,显示出它独特的历史地位和美学价值。这种"美学的和历史的"研究尤其重要。

我们知道,明中叶是我国文学发展史中的一个转折时期。假如说,在此之前以诗词为代表的文学作品反映的是主体与客体、人与社会和谐融洽的人格境界、人生理想,那么,明中叶以小说戏曲为代表的文学作品所反映的便是主体与客体、人与社会矛盾冲突的个性心态、世态人情。这是一个新的对象世界,是近代文学的逻辑起点,也是应运而生的明末清初才子佳人小说的逻辑起点。

具体而论,明中叶文艺思潮的崛起,以李贽、公安派的出现为标志。但在此之前甚至同时,从城市居民的宋明话本脱胎而来的"三言""二拍"已经揭开了明中叶文艺思潮的序幕。在"吸摹人情世态之歧,备写悲欢离合之致"的世俗生活的风习画廊和人生故事中,小说作者对在商业繁荣的历史背景上所展现出来的近代市井的人情世态,做了主体化的广泛描绘,尽管其中充满了市井小民的庸俗、浅薄、无聊、肉麻气味,却毕竟是对封建的传统思想和审美理想的一次认真的冲击。"传统的对艺术形式的追求让位给对新鲜的生活内容的感受,古典的高雅趣味让位于粗俗的世俗真实。"(李泽厚《美的历程》)当然,严格地讲,这些小说并没有个性解放的积极意义,但从中也可窥见从来没有过的对于个人命运的关注。它以对旧的审美理想和审美趣味的全面破坏,为新审美理想、审美趣味的出现扫清了道路。由此,理所当然地出现了两种倾向:封建统治阶级的腐败与市民阶层的审美趣味相混合,产生了《金瓶梅》,农民阶级的理想与市民阶层的进步要求相吻合,产生了《水浒传》。十分清楚,后者是市民文艺的顶点,前者则委婉曲折地奏出了明中叶之后文艺思潮发展演变的主旋律。

与上述市民文艺思潮相呼应,明中叶之后出现的以李贽为代表的思想解放的潮流,给文学发展开辟了一个新世界。李贽的哲学思想是从陆王心学超逸而出(参看拙作《陆王心学与明清文艺思潮》,载《郑州大学学报》1984年第3期),带有强烈的思想解放和人文主义的色彩。他反对"以孔子之是非为是非",反对人人效法孔子,认为"夫天生一人,自有一人之用,不待取给于孔子而后足也。若必待取足孔子,则千古以前无孔子,终不得为人乎?"(《焚书·答歌中元》)就是说,人人都有自己的独立价值,无须依傍个人之外的权威。由是,他提出了"童心"说,召唤人们从内在欲求而不再从外在信仰去考察审美活动和文艺作品。

在这种思想影响下,创作上出现了一股以《西游记》、《牡丹亭》、公安派散文为代表的浪漫文艺思潮。它是对市民文艺的继承,又是对市民文艺的否定。像《牡丹亭》,作者有意把"情"与"理"尖锐对立起来,近乎荒唐的杜丽娘生而复死、死而复生,激起读者巨大心理反响的伦理冲突,清晰地折射出作家的与现实极度对立的审美理想。它所不自觉地呈现出来的,是整个社会对一个新时代即将到来的期望和憧憬,因而成为强烈呼唤个性解放的近代资本主义世界诞生的浪漫思潮的最强音。显然,现实令人失望,天理使人怀疑。人们对现实的审美感受只具有否定的内容,于是便从情感出发的审美主体来与现实的审美感受相对抗,产生了浪漫主义的虚幻的审美理想。它以对完美形式的空前破坏为特征,突出表现了对感性和理智的蔑视。感性与理性、个人与社会、内容与形式,在这里充满了尖锐的矛盾和冲突(马克思认为:在封建时代意识到个人与社会的对立是历史的进步。自然,也是美学观的进步），透露出当时社会中存在的个人与社会、主体与客体的对立的消息。李泽厚在《美的历程》中管盛赞这迤延百余年的潮流，"确乎够得上是一种具有近代解放气息的浪漫主义的时代思潮"确非虚饰之语。

才子佳人小说的出现大致在浪漫文艺思潮的后期。那么，它们之间的关系是什么？在我看来，这才是正确评价才子佳人小说的症结所在。与明中叶浪漫文艺思潮的领袖人物一样，才子佳人小说的作者大多属于怀才不遇的落魄文人。但他们又有自己的特殊际遇，生当民族矛盾异常激烈的历史时期，又远离浪漫文艺思潮的中心。他们"笃志诗书，精心翰墨"，"两眼浮六合之间，一心在千秋之上，落笔时惊风雨，开口秀夺山川，每当春花秋月之时，不禁淋漓感慨。"（《天花藏合刻七才子书序》）然而，当时的社会根本不允许他们施展个人的抱负，更把他们逐出了历史舞台。生活上的磨难，婚姻上的失意，仕途上的受阻，使他们陷于极度的痛苦失望之中。"即万言倚马，止可覆瓿，道德五千，惟堪糊壁。……致使岩谷花，自开自落。贫穷高士，独来独往。揆之天地生才之意，古今爱才之心，岂不悖哉！此其悲则将谁告？""无所计之，不得已而借乌有先生以发泄其黄粱事业。"（同上）自然，这里的"发泄"已不再具有明中叶那种"发狂大叫""昭回云汉"般的大河奔流的气势，但却同样充满了个性解放的浪漫气息。假如说，明中叶浪漫文艺思潮的作家、理论家用自己的生命培植了一棵充满近代精神的参天大树，那么，才子佳人小说的作者则倾尽自己的全部心血，在这棵大树上开出了一朵淡淡的转瞬即逝的小花，一朵以爱情为内容的典雅骀荡的浪漫之花。

在某些人看来，才子佳人小说写爱情或许不过是"闺房诗酒，金榜题名"，与当时的文艺思潮无关，社会意义不大，其实不然。爱情，看起来只是一个个人生活上的问题，在特定的时代，却是一个内容丰富的社会问题。明清之际，是中国由封建社会向近代资本主义社会演变的重要环节。为了迎接新时代的降临，一切都要重新审查，与封建专制社会密切相联的具有极大政治意义的爱情问题自然首当其冲。因之，在明末清初这样一个特定的时代,爱情与个性解放、自由平等站在了同一条起跑线上,体现着那个时代的呼声和个性解放的要求,放射出朴素的民主解放的思想光辉。

由此出发,我们才能理解,为什么才子佳人小说不仅没有把笔触停滞在使人感到发腻的浓艳的"儿女情长"的旖旎之态上,洗净了传统文艺的铅华,而且涤除了市民文艺中那种对生活中丑恶现象津津有味地欣赏、玩味的低级趣味,由侧重历史生活的认知意义,转而为逸出古典理性传统的热烈的、执着的、理想的歌唱。"凡纸上之可喜可贺,皆胸中之欲歌欲哭。"(同前)他们是借文学抒发自己个性解放的呼声,赋出自己崭新的人生观、伦理观、价值观,是借狂热的审美理想去粗暴否定压抑个性、窒息心灵的社会现实。

由是,才子佳人小说有其鲜明的美学特征。

从美学内容上看,首先,偏重审美主体。在才子佳人小说中,作者们由于对现实的强烈不满,往往有意识地偏重于对审美主体的追求。他们把审美主体与审美客体对立起来,着重描写审美主体认为最好的、最美的生活,尽管这生活在现实中并不存在。《女才子书》的作者烟水散人,是一个政治上、生活上的落魄文人。"夫以长卿之贫,犹有四壁,而予云庞烟障,曾无鹪鹩之一枝。以伯鸾之困,犹有举案如光,而予一自外人,室人交遍谪我。"于是,他"唾壶击碎","彤管飞挥","飘飘然若置身于凌云台榭,亦可变啼为笑,破涕成欢",借文学创作而挣脱客体对自己的束缚,成为"风月主人,烟花总管"。这就必然"或假绮情而结想,或因怨态以传神","纵情吐气,结一天际想于无何有之乡",从而达到"倩花传假,剪叶堪媒",将社会上的"伧父""屠沽""置于烟涛孤岛之间","使排激澎湃之声,以移彼之冥悟"的目的(均见《女才子叙》)。这种情况在才子佳人小说中是有其共同性的。正是因此,才子佳人小说中作者的主观情感在作品中才表现得特别强烈,澎湃的热情溢于言表,充满了浓厚的抒情色彩。

其次,审美主体与审美客体的尖锐对抗。才子佳人小说中,审美主体与审美客体往往处于矛盾状态。因而造成小说"一聚一散,波澜迭兴""或悲成喜,性情互见"的特色。这方面,正像人们熟知的那样,最为突出的是小说关于忠贞不二的爱情的描写,在才子佳人小说的作者看来,唯有与封建社会的伦理道德尖锐对立、冲突的爱情,才是美好的爱情。岐山左臣讲,他之所以要写才子才女的"搔首问天之难,与天高难诉之恨",正因为"殊不知他们老不是这番构隙,直到那个万分至极之处,怎显得绮妆三个是真正节妇,丽卿三个是的确情郎。故此,也不要把天来一味埋怨坏了。正是:不是一番寒彻骨,怎得梅花扑鼻香"(《女开科传》)。天花藏主人也认为:"才子佳人不经一番磨折,何以知其才之愈出愈奇,而情之至死不变也。"(《飞花咏》序)个中深刻的美学意蕴,不难体察。

最后,理想的境界。与市民文艺审美主体客体化不同,才子佳人小说是使审美客体主体化。因而洋溢着浓郁的诗意,体现着对理想的追求。《平山冷燕》中为了歌颂"才女"的"才",曾把她与翰苑名公、玉堂学士、词坛宿彦、诗社名流做了对比描写。七岁才女山黛一上来便压倒群雄,才女冷绛雷也所向披靡。有些学者认为这是真实反映了生活原貌,其实不然,作者是在用这种乍看上去荒诞不经的人物去寄托自己的理想。因之这里的人物形象是作者用自己的审美理想改铸过了的审美客体,是一种理想化的人物形象。其次像一些家长主动支持儿女的婚姻自主要求,其实也未必就是生活中大量存在的事实,而仅仅是作者用自己的审美理想对审美客体(社会生活、真人真事)加以改铸的结果,同样是理想化的。

从表现方法上看,正是为了充分肯定审美理想的合理性,彻底否定现实的审美感受,才子佳人小说着重表现的理想的生活和典型人物,只是依据愿望和假想加以推演出来,远远脱离现实的本来面目。在这里,才子佳人小说的作者往往沉溺在主观感情、理想和激情的抒发之中,停留在各种对象的臆测、虚构之中。色彩缤纷、飘忽不定的幻想和憧憬,热情的夸张,偶然性的情节冲突,戏剧性的巧合效果,是才子佳人小说常用的表现形式和手法。在人物形象的塑造上,才子佳人小说的作者从浪漫的审美理想出发,并没有着意去刻画人物形象的独特性格特征,只是有意地将人物形象的某些侧面极度夸张,使他们成为新的价值观念、新的婚姻爱情观的集中体现,成为作者心目中最理想的、最美好的人物形象的集中体现。

在情节结构上,才子佳人小说尚"奇"而不尚"平"。《飞花咏》描写昌谷与容姑中途失散,辗转流离,各易姓两次,终得团聚。《人间乐》描写许绣虎与女扮男装的居行筒的女儿以及来天官的女儿之间的一场奇特的恋爱纠纷。类似的还有《情梦柝》《春柳莺》《赛花铃》《快心编》《凤凰池》等多篇。都出于这种情节结构的审美模式。在写作方法上,才子佳人小说的作者十分注重用对比、夸张、巧合使作品既充满浪漫的奇思妙想,又具有细节的合理真实,给读者造成一种特殊的审美愉悦。总而言之,才子佳人小说的表现手法同样深刻体现了浪漫的美学风貌。这个问题一说便知,毋庸多言。值得注意的倒是人们常常要加以批评的才子佳人小说的所谓"公式化""概念化"的问题。

所谓"公式化",是指全书的结构讲的。才子佳人的美满姻缘,往往要受到一班横行霸道的侍部、尚书、将军、御史等小人的拨弄,因此要演完私结姻缘、历经磨难、皆大欢喜这三部曲。"概念化"则指书中的人物形象血肉不丰满、类型化、抽象化。对这种现象怎么看?由于本文题目的限制,笔者只能从美学的角度做一点分析,而不去涉及社会的、历史的、文学传统的等多种复杂因素。我认为这里牵涉一个基本的美学理论问题。典型化、典型性既有现实主义的,又有浪漫主义的。因为典型化、典型性从最根本的含义上讲,无非是审美主体与审美客体、个人与社会、个性与共性的不同形式的统一。只不过现实主义是按照现实生活、审美客体的原貌,提炼、熔铸而为现实本质的客观真实的反映。浪漫主义则是依奋斗目标的想象,提炼、熔铸而为现实本质的主观真实的反映。关于后者,雪莱曾经讲过:"雅典诗人所写的悲剧有如一面明镜,观者在这镜中照见自己,仿佛置身于隐约假托的环境中,摆脱了一切,只剩下那理想的美满境界和理想的精神,人人都会感到,在自己所爱慕所愿意变成的一切事物中,这样的境界和精神就是其内在典型了。"(《为诗解护》)这段话具有极深刻的理论价值。在我看来,才子佳人小说(尤其是最初的《平山冷燕》等)的作者出于自己的审美理想,将审美客体经过主观感情的"折光"而造成的"美满的境界和理想的精神",正是一种区别于现实主义外在(客观)典型的"内在(主观)典型"。这种"内在典型"以及特殊的典型化方式,倘若从现实主义的角度去看,往往给人以"公式化""概念化"的印象,但假如换一个角度,不是从现实主义而是从浪漫主义的角度去看,问题的性质便也会因之而发生转化。由此出发,我认为,"公式化""概念化"并不是才子佳人小说的缺点,而是才子佳人小说的特点(至于典型化的程度如何,以及后期的模仿之作,则统统是另外一个问题)。倘若我们承认才子佳人小说隶属于明中叶浪漫文艺思潮,那么这一点或许并不难理解。

由上所述,与或者追求感性形式的完美的古典现实主义,或者追求感性材料真实的明中叶市民文艺思潮均有所不同,在才子佳人小说中,审美理想的直接表现占优势。它似乎形成在现实的审美感受之外,与对现实的审美感受相冲突。在这里,理性的、情感的因素较显著,从而在审美创造中更倾向于抒发内心,改造对象,表现情感。在手法上也更多地偏重于理想化地、类型化地表现对象,突破感受的经验习惯,总之是理性的观念和热烈的情感起了主导作用。而这一切,恰恰与李贽、公安派为代表的浪漫文艺思潮的基本特征相吻合,然而正像明中叶浪漫文艺思潮被束缚在儒道互补的美学框架之内,是一次在形式上表现为从儒家正结构遁入道家补结构的文艺思潮的启蒙。才子佳人小说在某种意义上完全可以被视作从贵族文艺遁入市民文艺的文学启蒙。因之,才子佳人小说又有极大的不足。首先,小说的作者只是在理性世界中感受到了正在萌芽的强烈的民主思想,从而去狂热地加以宣传和鼓吹。但是,他们却无法在社会生活中找到这样的现实,不可能感性地、具体地从生活中挖掘出典型的人物性格和故事情节,提炼出深刻的主题思想。因而他们的作品就只能停留在以个人的审美理想、个人的被压抑了的个性、个人的被挫折了的意志以及向整个社会现实发出的控诉和哀怨之中,以致在一定程度上影响了才子佳人小说的传播。这一点,其与明中叶浪漫文艺思潮有一致之处。其次,更为重要的是,在"天崩地解"的明末清初,才子佳人小说的作者看到了封建婚姻道德观的黑暗王国中的一线光明,他们将之作为艺术真实,典型地反映在作品里,这就是作品中那种强烈的民主思想,以及对幸福美满的婚姻爱情的憧憬。但他们所处的时代毕竟不同于明中叶,他们身上又堆积着太厚的历史岩层,这使得他们只把笔停留在爱情本身,没能自觉地把笔触一直伸入那个社会的每一处最隐秘的褶襞里。黑暗的社会现实和封建统治所造成的某种罪恶,往往被归之于个人的思想品质、道德品质,希冀通过说教来加以解决,而作品中人物所带有的民主思想,作者又毫无例外地用封建伦理道德去加以解释,这就造成了小说思想内容的保守、落后的一面。

(本文发表于《社会科学辑刊》1986年第6期)

附录二
《红楼梦》与第三进向的美学

一

就中国美学传统而言,通过取消向生命索取意义的方式来解决生命的困惑,是它最为内在的美学秘密。其关键是自我的泯灭。在西方,是由自我来定义社会;在中国,却是由社会("家""国")来定义自我。"仁者,人也。"这里的"仁"是由"二人"来定义的。因此在中国是"做一个人"而不是"是一个人"。换言之,自我就从未诞生。儒家以扼杀自我为代价来片面强调生命的义务,强调的只是伦理人格,是为取消向生命索取意义而做的正面功夫,所谓"德性"("骗");道家以扼杀自我为代价来片面强调生命的规律,强调的只是自然人格,是为取消向生命索取意义而做的负面功夫,所谓"天性"("瞒");禅宗以扼杀自我为代价来片面强调生命的皈依,强调的只是宗教人格,是为取消向生命索取意义而做的无谓功夫,所谓"佛性"("躲")。也因此,中国美学所强调的只是作为第一进向的人与自然(即天人合一)维度、作为第二进向的人与人(即知行合一)维度之类的现实关怀,而较少关注作为第三进向的人与自我(即神人合一)维度这一终极关怀。

这样,我们在中国美学中看到的永远只是"心路历程",但却不是"灵魂旅程"。价值之源也只是来自此岸的现实关怀,而并非来自彼岸的终极关怀。鲁迅称包括中国美学在内的中国文化为"吃人",所谓"吃人"就是指的作为个人的从生存到发展的各种权利都被剥夺,即"轻视人,蔑视人,使人不成其为人"(马克思)。

这样的结果是,在中国美学中有自然生命没有神圣生命,有自由没有人,有解脱没有救赎,有婚姻没有爱情,有卑贱意识没有高尚意识,有忧世没有忧生,有苦难没有耻辱,有使命没有尊严,有命运没有罪恶,有"通历史之变"没有"究天人之际"。总之,是有冷漠,没有爱。

爱,是自我与灵魂的对应物。也因此在中国,"爱"是一个最为陌生的领域。传统的所谓"慈爱"与"敬爱",都是有等差的爱,与真正的"爱"并无关系。其中充斥着等级意识、功利意识,但却偏偏没有人格意识、尊严意识,例如武大郎这样一个生前备受欺凌、侮辱的弱者,在死后竟然继续领受着人们的嘲笑,诸如"武大郎开店"等等,但是雨果笔下的卡西莫多却领受着完全不同的关注。这无疑是国人心灵空间的一个巨大的精神黑洞,也是国人心灵世界的大面积失血,甚至,国人很少去关心自己的心灵到底出了什么问题,他们所追逐的幸福、快乐、成功也都是廉价的。他们不但不为自己感受不到爱而羞愧,反而学会了感受仇恨。这样一种长期在冷漠、无情中所产生的自我毒化的分泌物,把一颗颗心灵包裹得密不透风,精神不断萎缩、蜕化,并且彻底丧失了人格的尊严。人心犹如石头,精神只是沙漠。《芙蓉镇》中那句著名的台词所说的:"活下去,像畜生一样活下去!"正是国人心态的真实写照。

当然,中国美学也并非对于上述缺憾就毫无察觉。在我看来,曹雪芹的为美学补"情性"就非常值得注意。从明中叶开始,中国美学的这种虚伪、冷漠,以及其中所蕴涵的生命的日益萎缩、精神的日益退化,逐渐为人们所觉察。其中,被汤因比称之为"最后的纯粹"的王阳明堪称序曲,他的"龙场悟道"意味着真正的思想不可能是别的什么,而只能是"愚夫愚妇亦与圣人同"的"人人现在",这就是所谓"切问而近思",即最切之问、最近之思。正是他,迈出了至关重要的第一步,率先在心之体的角度统一了宋明理学的天人鸿沟,为人心洗去恶名,提倡"无善无恶"。不过,在心之用的角度,他却仍旧认为"有善有恶",因此天人还是割裂的。王畿迈出了第二步,统一了心之用,这就是他提出的心、意、知、物"四无"说。罗汝芳进而把心落实为生命本身,"盖人之出世,本由造物之生机,故人为之生,自有天然之乐趣"(罗汝芳:《语录》),从而迈出了第三步。至此为止,他们都是在将"天理"这一"自然"原则加以自然化,而且真诚地认为良知的自然流行肯定会转化为积极的道德成果,然而却导致了"天理"的灰飞烟灭,导致尊天理灭人欲最终转向灭天理尊人欲。[①] 李贽正是因此而应运诞生。有感于人们始终为传统所缚的缺憾,李贽疾呼要"天堂有佛,即赴天堂;地狱有佛,即赴地狱",甚至反复强调"凡为学者皆为穷究生死根由,探讨自家性命下落"[②]。而李贽所迈出的决定性的一步则在于,干脆把它落实到"人必有私"的"穿衣吃饭即是人伦物理"之中,

---

[①] 也因此,当时的所谓"狂禅"颇值回味。"狂之为狂"是一种必然,也是一种无奈。思想的禁锢无处不在,而冲破禁锢又无路可走,这就必然超越儒家的"意"与"必"的偏执,表现为"狂者的胸次"。这是一种自由精神的特殊释放。

[②] 李贽:《李贽文集》第一卷,北京:社会科学文献出版社2000年版,第1页。

这是第四步,也是中国美学走出自身根本缺憾的第一步。他不"以孔子之是非为是非","颠倒千万世之是非",提倡庄子的"任其性情之情",各从所好、各骋所长、各遂其生、各获其愿,认为"非情性之外复有礼义可止",从而把儒家美学抛在身后。同时,他认为"非于情性之外复有所谓自然而然",因此没有必要以"虚静恬淡寂寞无为"来统一"性命之情",从而把道家美学也抛在身后。应该说,这正是对于生命的权利以及自主人格的高扬。在他的身后,是"弟自不敢齿于世,而世肯与之齿乎"并呼唤"必须有大担当者出来整顿一番"的袁宏道,是"人生坠地,便为情使"(《选古今南北剧序》)的徐渭,是"第云理之所必无,安知情之所必有邪"(《牡丹亭记题词》)的汤显祖,是"性无可求,总求之于情耳"(《读外余言》卷一)的袁枚,等等。从此,"我生天地始生,我死天地亦死。我未生以前,不见有天地,虽谓之至此始生可也。我既死之后,亦不见有天地,虽谓之至此亦死可也"(廖燕:《三才说》)。伦理道德、天之自然开始走向人之自然,伦理人格、自然人格、宗教人格也开始走向个体人格,胎死于中国文化、中国美学母腹千年之久的自我,开始再次苏醒。

在这方面,最值得注意的是《红楼梦》。作为中华民族的美学圣经与灵魂寓言,在中华民族的心路历程中,《红楼梦》的出现深刻地触及了中国人的美学困惑与心灵困惑:作为第三进向的人与自我(灵魂)维度的阙如;同时也为解决中国人的美学困惑与心灵困惑提供了前所未有的答案:以"情"补天,弥补作为第三进向的人与自我(灵魂)的维度的阙如。

"开辟鸿蒙,谁为情种。"曹雪芹深知中国美学的缺憾所在,同时也没有简单地从尊天理灭人欲转向灭天理尊人欲。他发现大荒无稽的世界(儒道佛世界)中,只剩下一块生为"情种"的石头没有使用,被"弃在青埂峰下",但是偏偏只有它才真正有用,于是毅然启用此石,为无情之天补"情"[1],亦即以

---

[1] 陀思妥耶夫斯基在《卡拉马佐夫兄弟》中也曾说过:"人们将会说:'一块曾被建筑师嫌弃的石头竟成了基石。'"(陀思妥耶夫斯基:《卡拉马佐夫兄弟》,北京,人民文学出版社1999年版,第475页)。

"情性"来重新设定人性(脂砚斋说:《红楼梦》是"让天下人共来哭这个'情'字"),弥补作为第三进向的人与自我(灵魂)的维度的阙如。这无疑意味着理解中国美学的一种崭新的方式(因此《红楼梦》不是警世之作,而是煽情之作)。"因空见色,由色传情,传情入色,自色悟空。"《红楼梦》实在是一部从生命本体、精神方式入手来考察民族的精神困境的大书。它作为中华民族的美学圣经与灵魂寓言,将过去的"生命如何能够成圣"转换为现在的"生命如何能够成人",同时将过去的理在情先、理在情中转换为现在的情在理先。先于仁义道德、先于良知之心的生命被凸显而出,"情"则成为这个生命的本体存在。这"情"当然不以"亲亲"为根据,也不以"交相利"的功利之情为根据,而是以"性本"为根据。由此,曹雪芹希望为中国人找到一个新的人性根据,并以之来重构历史。我们看到,在"德性""天性""佛性"之后,发乎自然的"情性",就被曹雪芹放在"温柔之乡"呵护起来(类似《麦田守望者》中的小男孩霍尔顿的守望童心,大观园中的贾宝玉则是守望"情性"),坚决拒绝进入社会、政治、学校、家庭、成人社会,不容任何的外在污染,"质本洁来还洁去",则成为《红楼梦》的灵魂展示的必要前提。鲁迅先生发现:"自有《红楼梦》出来以后,传统的思想和写法都打破了。"①堪称目光犀利。

从"情性"这样一个新的人性根据出发,《红楼梦》首先颠覆了全部历史:暴力、道德的历史第一次被"情性"的觉醒所取代。

《红楼梦》的出现,是中国的人性觉醒的标志,犹如释迦牟尼在城门看到了生老病死,也犹如海德格尔大梦初醒的"向死而在",在第28回中,中国的宝玉也第一次睁开了人性之眼:"试想林黛玉的花颜月貌,将来亦到无可寻觅之时,宁不心碎肠断!既黛玉终归无可寻觅之时,推之于他人,如宝钗、香菱、袭人等,亦可到无可寻觅之时矣,则自己又安在哉?且自身尚不知何在何住,则斯处、斯园、斯花、斯柳,又不知当属谁姓矣?——因此一而二,二而

---

① 《鲁迅全集》第九卷,北京,人民文学出版社1981年版,第231页。

三,反复推求了去,真不知此时此际欲为何等蠢物,杳无所知,逃大造,出尘网,使可解释这段悲伤。"①显然,在中国人的心路历程中,这实在是石破天惊的一瞥!而当自我在千年之后开始诞生,个体与社会的脱节也就成为必然。对一切说"不",回到自身,回到"情性",则是当然的选择②。一切都是虚无,一切都无意义,只有情感才是人生根本的根本,只有情感才最至高无上。从此,他不再志在河汾,而是壁立千仞,从二十四史、孔孟老庄,社稷本位直接退回大荒山无稽崖,退回《山海经》中的苍茫大地。天空的阙如与灵魂的悬置由此得以彰显而出。历史之所以构成历史,不再是暴力、道德,而是"情性"。不是成就功名,而是守护灵魂,成为寻觅中的生命"香丘"的全新内涵。《三国演义》的帝王将相、《水浒传》的绿林好汉、《西游记》的志在功名、《金瓶梅》的衣冠禽兽,都相形见绌。而《芙蓉女儿诔》的从屈原的为国家而哭到宝玉的为丫鬟而泣、《怀古诗》的从为英雄而歌到为幽魂而悲,《五美吟》的颠覆男性历史,以及《葬花辞》的拒绝对衰败了的美学的认可,则是人性觉醒的最好证明。

进而,从"情性"这样一个新的人性根据出发,《红楼梦》颠覆了全部人性:灵魂厥如的人性第一次被"情性"的觉醒所取代。

曹雪芹生当康乾盛世,其时并没有足够的征兆显示出中华民族的行将

---

① 《红楼梦》第 28 回,北京,人民文学出版社,1996 年版,第 373 页。
② 不过,这里的"情性"又严格区别于传统。众所周知,中国历来是个重"情"的社会,这无疑与中国的重身体而不重灵魂的传统有关。"情"属于身体而不属于灵魂,一切的灵魂问题、精神问题都被身体化。与此相应,每个人都只有身,没有心,也都必须在"由吾之身,及人之身"的心意感通中进行沟通,有人身观念,没有人格观念,充斥其中的是人情的磁场以及生理的成长与心理的停滞。《红楼梦》却根本不同,它所力主的"情性"仍旧属于身体,还是在"由吾之身,及人之身"的心意感通中实现,但是已经没有了任何功利的规定("礼义"或者"情性之外"的"所谓自然而然"),而是真正的人性本身。同时,尽管还并非通过对于自我的强调来高扬生命的权利,但是却已是通过对于"任其性情之情"的强调来高扬生命的权利。

衰落,但是他仅仅从自己家族的衰落就写出了它的行将衰落,这几乎可以称之为一个奇迹,而他本人也完全可以因此而被称之为文化先知。之所以如此,对于灵魂厥如的人性的洞察,应该说是一个根本原因。皇帝的住处是"不得见人的住处",醉心功名利禄、仕途经济的男人是"须眉浊物"。而贾敬、贾政的炼丹吃药与心如死灰,则意味着被正统道德的标准视作社会栋梁的男性实际上也只是须眉浊物、徒具躯壳。一切为传统文化所能够塑造出来的最好的并且被千百年来的传统社会一再肯定的男性形象,在曹雪芹的笔下都被还原为男性的颓废。"十万将士齐解甲,竟无一人是男儿。"经历了漫长裹脑时代的男性,要比经历了漫长裹足时代的女人更为不堪。如果说男性或者为某种事业英勇地死去,或者为某种事业卑贱地活着,那么这些男性就是为了活着而卑贱地活着。他们的存在,说明由于人格与灵魂的阙如,中国文化尽管犹如百足之虫、死而未僵,但是已经没有了任何的创造性,而只有没落了的历史和虚伪的道德。女性也是如此。弱者的助纣为虐,或者说,弱者的对自己以及另外一些弱者摧残,尤其令人不堪。然而,我们在《红楼梦》中看到的却恰恰是这样一幕。这是一些传统文化所能够塑造出来的最合乎"理想"的"好"女性,从正统道德的标准看,也都应该被明确肯定,但是从"情性"的标准看,由于人格与灵魂的阙如,却只能令人生厌,只是弱者的助纣为虐以及弱者的对自己以及另外一些弱者的摧残,只是文化的僵尸与历史的木乃伊。在这些人,其一,生命被用作男女、夫妇、父子、君臣、礼仪,生命成为手段而并非目的;其二,被异化为道德木乃伊与冷香丸,人性沦丧,女性、妻性、母性被奴性吞噬,甚至自我男性化,变得六亲不认,冷酷无情;其三是生命被异化为道德工具或者弄权工具,生命被贬低为生殖工具,无疑是女性的悲哀,但是她们不但并不以此为悲哀,反而把自己自觉扭曲为道德工具或者弄权工具,那才真是痛中之痛。例如,从正统道德的标准看,袭人无疑应该是一个劳动模范,但是从"情性"的标准看,她却正是灵魂沦落的象征;从正统道德的标准看,王夫人也无可挑剔,但是从她身上所表现出来的日夜念佛与孝道,与她的霸道以及对于美丽女孩(例如晴雯)的仇恨的强烈对比,却恰恰说明了她对于真实生命、对于"情性"的冷漠。①宝钗尤其如此,在当时正统道德的标准看来,她无疑是一个优秀青年,但是却是一个集极端伪善、暴虐与极端可怜、顺从于一身的"优秀青年",常年食用"冷香丸"这一象征,已经将她的生命被完全冷却这一事实暴露无遗。而灵魂阙如,在曹雪芹看来,恰恰是一个民族的不治之症。正是因此,曹雪芹先知般的预见到了中华民族的将要大难临头:灵魂阙如的人性必将导致中华民族的巨大悲剧,也必将导致中华民族的整体溃败。②

同时,《红楼梦》标榜"背父兄教育之恩,负师友规训之德"的人物,将自己为中国历史确立的全新的人物谱系和盘托出。

在《红楼梦》看来,尧、舜、禹、汤、文、武、周、召、孔、孟、董、韩、周、程、张、朱,应运而生,属传统认可的大仁谱系;蚩尤、共工、桀纣、始皇、王莽、曹操、

---

① 她的对于晴雯的仇恨正是对于美丽的生命活力的仇恨。她自己对于生命活力的压抑势必导致对于他人的生命活力的嫉妒仇恨。我们记得,在雨果的《巴黎圣母院》中,那副主教在反省自己对于美丽的吉卜赛少女的迫害时,就曾为自己辩护说:"谁让她这么美丽!"鲁迅在《坟·寡妇主义》中也曾经剖析说:"至于因为不得已而过着独身生活者,则无论男女,精神上常不免发生变化,有着执拗猜疑阴险的性质者居多。欧洲中世纪的教士,日本维新前的御殿女中(女内侍),中国历代的宦官,那冷酷险狠,都超出常人许多倍。别的独身者也一样,生活既不合自然,心状也就大变,觉得世事都无味,人物都可憎,看见有些天真欢乐的人,便生恨恶。尤其是因为压抑性欲之故,所以对别人的性底事件就敏感、多疑,欣羡因而妒忌。其实这也是势所必至的事:为社会所逼迫,表面上固不能不装作纯洁;但内心却终于逃不掉本能之力的牵掣,不自主地蠢动着缺憾之感的。"王夫人其实也是如此。
② 曹雪芹之后,我们在龚自珍的感叹中更为清晰地看到了这一点:"左无才相,右无才史,阃无才将,庠序无才士,陇无才民,廛无才工,衢无才商;抑巷无才偷,市无才驵,薮泽无才盗。则非特鲜君子也,抑小人甚鲜。"那么,为什么会如此?还是与"裹脑"有关:"才士与才民出,则百不才督之缚之,以至于戮之。戮之非刀非锯非水火;文亦戮之,名亦戮之,声音笑貌亦戮之。"(龚自珍:《乙丙之际箸议第九》)

桓温、安禄山、秦桧,应劫而生,属传统否定的大恶谱系。但是实际上,这些却都不值一提,《红楼梦》以"修治天下,扰乱天下"八字评语,表露了自己对这一评价的不屑。而对"在上则不能成仁人君子,下亦不能为大凶大恶","其聪俊灵秀之气,则在万万人之上;其乖僻邪谬不近人情之态,又在万万人之下"的"情痴情种""逸士高人""奇优名倡",例如"前代之许由、陶潜、阮籍、嵇康、刘伶、王谢二族、顾虎头、陈后主、唐明皇、宋徽宗、刘庭芝、温飞卿、米南宫、石曼卿、柳耆卿、秦少游,近日之倪云林、唐伯虎、祝枝山,再如李龟年、黄幡绰、敬新磨、卓文君、红拂、薛涛、崔莺莺、朝云之流",《红楼梦》则倾注了全部的深情①。显然,这不啻是为中国历史确立了全新的人物谱系②。

在这方面,最具代表性的是宝玉。作为中国文学中的亚当,他是传统社会的"废物","诗礼簪缨之族"的"废物",但也是具有良材美质的"废物"。"痴"、"傻"、"狂"、"怪","愚顽偏僻乖张"③,犹如伊甸园未食禁果的亚当。作为"情"的象征,他在社会中总是"闷闷的""不自然""厌倦",并且不断向姐妹们交代自己的死亡,充满了"滴不尽""开不完""睡不稳""忘不了""咽不下""照不见""展不开""挨不明""遮不住""流不断"的生命忧伤;作为天生的"情

---

① 《红楼梦》第1回,北京,人民文学出版社1996年版,第28—30页。
② 鲁迅说:"人有读古国文化史者,循代而下,至于卷末,必凄以有所觉,如脱春温而入于秋肃,勾萌绝朕,枯槁在前,吾无以名,姑谓之萧条而止。"(鲁迅:《鲁迅全集》第一卷,第63页,北京,人民文学出版社,1981)曹雪芹的时代正处于"文化史"之"秋肃"与卷末"。也因此,曹雪芹对于天地所生异人的精神谱系的梳理就尤其重要。在我看来,中国美学存在着两大精神谱系,其一是从《诗经》到《水浒》,其二是从《山海经》到《红楼梦》。远古神话中的"精卫填海""夸父逐日""刑天舞干戚"等都具备着初步的生命痛苦与悲剧意识,但是以儒、道、释为基础,屈原、杜甫、李白、《三国演义》《水浒》《西游记》等却弃《山海经》而去,另起炉灶。令人欣慰的是,曹雪芹独具慧眼,再一次回到《山海经》所开创的精神谱系。而且,大凡新美学的创立,也必须从精神谱系的梳理开始。它令我们想起此后的王国维所梳理的叔本华、尼采的精神谱系,鲁迅所梳理的摩罗诗人谱系。当然,这三个精神谱系还都有不足之处。新美学的创立,还必须开始新的精神谱系的梳理。
③ 《红楼梦》第3回,北京,人民文学出版社1996年版,第8页。

种",一岁时抓周,"那世上所有之物摆了无数",他"一概不取,伸手只把些脂粉钗环抓来";七八岁时,他就会说"女儿是水作的骨肉,男人是泥作的骨肉。我见了女儿,我便清爽;见了男子,便觉浊臭逼人";作为"逆子",他与满脑子功名利禄的严父水火不容,无视传统对自己的设计和规范,拒绝承担家庭责任和人伦义务,"于国于家无望",不做诸葛亮,也不做西门庆。读《西厢记》津津有味,看到科举程文之类却头疼不已;和大观园中的女孩们如胶似漆,见正经宾客却无精打采;成天"无事忙",做"富贵闲人",但听到别人提及"仕途经济",便斥之为"混账话"……总之,一切被传统公认为有价值的东西,都被他唾弃、抛弃,一笔勾销。"除四书外,杜撰的太多",就是"四书"也是"一派酸语"。僧道没有一个是好东西,参禅也不过是"一时的玩话罢了"。至于他口口声声说的"死后要化成飞灰",也正是对于以传统文化作为立足点的根本否定。

与宝玉形成对照的,是作为中国文学中的夏娃的林黛玉。《生命中不能承受之轻》中萨宾娜评价托马斯说:"我喜欢你的原因是你毫不媚俗。在媚俗的王国里,你是个魔鬼。"[1]林黛玉同样如此,她是传统社会这个"媚俗的王国里"最叛逆的"魔鬼"。不但从来不去劝宝玉"去立身扬名",从来不说功名利禄、武死战文死谏之类混账话,而且全部生命就犹如花朵,犹如诗歌,不为传世,不为功名,只是生命的本真流露,灵魂的激情燃烧。一次"葬花",一次"焚稿"(黛玉临死关心的也只是自己的"诗本子",而她用"焚稿"来"断痴情",也说明她是将诗与生命等同),恰似精神祭礼,展现出她的惊世奇绝,"葬花辞"则是她自己所作的精神挽歌,"花谢花飞飞满天","天尽头,何处有香丘","一朝春尽红颜老,花落人亡两不知"。在繁华中感受着悲凉,那遗世独立的风姿,睥睨一切的眼神,足供我们万世景仰。至于"质本洁来还洁去",则是她以亘古未有的"洁死"对于龌龊不堪的男性世界所给予的惊天一击。

---

[1] 米兰·昆德拉:《生命中不能承受之轻》,兰州,敦煌文艺出版社2000年版,第9页。

同时,还有宝琴、湘云等小姐群落,晴雯、鸳鸯、司棋、金钏、香菱等少女群落,妙玉、三姐、芳官等女儿群落,一样风华绝代,光彩照人。我们知道,巴尔扎克的写作是从男人开始的,安徒生的写作是从孩子开始的,曹雪芹的写作则是从女性开始的。无疑,注意到女性问题并非曹雪芹的贡献。明人葛征奇已有"天地灵秀之气,不钟于男子"而"应属于妇人"(葛征奇:《续玉台文苑序》)的看法,但是他所强调的只是对于女性的侧重,曹雪芹的贡献在于对于男性的绝对排斥以及对于理想女性的高度推崇。他不再为男性树碑立传,不再写传统的非人的"庙堂文章",而是"离庙堂而入闺房",开天辟地首次提出:"为闺阁昭传。"在他看来,理想女性代表着最最自由也最最高贵的灵魂。"有才色的女子,终身遭际,令人可欣、可羡、可悲、可叹者甚多。""其行止见识皆出我之上。""可破一时之闷,醒同人之目。"他甚至宣称,这都是一些真正的精英,不屑名利,为爱殉身,因此远比那些文臣武将更具魅力:"活着,咱们一处活着;不活着,咱们一处化灰化烟,如何?"他的理想,也是在她们之前死去,在她们的泪海里漂到子虚乌有的故乡。为此,他将她们的称谓——"女儿"视为言语的禁忌:"这女儿两个字,极尊贵、极清净的,比那阿弥陀佛、元始天尊的这两个字号还更尊荣无对的呢!你们这浊口臭舌,万不可唐突了这两个字要紧,但凡要说时,必须先用清水香茶漱了口才可。"[1]所谓"清水漱口",正是对在人格与灵魂的阙如基础上形成的霸权话语的抗拒。同时更以"女儿"的是非为是非、以"女儿"的标准为标准:"家里姐姐妹妹都没有,单我有,我说没趣;现在来了个神仙似的妹妹也没有,可见这不是个好东西。"脂砚斋特别提醒说:"通篇宝玉最要书者,每因女子之所历始信其可,此谓触类旁通之妙诀矣。"确实如此。在一个荒唐无稽的世界上,只有青埂峰上剩下的儿女之情才有可观的价值。因此,从"女儿""触类旁通"的,正是"情性"的根本奥秘。

---

[1] 《红楼梦》第2回,北京,人民文学出版社1996年版,第31页。

还值得注意的是,从"情性"这样一个新的人性根据出发,《红楼梦》使得作为第三进向的人与自我(灵魂)的维度的阙如得以弥补。

进入历史的人们只有经过"情"的洗礼,才能使历史的创造本身具备自由的灵魂。而"情"的集中体现,无疑应该是爱情,在中国,就像李敖所说,几千年来连创造出几个像样的爱情故事的能力都没有(中国甚至没有爱情诗歌,只有悼亡诗歌),更不要说爱情本身了。中国人在两性关系中关心的只是婚姻,而并非爱情。因此,把两性连接起来的不是灵魂,而是身体,也不是对于各自的权利的尊重,而是你中有我、我中有你。例如,能否令人安心、安身,能否以心换心、"交心"等等。因此,对于作为爱情的温床的"性"则始终讳莫如深。与西方的性压抑相反,在中国是性根本就没有萌芽。对七情六欲都毫无知觉,更不会形诸于色,无知无欲,无可奈何,而且,由于把性交作为繁衍的必须,因此认为无比肮脏,不但在展开性关系之前必须先确定它的道德属性,而且竟然会时时怕"性交"会"亏"了身体。同样,由于两性之间的关系不是自我的选择,而是社会的选择,因此只能够一切依靠社会。这导致中国的人身的美学的失败,处处以自身没有性的吸引力为荣,对于爱人的要求也往往非性化,男欢女爱都趋向同性化,"颠凤倒鸾"的性别暧昧到处可见,异性中的同性,同性中的异性,成为中国的一大特色。甚至,中国人根本就不知道如何去对待异性,只能像阿Q那样说"你和我困觉"。总之,在中国爱情属于身体而不属于灵魂,爱情问题被完全地身体化了。

"情"之为"情",与自我、灵魂密切相关。也因此,在中国有婚姻,也有性,但是却就是没有"情"。而且,不是经济,也不是政治,而是"情"的出现,才真正宣告了中国传统社会的崩溃。它不是历史前进中可有可无的作料,而是动摇中国传统社会的根本力量,也是历史前进的根本前提。所以,自我与灵魂在中国一旦苏醒,"情"也就必然应运而生。这一点,贾母洞察入微,她能够容忍男女之间的苟合之事(因为"性"对于传统社会而言,不但不可怕,而且还是一种必要的补充),但是绝对不能容忍"(爱)情"的萌芽。袭人也如此,与贾宝玉同领警幻训事而成其男女之欢能够做到心地坦然,听到贾宝玉真情的表露却被吓得魂飞魄散。因为"(爱)情"正是对等级意识、功利意识的根本否定,也正是对人格意识、尊严意识的高扬。曹雪芹生当其时,毅然以他红楼世界中的新伦理——"意淫"祭起了"情"的大旗。具体来看,"意淫"首先体现为宝玉的"情不情"。这是一种千古未有的博爱,所谓"千古情人独我痴",一切道德与功利都失去了意义,被升华为诗意的、纯净的人性,成为无意义的人生中的意义,成为对抗人格与灵魂的阙如的精神力量。飘落在身边的桃花,因为怕"抖落下来"被"脚步践踏了",便"兜了那些花瓣来至池边,抖在池内",这是对"被抛出"的"无家可归"的自然的"情";面对秦可卿之死,"只觉心中似戳了一刀似的",面对金钏儿之死,"心中早已五内摧伤",面对尤三姐之死,"接接连连闲愁胡恨,一重不了一重",面对晴雯之死,甚至"雷嗔电怒",这是对"无保护"的"无家可归"的女性的"情"。如此真"情",实为石破天惊。

"意淫"其次体现为黛玉的"情情"。传统最不重"情"而重"(伦)理","意淫"却最重"情"。而且,没有情,毋宁死。这一点,在黛玉身上表现得最为突出。在人间,贾宝玉是她"唯一的知己",因此,也就成为她生命中绝对的"唯一"。这就是"情情"。因此黛玉接受了宝玉所赠送的手帕后,在上面题诗时通体燃烧的就是"情情"。由此看来,高鹗续写的《红楼梦》在宝玉娶宝钗之际让黛玉焚稿而死并对宝玉充满了恨意,无疑与曹雪芹的原意相背。实际"情情"中的黛玉不会为自己的不幸流泪,因为宝玉的不幸才是她最大的不幸。原稿写贾家被抄,宝玉牵连入狱,黛玉担心宝玉的安危,终日以泪洗面而死,以自己的方式报答了她平生唯一的知己,无疑才写出了真正的情爱。传统美学甚至可以容纳《牡丹亭》中杜丽娘的含欲的情梦,却不能容纳林黛玉不含欲的"情情",道理在此。戚序本第57回前总批云:"作者发无量愿,欲演出真情种……遂滴泪研血成字,画一幅大慈大悲图。"让我们联想到的,就是"情情"。当然,"情情"不仅在黛玉身上历历可见,在其他人物身上

343

也历历可见。龄官在蔷薇花架下一笔一笔、一字又一字地画"蔷"字而痴及局外人的是"情情";尤三姐以身所殉的是"情情";司棋勇于流露的是"情情";在第三十六回"识分定情悟梨香院"中,宝玉先在梨香院中受到龄官的冷遇,继而又亲眼目睹了龄官与贾蔷的痴情,不由得心中"裁夺盘算,痴痴的回至怡红院"并对袭人长叹"昨夜说你们的眼泪单葬我,这就错了。我竟不能全得了。从此只是各人各得眼泪罢了",因此深悟人生情缘各有分定,于是每每暗伤"不知将来葬我洒泪者为谁?",其中所"深悟"的,也是"情情"。这里的"情情"即中国式的全新的情爱。"金玉良缘"与"木石前盟"之间的差异,也就在这里。"金玉良缘"是世俗的婚姻,要靠对暗号来彼此沟通,让人联想到"门当户对";"木石前盟"是彼此的情爱,凭借心有灵犀就可以融洽无间。宝玉黛玉和宝钗的三角关系与传统的三角关系的根本不同,正在于前者面对的是新旧人性的冲突。因此《红楼梦》通过"金玉良缘"批判的不是婚姻,而是人性;《红楼梦》通过"木石前盟"高扬的也不是新的婚姻,而是新的人性。

值得强调的是,《红楼梦》对于"情"的强调,其深意并不在于男女之间,而在于为进入历史的人们进行灵魂的洗礼。这一点,可以从神话形式的"木石前盟"看出。"石头"的化身曾在仙界天天为一棵仙草浇水,仙草遂化为绛珠仙子,与"石头"同下人间,愿以毕生之泪以报其"灌溉之情",这一象征关系规定了他们的情爱只是生命的美感和无意义人生的"意义",所以一方面在故事情节的发展中,"木石前盟"必然被世俗化的"金玉良缘"取代,情爱在现实生活中也必然走向毁灭——这唯一净土也不能为现实的世界所宽容,另一方面,在第三进向的期待中,心灵却必然经过"情"的洗礼才能够诞生。这,就是还泪故事的全部秘密。以泪洗石,水枯石烂,没完没了的哭泣洗尽了心灵这块冥顽的顽石,使之透明,并成为美玉。换言之,泪尽之时也就是人性的彻悟之时,只有在以"情"(不是以知识、道德)来洗涤了灵魂的污垢之后,才有可能塑造出一个前所未有的灵魂——自由的灵魂。更为重要的是,为进入历史的人们进行灵魂的洗礼,《红楼梦》进而把对于悲剧的理解指向

"共同犯罪"。曹雪芹在前言中就指出:他写作的动机是出于"自愧"。"今风尘碌碌,一事无成,忽念及当日所有之女子,一一细考校去,觉其行止见识,皆出于我之上。何我堂堂须眉,诚不若彼裙钗哉?实愧则有馀,悔又无益之大无可如何之日也!当此,则自欲将已往所赖天恩祖德,锦衣纨绔之时,饫甘餍肥之日,背父兄教育之恩,负师友规训之德,以至今日一技无成、半生潦倒之罪,编述一集,以告天下人:我之罪固不免,然闺阁中本自历历有人,万不可因我之不肖,自护己短,一并使其泯灭也。"①"闺阁中本自历历有人"的忏悔,以及因为自己的罪而发现了他人的美好,这种意识亘古未有。而宝玉目睹家族的龌龊、人间的耻辱而又意识到自己是"泥猪癞狗""粪窟泥沟",并因而主动承担罪责,背上十字架,实在堪称中国的一个未完成的神,完全就是作者心态的写照。至于作品本身,则不但除了赵姨娘以外(这似乎是一个败笔),《红楼梦》没有谴责任何一个人,例如贾母、王熙凤,甚至例如薛蟠、贾环,等等。而且,正如王国维所早已指出的:其中所描写的都是"通常之道德,通常之人性,通常之境域"所导致的"共同犯罪"。因此,倘若人们说《红楼梦》的悲剧来自外在劫难固然不妥,但是倘若说《红楼梦》的成功在于写了梦、空、幻,写了"宠辱之道,穷达之运,得丧之理、死生之情"的悉数看破,写了万丈雄心一时歇,其实也还是皮相之见。例如高鹗就写了宝玉出家的决绝,王国维对此极为赞赏。但是这却已经远离了曹雪芹的本意,已经把宝玉写成了甄士隐。高鹗写的只是色空知识以及色空知识中的解脱,曹雪芹要写的却是色空体验与色空体验中的悲剧。是"空"不离"色",以"情"补天。尽管最终的结果是失败。宝玉顿悟"我只是赤条条无牵挂"之际"不觉泪下"而不是欢欣愉悦,就是这个原因。在"通常之道德,通常之人性,通常之境域"所导致的"共同犯罪"中,一切都是无望的挣扎,一切"好"都会"了","木石良缘"仍旧无缘,最美丽的生命偏偏获得最悲惨的结果,白茫茫一片真干

---

① 《红楼梦》第1回,北京,人民文学出版社1996年版,第1页。

净。然而,爱情不灭,美丽永恒。显然,《红楼梦》所给予我们的全部启迪,也就在这里!

然而,《红楼梦》毕竟只是一个前所未有的开始,而并非结束。因此它的以"情"来弥补作为第三进向的人与自我(灵魂)的维度的阙如,也有其根本的缺憾。

一切还要回到作为第三进向的人与自我(灵魂)的维度本身。弥补作为第三进向的人与自我(灵魂)的维度的阙如,还有"情"与"爱"的根本不同。"情"的基础只是本然的情欲。但是,一种真正的关怀绝对不能从本然的情欲出发,否则就只能是虚假的、伪善的。因为本然的情欲自身没有任何超验的价值根据,因此,曹雪芹的"情性"实在脆弱之极,人性根本无从在其中维系,而顶多只象征着中国美学的最后一声叹息。[1] 我们看到:宝玉最后也发现自己的同情是无效的,自己不过就是"赤条条来去无牵挂",黛玉的结论更是"无立足境,是方干净"。最终,既然连动物、花草、儿童都天生禀赋的"情"都无法立足。中国美学也就从此"泪尽而逝",成为绝响。

而爱则根本不同,它是超越本然情欲的终极关怀,是生命存在的终极状态。它不是以我自身的感觉为依据,也不是以他人的感觉为依据,不是为了使自己心灵安宁,也不是为了使他人心灵安宁。爱是你、我与终极关怀同在。爱,意味着不论何时都存在着一种神圣至上的纯全存在,意味着个体与这神圣至上的纯全存在的相遇。因此,爱就是在一个感受到世界的冷酷无情的心灵中创造出的温馨力量。这是在爱他人受阻时的一种义无反顾的力

---

[1] 在这方面,《红楼梦》的以抒情传统来抗拒叙事传统,是一个颇值得关注的问题。人性意识乃至美学意识的觉醒必须从个人在邂逅命运时的行动以及对于行动后果的责任的承担开始。这在《红楼梦》无疑并无可能。因此我们看到的是抒情的内容,叙事的形式,个体诞生之后的作为自由意志的"行动""责任""承担"都并不存在。也因此,与其说贯穿于《红楼梦》始终的是"悲剧",还不如说是"悲剧感"——在作为自由意志的"行动""责任""承担"之外的某种神秘的事先预知的"悲剧感",《红楼梦》所做的一切也都只是对于这一"悲剧感"的浓墨重彩的渲染。

量。爱是自我牺牲,爱是无条件的惠顾,爱是对于每一个相遇的生命的倾身倾心。它永远不停地涌向每一颗灵魂、每一个被爱者,并赋予被爱者以神圣生命,使被爱者进入全新的生命。

这样,在我看来,坚决拒绝进入社会、政治、学校、家庭、成人社会,在意识到人格与灵魂的阙如后悬崖撒手,可以通过"爱",也可以通过"情",但是坚决拒绝进入社会、政治、学校、家庭、成人社会,在意识到人格与灵魂的阙如后不但悬崖撒手,而且毅然进入新的社会、政治、学校、家庭、成人社会呢?就只能通过"爱"。"情",正是《红楼梦》的选择。这使得它意识到了传统的全部缺憾,但是由于它仍旧是在"由吾之身,及人之身"的心意感通中加以实现,仍旧是在本然情性里面展开的,没有更高、更超越的价值依据,因此归根结底也就仍旧属于身体而并非属于灵魂。从而不可避免地导致两种结果:或者既然本然情欲成为终极根据,那么任何维护一己的自私要求就都成为合理的了;或者是使得"情"沦为有具体对象的,结果它不但不是平等地惠临每一个人,反而粗暴地把一些人排斥出去,从对于他人的给予变为对于他人的剥夺。宝玉作为神瑛侍者的不断灌溉,换来的是黛玉作为绛珠仙子的还泪故事,"满纸荒唐言"换来的是"一把辛酸泪"(仅仅是"还泪",不是与不幸同在,而是同情这不幸),道理在此;《红楼梦》能够"悲天"但是却无法"悯人",道理也在此。曹雪芹未能找到新的社会、政治、学校、家庭、成人社会,道理还是在此。这意味着中国一步就跨越了西方从获罪到救赎的漫长过程。然而,尽管意识到了情的重要,但是由于没有意识到自我、个体才是情之为情的根本,因此,这里的"情"也就无法提升为"爱"。而唯一正确的选择,却正是"爱"。爱,是自我与灵魂的对应物。爱意味着从更高的角度来体察人类的有限性,来悲悯人这个荒谬的存在。而且,爱只是通过生命个体,而不是通过"人民""家族""国家"来面对生命的虚无、苦难与黑暗。爱也不是"补情"而是"补偿",它无法抵消人性的丑恶,也无法寻觅到生命的香丘,唯一能够做的,是以爱来偿还人所遭受的苦难,并且与人之苦难同在。由此,也就不但坚决拒绝进入社会、政治、学校、家庭、成人社会,不但在意识到人格与灵魂的阙如后悬崖撒手,而且毅然进入新的社会、政治、学校、家庭、成人社会,这就是爱之为爱的"大悲大悯、大悯大善、大善大美"的精神境界。

"情情"与"爱情"的差异也是如此。"问世间情为何物,直教生死相许"(元好问),恩格斯说,爱情产生于中世纪骑士与有夫之妇的通奸行为。这提示我们:爱情并不是与人类生命俱来的,而是西方中世纪的特定现象。只有建立在男女平等基础上的个人化性爱,才可以称之为爱情。与之相应,婚姻无疑属于社会,爱情只能属于个人。而因为自我没有诞生,在中国就往往会用许多属于婚姻的东西来置换爱情的内涵,《红楼梦》也未能例外。尽管已经意识到了以婚姻置换爱情的缺憾,但是自我毕竟没有诞生,解决的方式仍旧属于婚姻,而并不属于爱情(例如对于同结同心、白头偕老之类美好愿望的关注)。首先,是不存在男女平等的基础,女性地位的卑贱使得宝玉与黛玉之间并不存在平等的情感交流;其次,是没有个人化的表现,既不排外,也不排他,最后是没有性爱的内涵,不但黛玉吸引宝玉的原因与性特征无关,而且宝玉对她也没有性爱要求,警幻仙子对宝玉的训诫"好色即淫,知情更淫",更充分说明"情情"对于身体的禁止。

事实上,所谓"情情"只是一种发自本然情性的赤子之心、似水柔情,这是一种女性与儿童常有的情感。因为本然情性是人性中最纯洁的部分,从反抗以婚姻置换爱情的缺憾来看,在自我没有诞生之前,这无疑已经是最为理想的状态,但是从爱情的角度看,这又是根本不够的。在"情情"中,自我根本就没有出场,出场的只是一个永远长不大也永远不想长大的儿童(补情之后的石头就成为玉即透明的石头,也就是成为儿童)[1]。这个儿童固然重"情"但是却畏惧成长、畏惧浊物,畏惧一切成长即丰富性的生命,甚至以死

---

[1] 陀思妥耶夫斯基也常描写"贫苦无告的孩子",认为他们不同于"偷吃了禁果"、"令人生厌,不值得爱"的"大人","同大人们有天壤之别","仿佛完全是另一种生物,有着另一种天性"。(陀思妥耶夫斯基《卡拉马佐夫兄弟》上,北京:人民文学出版社1999年版,第352页)但是,与曹雪芹的思路却恰恰相反,其中的深意颇值探究。

来表示自己不愿长大,因为长大即意味着堕落,所谓"质本洁来还洁去"。由此,《红楼梦》的"情情"(中国的最高层次的爱情)要的就不是爱本身,而是自然、天然的情,如果一定要称之为爱情,那也只能是一种中国式的否定生命的爱情,产生于不健康的、病弱的生命的爱情,产生于倒退、停滞、不愿长大的儿童的爱情。

爱情首先是个人自我的作品,是个人自由创造的结果。但是在《红楼梦》中却恰恰相反,因此主动型的爱在其中却成为被动型的情。在爱情中成为终点的东西,在《红楼梦》却成为起点。犹如从爱情出发只会去照风月宝鉴的正面,即生命,在《红楼梦》,从"情"出发却只会去照风月宝鉴的背面,即死亡。这就是说,作为自我没有出场的产物,《红楼梦》中的"情情"关注的只是"自己想是什么",而并非"自己实际是什么"。在这里,自我尚未诞生,自我与世界、他人混沌不分,一切都只是镜子,自己在这面镜子中看见的都仍旧是自己的映象。这显然是一种既"完整"而又"完美"的状态,由于在其中缺乏理性的自我疆界,难免会出现"万能的幻觉",置身其中,就会导致某种一厢情愿的幻想,而且必然会将这种实际是对婴儿期"完美"状态的追忆的"无为而无不为"的"万能的幻觉"视为真实。这样,在成年人看来,现实是一种不"完美"状态,只有诉诸行动,才能够发生改变(因此,西方的爱是火,能够把一切焚烧成灰),而在婴儿看来,现实是一种"完美"状态,只要哭泣,就可以改变一切。《红楼梦》也如此,在它看来,只要哭泣,就可以改变一切。

由此,"情情"最终必然走向自怜。史湘云说林黛玉是个戏子,一切都是表演,而且只是为了一件事情:悲痛与不幸。她所揭示的,正是林黛玉的"自怜"。她看不到自己以外的世界。一切都是心情所致。所谓"潇湘仙子",这里的"湘"就使人想起"湘君","湘"与水、镜子、悲伤、失去有关,无疑正是黛玉作为自怜者的象征(犹如西方爱慕自己水中倒影的纳喀索斯)。推而广之,宝玉称黛玉为"颦颦",说明一见钟情的主要是"怜",而不是"爱"。是对于黛玉的"痴情"而不是性。而出于怜的情一旦实现,也就不可能再"爱"。爱情必须是性与情的统一,但却未必是性与婚姻的统一,因此偷情、通奸都不必在婚姻面前止步,也不都是不可饶恕之罪。《失乐园》中的久木和凛子以爱的狂喜和痛苦为我们展现的正是这一点。但是"意淫"却没有"性","皮肤滥淫"则没有"情",可见,关注的都是情的普遍性与性的普遍性,而且二者彼此割裂,但是爱情关注的却必须是情的特殊性与性的特殊性,而且二者必须融为一体。所以,《红楼梦》中的"情情"是没有"初恋"的,而这在西方却是主要的,而且《红楼梦》中只有宝玉的所谓吃胭脂,而西方却是令人心动的亲吻。因此,宝玉是以良好的主观愿望自欺欺人,黛玉是因此而对于一切欢乐的绝望,这实际是两个人在玩"过家家",根本与爱情无关。①

结论:《红楼梦》的出现,深刻地触及了中国人的美学困惑与心灵困惑,同时也为解决中国人的美学困惑与心灵困惑提供了前所未有的答案。但是由于自我始终没有出场,因此这无所凭借的"情"最终也就必然走向失败。②历史期待着"自我"的隆重出场,期待着从以"情"补天到以"爱"补天,期待着从引进"科学"以弥补作为第一进向的人与自然的维度的不足和引进"民主"以弥补作为第二进向的人与社会的维度的不足,到引进"信仰"从而弥补作为第三进向的人与自我(灵魂)的维度的阙如。而这,正是从王国维开始的新一代美学家们的历史使命!

(刊于《学术月刊》2005年3期)

---

① 埃·弗洛姆曾经郑重提示同情与爱之间的"被爱"与"施爱"、"爱的对象"与"爱的能力"、"坠入情网"与"长久相爱"的区别,以及"因为我被爱,所以我爱"与"因为我爱,所以我被爱"、"因为我需要你,所以我爱你"与"因为我爱你,所以我需要你"的区别,无疑给我们以深刻的启示。参见埃·弗洛姆《爱的艺术》,成都:四川文艺出版社1986年版,第1—7、46页。
② 从明代开始,中国学者的思想上的无助状态令人瞩目。日本学者沟口雄三在《中国前近代思想之曲折与展开》一书中就曾反复揭示李贽的思想"饥饿感"。而今看来,这一"饥饿感"正是源于信仰之维、爱之维的缺乏。

第七章

历史功能

第一节
在人、自然、社会和文化之间

在考察了中国美感心态的深层结构之后，必然要涉及到它的历史功能问题。

本书已经谈过，中国美感心态的深层结构的诞生，是合乎历史规律的自我运动、自我产生、自我演进的客观成果，又是中华民族为了自身的生存和发展而自我决定、自我创造、自我选择的主观结晶。然而，无论是作为客观成果，抑或作为主观结晶，中国美感心态的深层结构的诞生都绝不会是任意的、盲目的、无缘无故的，它是中华民族的生存意义的直接显现。或许还有必要颠倒过来，正是它，为中华民族的生存赋予了某种自由境界、意义境界，赋予了某种价值、某种温馨、某种慰藉、某种归宿。不论是中国美感心态的深层结构的根本内容、基本特色和主要类型，还是作为中国美感心态的深层结构的中介的集体感知、集体表象，其最终的指向，不都是如此吗？

假如本书的论述还差强人意的话，那么，这一点或许已经不致引起读者的任何疑惑和不解了。现在的问题是，作为中华民族的生存意义的直接显现，作为某种自由境界、意义境界，作为某种价值、某种温馨、某种慰藉、某种归宿，它与中华民族的生存状态的关系是什么？换言之，假如我们把中华民族看作一个不自觉地趋向一定目的的自组织、自控制、自调节的系统，中国美感心态的深层结构则显然是使整个系统不致偏离目的的种种调节机制之一。那么，颇有魅力的是，中国美感心态的深层结构对于中华民族这一自我控制系统的意义和作用究竟是什么呢？

在这里，有必要引进"功能"这一概念。所谓功能，是指若干要素按照一定结构有机组合而成的统一体在与特定环境相互作用时,所具有的对自身某种作用的预先规定以及完成某项工作的特殊能力。显而易见,功能也正是指的上述种种调节机制的意义和作用。由此类推,中国美感心态的深层结构的历史功能,正是指中国美感心态的深层结构所具有的对自身某种作用的预先规定以及完成某项工作的特殊能力,或者说,是指中国美感心态的深层结构为什么目的、为什么原因和怎样在产生、围绕和影响着它的特定环境中高效率地工作的问题。

这当然是一个颇为令人迷惑不解的问题。迄今为止,关于这个问题的研究尚属一片空白,也许就是这个原因?不过,又无疑是一个本书无法避开、必须做出答案的问题。那么,要回答这一问题,应该从哪里入手呢?毫无疑问,路径不止一条。但从本书来看,较为适宜的还是从中国美感心态的深层结构与特定的环境的相互作用入手去分析和考察。

本书认为,中国美感心态的深层结构的特定环境起码应该包括:第一,人:除了原始本我之外,还指各种社会关系的总和;第二,自然:中华民族所置身其中的自然地理环境;第三,社会:民族成员之间的社会关系;第四,文化:在中国主要指的是精神文化即社会超我。因此,对中国美感心态的深层结构的历史功能的分析和考察,也应该相应地在下列若干相互作用的方面率先展开。它们是:

中国美感心态的深层结构⟵⟶社会;

中国美感心态的深层结构⟵⟶自然;

中国美感心态的深层结构⟵⟶人;

中国美感心态的深层结构⟵⟶文化;

除此之外,对于任何复杂的结构而言,其功能往往分为对外和对内两个方面。例如人的大脑功能对外是认识客观世界的认识器官,对内则是调节脑体和人体生理平衡的司令部。因此,从对内的历史功能而言,又可以在中国美感心态的深层结构⟵⟶中国美感心态的深层结构之间展开(如图)。

```
         社会
          ↑
    人 ←──●──→ 文化
          ↓
         自然
```

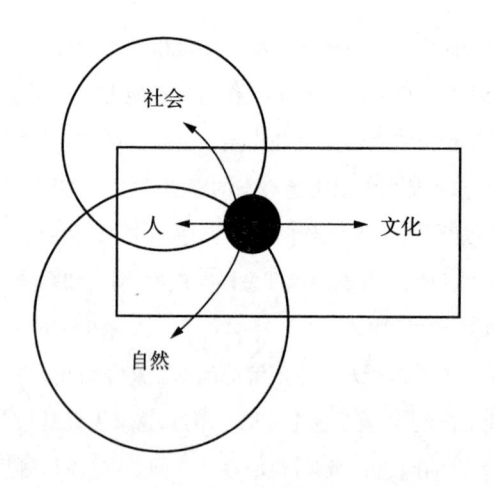

有必要强调指出的是,中国美感心态的深层结构并非中华民族自控制系统的调节机制的全部,正像本书已经谈到的,它是种种调节机制之中的一种。因此,中国美感心态的深层结构与特定环境的相互作用就有其特定的内涵和角度。也就是说,特定环境有其需要满足的特殊需要,而中国美感心态的深层结构之所以能够与其相互作用,恰恰在于它能够满足这种特殊需要。那么,这种特殊需要是什么呢?本书认为,主要是一种情绪和情感反应的需要。它是对生存价值和生存意义的固执追问。是一种最为原始的需要,也是一种最为重要的需要。而中国美感心态的深层结构,正是对这样一种情绪和情感反应的特殊需要的满足。在这个意义上,中国美感心态的深层结构与特定环境的相互作用,或许可以明确表述为特定环境的特殊的情绪和情感反应的需要,以及中国美感心态的深层结构对它的满足。倘若果真如此,那么,中华民族在社会、自然、人、文化诸方面对特殊的情绪和情感反应的需要,以及中国美感心态的深层结构对它的满足,就完全有理由成为我们分析和考察工作的逻辑起点。

我们的分析和考察不妨从中国美感心态的深层结构←→社会之间的历史功能开始。因为中国美感心态的深层结构的诞生首先与中国社会的诞生密切相关。

人类是以社会作为自己存在和发展的基本形式的。在某种意义上,甚至可以说,人类之所以可以成为最强有力的生物,其中的秘密就在于组成了社会。因此,促成社会的稳态并推动它不断演进,就成为社会的根本需要。情感需要自然不能例外。而应运而生的美感心态的深层结构,作为一种功能现象,显然具有满足这种情感需要的预先规定的特殊能力。它把社会保持稳态和不断演进的客观规律内化为一种情感追求,把符合这一客观规律的表现为美,反之则表现为丑,并为社会的情感宣泄提供适宜的渠道,从而通过满足社会的情感需要去调节、控制人们的行为和关系,促成社会的稳态并推动它不断演进。

然而,人类社会又毕竟是形形色色、结构各异的,因此,美感心态的深层结构的功能内涵也不可能完全一致。就中国封建社会而论,本书反复强调其基本特征是农业经济、贵族政治、宗法社会、维新路径,它导致对中国美感心态的深层结构的历史功能的特殊要求。本书认为后者是成功地满足了这一特殊要求的。这种满足集中体现在中国美感心态的深层结构的思考趋向上。假如说西方出于自身社会的特殊要求,侧重从个体与社会的对立、冲突的基础去发现、追求和体验美,中国则始终认定,美是以个体的感情心理欲求和社会的理性道德规范的和谐统一为基本特征的。它表现为合规律与合目的,必然与自由的内在统一。这也就是说,中国侧重从个体与社会的自在的和谐统一的角度发现、追求和体验美。毋庸讳言,在中国这样一个处处强调"安定""统一"的伦理社会中,上述美感心态的思考途径是适宜于其特殊的情感需要的。

还可以谈得稍为详细一些。中国封建社会的基本结构导致了它对伦理道德的高度重视,这一点已在学术界得到普遍认可,甚至连西方也有所察觉。黑格尔曾经指出:"道德在中国人看来,是一种很高的修养。但在我们这里,法律的制定以及公民法律的体系即包含有道德的本质的规定,所以道德即表现并发挥在法律的领域里,道德并不是单独地独立自在的东西,但在中国人那里,道德义务的本身就是法律、规律、命令的规定。"①这一切折射在情感需要上,就是对美的强调。中国美感心态的深层结构强调美与善的统一,强调美感心态同纯洁神圣的高尚品质与道德情操的血肉联系,强调美感心态的社会价值,强调美感心态与庸俗无聊的官能享受的剥离。这种意蕴深刻的"美善相乐"的美感风貌,无疑适宜于中国社会的情感需要。又如,马克思在谈到封建社会中农民和地主的关系时说:"那些耕种他的土地的有些并不处于雇佣短工的地位,而是一方面像农奴一样本身就是他的财产,另一方面对他保持着尊敬、臣属和输纳贡赋的关系。因此,领主对待他们的态度是直接政治的态度,同时又有人情的一面。"②这人情的一面,在中国被充分凸出。从孔子的"仁者爱人",孟子的"亲亲尊尊",直到《白虎通义》借助细致缜密的理论剖析把情感心理与伦理的内容相互沟通:"宗者何谓也? 宗者尊也,为先祖者,宗人之所尊也……族者何也? 强人凑也、聚也……生相亲爱,死相哀痛,有全聚之道,故谓之族。"而中国美感心态的深层结构一方面力求把美感同认识区别开来,强调美感"使情成体"的根本特性,但另一方面强调这种"情"应该与社会伦理道德的融合统一。"思无邪""发乎情,止乎礼义"不正是这个意思吗? 不难想见,它是确乎具备满足中国特殊情感需要的美学功能的。诸如此类的美感心态,都清晰地表明中国美感心态的深层结构在与中国社会的相互作用中,能够通过满足中国社会的情感需要,达到调节、控制人们的行为和关系,促成中国社会的稳态并推动它不断演进的历史功能。

中国美感心态的深层结构←→自然,与前述问题密切相关。这当然是因为人们在自然方面的情感需要是以社会需要作为中介的。然而它毕竟是一个独立的方面。

---

① 黑格尔:《哲学史讲演录》第一卷,三联书店 1957 年版,第 125 页。
② 马克思:《1844 年经济学——哲学手稿》,人民出版社 1979 年版,第 38—39 页。

在中国,自然是人们的家园。在这里"个人把劳动的客观条件简单地看作是自己的东西,是主体得到自我实现的无机自然。劳动的主要客观条件并不是劳动的产物,而是自然"①。或许这种情景的出现还应该归咎于中国的大自然本身? 我们不会忘记黑格尔的发现:"平原流域把人束缚在土壤里,把他们卷入无穷的依赖性里边,但是大海却挟着人类超越那些思想和行动的有限圈子。"②正是因此,中国在自然方面存在的是一种渴望依赖(而不是渴望超越)的情感需要。而中国美感心态的深层结构从人与自然的自在的和谐统一出发,一方面高度肯定大自然"天行健"的生命运动,肯定它在空间和时间的雄伟、无限、永恒,另一方面又往往在大自然面前自惭形秽,进而深刻意识到大自然与人的生命的存在和发展的密切关系("上下与天地同流""与天地参"),因而把美感心态作为既根源于自然、服膺于自然,同时又从自然超逸而出的理想境界。这种"天人合一"的美感心态无疑是对自然的渴望依赖的情感需要的一种美学解决,或者说,美学解脱。

我们知道,中国人与大自然的关系不是改造对方适应自己而是改造自己适应对方。因此,天气的变易,地气的萌动,花开花落,鱼跃鸢飞,就格外牵动着中国人的心弦。这种情感需要造成了中国人感物而动的美感心态。他们悉心感应着舒展流荡的大自然的生命韵律,"须其自来,不以力拘"。王夫之称之为:"天壤之景物,作者之心目,如是灵心巧手,磕着即凑,岂复烦跻躇哉?"确乎道破了其中的真谛,这种感物而动的美感心态的历史功能,是显而易见的。进而言之,人与大自然的内在感应,必然导致某种生机融怡的心态沉淀,"献岁发春,豫悦之情畅。""天有风雨寒暑,人亦有取与喜怒。"人与大自然的融洽合一,是中国人的情感需要,又是中国美感心态必须完成的美学目标。情景交融不正是应运而生的吗?"情往似赠,兴来如答","既随物

---

① 马克思:《马克思恩格斯全集》第四十六卷上册,第483页。
② 黑格尔:《历史哲学》,三联书店1956年版,第154页。

以宛转"又"与心而徘徊","此身一日不与天地之气相通,其身必病,此心一日不与天地之气相通,其心独无病乎?……但提起此心,要它刻刻与天地通尤要。请问谈诗何为谈到这里?曰:此正是谈诗。"诗人一方面"萃天地之清气,以月露风云花鸟为其性情",浸染了月的幽淡、云的飘逸、风的从容、花的清丽,另一方面,又把自身骚人的气韵、雅客的风情、圣贤的胸怀、逸士的胸襟,浸染进自然之中,创化出浑然融洽的意境。这意境是"可游可居""惟性所宅"的精神家园,是悠然自足、万物归怀的母体和子宫,而它的产生,正是根植于渴望依赖的情感需要。不容忽略的是,中国渴望依赖的情感需要,瞩目的并非大自然的感性性状,而是其中阴阳和合、五行流衍、昼夜消长、四季循环的和谐秩序。中国美感心态对于"喜怒哀乐之未发谓之中,发而皆中节,谓之和","乐者,天地之大和也"的强调,显然也与之密切相关。"夫大人者,与天地合其德,与日月合其明,与四时合其序。"[1]中国美感心态正是在这样一种情感指向中完成自己的历史功能的。

中国美感心态的深层结构←→人,其历史功能当然不同于如上所述。原因很简单,社会、自然的情感当然不同于人的情感需要。那么,人的情感需要是什么?本书认为,是个体情感需要和整体情感需要的二位一体。生命的个体基础使生命的情感需要具有个体的形式。不仅仅人的情感需要的发生,即便是它的发展、它的表现、它的满足,也只能还原为个体的形式。但同时,人的情感需要从一开始又具有整体性。这显然是因为整体决定着个体的情感需要的特定内涵,这些特定内涵的满足是对象通过整体而成为对象,这些对象的获得恰恰又只能求助于整体的途径。而且,个体情感需要又必然组成整体需要,以整体需要的形式反映出来,从而曲折地实现自己。不过,这毕竟只是一种理想。在不同民族的自控制系统中,与西方个体的情感需要被片面凸出恰成对比,在中国整体的情感需要被片面凸出了。在情

---

[1] 《易经》。

感交流中实现人的群体性、社会性、服从性，同时泯灭人的个体性、独立性、自主性，因此而成为根本的目标。

中国美感心态的深层结构当然是这一情感需要的完美实现。这一切集中体现在理想人格的塑造上。假如说西方侧重从个体情感需要的角度去力求理想人格的实现，追求的是美的个体价值，那么中国则是侧重从整体情感需要的角度去力求理想人格的实现，追求的是美的历史价值。最为典型的自然是"孔颜人格"。冰冷刺骨的理性，纯洁无瑕的美德，"安邦定国"的责任感，"为仁由己"的使命感，"天不予我"的负罪感，都一股脑儿地沉淀下来，渗透、融贯在血肉之中。"一箪食，一瓢饮，在陋巷，人不堪其忧，回也不改其乐"，"富贵不能淫，贫贱不能移，威武不能屈"，甚至"大泽焚而不能热，河汉汪而不能寒，疾雷破山飘风振海而不能惊"。然而这种理想人格同时又是压抑感性、压抑情欲、压抑个体自由的结果。看不到汪洋恣肆的心灵骚动，看不到摧人心肺的灵魂战栗，看不到喷薄欲出的生命岩浆。总而言之，在"孔颜人格"的尽头是感性生命、个体意识的彻底泯灭。不言而喻，这种美感心态与中国人的情感需要有着一种整合作用，完成了维护中国人的情感需要的历史功能。

中国美感心态的深层结构⟵⟶文化、历史功能尤为别致。一般而言，任何文化都应包含物质文化和精神文化两个组成部分，然而它们的组合方式又可以有所不同。历史告诉我们，这种组合方式的不同，对于任何文化的命运都会产生根本的影响。因此，对于任何文化的情感需要也会产生根本的影响。就中国而论，一个颇为令人瞩目的事实是，精神文化远远超出并凌驾于物质文化之上。不是精神文化产生于物质文化的基础之上，不是精神文化反映物质文化发展水平的要求，并推动社会生产力向更高的目标发展，而是触目惊心地颠倒过来，精神文化偏偏成为某种先验的存在，成为某种基本生存条件。不但物质文化要为精神文化服务，而且物质欲望的满足也要以精神文化的先验规定为准绳。因此，在中国可以不重视社会生产力的发展，可以不重视科学技术的发展,可以不重视商业经济的发展,甚至可以不重视割地赔款、亡家亡国,但却不允许不重视"精神文明冠于全球"。进而言之,中国被吹胀、架空出来的精神文化又是以伦理道德为中心的。它们不是发端于探究自然之奥秘,也不是发端于个人之人生解脱,而是发端于修身治国之道,"明于治乱之道","审于是非之实"之道。因此,倘若把西方与物质文化彼此沟通、互助互动的精神文化称之为"智者"文化,则不妨把中国的精神文化称之为"圣贤"文化。它是一种内省的智慧。缘此,在中国,所谓"礼"无非是寻求社会道德的秩序化,所谓"仁"无非是寻求人伦关系的规范化,所谓"乐"无非是寻求人们内在精神的和谐化。哲学是伦理哲学,历史学是伦理历史学,政治学是伦理政治学,经济学是伦理经济学,法律学是伦理法律学……总而言之,"悠悠万事,唯此为大。"然而,或许正是因为如此,中国文化在情感需要上也就产生了独特的内涵和指向。简而言之,它虽然比西方的"智者"文化更少受到他制、他律的骚扰、羁勒,但较之审美却毕竟有着更多的意识、法则、绝对命令的外在限制。它所展示的是人格的伟大,却并非人格的自由。于是,当西方的精神文化走向宗教,从中寻求某种情感需要的慰藉时,中国的精神文化却出人意料地走向审美、从中寻求某种情感需要的慰藉。

正是出于上述原因,有人把审美称作中国最高的人生境界。这实在是很有道理的。中国美感心态的深层结构,赋予中国文化以诗的灵魂。它所面对的当然不是外在的实在知识,甚至也不是"富贵不能淫,贫贱不能移,威武不能屈"之类的道德修炼(正像朱子讲的"富贵贫贱威武,不能移屈之类,皆低,不足以语此"),而是本心仁体的创造、生存意义的体认和精神家园的复归。"邵子洞先天之论,观化于时,一切柴棘,如炉点雪,如火销冰,故能与造物者为友,而游于温和恬适之乡。彼惟不借力于物,而融化于道,斯浮于隐者也。"[1]这里的"不借力于物,而融化于道",正是某种澄明无滞、超然空灵

---

[1] 袁中道:《赠东奥李封公序》。

的美感。它"物物而不物于物",它"与天地精神往来",它"上与造物者游,而下与非死生无终始为友",它"乘天地之正,御六气之辨,以游无穷"。它是人类内在灵性的复苏,它是一种精神还乡的冲动,它是生命的沉醉。它为人世带来了沉静、灵明、觉解,带来了澄明、笃厚、充盈,带来了天机、仁德、化境,尤其带来了圆照、良知和冥思。

中国美感心态的深层结构←→中国美感心态的深层结构,指的是中国美感心态的深层结构在自我建构中表现出来的历史功能。我们知道,美感心态的深层结构的建构很难找到一个绝对的起点,但说是在原始实践活动中主体与客体结构而成则大致不差。而就美感心态的深层结构自身而言,又同时具备两种历史功能:同化和顺应。"同化是把外部的元素整合到一个有机体的发展中或已完成的结构中去。"①它犹如控制器或情感黏合剂,把人们从各个角落吸引到不同水平的社会共同体中,使得人们的突破不论如何尖锐,都绝不会解体为单个的人或降低到动物"群"的水平。但仅仅如此还不够。如果只有同化而没有顺应,美感心态的深层结构就会僵化,转而成为保守的防御机制。皮亚杰说顺应"是一个同化的格局或结构由于同化进来的元素所引起的任何改变"②,即主客体相互作用中客体对主体的改变,它使不能适应新环境、新情况、新刺激的美感心态变换成新的美感心态,使新的输入信息在新的美感心态中得以同化,从而说明美感心态的不断发展的动态过程。皮亚杰认为,同化与顺应实际上是主体输入信息进行整合的两种功能。它们是同时进行的。同化是一种量变,顺应则是一种质变,在量变中必然包孕着质变的因素,美感心态必然不断更新方能接纳新的信息,新美感心态作为对旧美感心态的扬弃,主体把旧美感心态整合到新美感心态之中,美感心态的不断顺应过程,正是把旧美感心态的合理性保留,弃其局限性,

---

① 皮亚杰:《发生认识论原理》,商务印书馆1985年版,第2页。
② 皮亚杰:《发生认识论原理》,商务印书馆1985年版。

增进新的合理性的过程。而同化与顺应之间的谐调,则在于美感心态的平衡:T+I=AT+E(T指美感心态,I指刺激,E指被美感心态排除的信息)。美感心态的平衡使美感心态同化与美感心态顺应之间形成一种必要的张力,这种张力使同化和顺应同时成为美感心态自我建构中的两种功能。在这进程的一定时间内,同化占优势,自我建构表现为量变过程,一定时间内,顺应占优势,自我建构则表现为质变过程。在长期的封建社会历史背景下,中国美感心态的深层结构一直处于封闭凝固状态,因此其内在的历史功能也往往以同化为主,自我建构自然相应地表现为量变过程。这一点不仅可以从自先秦迄至明清中国美感心态的深层结构无大变易中得到证实,而且可以从中国美感心态的深层结构对印度佛教美感心态的吸收消化中得到证实。这场被黎锦熙形象地称之为"这餐饭整整吃了千年"的吸收消化,迄至唐达到极境。抛开数不胜数的赞词谀语不去理论,我们不妨设想一下,这种一味将外来美感心态认同于中国美感心态,一味去同化外来美感心态的作法和气度,难道不是又已经在根本上窒息了外来美感心态应有的启示作用和本应为中国美感心态带来的生命活力吗?退一步说,难道不是又已经使人领悟到:中国美感心态的深层结构的内在历史功能,确乎是以同化为主吗?

第二节
"有味无痕,性存体匿"

中国美感心态的深层结构的历史功能是一个异常复杂的问题。上节的论述,固然指出了若干方面或基本轮廓,但也许同时又失掉了某些同时很有价值的内容,难免有遗珠之恨。当然,很可能这个问题本身实际就是一个

"剪不断,理还乱",永不可能说清的问题。因此,我们不妨认为,中国美感心态的历史功能,就是以上节论述的若干历史功能为主要内容的。不过,它们不是各种效用的简单堆积、杂乱拼凑,而是高效率地组织起来的系统。在其中活动着的既有不同的若干功能的协调联系,又有这些功能的从属联系。这也就是说,从前者来看,在其中活动着的若干功能彼此之间并非双峰并峙、二水分流,而是相互耦合、相互作用、相互弥补、相互促进。从后者来看,这些功能又可以分解出一系列局部的更为具体的子功能,甚至毫无疑问还存在第二、第三……程序的历史功能。遗憾的是,诸如此类的问题,就本书而言,毕竟不太重要,甚至无关宗旨,因此无暇详述。

本书感兴趣的是,中国美感心态的深层结构的历史功能作为一个高效率的组织起来的系统,具有在保持自身的内在完整性的同时,能够在相当广泛的范围内改革自身各种功能的组合关系的能力。正是这种能力,造成了中国美感心态的深层结构的历史功能的具体性、生动性、复杂性和现实性。对此,本书有必要给以简要的说明。

从整体的角度讲,中国美感心态的深层结构自身各种功能的组合关系的改变,起码有两种情况不允忽略。其一,各种功能的组合关系在不同阶段有其不同表现。在不同阶段,各种功能的组合关系有所不同。在某一阶段是美感心态对自然的历史功能占主要地位;在某一阶段,是美感心态对人的历史功能占主要地位,等等。其二,各种功能的组合关系在不同艺术种类中有其不同表现。美感心态主要表现在艺术中。然而,由于艺术种类不同,美感心态自身各种功能的组合关系也有所不同。诸如书法、绘画、诗歌、诗词、戏曲、园林、建筑、音乐、小说,它们都会驱策美感心态自身的各种功能参照它们的内在结构而重新组合起来。

从个体的角度讲,中国美感心态的深层结构自身各种功能的组合关系的改变,尤为引人瞩目。

美感心态的深层结构是一种集体的审美无意识,但又必须以个体为载体。在这个意义上,应该看到,美感心态实际上交织着发生学(集体)和非发生学(个体)两重内容。并且,后者尤其不应忽视。从本体论的层次看,美感心态本身就是一个世界。个体的美感心态的形成则是以往全部世界史的产物。"海克尔认为,在胚胎发展中动物趋向于重复或重演我们祖先在进化中所遵循的过程,确实,胎儿在子宫内发育中,在尚未呈现出人形之前,经历了同鱼类、爬虫类动物,和非灵长目哺乳动物非常相似的阶段。"①恩格斯在《自然辩证法》中则指出:"现代自然科学承认了获得性的遗传,它把经验的主体从个体扩大到类;每一个体都必须亲自去经验,这不再是必要的了;它的个体的经验,在某种程度上可以由它的历史祖先的经验的结果来代替。如果在我们中间,例如数学公理对每个八岁的小孩似乎是不言而喻的,都无须用经验来证明,那么这只是积累起来的遗传的结果。要用证明来给布须曼人或澳洲土人把这些公理解说清楚,却未必可能。"然而,个体作为集体美感心态的载体,却又毕竟有其大量属于自己的因子、特性和无以示人的秘密。

之所以如此,关键在于个体同样十分复杂,并非纯粹和单一,也并非全属集体美感心态的因子。从儿童时代起,固然,从父母兄弟那里接受了关于集体美感心态的种种暗示,进入校门之后,来自各个方面的教育又在不自觉地灌输形形色色的集体美感心态的因子,至于艺术作品,更像一块美学模板,在心灵深处复制出集体美感心态的全部机制。但是这一切又统统不是被动消极的,往往要与自身的忧患悲伤、欢乐欣慰,乃至人生经验、命运遭际化解在一起,才能为个体所接受,因此,个体所建构起来的,就并非集体美感心态本身,而是被个体美感心态严密包裹起来的集体美感心态。或许,不妨把这种被个体美感心态严密包裹和彻底化解掉了的集体美感心态,称作"有

---

① 卡·萨根:《伊甸园的飞龙》第45页。转引自劳承万《审美中介论》,上海文艺出版社1986年版,第231页。

味无痕,性存体匿"。

不过,无论如何,在个体身上,起码从理论上说是存在着个体和集体两种互相区别的美感心态的。并且,回到本书尤其是本章的主题,又起码从理论上可以说,集体美感心态的深层结构的历史功能,是借助个体美感心态才能够实现的。说得更为清楚、准确一些,前者自身各种功能的组合关系,是借助后者的内在结构而转动、变化和更新的。那么,个体美感心态和集体美感心态的关系是什么呢?"青天有月来几时,我今停杯一问之。"我们不能不发出这样的痴问。

在我看来,个体美感心态和集体美感心态之间是内容和原型的关系,所谓原型,是受荣格的启迪。他指出,原型是整个种族的集体无意识。但它不是一些静止的图画,而是人生经验的模式。"它就像心理深层中一道道深深开凿过的河床,生命之流在这条河床中突然奔涌成一条大江。"有时候,荣格也把原型称作一种无型的秩序或构架。"如同一种晶体的无形构架,它预先决定了某种液体饱和之后所要出现的结晶体。当然,轴架本身并不具有任何物质存在……它确定着晶体之结构,具有一种永恒不变的型蕊的含义。换言之,它决定的是意象出现的原型,而不是具体的显现。"[1]因此,原型是美感心态的深层结构提供的,是种种特定的美感模式,造成的是美感心态的深刻性和普遍性。所谓内容,是指后天的无意识和人生经验,其中尤为重要的是被弗洛伊德所反复强调的童年记忆。它是美感心态的表层结构,造成了美感心态的丰富性和多样性,不妨把二者的关系加以图示。图中的 A 是集体美感心态,图中的 B 是个体美感心态。A 提供的是若有若无的秩序、结构或轴心,B 提供的是内容、形态或具象。它们相互联系,彼此作用,构成了现实的多姿多彩的美感心态本身。

从这个角度去看,中国美感心态当然别具风貌。它展开了自身无比的

---

[1] 荣格:《论分析心理学与诗歌的关系》,见《寻找灵魂的现代人》,台湾志文出版社。

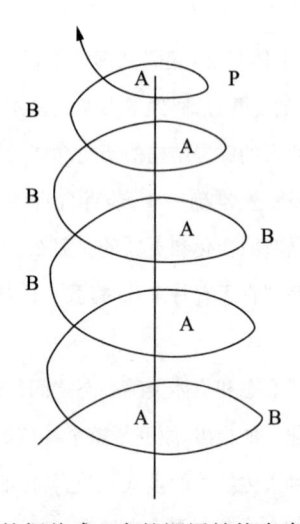

丰富性,表露出人们在挖掘美感心态的深层结构自身的可能性方面,即他们在追求变化、差异、丰富和多样的方面所取得的成功,相对于中国美感心态的深层结构,这当然是中国美感心态的远游,但同时又是中国美感心态的复归,既"超以象外"又"得其环中",既"飘然旷野"又"念我土宇",既"丛菊两开他日泪"又"孤舟一系故园心",既"坐感岁时歌慷慨"又"归梦不知山水长"。不妨从原型意象的运用中找一个例子。像"月亮",本书已经谈过,它的延续、循环和团聚意味,都是中国深层美感心态中生命意识的折射,但这毕竟是一种艰难的理性抽象。其实,中国美感心态中的月世界远不是这样单纯和简洁。你看,"水月"静寂,暗示着一种梵音沉沉、心事寞寞的僧侣生涯;"醉月流觞",传达出狂士诗酒流连、掉臂独行的忘我之情;"烟月"迷蒙,弥漫于野菰草浦、鸥闲鹤静之中;"残月"如钩,撩拨起沉沦天涯的孤臣之痛;"关月"森冷,笳动马嘶,月亮是挂在天上被冻僵了的乡愁;"花月"披离,衣香鬓影,有一种春光无限的热闹;"霜月"似水,渐渐渗湿了痴立玉阶的美人;"松月"恬淡,高悬终南山簏,间有幽人踽踽而行;"皓月"横陈,普照乾坤,反衬着人世间种种修历营碌的无味又复无趣;而"一片月色"又使人在捣衣声中体

味到人事历历,岁月悠悠。尤为饶具兴味的是在每一位富于创造性的作家笔下,月亮无不独具风姿,它虽然从美感心态的深层结构浮游而生,却又经历过美感心态的表层结构的变形、置换和创化。在一向"想落天外,局自变生,大江无风,波浪自涌,白云卷舒,从风变灭"的李白笔下,月亮一改旧时的情影幽韵,成为一个大有可为的时代的生命象征。在一个清新明丽的宇宙中,山川大地都在屏息静候,只见一轮明月四下张望顾盼,翻滚而出,令人兴致昂扬:"明月出海底,一朝开光曜。""明月出天山,苍茫云海间。""明月出高岭,清溪澄素光。"李白的月亮,是浩浩天宇、茫茫云海间的一轮最具雄心的月亮。在一向"沉郁顿挫""直取性情真"的杜甫笔下,月亮是一个天地肃穆、日昏月瞑的月世界。"磊落星月高,茫茫云雾浮","鱼龙回夜水,星月动秋山",它是"血战乾坤赤"的战场,是"阔野号禽兽"的宇宙。浮沉的忧思,使杜甫往往在涉及月亮之际,不但每每日月并举,而且总是遭用乾坤、天地、宇宙、江湖,成就一幅雄迈苍劲的壮景:"三峡楼台淹日月,五溪衣服共云山。""日月笼中鸟,乾坤水上萍。""漂荡云天阔,沉埋日月奔。""高江急峡雷霆斗,古木苍藤日月昏。"就是这样,整个生命世界全然出现在目前,虽然历经劫数,却又喘息未定,尽管骚乱初止,仍有狼烟兵尘。杜甫的月亮,是一轮悲怆掩泣、苍老疲惫的月亮。而在一向"造意幽邃""寄托深而措辞婉"的李商隐笔下,月亮却不再占有最快的生命速度,也不再占有最大的生命空间,而是返身潜入灵府,成为一点生命自虐的幽明的悔心。"云母屏风烛影深,长河渐落晓星沉。嫦娥应悔偷灵药,碧海青天夜夜心。""莫羡仙家有上真,仙家暂谪亦千春。月中桂树高多少,试问西河斫树人。"幽婉深曲,哀楚动人。生命的爱心,换来的偏偏是"芳根中断香心死",是"兔寒蟾冷桂花白",是"月中霜里斗婵娟",是"桂子捣成尘",是"树创随合"……李商隐的月亮,是一轮寂寞寒冷、悲欢离合的月亮。类似的例子,还可以举出很多。不妨说,正是它们构成了一部中国美感心态的历史,一部中国文学艺术的历史。

与上述问题相对应,当我们考察中国美感心态的历史功能的时候,毫无疑问就不能不虑及种种个体美感心态的存在和影响。像屈子的沉绵深曲，往而不返，悱恻思君，忧伤自沉，如春蚕作茧，愈缚愈紧；像陶令的深于哀乐，入而能出，超脱旷达，不黏不滞，似蜻蜓点水，旋点旋飞，像阮籍的"使气以命诗"，谢灵运的"亦欲摅心素"，王维的精于禅机，李贺的瑰奇谲怪，李白的"庄屈实二，不可以并，并之以为心，自白始"，杜甫的"吐弃到人所不能吐弃为高，含茹到人所不能含茹为大，曲折到人所不能曲折为深"……诸如此类的特色浓郁的个体美感心态，作为中国美感心态的深层结构的载体，不能不深刻影响到后者自身各种功能的组合关系。认识到这一点，在考察中国美感心态的深层结构的历史功能的时候，尤为重要。它使我们不但在考察中国美感心态的深层结构的历史功能之时，不致误把某一作家的美感心态与深层结构等同起来，并把它们的功能混为一谈，而且能对中国美感心态的深层结构的历史功能，有一个较为切近历史真实的、立体而不是平面的全面反省。

第三节
再论结构与功能

还有必要从结构与功能的辩证关系的角度，对中国美感心态的深层结构的历史功能问题进行深入的考察。

本书认为，中国美感心态的深层结构与历史功能的关系，是对立统一的关系。首先，它们是对立的，这种对立当然表现在它们的深刻差异上，另一方面也表现在中国美感心态的变化过程中，深层结构比较保守，稳定性强。而历史功能在诸多因素的相互作用下，却能够灵敏、迅速地作出反应，随时不断地使自身发生变化。

其次,它们又是相互联系、相互制约的。这种相互联系和相互制约,当然首先表现为中国美感心态的深层结构影响并规定着自身历史功能的性质和水平,限制着自身历史功能的范围和大小。这也就意味着,有什么样的深层结构就有什么样的历史功能,深层结构的有序必然导致历史功能的有序,深层结构的改变必然导致历史功能的改变。另一方面,中国美感心态的深层结构的历史功能又并非消极、被动,它也可能反作用于深层结构,这种情况表现为历史功能在与外界环境的相互作用、相互影响下,一旦出现反常状态或者长期处在非常量活动状态下,就会刺激甚至引起深层结构的变化。换言之,在一般情况下,深层结构能够控制自身的历史功能,使其在预期的范围内发挥作用和影响,但在特殊情况下,一旦外界环境迅速改变,无疑会强烈刺激历史功能,使其以正常的活动量超逸而出。这种状态的继续,就会或者导致深层结构的破坏,或者逐渐改变深层结构的现状。

具体而言,历史功能制约、影响深层结构的情景有两种:其一是促进深层结构的稳定,从而长期延续下来;其二是促使深层结构的退化,从而使它最终被淘汰。

我们先看前者。促进中国美感心态的深层结构的稳定,并使其长期延续下来,是中国美感心态的深层结构的历史功能的主要方面。正像本章第一节所曾经指出的,内在的历史功能往往以调节为主,而美感心态的自我建构也就相应表现为量变过程。不过限于各种原因,当时本书未能将这个问题加以展开。在这里,我们不妨进一步追问,中国美感心态的深层结构的历史功能是怎样去维持深层结构的稳定的?它的美学秘密又是什么?

在《美的冲突》一书中,我曾经指出,中国古典美学之所以能够长期稳定,从内在功能角度讲,原因在于儒、道美学所形成的互补机制。"一般来说,儒家美学往往表现为正统的一面,道家(唐代之后,还应加'释')美学则往往表现为非正统的一面。外来美学(如佛学美学)的输入,总是先经过'补机制'的反刍,改头换面之后方才与'正机制'发生接触,而美学——文化模式的危机却恰走过一条相反的道路。当儒家美学在社会上失去信誉,无法回答现实提出的质询,中国美学家采取的并非打碎这一体系,从现实的美学实践的研究中提炼新的美学理论,而是摇身一变,现成地退入补机制之中。这种情况,构成了中国古典美学极度稳定的美学性格。"①

与此相应,中国美感心态的深层结构中同样存在上述"互补机制"。为把理论形态和美感心态区别开,不妨称之为"忧患"与"悦乐"之间的互补。它们之间的默契配合与上述儒道美学的互补机制完全一致。在《美的冲突》一书中,我曾详细分析过,明清之际中国启蒙美学家在美感心态上以"正机制"遁入"补机制",自以为已经完成了粉碎美感心态的深层结构的历史使命,实际上却并未走出深层结构的迷魂阵,犹如孙悟空使尽浑身解数,却未能翻出如来佛的手掌。读者不妨参看。本书在此要补充的是,这种"互补机制"的美学秘密何在?《美的冲突》一书对此涉墨极少,本书有必要给以说明。

不言而喻,"忧患"意识和"悦乐"意识有着不同甚至截然相反的起点。"忧患"意识源于深沉的人生思索,社会秩序的追求,文化历史的关注和痛楚的宇宙悲情。"悦乐"意识源于浑然与自然统一的原始生命的和谐。在人生,前者是始终如一的乐观,后者是一无所求的悲观;在社会秩序,前者是近乎固执的全力维护,后者是冷酷无比的彻底否定;在文明历史,前者是一味坚信,后者是统统怀疑;在宇宙,前者是绝对论和可知论者,后者是相对论和不可知论者,或重秩序,或重自由;或重社会,或重个人;或重现实,或重理想……但这一切其实只是一种表面的争端、对峙与冲突。从深层结构的角度看,它们又是互补的。本书曾经分析过,"忧患"和"悦乐"意识只是美感类型上的一种深层的区分,在美感内容上它们是一致的,都与以生命意识为主体的生存之道密切相关。所谓失道则"忧",得道则"乐"。倘若再往下分析,

---

① 参见拙著《美的冲突》,学林出版社 1989 年版。

我们还会看到,中国美感心态所孜孜追求的生命精神是一种整体的、抽象的、伦理的生命意识,因此,我们不但在起点上看到"忧患"和"悦乐"意识的争端、对峙和冲突,更在终点上看到它们的融汇、和谐和合一:否认个体,压抑感性、压抑情欲、压抑个体自由。这也就是说,当中国美感心态中的"忧患"意识行不通的时候,中国人虽然能够转向对它的批判,从伦理社会中的"忧患"走向自然世界中的"悦乐",但却并未真正从深层结构中超逸而出。在这里,无非是把对社会的顺从改为对自然顺从,理想是现实之外的理想,个人是社会之外的个人,自由是秩序之外的自由,二者根本无法构成任何对立,倒是在否认个体和压抑感性、压抑情欲、压抑个体自由上有其深刻的一致之处。本书认为,这正是在中国美感心态的深层结构的互补机制中所蕴含的美学秘密。中国美感心态的深层结构之所以能够保持长期稳定,这种互补机制所起到的同化功能是无论怎样估价都不会过分的。

中国美感心态的深层结构的历史功能,在一定条件下,也会促使深层结构的退化,从而使它最终被淘汰掉。这种情况,明中叶之后屡屡可以见到。在《美的冲突》一书中,我曾经对此做了深入探讨。书中指出:由于外界环境(主要是资本主义萌芽的出现)的剧变,不能不强烈影响中国美感心态的深层结构的历史功能的正常发挥,使其从正常的活动量超逸而出,并且反过来导致深层结构的退化。在美感心态上,从明中叶之后,中国美学以"天理"(理性)与"人欲"(感性)的对立冲突为中心环节,借"趣味"审美理想批判古典美学的"意境"审美理想,借"陡然一惊"的浪漫主义或现实主义的创作方法批判古典美学的"温柔敦厚"古典主义创作方法,借"惊而快之"的崇高批判古典美学"乐而玩之"的优美,借"同而不同"的性格化批判古典美学"千古一人"的类型化,借"不奇之奇"的审美内容批判古典美学"以幻为奇"的审美内容……这些都在折射出由于历史功能的变化,中国美感心态的深层结构竟然出现退化的历史痕迹。

在这里,本书不能不再次提到曹雪芹和鲁迅。在《美的冲突》中,我曾对他们给中国美感心态的深层结构的巨大而彻底的冲击力量作出极高的赞誉和评价。确实,正是他们在中国美感心态的深层结构的历史建构方面,做出了最具典范意义的贡献。他们的方向,就是中国美感心态的深层结构的方向。

"……颓运方至,变故渐多,宝玉在繁华丰厚中,且亦屡与无常觌面,……悲凉之雾,遍被华林,然呼吸而领会者,独宝玉而已。"鲁迅先生这句著名的断语,难道不也正是曹雪芹本人的美感心态的真实写照吗?"颓运方至,变故渐多"的外在环境,强烈地推动着美感心态历史功能的巨大变化。全新的情感需要,驱动着全新的美感创造。"悲凉之雾、遍被华林。"在这时刻,能够"呼吸而领会者",独曹雪芹而已。在《红楼梦》中,到处弥漫着一种深刻而浓重的感伤。"奈运终数尽,不可挽回。""生于末世运偏消。""忽喇喇似大厦倾。""落了片白茫茫大地真干净。"那旁通统贯、大化流衍的生命境界不见了,那美轮美奂的太和秩序不见了,那幸运的基本命运不见了,那循环的基本节奏不见了,那集体救赎的基本方式不见了,那乐的基本气质不见了,那永恒的微笑不见了,到处是人生空幻、家国剧痛,到处是穷途末路、"眼泪还债",到处是沧海桑田、瓦砾颓场,到处是迷惑、疑问、感伤、凄凉。厄运的接二连三的来临,生命秩序的永不复返的毁灭,个体在巅峰状态下的突然失落,生命在死亡面前所迸射出的滚烫灼光……

在中国美感心态的漫长进程中,还从未有过这样一种感伤。或许,这就因为当时的中国已经进入了一个令人感伤的时代?在这样一种感伤心态中,不难发现两个最为耀眼、夺目的因素:其一是以真为美。作为一个最杰出的美学家,曹雪芹没有避开时代、社会赋予他的痛苦、血泪和灾难,同样也没有避开时代、社会自身的不治之症。他要写出一个真实的中国、真实的家族、真实的个人。因此他才会慷慨陈言:"离合悲欢,兴衰际遇,则又追踪蹑迹,不敢稍加穿凿,徒为供人之目而失其真传者。"(《红楼梦》第一回)在曹雪芹那里,"真"不再是"善"的婢女,不再沉浸在伦理道德的温情脉脉之中,而是开天辟地第一次成为独立自足的存在,成为中国美感心态的基础和准绳。它是旧美感心态的深层结构的掘墓人,同时又是新美感心态的深层结构的助产士。其二是悲剧境界。"颓运方至,变故渐多"的外在环境,推动曹雪芹毅然转向描写"离合悲欢、兴衰际遇"的以崇高为最高境界的全新的美学理想,转向了"好一似食尽鸟投林,落了片白茫茫大地真干净"的生活悲剧。"绛珠之泪至死不干,万苦不怨"的黛玉,"纵然是齐眉举案,到底意难平"的宝钗,"知命强英雄"的凤姐,

"枉与他人作笑谈"的李纨,"缁衣乞食"的惜春,"流落瓜洲渡口"的妙玉……从最初的"薄命司"直到全书结尾的"情榜证情",所有的人物,无一例外地笼罩在一片"悲凉之雾,遍被华林"的反抗冲突而难逃毁灭的悲剧气氛中和崇高境界里。罗丹曾分析说:"古代艺术的含义是:人生的幸福、安宁、优美、平衡和理性。"近代艺术的含义则是:"表现人类痛苦的反省,不安的毅力,绝望的斗争意志,为不能实现的理想所困而受的苦难。"在曹雪芹笔下的悲剧境界中,我们看到的正是这样一种得风气之先的历代艺术的美感心态。它一旦进入中国美感心态,无疑就会极大地推进中国美感的深层结构的退化。

在中国美学史上,唯一能与曹雪芹相媲美的是鲁迅。鲁迅对中国美感心态的清醒认识和冷峻批判,同样是从历史功能问题入手的。鲁迅发现:中国美感心态的深层结构的历史功能,有一个根本性的弱点,这就是:"不撄人心","无所欲,无所求"。在它的长期潜移默化的影响下,中国人养成了"安雌守雄,笃于旧习","思善而不思恶"的孱弱无能的性格。为了"活身是图,不恤污下","宁蜷伏堕落而恶进取,""性解之出,亦必遇全力死之","染旧既深,辄以习惯之眼光,观察一切,凡所然否,谬解甚多","纵唱者万千,和者亿兆,亦绝不足破人界之荒凉"。而在变化了的外在环境中,这一问题就显得尤为严重。因此,应该代之以全新的历史功能,这就是"美善吾人之性情,崇大吾人之思理",就是"致人性以全",从而最终使"沙聚之帮""转为人国"。

为了使这全新的历史功能得以实现,鲁迅极力提倡"将人生的有价值的东西毁灭给人看"的悲剧观。在他看来,美感心态的美学效果不在于"使人沉静",不在于人与社会的和谐,而在于推动人们去对整个社会制度和黑暗现实勇敢的反抗和彻底的揭露。而悲剧的"泪痕悲色"恰恰可以"振其邦人",恰恰可以借其"沉痛著大之声","撄其后人,使之兴起。"同时,鲁迅也提倡"作家取下假面,真诚地、深入地、大胆地看取人生并且写出他的血和肉来",因此而严格区别于粉饰社会、粉饰人生、弄虚作假、无病呻吟的旧美感心态。这一切统统与曹雪芹完全一致,况且在《美的冲突》一书中详细剖析过,此处毋庸重复。

饶具趣味的是,鲁迅的美感心态是否还提供了更新鲜、更深刻的东西呢?回答当然是肯定的。我认为,这更新鲜、更深刻的东西,就是"任个人而排众数"①以及在此基础上的高扬感性、高扬情欲、高扬个体自由。毫无疑问,曹雪芹所自我建构的美感心态是具有深刻的历史意义的,但是又有其不足,这就是无法与旧美感心态构成鲜明的对立。不但无法构成鲜明的对立,而且很容易在"古已有之"的借口下与旧美感心态同流合污。因为,旧美感心态并不是反对写悲和写真,关键在于它所写的是群体的伦理的悲和群体的伦理的真。读者只要回顾一下高鹗为什么能够十分容易地篡改《红楼梦》原著的精神,并使之最终反而"不谬于名教",只要回顾一下在红学史上为什么有那么多把曹雪芹与庄子、与魏晋名流拉在一起的作法,就不会对本书的看法有所怀疑。而鲁迅的独到之处和卓越贡献正在这里。他提出的"任个人而排众数"和高扬感性、高扬情欲、高扬个体的自由,恰似一道强劲的光芒,深刻而且有点近乎冷酷地穿透了中国美感心态的深层结构的重重夜幕。它与一向以群体为本位,以伦理为本位的旧美感心态形成了尖锐的和根本意义上的对峙与冲突。这样,不但悲剧和写实被明确地置之于个体的基础

---

① 鲁迅:《坟·文化偏至论》。

之上,成为充满现代意味的悲剧和写实,而且连甚至可以"怀山襄陵""磨铁销铜"的美感心态深层结构的互补机制,对它也无可奈何了。之所以如此,关键在于它使美感心态的内容,从以群体、伦理为本位的生命精神转向以个体和反伦理为本位的生命精神。因此,秩序是自由基础上的秩序,社会是个体基础上的社会,现实是理想基础上的现实,反过来也是如此,自由是秩序中的自由,个体是社会中的个体,理想是现实中的理想。这样,不但在文明社会的角度构成了与"忧患"意识的尖锐对峙,凸露出它压抑感性、压抑情欲、压抑个体自由的封建本质,而且在自然世界的角度构成了与"悦乐"意识的深刻冲突,展现出它逃避感性、逃避情欲、压抑个体的自由的封建本质。从而为推进中国美感心态的深层结构的退化和最终的淘汰打开了一条唯一的通道。

附录一
从美学看明式家具之美

上篇　东西方对美学的不同追求

看到今天来了这么多对于明式家具非常关注,也非常专业的朋友——其实有些朋友应该说是专家了,十分高兴。

我是昨天晚上大概十二点赶回南京的。当然,早就应该回来,为什么呢? 因为前天南京下了 2018 年的第一场雪。我记得唐朝的大诗人白居易在看到天要下雪的时候,就给他的朋友刘十九写了一首诗,叫做《问刘十九》,诗歌的后面有两句:"晚来天欲雪,能饮一杯无?"我也一样,如果不是到重庆有很重要的讲座,那我也应该给咱们今天的举办方袁静总经理写一首诗,叫做《问袁总经理》,当然最后也应该是这样两句"晚来天欲雪,能饮一杯无",或者是给今天到场的晓佑院长(南京艺术学院)写上一首诗,叫做《问晓佑兄》,当然最后还应该是这样两句:"晚来天欲雪,能饮一杯无?"但是,很可惜,我没有赶上。

当然,既然没有能够"晚来天欲雪,能饮一杯无",那么,假如能够赶上"城头望雪",那也不错。我们中国人谈到美学的时候,不是还经常说:"楼上看山、舟中观霞、灯下看花、城头望雪"吗?可惜,因为没有能够赶回来,我还是没有赶上。

好在,本来也还有机会,既然没赶上南京这场雪,能赶上看重庆的美女,不是也不错吗?因为中国人在讲到"楼上看山、舟中观霞、灯下看花、城头望雪"的同时,还讲到了"月下看美女"!但是,遗憾,太遗憾了,这几天重庆在下雨,没有月亮,美女们也都没有出来。

不过,不幸之中也有万幸,我总算是赶上了南京的这场关于明式家具的盛会。

要知道,现在是元旦之初,也是一年之始。但是,就在咱们的南京,竟然有这么多的人不是去谈怎么赚钱,也不是去谈怎么花钱,而是欢聚一堂,一起鉴赏明式家具。我个人觉得,这应该是值得我们南京自豪和骄傲的一件事情。各位想想,确实,在全国,我们南京还能做些什么呢?发布一点政治的声音,讨论金融的发展?或者,比一下钱包?在我看来,南京只有一个定位,就是吟诗作赋——当然,这"吟诗作赋"应该是广义的,其实,也就是指的组织一些比较有文艺范儿、文化范儿的活动。

今天就是这样。新年之初,我们就聚集在一起,聊聊明式家具。当然,我们当然是想借助这样一件比较有文艺范儿、文化范儿的活动,开始我们的全新的一年,也开始走进扑面而来的春天。

那么,从哪里开始聊呢?因为我后面还有真正的明式家具方面的研究专家要登场,所以,我们就稍微分工了一下。我就从宏观的方面,从人类对美的追求重点聊聊中国人对美的追求,以及对于明式家具之美的追求。

我们对于明式家具的追求,无疑是与我们对于美的追求直接相关的。过去在上美学课的时候,我经常会说一句话:美不是万能的,但是,在人类社会的长期发展之中,又会发现,没有美万万不能。我记得,在20世纪60年代的时候,人们对美的东西往往噤若寒蝉。但是,人们却发现,上海人带头,悄悄为自己弄了一个假领子。大家可不要小看了这个假领子,它其实就是当时的中国人的对美的追求,固然仅仅星光一现,但是,却令人回味无穷。

我们南京也有类似的故事,我经常说,谈到中国的四大名著中,南京十分自豪,因为我们有《红楼梦》。但是,如果说中国有六大名著,那么,南京就还要加一本,《儒林外史》。对于这本书,很多年了,一旦有机会见到我省、市的电视台领导,我就经常会建议,我会说:我们南京漏过了一个机会,那就是没有拍《红楼梦》,这无疑是我们的一个遗憾。但是,这样的遗憾其实还有一个,就是没有拍《儒林外史》的电视剧。《儒林外史》写的就是南京,而且,透过南京,它展现了全国,展现了中华民族的灵魂,但是,我们南京的媒体却从来就没有想到,我们为什么不能把它拍成电视剧,让它走向全国,走向世界?这实在是一个遗憾!当然,今天我提及这本书,并不是为了替它抱不平,而仅仅是要提及其中的一个证明了南京人特别爱美、特别有文艺范儿、文化范儿的例子。

《儒林外史》里面写了一个很有意思的细节。在安徽天长,南京人都知道这个地方。在古代,在天长,有一个教师,按照我们今天的话来说,应该属于村办教师系列吧?他在上课的时候,曾经跟安徽天长的孩子们介绍:"你们知道吗?附近的南京是几朝古都,美女如云……"如何如何。可是,他的学生接着追问:"老师,您去过南京吗?"这一问,他就尴尬了:"没去过,只是书上看过。"这下子,他的学生们就不太相信他了。于是,这个村办教师觉得很不好意思。到了放暑假的时候,他就抽空来了一次南京。那天,他在南京到处转了转,他累了,就在雨花台下面的一个茶馆喝茶。当时,他坐在了窗口,喝茶的时候,就看见窗外有两个南京的挑粪夫,都挑着大粪。只见他们一边走一边说:快点挑完这最后一挑粪,然后上雨花台去看落日。于是,这个安徽天长的村办教师不得不由衷感叹说:这就是南京,连清洁工身上都有六朝烟水气。显然,这里的南京的六朝烟水气,就是南京最值得珍惜的细节,也是南京的城魂。当然,它其实也是人类爱美和追求美的一个典型象征。

可是,人类为什么又非审美不可?昨天我到重庆,是去给长安汽车集团讲座,内容是美学。当时我就提示说:我不论到什么地方去讲美学,都首先要讲清楚:美学是没有用处的。你不用指望在我上完一节课之后,你就会造出漂亮的汽车。你的长安汽车造型好不好看,还是跟我没关的,所以,谁都不要以为美学这个东西有用,它没有用,它什么也指导不了。但是,美学它又确实有用。在这里,只要你仔细想想人类生活中的阳光、水和空气,也就知道人类为什么非审美不可了。例如,阳光,我们从来都认为阳光没用,因此我们晒太阳都不用交税。但是,我们又一天都离不开它。第二个是水,这也是看起来很没用的东西,因为我们也不用去为水而拼搏,但是,我们也一天都离不开它。第三个是空气,它看起来也没用,可是,有谁能够离开它呢?请各位想想,这里是否存在着一个很有意思的规律?那就是,越是有用的东西,好像看起来就越是没用。我们不能离开阳光,但它不收费;我们不能离开水,但是它不收费;我们不能离开空气,但是它不收费。那么,人类对美的追求呢?坦率讲,它也是这样,看起来没用,但是,它又有很大很大的用处。人们经常说,无用之用,当然,这其中就包括了美。比如,走遍世界,我们也许可以看到有不爱真的人、还有不爱善的人,但是,有谁看到过不爱美的人?真是几乎没有。

不过,到现在为止,尽管我已经说了许多,但是,关于美,我们也还是在纸上谈兵。因为美的问题要远比上面所说的更加复杂。比如,中国人对美的追求是怎样的呢?当然,中国人和全世界的人都一样,都有着对于美的追求,但是,如果仔细看一看,中国人的对于美的追求和西方人的对于美的追求其实是不一样的。而且,在我看来,在西方人那里,例如欧洲人、美国人那里,美,并不是主要的,也就是说,在西方人,爱美不是主要的,主要的是什么呢？是爱上帝,西方是一个宗教社会。宗教追求,才是西方人最为热衷的、第一性的,当然,这也并不就意味着西方人就不追求美了,不过,那主要是在文学、艺术中,这,应该是一个不争的事实。

中国人就不然了。在中国,对宗教的追求并不是第一位的,对中国人来说,生活中的宗教色彩不是很重,那中国人主要是靠什么呢？主要是靠审美。所以,西方是宗教情怀,而中国却是美学情怀,也因此,必须要注意的是,西方的艺术主要是向上的,就是说它主要是理想化的、神性化的,是"人与自然相乘",追求的是生命中高出于人的东西(所谓"神性"、"神圣之美"),而中国的艺术主要是向下的,它主要是生活化的、人性化的,是"人与自然相通",追求的是生命中属于人的东西。

例如,假如我们带着小孩去看演出,而我们的小孩如果是个诚实的孩子,就像安徒生童话里的那个孩子一样,那他很可能会忽然问我们几个天真无邪的问题,比如,他会突然把眼睛瞪大说:"爸爸,为什么外国人的芭蕾舞是在脚尖上跳呢?"实话实说,我曾经用这个问题问了很多人,结果是,都把他们给问住了,但是,仔细想想,中国的民族舞就不同,它是全脚掌着地的,那么,芭蕾舞为什么要在脚尖上跳？答案,当然是与西方人的艺术追求密切相关。我已经说过,西方人是更关注宗教的,而中国人的艺术追求却更加关注生活的,我们中国人在舞蹈的时候要全脚掌着地,这恰恰意味着我们中国人的舞蹈其实是跟地面也就是与现实生活贴近的一种方式,这说明,我们中国人追求的是把生活本身提升为美和艺术。尽管都是在追求美,但是西方人追求的是脱离生活的神性的美,而中国人所追求的,则只是贴近生活的人性的美。

再比如,严格来说,中国的发声方法跟西方是不一样的,为什么会这样呢？因为我们追求的声音美的表达，与西方是根本不一样的。我们中国人有一句话，就很形象，"丝不如竹，竹不如肉。"它是说，在所有的声音抒情里，管弦乐不如吹奏乐，比如二胡就不如笛子；那么，笛子不如什么呢？笛子不如嗓子。这就意味着：中国人所追求的，是声音的自然化，也就是说声音和生活的接近程度。由此，你才能够理解，为什么中国的唢呐名曲会叫《百鸟朝凤》，为什么西方的钢琴就不会去模仿动物的声音？而我们中国有的音乐却为什么不辞辛苦地去模仿动物？其实中国人更希望表现的是声音和大自然的一致、声音和动物的一致、声音和生活的一致。而西方不是如此。我们都追求美，美是东方西方的阳光、水和空气。但是，在东西方却不一样，在西方，追求的是更加理想的神性的东西，而在中国，追求的是更接地气的人性的东西。

下篇　明式家具作为文人家具、艺术家具

说了人类对于美的追求以及中西方对于美的不同追求，当然也就该说到中国人的对于美的追求，尤其是对于明式家具之美的追求了。

我已经说过，中西方在追求美的时候是不太一样的。中国人往往是向下的，主要是生活化的、人性化的，是"人与自然相通"，追求的是生命中属于人的东西。在这个方面，各位应该都有感觉。例如，在中国，书家写字，画家画画，是何其简单，与弹琴放歌、登高作赋、挑水砍柴、行住坐卧甚至品茶、养鸟、投壶、骑射、游山、玩水等一样，统统不过是生活中的寻常事，不过是"不离日用常行内"的"洒扫应对"，如此而已。而且，中国的艺术与非艺术也并没有鲜明界限，"林间松韵，石上泉声，静里听来，让天地自然鸣佩；草际烟光，水心云景，闲中观去，见宇宙最上文章。"（《菜根谭》）"世间一切皆诗也。"这就是中国的"艺术"。

就以两年前的现在我在这里所讨论的红木家具之美为例，当时我就说过：中国人对美的追求，红木家具之美也是典型的体现。为什么呢？因为红

木也可以被称之为中国人的"唐木",中国的"红木",就是中国的"好男人""大丈夫"乃至"君子"的象征。这就类似《论语》,有些人看不懂《论语》,就类似于他们也看不懂红木。《论语》是什么呢?弄不清楚。其实,《论语》是什么也很简单,《论语》是中国人的大丈夫宣言。孔夫子就类似学校的教员,他的弟子们就类似学校的学生,学生们问了五百个问题,都是围绕着一个核心的,这个核心就是:怎么做才能够让自己成为君子、称为大丈夫?最后,把孔老师、孔教授的五百次回答都收集起来,就是《论语》。"红木"的问题也是一样。对于中国人来说,它也已经不再是一块简简单单的木头,而是中国的"君子"的象征、大丈夫的象征。这就好比在中国,旗袍是女性的象征,而红木,则是男性的象征。看中国的女人,要看旗袍。看中国的男人呢?则要看他座下的红木椅子。当然,这里主要说的中国的农业社会,在今天,情况会有所不同。昨天我在重庆的长安汽车集团讲座的时候就提到过:在工业文明时代,看男人,是要看他座下的汽车,汽车尤其小轿车,就是工业文明之美的象征。但是,在农业社会的时代,看男人,则是要看他座下的红木椅子了。

这样,从红木椅子,就正好可以说到今天我们要说的明式家具了。不过,明式家具的专业问题,后面有专门的专家会说。从我来说,还是侧重一开始提及的那个角度:从美学看明式家具之美。也就是说,我主要是讲它的美。

在这方面,我有四点感受:

第一,明式家具体现了中国人的美学精神。

今天,袁总为各位嘉宾准备了几十本我写的《中国美学精神》。这本书是我在23年前写的,也就是1993年。在这本书里,我说过:"在我的心目中,中国美学精神是一个精神的家园,属于你、属于我、属于他,属于我们这个东方的古老世界。它仿佛一首无声的歌,幽幽地、淡淡地,让你在其中去回味、去憧憬、去爱、去恨、去理解、去原谅、去寻觅美、去拥抱世界;它又仿佛一座闪光的纪念碑,清纯得几乎透明,美丽得令人忧伤,黄皮肤黑头发的我们匆匆地从远方赶来,拜下去,然后,站起来,一瞬间,世界竟如此斑斓。一轮皓月、一抹风絮、一丝细雨、一脉小溪、一株垂柳……都浸染着无数个秘密,你的目光一旦触及,心灵便会幸福地战栗。它还仿佛一首永远也读不完的诗:由庙堂到茅舍,从闺房到边塞,梅兰竹菊、春夏秋冬,都是题材。或怀古,或讽今,或亲性,或爱情,或自然之情,有种种诗情。"

当然,大家一定已经注意到:中国美学精神并不是抽象的,而一定是具体的。我过去听到过一首流行歌曲,其中有一句歌词是这样唱的:"爱要叫你听见,爱要叫你看见。"其实,美也要叫你听见,美也要叫你看见。中国美学精神也是一样。它也要叫你听见,它也要叫你看见。显然,在这个方面,明式家具就是一个体现。例如,在中国美学精神,其基本特征,就是:"以审美心胸从事现实事业。"这也即是说,美学的生活、生活的美学,应该是中国美学精神的根本体现。西方学者卢梭有一本书,叫做《爱弥尔》,其中有一句话,说得十分精彩:"呼吸不等于生活。"中国美学也是这样。在中国美学看来,活着并不等于生活,"生活"也与"活着"不同。中国美学之最最擅长,就是把"呼吸"变成"生活",把"活着"变成"生活"。在这个方面,中西方有很大的不同。在西方,是通过宗教来看生活的,而在中国,却是通过生活本身来看生活的。作为日常起居的明式家具的重要性,正是因此才被凸显出来的。

就以中国人的隐居而论,关于"隐居",在中国大概有几种:第一种是"隐于道",儒家的;第二种是"隐于禅",佛家的;第三种是"隐于山水",那是道家的;此外,还有一种,也很重要,叫"隐于朝",也就是"把有限的人生投入到无限的为人民服务之中"。不过,更为重要的,也是更有中国特色的,则是"隐于美"。也就是说,中国十分追求日常生活中的美学感受。例如,中国人心目中的美好生活是:追求昆曲、黄酒和园林,尤其是我们江南的文人,无疑这曾经是我们的最爱。还有一种说法,是追求状元、戏子、小夫人,这也曾经是中国文人的最爱。当然,还有具体的描述:在中国人,最典型的美学生活大概是这样的:置身园林之中、坐在明式椅子上、手持紫砂茶壶、用二泉之水泡一撮春茶,然后有红袖添香,然后赏昆腔声曲……这大概是我们中国人所追求的美学生活。而且,在这当中,中国人有种种的形形色色的记录。其中,给人留下深刻的印象的,有很多。例如,这四个字"雨打芭蕉",各位品味一下,是否精彩?西方人喜欢跑得老远去听音乐会、听钢琴曲。中国人却不,中国人就坐在家里,静静去听外面的雨声,这就是"雨打芭蕉"的声音!可是,现在我要提示一下,这一切的一切,我们都是坐在哪里的?都是置身在哪里的?我们是坐在明式椅子之上的,我们也是置身明式家具的环境之中的。无疑,明式家具是我们中国人在日常生活中的必不可少的道具和组成部分。它是我们中国人身和心都密切不可分的参与成分。没有明式家具,我们怎么样置身日常生活之中呢?我们站着吗?没有明式家具,我们能喝好茶吗?我们蹲着吗?没有明式家具,红袖在哪给我们添香呢?

"隐于美",这是中国美学精神的追求,明式家具,则使得这一美学精神得以完美体现。因此,我才会说,明式家具体现了中国人的美学精神。

第二,明式家具体现了中国人的美学追求。

美,不是一成不变的。因此,对于明式家具之美,也应该放在中国人的对于美的追求历程之中来考察。

可是,很多人对于这一切往往都是一无所知的。

例如,在中国,最早出现的是"台",夏桀有瑶台,商纣有鹿台,周文王有灵台,所谓"高台榭,美宫室,以鸣得意"。中国人称之为"上与天齐"。可是,一进入秦汉时代,这些高台建筑却悄然消失了,举目可见的,全都是群体建筑,曾经的"上与天齐"也不复可见。

中国人的美学追求,存在一个十分重要的轨迹,就是越来越生活化。对于明式家具,也需要从这样的眼光去考察。例如,在西方,石头被雕塑,在中国,石头却被把玩(玉器)。苏轼不是说过吗?"我持此石归,袖中有东海。"想想中国的到处去命名"望夫石""卧佛岭",想想中国的到处去欣赏树根、盆景,在"何似在人间"的生活艺术的背后,隐含的正是越来越生活化的秘密。

还有书法的出现,当年蔡邕就提示过,"唯笔软则奇怪生焉"。此说很值得注意。中国人选择毛笔,既作为实用工具也作为审美工具,结果,"则奇怪生焉"。"奇怪生"在何处呢?就在生活艺术的诞生。我经常想,中国最为著名的三大行书竟然都是草稿,这绝对不是偶然的。这恰恰说明了从生活向艺术上升的中国特色。而且,书法经历了"篆"—"隶"—"楷"—"行"—"草"的演进,中国人的书写越来越自由、越来越无拘无束,从开始的规则森严到后来的任性而为,结果,中国人在书法中解脱了,也在书法中逍遥了。书法,使得生活成了艺术,其中隐含的,还正是越来越生活化的秘密。

明式家具之美,也是中国人的美学追求越来越生活化的体现。比如说,一开始我们都是写诗,什么叫诗呢?诗,相当于大会讲话。后来,大家都发现诗这个东西不行了,结果就变为词,词,又是什么呢?词,是小组发言,大会讲话,当然是要用很正的腔调,要字正腔圆,可是,小组发言就不同了,那只是说家常话而已。再往后,就到了元朝,出现了曲,曲,又是什么呢?曲,是窃窃私语,是某男跟某女花前月下说的话。所以,不难看出,中国艺术确实是越来越通俗、越来越私人化、越来越私密空间化。不过这样也还是仅仅到了宋朝,而一旦到了明朝,我们发现,中国的艺术就完全走进了日常生活,所谓"旧时王谢堂前燕,飞入寻常百姓家"。明朝,我觉得最大的特色,就是把我们所有的生活细节都开发成了诗。西方有个美学家说:要把所有的生活都创造成艺术品。这一点,只有我们的明朝才开始真正做到了。我们的家具,历经了千秋百代,却只有在明朝,才竟然成了"式"!当然,还不只是明式家具,例如,还有文人园林、文人盆景、文人印章……不过,其中最突出的代表,我认为,无疑应当是明式家具。

所以,就明式家具而言,它最为成功的地方,在这里,就是成功地把工匠提升为艺术家,也把工艺品提升为艺术品,而且,还是精彩至极的艺术品。这实在是中华文人的一个创造。

明式家具,不但是中国工艺精品的顶尖之作,也是中国艺术精品的顶尖之作。正是因此,明式家具在我们民族的美学历程中的地位才是不可撼动的。

第三,明式家具体现了中国人的美学取向。

只要稍微熟悉一点中国美学的人就都知道,人们一般都把中国的美学称之为"散步的美学"。但是,它是什么样的"散步的美学"呢?它又因为什么才会被称之为"散步的美学"呢?这个问题,不要说是一般的读者,坦率地说,即便是在众多的专门研究中国美学的学者之中,也还是会有很多的学者说不上来。

那么,为什么会称中国的美学为"散步的美学"呢?在这里,我可以简单地予以回答:这是因为它是"用线条来散步的美学"。而且,中华民族就是一个"线"的民族,中华民族的美学精神也就是一种"线"的美学精神。

熊秉明先生是旅居法国的世界级的大雕塑家,从小生长在南京,他曾经说过:中国艺术的体现,是中国的书法。但是他老人家为什么会有如此这般的断言呢?无非是因为,在所有的文字书写中,只有中国的书法超越了实用、装饰阶段,也只有中国的书法成了真正的艺术。

要知道,在自然界,其实并不存在纯粹几何学意义上的线条,所谓的线条,其实只是在提示着我们,中国美学时时刻刻都在以线条的眼光来看待世界。中国的形体的"形"字,旁边是三根毛,这三根毛就是线条。这个线条,应该说,在中国所有的艺术中都是可以看到的。这与西方艺术就不太相同了。例如西方的雕塑,就得力于团块意识,可是,在中国的雕塑中团块意识就不存在,而只有线条意识。推而广之,中国艺术里的曲径通幽处,曲径是线条,"大漠孤烟直",大漠、孤烟,是线条。琅琊古道的峰回路转,还是线条、醉翁亭畔的九曲流觞,也是线条,酿泉的潺潺流水还是线条。回过头再说中国的书法。它不也是从三度的立体空间向二度的平面空间转换?从"立体的块面"向"平面的线"转换?总之,是把日常生活中的块或面借助线条的消解转化为龙飞凤舞的唤起无数感知的"灵的空间"。

当然,线条,也是明式家具之美的美学特征。

我们知道,在中国艺术中,线条始终都在进行着神奇的散步。比如青铜艺术的纹饰,比如砖石艺术的造像,比如纸墨艺术的书画,比如文字艺术的诗词格律,比如戏曲艺术昆曲声腔……顺便说一句,今天这样的盛会,袁总真应该请一个擅长昆曲的朋友来唱一段昆曲。昆曲跟明式家具也确实是十分相宜的。遗憾的是,今天没有擅长昆曲的朋友来唱一段昆曲,否则,大家就不难体味到"余音袅袅、三日绕梁"的奇妙效果了。我要提示一下,这正是线条之美的体现。再联想一下西方的艺术,例如钢琴,钢琴的最大特点是排山倒海,钢琴声音一出来,前面的沟壑万象都能立即填平,这就是块面之美的神奇。但是,中国的昆曲声腔却不是,它的声音摇摇曳曳,忽高忽低,明媚和壮丽是糅合在一起的,都是线条。所谓"云遮月"者,差几近矣?

而在泥木艺术中,中国的线条也在散步,具体来说,到了明代,中国的线条"散步"到了紫砂茶壶和明式家具之上。例如,我们都知道,在明式家具里,被冠以"线"的,就起码有十多条,如"边线""灯草线""瓜棱线""混面起边线""脊线""皮条线""起边线""起线""委角线""线雕""线脚""线绳""压边线""阳线",等等。再比如,其中的许多构件,本身也就是线条,不过,因为它们已经都依附于构件的形体了,因此不妨还是称它们为"线形"。而且,明式家具也大多是用横竖线材而不是用块材来加以制作家具。再比如明式家具中的形形色色的曲线、直线以及线与面不同的组合,当然,再加上它们彼此之间互相融汇而生的立体效果,无疑也大大增加了它的艺术魅力。又如,明式家具中的各种不同的"s"形的靠背曲线,不是也已经被西方科学家誉为东方最美好、最科学的"明代曲线"了吗?

简单而言,明式家具的线条会让我想起什么呢?五线谱般的律动线条,容貌清奇的文人骨骼,或者,木器的诗篇?干脆说,最最直接的,应该是东方世界的艺术明珠!

第四,明式家具体现了中国人的美学情怀。

从美学的角度说,每当我看到明式家具,想到的都是人。其实,看明式家具跟看人一样,都是要从"形"开始。那么,当我们看到明式家具的时候,我们会看到什么呢?简约。

例如明式家具的"束腰",这就是截然区别于现代家具的技术之美的内敛之美。明式家具的马蹄足也是如此,一看就是蓄势内敛。仍旧与现代家具的"S"形的弯腿根本不在一个层面。

因此,我殷切希望各位不要轻看了这个"简约"。试想一下。我们的家里都有家具,可是,在用了若干年以后,如果遇到搬家的机会,你还会把它们都带走吗?如果不是因为怜惜旧物,我想,你应该是不会吧?但是,如果它们是明式家具呢,你会不会把它们带到新居?我想,答案必须是肯定的,而且,不会有例外,对不对?各领风骚三五年,这就是我们今天的家具的命运。但是,明式家具呢?各领风骚五百年应该都算是短的了吧?再看看西方当今非常流行的"极简主义",是不是仍旧可以在我们的明式家具身上看到?

再进一步,如果还要问,那么,当我们看到明式家具的时候,我们会看到什么呢?风流!

我们经常赞叹魏晋风骨,还赞叹唐宋风尚。那么,到了明清,我们又会赞叹什么呢?明清风流!是的,明清风流!上个世纪的一个大哲学家、北京大学的冯友兰先生曾经说:中国人最重视的人格是什么呢?风流。那么,什么是"风流"?"风流",就是中国的君子、日常生活中的君子。关于君子,孔子也说过:"君子不器!"可是何谓"不器"?"不器",就是简约!反过来说也是一样,"简约",就是"不器"!不过,需要注意的是,"简约"并非"简单",更并非"简陋",而是真正禀赋着内涵、禀赋着力量、禀赋着魅力的体现。换一句话说,它并不意味着乏力、软弱,也不意味着缺乏力量,而是意味着强毅、沉郁、豁达,意味着处世形式的入世、退避形式下的进取。我记得,过去曾有人问赵州和尚:"佛有烦恼吗?"答曰:"有。"又问:"如何免得?"回答是:"用免作么?"这就是"简约"!不乞求借助外力去打破烦恼,而是偏偏"不断烦恼而入菩提";不是徒恃血气的匹夫之勇,而是缠绵深挚的仁者之勇;百炼钢化为绕指柔,"从千回万转后倒折出来";不是金刚怒目,而是菩萨低眉。

我必须提示一下,对于明式家具的"简约",必须从这个角度去理解。

明式家具的"简约",其实就是中国文人为自己所寻觅到的一个安身立命的栖息之所。最初,在唐代,我们曾经在诗歌里生活,后来不行了,于是,在宋代,我们转向了词,我们开始依赖词来生活,后来,又不行了,在元代,我们又找到了曲,后来,还是不行,于是,在明代,我们不得不退守到自己的书房、自己的家里。因此,切勿小看了明式家具,在"弄器""把玩""清赏"的背后,其实,它明明白白地昭示着一种固守:文明尊严的固守、人格尊严的固守。我一定要说,明白了这一点,也就明白了明式家具的"简约"。也许,在中国文人看来,自己倾尽心力所能为、也是所应为的,可以全都体现在这一明式家具的"简约"上。例如,明式家具大多呈现为一种简约的"紫"色,这当然是所谓的"紫气东来",是一种高贵。而且,由于器物与主人之间的长期接触而形成的光泽——有人称之为"包浆",那更是一种由于岁月浸染而凝聚成的高贵的"温润",还记得中国人常说的"温润如君子""温润如玉石"吗?"如君子","如玉",那就是它,明式家具!

众所周知,我们民族堪称历经沧桑。从南宋开始,长达几百年的时间,国家政权动荡。无疑,在这几百年的时间里,中国的文人已经越来越难以报效国家、民族,大厦将倾乃至大厦已倾,为之奈何?只有回过头来严格要求自己、强制自己。大家都记得,改革开放初,我们都在高呼"振兴中华"。那么,在历史上,这类的口号是何时出现的呢?正是宋朝。这就是"先天下之忧而忧,后天下之乐而乐",但是,要不要问一下,为什么偏偏是宋朝?为什么唐朝时候不喊呢?唐朝的"安史之乱"还不够严峻?再者,为什么魏晋时候不喊呢?魏晋时候出现了三百九十四年的战乱,尤其是三国,整整九十六年的战乱,但是,为什么就没有喊出这样的口号呢?其实,原因是非常清楚的,过去,都仅仅是"亡国家",只是"亡国奴"。但是,从宋朝开始,中国人意识到了一个天大的威胁,叫做"亡天下"。于是,中国的文人才会说:要"先天下之忧而忧,后天下之乐而乐"。所以,到了宋朝,我们才发现了比如说梅花、兰花、竹子、菊花等的美,为什么呢? 请注意,它们都有一个很重要的特征,这就是:耐寒。它们都是在昭示:在高压和严寒的环境里,我们中华民族还一定能够坚定不移的生存。所以,在这个意义上说,宋以后,中国的人生也在逐渐后退,逐渐退回到了心灵,逐渐退回到了家庭。既然事实上已经不能再打造一个全民族都得以分享的外在世界,那么,能够去做的,当然就是回过头来,"独善其身",打造一个唯独属于自己的心灵世界、家居世界。也就是竭尽全力去榨取心灵的能量,去与外在的险峻局面抗衡。例如,你们看到过宋代的鼻烟壶吗? 那就是中国人的"壶中天地",就是中国人的"壶隐"。甚至,到了最后,连"壶中天地"都难以自保,则干脆遁入"芥子",所谓"芥子纳须弥"。明式家具也是如此,到了它,其实也已经是中国文人的最后一点自尊,也是最后一个栖息之所了。

"杏花疏影里,吹笛到天明。"这无疑曾经是中国人的人生佳境,可是,倘若连"杏花疏影"都没有了,那么,起码,我们应该还有自己的书房、自己的温馨的家庭吧?!

正是在这个意义上,我最后还要说,明式家具所昭示的,正是中国人的美学情怀!

结语 明式家具是"有氧"之美、"有氧"美学

从哪里说起呢? 还是从流行歌曲吧。有一次,我在外面办事,听到了一句歌词,很受鼓舞,这句歌词是:"人不爱美,天诛地灭。"我要说,这句歌词写得真好!

我要说,在明式家具身上,我所看到的,也是中华民族的这样一种对于美的彻头彻尾的爱。

因此我必须要说：明式家具，也因此而成了中华民族的宝贵财富、美的财富！

从2008年开始，我一直在澳门兼职，而且还全职担任过几年的学院的管理工作，现在也在参与筹建一所大学。同时，我还长期担任了澳门特别行政区政府文化产业委员会委员。也因此，对于澳门，我也听说，在关于澳门的世界物质文化遗产的投票中，当主席说下面讨论澳门的申请，评委们都不说话，主席又说，既然不说话，那就投票吧，于是大家就全都起身投票，而且是全票通过。可是，这是为什么呢？原来，在评委看来，澳门的资格是无须讨论的。因为澳门的文化遗产既没有经过战乱，也没有经过动乱，而且，更加重要的还是，这一切至今还都是"有呼吸"的，也就是到现在都是"活着"的。澳门文化，是"有氧"文化！

各位，现在，我能不能说，在我们面前，我们民族的明式家具也是"有呼吸"的，也是"活着"的，它是"有氧"之美，它是"有氧"美学。在当今之世，它也正在全力地实现着自己的"有氧"创造、"有氧"奔跑。

既然如此，那么，还有什么语言能够比下述的语言更具魅力也更能够表达我们对于明式家具的挚爱？

爱中华，就要爱明式家具；

爱中华美学精神，就要爱明式家具；

弘扬中华文化、弘扬中华美学精神，也就要——弘扬明式家具！

谢谢！

（本文为2018年元月5日在新华报业集团《苏作明式家具迎春展》上的讲座，原载《三峡论坛》2020年第9期，发表时有删节）

结束语

重建中国人的梦想

第一节
悲壮的失落

本书多次强调,对于中华民族,中国美感心态的深层结构是它借以安身立命的精神家园。在漫长的民族精神生活中,它是慰藉又是信念,是起点又是归宿,简而言之,是一个温馨而又令人陶醉的梦。至于中国文学、中国艺术,则统统不过是中国美感心态的深层结构的感性显现,换言之,统统不过是寻觅安身立命的精神家园的一种活动。爱因斯坦在谈到文学艺术的"家园感"时,曾经指出:关于文学艺术上的创造,"在这里我完全同意叔本华的意见,认为摆脱日常生活的单调乏味,和在这个充满着由我们创造的形象的世界中去寻找避难所的愿望,才是他们的最强有力的动机。这个世界可以由音乐的符号组成,也可以由数学的公式组成。我们试图创造合理的世界图像,使我们在那里面就像感到在家里一样,并且可以获得我们在日常生活中不能达到的安定"。这些话,用在中国文学、中国艺术身上是十分相宜的。作为中国美感心态的深层结构的感性显现。中国文学、中国艺术,说到底无非是出于"寻找避难所的愿望",而它们的成功,也恰恰在于能够重返家园,使人们置身其中,仿佛"就像感到在家里一样",并且能够"获得我们在日常生活中不能达到的安定"。

然而,随着中华民族日益走向现代社会和工业文化,当代中国文学、中国艺术却不可能重返家园了。因为这一精神家园——中国美感心态的深层结构已经历史性地失落了。所谓"失落",指的是已经无法满足现代的精神需要了。这当然是一种悲壮的失落。在日益崛起的现代化社会里,中国美感心态的深层结构显得那样脆弱、那样病态、那样老态龙钟,不堪一击。它已经不再是中华民族的精神家园了。"我生本无乡,心安是归处。"但现在已经心不能"安",因此也就寻觅不到安身立命的"归处"了。我们不能不充满惆怅地徘徊在返回精神家园的歧路口。

我们都成为迷途者和流浪者。虽然,倘若认真考察一下,不难窥见其中的社会历史、文化背景和美感心态的深层结构的潜在嬗变的脉络或印痕。例如,在拙著《美的冲突》中,我曾经溯源而上,剖解考察了明中叶迄今三百多年的美学理想、美学趣味的演进历史。在这演进历史中,我痛楚地感受到中国美感心态的深层结构的逐渐剥蚀,更欣慰地注意到中国美感心态的深层结构的历史重建的每一点微小的迹象。为什么诗会被词取而代之,而词又被曲取而代之,难道这不正是中国美感心态的深层结构潜在嬗变的象征吗("诗不如词,词不如曲,故是渐尽人情")?为什么以诗书画为核心的文学艺术世界会被以小说戏曲为核心的文学艺术世界取而代之,难道这不也正是中国美感心态的深层结构的潜在嬗变的象征吗?还有美学理想的由"意境"到"趣味",美学内容的从"以奇为奇"到"不奇之奇",美学趣味的从"乐而玩之"到"惊而快之"……不也统统可以看作是中国美感心态的深层结构的潜在嬗变的象征吗?不过我们完全不必扯得那么远,中国美感心态的深层结构的潜在嬗变就时时刻刻在我们身边发生着呢。像集体感知,在长期的自我封闭和禁欲主义之后,中国人不是也似乎日趋"堕落"了吗?他们的全部感官一齐伸出贪婪的触手,迫不及待地向外部世界索取和掠夺。在被拓宽被开辟和被发现的广阔空间中,他们全方位地体味着、搜索着、追寻着,这当然是对以往岁月中感知空缺匮乏的热烈补偿,也是对未来感知方式的现代奠基。于是,古老的生命冲动第一次倾巢出动,驱策着感知器官从感知恐惧的东方寺院中突围而出,羞怯而又迟疑地蹀入社会生活,渗入世界的任何一个角落,任何一个褶缝……总之,中国美感心态的深层结构中那样一种"天人合一"的充满生命快乐的审美愉悦,那样一种"百炼钢化为绕指柔"的温情脉脉,那样一种"失道则忧,得道则乐"的忧虑或悦乐,那样一种充满恐惧不安和伦理色泽的集体感知或集体表象,诸如此类昔日曾经慰藉、支持着我们的一切,现在都统统成为明日黄花,被雨打风吹飘零而去。

似乎没有必要掩饰精神家园的悲壮失落给人们带来的痛苦。精神家园固然是慰藉又是信念,是起点又是归宿,固然是一个温馨而又令人陶醉的梦,但一旦失落,它又会成为一座陷阱、一座坟墓,成为到处飘荡的影子。正像荣格指出的,现代社会"甚至于已经把现代人内心生活的避难所摧毁了。昔日是避风港的地方,如今已成为恐怖之乡"。此情此景,带给最先体味到这一点的人的往往是一幕惨剧。这方面,王国维或许是个典型的例证。在我们这样一个极度珍惜生命的国度中,王国维倒实在是一个少有的认真的思想家。中国美感心态的"可爱而不可信",西方美感心态的"可信而不可爱",他统统意会到并为之痛心疾首。然而,重建中国人的梦想又何其艰难。这一切使得王国维不能不陷入一种无可避免的痛苦、折磨和反复的失望之中。在这个意义上,王国维之死,其实不失为一种经过主体认真选择了的颇具意义的抗争。正如陈寅恪所剖析的:"凡一种文化值衰落之时,为此文化所化之人,必感苦痛,其表现此文化之程度愈宏,则其所受之苦痛亦愈甚;迨既达极深之度,殆非出于自杀无以求一己之心安而义尽也。今日之赤县神州值数千年未有之巨劫奇变;劫尽变穷,则此文化精神所凝聚之人,安得不与之共命而同尽,此观堂先生之所以不得不死……"①

另一方面,与王国维恰成对照,中国美感心态的深层结构的悲壮失落,带给更多的人提供一幕颇具讽刺意味的喜剧。他们或许已经意识到了中国美感心态的深层结构的悲壮失落,或许还不曾意识到,但在无意识的深层王国中,却仍然是被已经失落了的中国美感心态的深层结构的冥冥之手控制着的。这一点,在当代中国文学、中国艺术的地貌上,有着发人深省的大量表演。

---

① 陈寅恪:《寒柳堂集·寅恪先生诗存》。

曾几何时，在一个素以"超稳定状态"著称的国度，一下子涌进或者冒出数不胜数的名目众多而又貌合神离、相互辉映而又互不相容的思潮或流派。文学家、艺术家俨然都改头换面成为思想家。他们掀起的那种文学大波，那种艺术风云，迫使中国文坛这一巨大时空实体顿时失去了往日的平衡。

这情景确令人惊诧，西方的文学艺术思潮或流派一开始还只是被零星地、羞怯地在"批判"的名义下被介绍进来。然而，很快这种局面就被不无艰难地改变了。不仅仅是莎士比亚、歌德、艾略特、卡夫卡的充满宇宙悲哀、人类末日、弑父娶母、杀夫弃子的故事的作品，不仅仅是罗丹、戈雅、列宾、凡·高、毕加索的充满绝望、挣扎、恐怖和流血的作品，还有莫扎特狂飙般的节奏，贝多芬雄狮似的旋律，舒伯特的哀诉，柴可夫斯基的阴郁，肖邦在钢琴上奏出的"世界痛苦"，瓦格纳的歌剧所表现出的酒神精神，还有西方现代艺术中的爵士乐、立体画、荒诞戏、垃圾艺术、捆绑雕塑……几乎所有的西方艺术思潮都被介绍过了，所有的西方文学艺术流派都被模仿过了。与此同时，中国远古的神话、殷商的青铜器、两汉的民谣、六朝的笔记、盛唐的诗歌、大宋的词篇、明清的小说，还有老子的道、庄子的游、惠能的禅，还有龙门的石窟、敦煌的壁画、朱仙镇的门神、澄城的拴马桩、浚县的泥娃娃，也统统被挖掘被套用被介绍被重新演出过了。最终，百年来反复论辩、反复争执而又不得其解的问题又一次鲜明地凸现出来：中西文学艺术传统的尖锐对峙与冲突，成为当今文坛的中心。人们焦灼着、探索着、争辩着、寻觅着：尊奉传统的与践踏传统的不屑于共事，推崇西方文学艺术与景仰中国文学艺术的挥拳相向，古老的与时髦的、创新的与保守的、超然的与调和的、理智的与疯狂的、建设的与破坏的、科学的与神秘的、从今天走向昨天的与从远古走向未来的、"寻根"而又不失为创造的与"西化"而实为保守的，统统互不相容地彼此对峙……这一切，使新时期的文学艺术领域成为躁动不安、旋转多变的万花筒般的世界和无序状态的迷乱星空。

本书从来不曾怀疑过中国文学家、艺术家在"路漫漫其修远"的"上下求索"中的真诚。毫无疑问,无论这一求索在未来以何种方式被肯定或否定,历史都该记住,但是本书也不能不承认,在当前的骚动不安的"上下求索"中不难感悟到一种痛苦,一种迷失,一种忐忑。似乎没有人能达到预期的目的,没有人不曾获致某种程度的理想幻灭。这一当然不是结局的事实说明在人们的自身机体中蕴含着某种不可战胜的顽强的自我保护机制,蕴含着某种自身甚至从未察觉到的不虞作用因子,蕴含着某种强大的能够瓦解一切的历史惰性力量。也正是因此,本书甚至在当前的骚动不安的"上下求索"中感悟到一种融合,一种互补,一种同步。与表层的现象的层次上的激烈对峙冲突相反,在深层的心理的层次上却始终平静、融洽和相安无事。这不啻是一种寓意深刻的悖论和佯谬。不知为什么,当我突然领悟到这一点,心灵的风暴就再也不能停息。

例如,也许并非出于偶然,每当我想起中国美感心态的深层结构在当代的历史重建,想起重建中国人的梦想,就会同时想起可悲的西西弗斯。

我知道,近来很多青年朋友都在谈论着西西弗斯,谈论着中国美感心态的深层结构在当代的历史重建中所遇到的西西弗斯般的厄运。

随便举一个例子。例如"在湖北中国画新作邀请展"期间举办的中国画讨论会上,不少朋友引述希腊神话中西西弗斯被罚将石头推向山顶,石头滚落,他再度将石头推向山顶由此往复无穷这样一个故事,来说明自己的艺术心境。那无效的、没有尽头的苦役,那希望与希望破灭的悲剧,那人的呼唤与世界沉默的回答,与不少青年朋友的心引起了共鸣。[1]

笔者也想到了西西弗斯,但却没有青年朋友常有的那种厄运感。笔者相信西西弗斯不仅象喻着追求过程中的某种失落某种空虚甚至某种幻灭,而且象喻着在不断失败中的某种努力,某种追求甚至某种成功。

西西弗斯的或者西西弗斯般的厄运统统都是可以而且必须超越的。

---

[1] 见《美术》,1986年第6期,第13页。

不过，本书也十分清楚：谈论西西弗斯当然是在于中国美感心态的深层结构在当代的历史重建中所遇到的不断的苦恼。何况，这苦恼还是双重的。

首先，这苦恼来自中西美感心态的尖锐对峙冲突以及中国美感心态的屡战屡败。众所周知，近代以来，西方文学、西方艺术已漫延东土。在这当中，西方美感心态也乘机而来。"随风潜入夜，润物细无声。"于是中国传统的美感心态如临大敌，与之虎视眈眈地尖锐对峙。它们彼此争斗，互不相让，构成了迄今为止中国美学史上最为壮观的一幕。而且，在这场冲突中，中国传统的美感心态往往一再失败，不但拱手让出了被自己长期统治着的诗词、文人画的阵地，听任充分体现了西方美感心态的电影、油画和小说去取而代之，而且连自身中最为深层的东西也被西方美感心态驱赶了出来，在光天化日之下暴露自己的虚伪、软弱，不合时宜和历史错位。对此，人们各有会心，众说纷纭。或者认为西方美感心态优胜于中国美感心态，或者认为中国美感心态仍旧优胜于西方美感心态，但在本书看来，却都有其片面性。其实，相对于中国美感心态，西方美感心态类似一柄有利亦复有弊的双刃剑。从历史进步的角度看，它固然有其利的一面，但若从美学构想的角度看，它又有其弊的一面。反之也如此。相对于西方美感心态，中国美感心态同样类似一柄有利亦复有弊的双刃剑。从历史进步的角度看，它固然有其弊的一面，但若从美学构想的角度看，它又未必没有其利的一面。因此，中国美感心态与西方美感心态的冲突，就集中表现在历史进步与美学构想的冲突。或者借用朱熹的话，集中表现为"实然之则"与"当然之理"的冲突。历史的进步同时又是美学的退步，理性的欢乐同时又是感性的痛苦，……诸如此类的为世界美学史上所仅见的苦恼，使中国人进退维谷，失去了内心的一贯平衡。

这当然是一种两难的选择。它使我们想起了中国的一则悲剧故事："南海之帝为儵，北海之帝为忽，中央之帝为混沌。儵与忽时相遇于混沌之地，混沌待之甚善。儵与忽谋报混沌之德，曰：'人皆有七窍，以视听声息，此独无有.'尝试凿之。日凿一窍,七日而混沌死。"这确乎是一个令人震颤而又发人深省的悲剧。我们往往痛恨儵与忽的无端生事,"日凿一窍,七日而混沌死。"但反过来设想一下,在"人皆有七窍,以视听声息"的世界上,中央大帝混沌倘若固执"此独无有"的落后性状,最终不是同样难免悲剧结局吗?中国美感心态的深层结构在当代的历史重建也是这样。或者被西方美感心态"日凿一窍",最终在"全盘西化"的呼声中被同化掉,或者顽固地把"此独无有"的落后性状维持下去,最后逐渐自生自灭。而不论选择哪种方式,统统都会有其利又有其弊。怎么办呢? 在过去相当长的时间内,占上风的选择是上述两种中的后者。人们靠充分发挥中国美感心态的自身功能,拼命维护它的纯洁性,去固执"此独无有"的落后性状。而当这种作法拉开了与西方美感心态的时空距离,因此反过来导致彼此间进一步的激烈对峙冲突之后,人们则往往一方面诅咒西方美感心态的"污染",痛责自己忘记了"民族化"的责任,一方面更进一步地充分发挥中国美感心态的自身功能,更狂热地维护它的纯洁性,再一次去固执"此独无有"的落后性状……如此往复,循环不已。在本书看来,这当然并非良策。在这里,要首先明确的应当是历史发展的必然性和美学规范的正当性之间的相互关系。平心而论,历史发展的必然性是应当高于美学规范的正当性的。现代社会的高度物质文明,往往无情地撕破建立在农业文化基础上的温情脉脉的面纱。这种近乎冷酷的现实要求人们建立全新的美学观,去积极适应而不是去虚伪地粉饰。倘若一味推崇美学规范的正当性,无疑会不但把中国美感心态的历史重建奠基在虚假道德构想的沙滩或者冰山之上,而且会转而阻碍现代社会的正常发展。由此看来,从长远的眼光看问题,从现代社会、现代文化的角度看问题,本书认为,如果一定要在上述两种选择中抉择,与其选择后者,毋宁选择前者。

不过,这种选择也只是一种进退维谷中的理论设想,只是一种意在摆脱两难选择中的苦恼的一剂泻药。实际上,事情远没有如此简单。具体而言,按照上述抉择,中国美感心态的深层结构的历史重建本来并不难找到答案。

先我们一步进入工业社会和工业文化并成功建构了自身的近代形态的西方美感心态,早已为我们提供了成功的范式。只要我们善于吸取其中的精华,例如勇于面对外在世界和残酷现实、面对殊死斗争和人生冲突的崇高精神和悲剧死亡;无穷无尽的渴求、不安、好奇与冒险的发扬蹈厉,激切奋进的美学理想;离群索居、单独承担全部精神苦难的个体赎罪;充满信赖和探求精神的集体感知和集体表象;等等。在此基础上,不难走出一条富于独创而又充满现代感的建构道路。不幸的是,中西美感心态除了时间上的历史差异外,还有其空间上的地域差异。这种差异是由于长期的文化和美学的传统和渊源造成的。它与时间上的历史差异融汇在一起,不但极难泾渭分明地彼此剥离,而且根本无法为其他美感心态所认可或接受。不仅仅如是,由于我们的"迟暮"(鲁迅语),在多年的僵化、封闭的昏睡之后,我们刚刚发现西方近代美感心态的历史进步性,同时也就看到了西方近代美感心态的历史性失落。这一情景,不仅使我们陷入手足无措的迷乱、疑惑和新的苦恼之中,而且使我们尚未来得及重新建构的传统美感心态受到第二次致命的打击。

这致命的打击来自当代西方美学从理性主义向非理性主义的毅然转向。众所周知,西方近代美感心态是在近代理性主义的基础上建构起来的。在西方近代文化的入口处,大字书写着醒目的口号:"知识就是力量!""人即心灵,心灵即知识。一个人知道些什么,他就是什么……"(培根语)这些成为近代西方人的共同信念。而在此基础上诞生的西方近代美学,不论是英国经验美学,还是大陆理性美学,抑或法国启蒙美学,德国古典美学,统统都是一种理性主义的美学,其中作为集大成者的黑格尔,用头脑站立在大地上竟然发展到如此程度:整个世界都变成了自我推演的逻辑范畴,而美却只不过是理念的感性显现。当然是一个典范的颇具说服力的例证。

毋庸置疑,虽然尊奉理性的西方具有悠久的文化和美学传统(准确地讲,西方美感心态中的理性传统有古代的抽象理性和近代的具体理性之分,此处不暇详述),近代突出的理性觉醒和自恋还为西方的近代社会带来了福音,并且一度变成西方的精神家园。然而,随着社会的发展,人们逐渐发现:在理性觉醒和自恋中,越来越显露出一种深刻的幼稚和偏执,正像马克思指出的:"理性的王国不过是资产阶级的理想化的王国。"于是,非理性思潮在现代西方崛起了。哥白尼的日心说、达尔文的进化论、马克思的唯物史观、爱因斯坦的相对论、尼采的酒神哲学和弗洛伊德的无意识学说,一次又一次从根本上改变了人类对地球、人种、历史、时空、生命、自我等一系列重大问题的传统看法。而相继爆发的两次世界大战和日新月异的现代自然科学的进展,更有力地扫荡着理性主义心态以及在此基础上建立起来的精神家园,代之而起的,是对理性的空前的绝望、怀疑和不信任感。

这样,西方文化心态便合乎逻辑地从理性悲壮地走向感性,正像基尔凯郭尔大声呼吁的:"从外部寻找上帝必须转而内在地寻找,因为我们的周围的世界只是有限的事实,这样就不能接近上帝。"也正像尼采严肃地指出的,在近代社会,"建立概念、判断、结论等手段被推崇为在一切才能之上的最高尚的事业和最值得赞美的天赋"。"同样旺盛的求知欲,同样不知餍足的发明和乐趣,同样急剧的世俗倾向,已经达到了高峰!加以一种无家可归的彷徨,一种挤入别人宴席的贪馋,一种对现在的轻浮崇拜……"为此尼采慷慨陈词:"今日我们称作文化、教育、文明的一切,终有一天必将站在公正的法官酒神面前!"现在,这一天果然来到了。

不难想象,当普照着西方的理性之光逐渐暗淡下去,人们内心将充斥着何等的黑暗和战栗。"弃我去者昨日之日不可留,乱我心者今日之日多烦忧。"孤独、畏惧、烦闷、绝望、恶心、隔膜、冷寂……到处是一种悲壮的失落。西方人的"灵魂,像没有桅杆的破船,在丑恶天涯的海上漂荡颠簸"(波德莱尔语)!卡夫卡惊叫"无路可走","我们所称作路的东西,不过是彷徨而已"。加缪则感叹,任何一个西方人,"当有一天他停下来问自己,我是谁,生存的意义是什么,他就会感到惶恐",发现"这是一个完全陌生的世界","比失乐园还要遥远和陌生就产生了恐惧和荒谬"。这不复是乐观主义的高涨,而是

"世纪末情绪"的漫延;不复是"世界是怎样,而是世界是这样"(维特根斯坦);不复是"我思故我在",而是"我思故我少在"(基尔凯郭尔)……人类美感心态中感性的一面、偶然的一面、相对的一面,被鲜明地空前凸出,并且与曾被奉若神明的理性的一面、必然的一面、绝对的一面截然对峙起来了。而且,不是在理性基础上而是在非理性基础上的对峙。人被还原为感性存在,还原为根本的根本、究竟的究竟,还原为一切理性的基础。因此,所谓"少在",正是指的感性的"少在"。而且,在现代社会,这种越思越发失落的"少在",倒确乎是绝对的、永恒的、无可逃避的。正像弗洛伊德指出的:"我在我不在之处思,故我在我不思之处。"

当然不应该把这一切仅仅看作西方近代美感心态的历史性失落。这一切不啻是对中国美感心态的历史建构的一次沉重打击。它使我们在更深刻的意义上和更广阔的背景中成为迷途者和流放者。原因很简单,不论是中国的对道德的深层体验,抑或西方的对理性的深层体验,尽管或者源于抽象的伦理理性,或者源于抽象或具体的科学理性,但源于理性,却是他们的共同之处。而现在不但对生命的深层体验失去了光芒,而且连理性本身也黯然失色。我们被无情地抛入夜的荒原。看来,美感心态的历史建构无异"一场十分重要的革命,我们要上溯许多世纪才能找到一个能与之相媲美的革命,也许唯一可资比较的是旧石器时代之间发生的变革……"(赫伯特·里德)"在二十世纪,我们正在结束人类的一个长达五千年的时代……我们很像是生活在公元前三千年的情景之中。当我们像史前人类一样睁开双眼之时,看到的是一个全新的世界。"(库尔特·W·马克)在这时刻,我们别无选择。只有艰难前行,寻觅业已失落的生存之根。

可是,在双重的苦恼之中,中国美感心态的深层结构的历史重建又谈何容易,重建中国人的梦想又谈何容易。或许,已经无路可行了?

为中国美感心态在当代的历史重建指出一条具体路径,在当代的文化背景下是不可能的。这或许确乎是中国美学的悲剧,也是近年来(其实也是百年来)很多朋友的思想探索陷入苦恼困境的原因所在。然而,为中国美感心态在当代的历史建构指出一个立足点,一个置于其上的立体坐标,却不是不可能的,正像我在拙著《美的冲突》中指出的那样,这立足点就是中国美感心态的现代化,而这立体坐标则是横向的全球意识和纵向的寻根意识的交叉统一。这或许是我们当前所能指出的逐渐趋近中国美感心态历史建构的理想状态的唯一方案了,尽管它是模糊的、近似的。

本书相信自己的选择是可行的。这原因深刻蕴含在美感心态自身的阐释与选择逻辑之中。本书曾指出:传统美学是阐释与选择的结果,传统美感心态则是在阐释与选择基础上的心理结构方面的某种历史建构。所谓传统美学是阐释与选择的结果,是指的一种"真正的历史对象根本不是一个客体,而是自身和他者的统一,是一种关系。在这关系中同时存在着历史的真实和历史理解的真实。一种正当的释义学必须在理解本身中显示历史的有效性。因此我们就把所需要的这样一种历史叫作效应历史。理解本质上是一种效能历史的关系"①。所谓传统美感心态是在阐释与选择基础上的心理结构方面的某种历史建构,则是说,假如对美学的某种阐释与选择在客观方面构成了传统美学,那么对美学的某种阐释与选择在主观方面则构成了传统美感心态。因此,要改变传统美感心态,最为迫切的是改造我们的阐释与选择,而改造我们的阐释与选择,则主要表现为改造我们的视界。

"视界",是由尼采和胡塞尔提出的一个概念,表示思维受其有限的规定性束缚的方式,以及视野范围扩展的规律的本质。伽达默尔承继这一概念,用它来表示对其中意义的预期,每一种视界都对应于一种阐释和选择体系,视界的不同对应于不同的阐释和选择体系。视界改变了,阐释和选择也会随之改变。伽达默尔认为:"人类生活的历史运动在于这个事实,即它绝不会完全束缚于任何一种观点,因此,绝不可能有真正封闭的视界。倒不如说,视界是我们悠游于其中,随我们而移动的东西。"②确实,视界是一个不断

---

① 伽达默尔:《真理与方法》,辽宁人民出版社1987年版,第267页。
② 伽达默尔:《真理与方法》,辽宁人民出版社1987年版,第271页。

形成的过程,永远不会静止、固定下来。因此,阐释与选择过程中往往会形成新的视界。这视界与被阐释和选择的美学自身的视界相互冲突。但阐释与选择一旦开始,新的视界便进入它要阐释与选择的美学自身的视界,随着阐释与选择的进程不断改造、更新和影响对方,同时又不断扩大、拓宽和丰富自己。这是一个新的视界与传统的视界不断融合的过程,伽达默尔称之为"视界融合",但是,这种融合不是同一或均化,它必定同时包括差异和对立。视野融合后产生的视界,既包括全新的视界也包括传统的视界,但已无法明确区别,而是你中有我,我中有你,融为一体,新的美感心态由是而产生。

另一方面,假如说视界问题为中国美感心态的历史建构中的现代意义上的立足点提供了根据,那么美感心态的二元对立结构则为中国美感心态的历史建构中的立体坐标(横向的全球意识和纵向的寻根意识)提供了根据。美感心态的二元对立结构,是指的美感心态中革新与守旧两极。它在共时与历时两维中立体地表现出来。在共时维度,表现为心理上的民族认同感、归属感和对外来美学的新鲜感、好奇感。在历时维度,表现为同化与调节两种心理功能的交替保持平衡。美感心态的历史建构,深深植根于二元对立。它们错综纠结,沉浮递变,互相吸收、渗透和弥补,使心理空间不断得以拓展,并始终维持一种动态平衡。具体表现在共时维度上,是向心运动和离心运动的冲突,也就是寻根意识和全球意识的冲突。借用索绪尔的话说:"每个人类集体中都有两种力量同时朝相反方向不断起作用:一方面是分离主义精神、'乡土根性',另一方面是造成人与人之间交往的'交际'的力量。""'乡土根性'使一个语言共同体始终忠于它自己的传统……但它们的结果常为一种相反力量的效能所矫正。"[1]表现在历时维度上,始终存在着传统凝结沉淀形成的惰力和反抗传统求得发展的冲力之间的冲突。总之,美感心态的历史建构正是在这对立两极的对立而又互补的动态张力场中曲折而又艰难地前行的。

---

[1] 索绪尔:《普通语言学教程》,商务印书馆1980年版,第287页。

"独上高楼,望尽天涯路。"或许,重建中国人的梦想,只有在上述基础上才能够实现。换言之,中国美感心态只有在"现代化"的立足点上,只有在全球意识和寻根意识交叉形成的立体坐标中,才能继续深情地叙说自己古老而又年轻的故事。

第二节
"析骨还父,析肉还母"[①]

当然,一切的一切还是要从对于自我的清醒认知起步。

鲁迅先生曾经指出,中国文化的建设,要"弃去蹄毛,留其精粹,以滋养及发达新的生体"[②]。也因此,在中国美学的重建之中,首先亟待进行的,就是正本清源,把充满生命活力的中国美学的"活东西"也就是所谓的"精粹"释放出来。

无疑,百年来古老的中国都始终行走在"别求新声于异邦"的道路上,然而,在我看来,中国美学的向西方美学学习,绝对并不意味着中国美学自身就已经日暮路穷。

事实上,中国讨论美学的历史命运,却要以西方美学作为取舍与否的参照系,这或许本身就是一种错误。事实上,正如我已经指出过的,中西美学之间只存在着一种互相对话、彼此阐发的关系,却根本就不存在什么通过比较去强分高下的关系,因此,倘若一旦以后者去取代前者,无疑会误入歧途。

本来,我们要讨论的是中国美学的历史命运问题,亦即中国美学在当代

---

① 本节在本次再版中根据我的论文《"析骨还父,析肉还母":中国美学中的"活东西"与"死东西"》(《中国政法大学学报 2019 年第 3 期》)增补。
② 《鲁迅全集》第六卷,人民文学出版社 1981 年版,第 23 页。

的历史建构或创造性转换的问题。然而,现在对于这个问题的讨论却必须借助于西方美学,这并非没有理由。世界之为世界,当然存在包括东方西方在内的诸多的多样性,但是,却更存在共同性,也就是所谓"共同价值",它是全世界发展道路中的最大公约数,也是最根本的公理。换言之,任何的美学,地无分南北,人无分东西,一旦走出蒙昧,一旦幡然醒悟,毫无例外的,都必然体现为对于"人是目的"的追求,也就是都必然体现为对人的绝对尊严、绝对权利以及人人生而自由、生而平等的共同价值的追求,对"人是目的"的共同价值的追求,这就是人类现代化道路中最大公约数、最根本的公理。①在此之外,任何一个拒绝接受共同价值的无论什么"特色"的"钉子户",则都无疑是根本无法进入现代世界的。也因此,尽管对"人是目的"的共同价值的追求并非中国美学的强项,也确实是中国美学之不足,但是,却也绝非中国美学之不能。固然,由于特定的历史环境的局限,在相当长的时间里,对"人是目的"的共同价值的追求都未能引起中国美学的高度重视,中国美学似乎更加擅长于直觉思维的挖掘,但是却确实不太擅长于神性思维的思考,②但是,中国文化也并非就与对"人是目的"的共同价值的追求格格不入。对"人是目的"的共同价值的追求,在中国更并非就永远水土不服、永远刀枪不入。其实,对"人是目的"的共同价值的追求,在中国文化中存在的只是一个"多与

---

① 有美国人曾说:我们不怕中国人学习我们的科学与技术,但是却害怕中国人学习我们的《独立宣言》,这也从反面印证了这个道理。
② 在这里,存在着一个极为重要的横向的审美与非审美、艺术与非艺术与纵向的一般的审美、艺术与极致的审美、艺术的区分。一般而言,直觉思维使得中国美学在横向的审美与非审美、艺术与非艺术的区分上有独特的贡献,而神性思维使得西方美学在纵向的一般的审美、艺术与极致的审美、艺术的区分上有独特的贡献。换言之,中国美学擅长于去说明"酒"来自粮食却已经不是粮食,擅长于说明图解与意象、主体客体与"神与物游"、指称指意与"澄怀味象"、宣泄与"兴味"等之间的区别;而西方却擅长于去说明"好酒"与"劣酒"之间的不同,例如现实关怀与终极关怀之间的不同,在中国美学中往往被有意无意地加以忽视的信仰、爱、忏悔、悲悯、悲剧……以及中国美学直到王国维才开始关注的"担荷人类罪恶之意"以血书""忧生""为文学而生活"……也就因此而进入了西方美学的视野。

少"的问题,但是,却并不存在一个"有与无"的问题。

而这就正如杜甫的《登高》诗所说:"无边落木萧萧下,不尽长江滚滚来。"一边是"无边落木",一边是"不尽长江",重要的,仅仅是去回答:何为中国美学的"无边落木"?何为中国美学的"不尽长江"?况且,不论是王国维还是鲁迅,他们批评中国美学的目的也都统统不是为了"否定"中国美学,而只是为了剔除中国美学中的"糟粕""死东西"与"无边落木"。而我们今天要正本清源,不也是为了把充满生命活力的中国美学的"活东西"也就是所谓的"精粹"释放出来?不也是去探索其中"写着中国的灵魂,指示着将来的命运"(鲁迅)的中国美学的内在奥秘?!

当然,在中国美学的发展历程中要洞悉其中的"写着中国的灵魂,指示着将来的命运"的内在奥秘,也并不容易。

这是因为,就中国的审美与艺术而言,要洞悉其中的"写着中国的灵魂,指示着将来的命运"的内在奥秘,就必须借鉴一个基本的思路。这就是:人类世界是在人、自然、社会的三维互动中实现的,其中人与自然的维度作为第一进向,涉及的是我—它关系,人与社会的维度作为第二进向,涉及的是我—他关系。它们又都可以一并称之为现实维度,是人类求生存的维度,然而,由于人与社会、人与自然的对立关系,必然导致自我的诞生,也必然使得人与社会、人与自然之间完全失去感应、交流与协调的可能。而这就相应地必然导致对于感应、交流与协调的内在需要。这一需要的集中体现,就是"爱"。但是,真正的爱只能是一种区别于现实关怀的终极关怀,也只能是一种对于一切外在必然的超越,而这就必然融入作为第三进向的人与意义的维度之中。因为作为第三进向的人与意义的维度正是一种区别于现实关怀的终极关怀,也只能是一种对于一切外在必然的超越。人与意义的维度涉及的是我—你关系。它可以称之为超越维度,是求生存的意义的维度,意味着最为根本的意义关联、最终目的与终极关怀,意味着安身立命之处的皈依,是一种在作为第一进向的人与自然维度与作为第二进向的人与社会维度建构之前就已经建构的一种本真世界。它也被称为信仰的维度。因为只有在信仰之中,人类才会不仅坚信存在最为根本的意义关联、最终目的与终极关怀,而且坚信可以将最为根本的意义关联、最终目的与终极关怀诉诸实现。就是这样,人与意义的维度使得最为根本的意义关联、最终目的与终极关怀成为可能,也使得作为最为根本的意义关联、最终目的与终极关怀的集中体现的爱成为可能。至于审美,毫无疑问,作为人类最为根本的意义关联、最终目的与终极关怀的体验,它必将是爱的见证,也必将是人与意义的维度、信仰的维度的见证。

显而易见,中国并没有走上这条道路。在人、自然、社会的三维互动中,对于人与自然、人与社会的和谐关系的全力看护,使得中国作为第一进向的人与自然维度与作为第二进向的人与社会维度出现根本扭曲。在人与自然维度,认识关系被等同于评价关系,以致忽视自然与人之间各自的规定性,片面强调两者的相互联系,并且把自然和人各自的性质放在同质同构的前提下来讨论。在人与社会维度,政治、经济以及道德情感等非自然关系被等同于自然关系,君臣、官民等非血缘关系被等同于血缘关系,总之是用血缘为纽带的伦理关系来取代以利益为纽带的契约关系。显然,这样一来本应应运诞生的"自我"根本就无从产生。进而言之,由于对于人与自然、人与社会的和谐关系的全力看护,加以进入"轴心时代"之后血缘关系并没有被彻底斩断,因此人与自然、人与社会之间出现的感应、交流与协调的巨大困惑就不会通过"上帝"而只会通过自身去加以解决。这样,从"原善"而不是原罪的角度来规定人,就合乎逻辑地成为中国的必然选择。而作为现实关怀的"德"也就取代了作为终极关怀的爱。我与社会之间出现的感应、交流与协调的巨大困惑就不会通过"上帝"而只会通过自身去加以解决。

这样,从"原善"而不是原罪的角度来规定人,就合乎逻辑地成为中国的必然选择。而作为现实关怀的"德"也就取代了作为终极关怀的爱。我们知道,人与意义的维度只是一种可能,是否出现与如何出现,却要以不同的条件为转移。在中国,由于作为现实关怀的"德"对于作为终极关怀的爱的取代,人与意义的维度的出现,事实上就只是以"出现"来扼杀它的"出现",只是一种逃避、遮蔽、遗忘、假冒、僭代。所以鲁迅说:中国有迷信、狂信,但是没有坚信。很少"信而从",而是"怕而利用"。鲁迅还说:中国只有"官魂"与"匪魂",但是没有灵魂。这正是对中国人与意义的维度的"逃避、遮蔽、遗忘、假冒、僭代"的洞察。

由此,准确而言,在中国美学中,出现了两大美学传统。

其一,是"忧世"的美学传统、"以文学为生活"的美学传统,也是"言志载道"的传统。它是中国人与意义的维度的"逃避、遮蔽、遗忘、假冒、僭代"的见证,例如曹丕的"盖文章,经国之大业,不朽之盛事",例如钟嵘的《诗品》,例如刘勰的《文心雕龙》,例如韩愈、白居易的美学主张,甚至,我们哪怕是在"五四"前后,也能够看到"文章合为时而著,诗歌合为事而作"的梁启超的"小说界革命"的身影……无法否认,这个美学传统实际也是中国美学的主流。这也正是上世纪初年王国维、鲁迅在批评中国美学的缺憾时使用了全称判断的理由与原因。不过,"主流"却并不等于"精华"。平心而论,它并非中国美学的精华,所代表的,也仅仅是中国美学的流向,而并非中国美学的方向。在这方面,常见的错误有二:一个是把中国美学的"主流"等同于中国美学的"精华",目前的中国美学的研究者们的看法大多就是如此;一个是把中国美学的"主流"等同于中国美学的全部,因此,也就把对于中国美学的主流的批评看做对于中国美学的"精华"与"全部"的否定。于是,也就自然无法深刻理解当年王国维、鲁迅的对于中国美学的批评,也就无法洞察中国的审美与艺术的真正的价值之所在。

其次,是"忧生"的美学传统、"为文学而生活"的美学传统,也是"吟咏情性"的传统。

这一传统的真正源头应该回溯至《山海经》。

《山海经》里的人物,乃是最为本真的中国人。"生十日"的羲和、"化万物"的女娲是中国的开辟女神;舞干戚的刑天、触不周的共工是中国的血性男儿;衔木填海的精卫,布土堙水的鲧禹父子是反抗命运的悲剧英雄。《山海经》写了生命的激情和拼搏,欢欣和渴慕,反抗和追求,它是中华民族真正的血性之源。遗憾的是,由于殷商之际以及秦帝国的建立这两大历史转折的出现,《山海经》这一美学源头却被无情地斩断了,被中国美学的"主流"遮蔽,或者被中国美学的"主流"扭曲,它的"底细"和"点点的碎影"也已经只能够偶有所见。

最早的,例如伯夷、叔齐,他们隐居在首阳山,不食周朝之食。为什么要如此?联想一下殷商之变,就会意识到,这正是对于从《山海经》发源的美学传统的呵护。例如他们的那首著名诗歌《采薇》:"登彼西山兮,采其薇矣。以暴易暴兮,不知其非矣。神农、虞、夏忽焉没兮,我安适归矣?于嗟徂兮,命之衰矣。"其中对于"以暴易暴"的抨击,对于《山海经》这一美学源头的"命之衰矣"的感叹,以及"我安适归矣"的忧伤,至今就还令人心痛不已。遗憾的是,此后,《山海经》这一美学源头的"底细"和"点点的碎影"就变得若隐若现了。

例如"古诗十九首",其中就有着纯正的美学眼光,它没有任何的功名利禄的想法,是最纯正的美学,也是最接近《山海经》的文学。我们可以想象,《山海经》里那些神仙到了老百姓的家庭里,大概也必然如此。所以,"古诗十九首"和《山海经》存在着一个非常严格的对应关系。当处理国家事务的时候,你是精卫,你是夸父;当处理个人事务,处理家庭事务的时候,你就是那个劝老公"努力加餐饭"的家庭妇女。

再如李后主,李后主并非好皇帝,但是,在文学的王国,李后主却绝对是最好的"词帝"。在李后主的作品里,禀赋了一种因人类的有限性而悲和为人类有限性而悯的情怀。王国维在论到李后主的词时说"眼界始大,感慨遂深",确实是这样。

再如《金瓶梅》《红楼梦》的横空出世。假如《金瓶梅》是中国人的"悲悯之书",那么,《红楼梦》就是中国人的"爱的《圣经》";假如《金瓶梅》是中国人所写的第一个失爱的故事,那么,《红楼梦》就是中国人所写的第一个爱的故事,尤其是《红楼梦》,从一开始,曹雪芹就问:开辟鸿蒙,谁为情种?这实在是开天辟地的一问。它意味着中国的"我爱故我在"的美学传统的正式诞生。

正是《红楼梦》,才第一次走出了《三国演义》《水浒传》之类怨恨之书的老套,而使自己成为第一本还泪之书、赎罪之书,第一本爱之书。众所周知,贾宝玉看到了一个个美丽女性的悲剧命运,但是,却没有去寻找替罪羔羊,也没有去归罪于任何人,而是转而忏悔自己的"罪",每每念及"闺阁中本自历历有人"的时候,他就会去"愧"、去"悔"。"罪""愧""悔",这三个字,就成为他所推崇的"我之襟怀笔墨"。而他写出的,也全然是"无罪之罪""无错之错"。牟宗三先生就把这叫做"有恶而可恕,哑巴吃黄连,有苦说不出",显然,这才真正进入了美学之室。

而且,《红楼梦》的出现,也真正揭示了中国的主流美学的不足与缺憾。鲁迅说:"人有读古国文化史者,循代而下,至于卷末,必凄以有所觉,如脱春温而入于秋肃,勾萌绝朕,枯槁在前,吾无以名,姑谓之萧条而止。"①《红楼梦》正处于"文化(美学)史"之"秋肃"与"卷末",而它的成功也正在于第一次深刻揭示了"文化(美学)史"之"秋肃"与"卷末"。"忧世"、"以文学为生活"以及现实关怀的美学传统实际上与审美活动并不真正相关,这是一个在中国美学的历程里延续了千年的内在秘密,但是,只有在《红楼梦》里,人们才第一次大梦初醒。

因此,在我看来,正是因为有了从《山海经》到《红楼梦》的美学传统,有了《红楼梦》,中国美学才有了自己的高度,也才有了自己的尊严。

在美学思考中,这一传统无疑也源远流长,例如,它起初是体现在梁武

---

① 鲁迅:《鲁迅全集》第1卷,人民文学出版社1981版,第63页。

帝萧衍和太子萧统的《文选》、司空图的二十四诗品、欧阳修《六一诗话》、姜白石的《白石诗说》之中。其中,最为重要的,当然是严羽的"吟咏情性"。他转而注重于"羚羊挂角、无迹可寻"式的内心体悟,以"吟咏情性"作为诗之为诗的本质特性。因此,他在《答出继叔临安吴景仙书》中为此甚至断言:"仆之诗辨乃断千百年公案,诚惊世绝俗之谈,至当归一之论。"而且,"其合文人儒者之言与否不问也。""虽得罪于世之君子不辞也。"为此,甚至不惜"析骨还父,析肉还母"①。在他之后,明代王世贞《艺苑卮言》,胡应麟的《诗薮》,清代袁枚《随园诗话》以及王国维《人间词话》《红楼梦评论》也都是这一传统的一脉相承。

按照王国维的总结,"自道身世之戚""担荷人类罪恶之意""其大小固不同""以血书",应该是这一美学传统的基本的美学特征,在王国维看来,这一美学传统代表着"纯文学""纯粹之美术"以及中国的对于文学艺术的"独立之位置""独立之价值"的呼唤。其中的真谛在于:"美术之价值,存于使人离生活之欲,而入于纯粹之知识。"②"逮争存之事亟,而游戏之道息矣。惟精神上之势力独优,而又不必以生事为急者,然后终身得保其游戏之性质。"③这里的"纯粹之知识""精神上之势力",显然都是遥遥指向信仰的,都是"瞩目彼岸的无限以及人类的形而上的生存意义"的,这才是中国美学的"精华",也才代表中国美学的方向。因为,它"写着中国的灵魂,指示着将来的命运"。不过,由于它并非中国美学的主流,因此就往往被中国美学的"主流"所遮蔽,或者被中国美学的"主流"所扭曲,这就是鲁迅说的:"只因为涂饰太厚,废话太多,所以很不容易察出底细来。正如通过密叶投射在莓苔上面的月光,只看见点点的碎影。"遗憾的是,尽管这一美学传统"其有纯粹美术上

---

① 参见严羽《沧浪诗话》附录,郭绍虞注解,人民文学出版社 2005 年版。
② 王国维:《王国维文集》第一卷,中国文史出版社 1997 年版,第 16 页。
③ 王国维:《王国维文集》第一卷,中国文史出版社 1997 年版,第 25 页。

之目的者,世非惟不知贵,且加贬焉"①。

当然,"世非惟不知贵,且加贬焉。"应该说是学界的一个痼疾。遑论美学史,思想史的领域也是如此。例如,就儒家而言,尽管血缘关系以及在此基础之上的"忠孝"等才是主流思想,但是,其实在此背后,还有支撑着这一切的出于爱、源于爱、践行爱的内涵,它根源于个体与个体间的自由关系,隶属于普遍之爱,也隶属于普遍正义,无疑是对于"人是目的"的发掘与觉察。因此,事实上,这才是儒家思想的"精华"——尽管它并非儒家思想的"主流"。道家思想也如此,例如庄子,在他的美学中人们往往会对于他对"自然"的提倡予以肯定。可是,在这当中,却又有不同。其实,只有在强调"人之自然"时,他才是尊重生命的,而且还主要是精神的生命,庄子美学因此也可以被称之为生命美学。在这方面,我们看到了庄子所强调的"道"的超越性、所强调的"以游无穷"(追求无限)、所强调的由于对于精神自由的追求而出现的"无为"、所强调的"不为物役"、所强调的"性"("马之真性"),但是,必须注意到,在强调"天之自然"时,这个"人之自然"就消失了,尽管在这个时候他仍旧是尊重生命的,但尊重的却只是肉体生命(所谓"保身"),在此意义上,庄子美学就很难被称之为生命美学,而只能被称之为逍遥美学了。在这个方面,我们又看到了庄子对"道"的遍在性的强调,对"乘物以游心"的强调(满足有限),对由于对于肉体自由的追求而出现的"无为"的强调,对"残生伤性""弃生以殉物"的强调,对"形"的强调,对"顺物自然而与世俗处"的强调。因此,当庄子说人应重返自然的时候,这个"自然"无疑是"天之自然",它是"恬淡、寂寞、虚无、无为"的,因此,人也应是"恬淡、寂寞、虚无、无为"的,由此,就有了"形若槁木,心如死灰""吾丧我"等人们耳熟能详的一系列言论。但是,作为"天之自然"的产物,人类的独特禀性,诸如人的未完成性、无限可能性、自我超越性以及未定型性、开放性和创造性,不也是一种自

---

① 王国维:《王国维文集》第一卷,中国文史出版社 1997 年版,第 16 页。

然——"人之自然"吗？人类要重返自然,不是应该重返这个"人之自然"吗？或者说人类不正是因为做到了"顺乎己"才最终做到了"顺乎天"吗？本来,庄子本人已经不自觉地注意到了这一区别,甚至提出了"任其性情之真"这样一个值得大加发挥的命题,但是,却又自觉地由此跨越而过,又仍旧去强迫人之自然必须归属于天之自然。显然,我们所应当做的,无疑就是去"析骨还父,析肉还母",把庄子思想中的精华——"人的自然"提取出来,而把庄子思想中的糟粕——"天之自然"扬弃出去。①

对墨家也如此。区别于儒家的"爱有差等",以及把大众贬抑为只是接受教化的对象,而且仅仅在君子中提倡把人作为目的,墨家提出了"爱无差等",认为应该以每个人为目的,不能以任何人作为手段,这对打破儒家的精英倾向,打破儒家对于"小人"的轻蔑,以及强调人与人之间的平等相待,是极为可贵的。而且,在墨家看来,社会之所以彼此相残,甚至陷入零和博弈,原因就在于"不相爱":"是故诸侯不相爱则必野战,家主不相爱则必相篡,人

---

① 例如,作为"情本美学"的启蒙美学所提倡的"情"的核心是:"真"。不过,这个"真"已不同于中国美学自庄子以来就再三致意的那个"天之真"——"天之自然"。李贽指出:"千万其人者,各得其千万人之心,千万其心者,各遂其千万人之欲,是谓物各副物……夫天下之民,各遂其生,各获其所愿有,不格心归化者,未之有也。"(李贽:《明灯道古录》)注意,这里的"各遂其千万人之欲"、"各获其所愿有"从表面上与庄子的"真"十分类似,实际上,却恰恰相反。庄子主张的,是"天之真",李贽主张的,则为"人之真",是对于人要充分强化、满足自己的感性欲望的重视,也就是对于人的自然需要的重视。为此,李贽又提出:"且夫世之真能文者,比其初皆非有意于为文也。其胸中有如许无状可怪之事,其喉间有如许欲吐更不敢吐之物,其口头又时时有许多欲语而莫可以告语之处,蓄极积久,势不能遏。一旦见景生情,触目兴叹;夺他人之酒杯,浇自己之垒块;诉心中之不平,感数奇于千载。"(《焚书》,《杂说》)这就是说,作家只有等到自己蓄积了饱满的感情,不吐不快的时候,才能写出好作品,而这段感情,乃是胸中的"垒块"和"不平",也就是对现实的强烈不满。这就必然突破古典美学"发乎情,止乎礼"的"中和"原则的框架。为此,他还甚至自陈:"不敢掩世俗之所谓丑者。"(《焚书》增补一《答周柳塘》)这当然是因为,他要表现的不受礼教束缚的真实的自己——哪怕这个"自己"是一个"仇者"。这其实已经是庄子所提倡的"任其性命之情"的"人之自然""人之真"了。

与人不相爱则必相贼,君臣不相爱则不惠忠,父子不相爱则不慈孝,兄弟不相爱则不和调。"因此,"乱何自起?起不相爱。""故子墨子曰:'不可以不劝爱人者,此也。'"与此相伴的,是以"自利"立己,以"自利"立家,以"自利"立国,如"亏父而自利""亏子而自利""亏兄而自利""亏弟而自利""亏君而自利""亏臣而自利""乱异家以利其家""攻异国以利其国",等等,诸如此类的"自利",其结果就必然是"强必执弱、富必侮贫、贵必傲贱、诈必欺愚"。而墨家的选择则是:在"兼相爱"的基础上去强调"交相利","夫爱人者,人必从而爱之;利人者,人必从而利之"。① 显然,"兼相爱,交相利"无异于墨家为中华民族制定的"爱的宪章",可惜,这个"爱的宪章"却"世非惟不知贵,且加贬焉",同样被我们长期忽略不计。

也因此,我们可以把从《山海经》到《红楼梦》的美学传统称之为"情本美学"②。尤其是在明清之际,这一点表现得尤为突出与集中。例如,王艮就指出:"能爱人,则人必爱我。"③而汤显祖则反复强调:"必因荐枕而成亲,待挂冠而为密者,皆形骸之论也。"④因为,这不是真正的"爱"。那么,何谓真正的"爱"呢?傅山指出:

> 兼爱,爱分;一爱,爱专。我之于人,无彼此皆爱,与无二爱之专一爱,同意也。
>
> 人皆有生而我皆以一爱爱之,除无生者,我不爱之。
>
> 推其爱人之实,爱众与爱寡相若。若但能爱寡而不能爱众,不可谓爱也。世谓众之在此世,我俱爱之不见多,与寡之在此世,我爱之不见

---

① 《墨子·兼爱》。
② 这里的"情本美学"是与李泽厚的"情本体"完全不同的。因为"情本美学"是以"爱"为本体的美学,是"爱本体"的美学,但是李泽厚的"情本体"却是以日常的情感为本体。
③ 《王心斋先生遗集》卷二《明哲保身论》。
④ 《汤显祖诗文集》,卷三十三《[牡丹亭记]题词》,上海古籍出版社1982年版。

少,用心力一也。谓爱寡是尽我一世之力,而爱众亦尽我一世之力,仁以为己任,死而后已也。

矢死以一爱爱人,死而后已也。①

更值得关注的,是李贽等美学家的毅然宣称:"吾究物始而见夫妇之为造端。"②"氤氲化物,天下亦只有一个情。"③这些美学家以唐寅、茅坤、唐顺之、归有光居先,以李贽、徐渭、汤显祖、冯梦龙、公安三袁为主体,以钟惺、谭元春殿后,经过黄宗羲、廖燕、贺贻孙,经过叶燮、王夫之,经过戴震、曹雪芹,最终蔚为大观。

具体而言,从明中叶开始,中国美学的无视向生命索取意义的人与意义维度以及为此而采取的"骗""瞒""躲"等对策,逐渐为人们所觉察,其中,被汤因比称之为"最后的纯粹"的王阳明堪称序曲,他的"龙场悟道"意味着真正的思想不可能是别的什么,而只能是"愚夫愚妇亦与圣人同"的"人人现在",这就是所谓"切问而近思",即最切之问、最近之思。正是他,迈出了至关重要的第一步,率先在心之体的角度统一了宋明理学的天人鸿沟,为人心洗去恶名,提倡"无善无恶",不过在心之用的角度却仍旧认为"有善有恶",因此天人还是割裂的。王畿迈出了第二步,统一了心之用,这就是他提出的心、意、知、物"四无"说。罗汝芳进而把心落实为生命本身,"盖人之出世,本由造物之生机,故人为之生,自有天然之乐趣"(罗汝芳:《语录》),从而迈出了第三步;至此为止,他们都是在将"天理"这一"自然"原则加以自然化,而且真诚地认为良知的自然流行肯定会转化为积极的道德成果,但也会导致

---

① 《墨子大取篇释》,傅山《霜红龛集》卷三十五。
② 《李贽文集》第一卷,《焚书》卷三《夫妇论》,张建业主编,社会科学文献出版社2000年版,第85页。
③ 《墨子注》,转引自萧萐父、许苏民主编《明清学术流变》,辽宁教育出版社1995年版,第12页。

"天理"的灰飞烟灭,导致尊天理灭人欲最终转向灭天理尊人欲。李贽正是因此而应运而生。有感于人们始终为传统所缚的缺憾,李贽疾呼要"天堂有佛,即赴天堂;地狱有佛,即赴地狱",甚至反复强调"凡为学者皆为穷究生死根由,探讨自家性命下落"。而李贽所迈出的决定性的一步则在于,干脆把它落实到"人必有私"的"穿衣吃饭即是人伦物理"之中,这是第四步,也是中国美学走出自身根本缺憾的第一步。他不"以孔子之是非为是非","颠倒千万世之是非。"提倡庄子的"任其性情之情",各从所好、各骋所长、各遂其生、各获其愿,认为"非情性之外复有礼义可止",从而把儒家美学抛在身后;同时认为"非于情性之外复有所谓自然而然",因此没有必要以"虚静恬淡寂寞无为"来统一"性命之情"①,从而把道家美学也抛在身后。应该说,这正是对于生命的权利以及自主人格的高扬。在他的身后,是"弟自不敢齿于世,而世肯与之齿乎"并呼唤"必须有大担当者出来整顿一番"的袁宏道,是"人生坠地,便为情使"(《选古今南北剧序》)的徐渭,是"第云理之所必无,安知情之所必有邪!"(《牡丹亭记题词》)的汤显祖,是"性无可求,总求之于情耳"(《读外余言》卷一)的袁枚,等等。从此,"我生天地始生,我死天地亦死,我未生以前,不见有天地,虽谓之至此始生可也。我既死之后,亦不见有天地,虽谓之至此亦死可也"(廖燕:《三才说》)。伦理道德、天之自然开始走向人之自然,伦理人格、自然人格、宗教人格也开始走向个体人格,胎死于中国文化、中国美学母腹千年之久的自我,开始再次苏醒。

而曹雪芹的为美学补"情性",则是其中的高峰。只有在《红楼梦》又名《情僧录》里,中华民族才第一次大梦初醒,真正彻悟了"止乎情(爱)"这个千年的内在秘密。而曹雪芹的为美学补"情性(爱)",则是其中的高峰。"开辟鸿蒙,谁为情种。"曹雪芹深知中国美学的缺憾所在。他以"个人得个人的眼泪"来倡导对于每个人的自由与尊严的呵护,以"正邪两赋"也就是美与不

---

① 李贽:《李贽文集》第一卷,社会科学文献出版社 2000 年版,第 1 页。

美、爱与不爱来取代过去的道德与不道德。他发现大荒无稽的世界(儒道佛世界)中,只剩下一块生为"情种"(爱)的石头没有使用,被"弃在青埂峰下",于是毅然启用此石,为无情之天补"情"(爱),亦即以"情性"(爱)来重新设定人性(脂砚斋说:《红楼梦》是"让天下人共来哭这个'情'字")。由此,借助"天分中生成的一段痴情",借助"情极之毒"(脂砚斋),曹雪芹开始毅然在情(爱)中寻觅安身立命的根据,这无疑意味着中国美学的幡然醒悟。①

再通观全书,充斥其中的也并非"悬崖撒手"或者"色空",而是"证情"。曹雪芹把他所要"证"的"情"称之为:"情不情。"它最少应该包含三个方面的内涵:第一,"情不情"就是以"情"去关爱"不情之人"和"不情之物";第二,"情不情"就是以"情"去面对无情的悲剧;第三,"情不情"还是不情之情、情之不情。曹雪芹认为:这个世界就是再黑暗,这个世界就是再没有爱,这个世界就是再苦海无边,我也绝不回头,我也一定要与这个世界共存而且也与这个世界共亡。这是因为这个世界没有爱,我才要在这个世界上去见证爱,就是因为这个世界上没有爱,我才要去为这个世界传播爱。我就是要在这个世界上顽强的生存,历经千劫万难而置身情天恨海绝不退缩。我就是要证明:在这个世界上爱是必须的,而且是没有爱万万不能的。也许,这就是曹雪芹在《红楼梦》所强调的"缘未了"吧?

这一点,还可以在《红楼梦》全书的构思中看到。《红楼梦》全书的构思主要是三个部分,第一个是开篇的"大旨谈情",第二个是全书的"眼泪还债",第三个是结尾的"情榜证情"。这也就是说,《红楼梦》坚信,自己发现了人类真正的最伟大的力量,这力量不是铁马金戈,不是铁与火,而是爱,而

---

① 脂砚斋在评论《红楼梦》时,也引用了我在前面引述的汤显祖那首"无情无尽"的诗,显然是意在彰显该书对于明清之际的"情本美学"的沿袭。同时,脂砚斋又写了另一首诗:"世上无情空大地,人间少爱景何穷。其中世界其中了,含笑同归造化功。"(见戚序本批注)这则是在强调:在"情"的"了"与"未了"之间,曹雪芹又为汤显祖的"情"注入了全新的内涵。

且,《红楼梦》始终都在坚持这个力量,坚守这个力量,维护这个力量。为此,曹雪芹不惜"毁僧谤道",对在他之前的儒、道和佛教等思想资源采取严厉的批判态度。同时,他又自诩:"千古情人独我痴。"(《红楼梦》第5回)这也就是说,中国历朝历代都有很多人是发现了"爱"的,但是最终却没有人能够让"爱"成为中国文化的主导思想,成为中国人的根本的价值关怀,而"千古情人独我痴"则意味着:曹雪芹一定要"将爱进行到底"。更不要说,书中的主角贾宝玉就更是"爱博而心劳"的象征了。①

结果,"生命如何能够成圣"转换为"生命如何能够成人",过去的理在情先、理在情中转换为现在的情在理先。先于仁义道德、先于良知之心的生命被凸显而出。类似《麦田守望者》中的小男孩霍尔顿的守望童心,大观园中的贾宝玉则是守望"情性"(爱)。这"情"(爱)当然不以"亲亲"为根据,也不以"交相利"的功利之情为根据,而是以"性本"为根据。这是因为曹雪芹希望为中国人找到一个新的人性根据,在"礼""游""觉"之后,尝试建立"一种最可信和最深刻的精神实体"——"情性"(爱),也就是情本体、爱本体,并且"我就在此过一生,纵然失了家也愿意"(第5回)。于是,"天命之谓性;率性之谓道;修道之谓教"。这个中国文化、中国美学的安身立命之本,在曹雪芹却一字千钧,易"性"为"情",可以称之为:"天命之谓情;率情之谓道;修道之谓教。"从"仁之始"转向了"情之始"(爱之始),并且希冀由此出发,去重新解释中国文化,重新演绎全新的中国文化精神乃至中国美学。而且,这情本体、爱本体意在实现生命的"根本转换"与"领悟无限",由此,《红楼梦》开始寻找到"实现根本转换的一种手段",这就是终极关怀。因此,《红楼梦》所关注的,无非就是"自杀自灭";《红楼梦》所提倡的,则是让一部分人在中国先爱起来。② 因此,在中国文化与美学的历程之中,曹雪芹首倡了一种全新的

---

① 鲁迅:《鲁迅全集》,第九卷,人民文学出版社1981年版,第231页。
② 在第58回,藕官一看宝玉"便知他是自己一派的人物",可见曹雪芹是在用"先爱起来的人"来作为人与人彼此之间的区分。

足以"移了性情"①的思想:情之教,或者爱之教。这是一种与权力、等级等迷信完全不同的"新教",也是与儒教、道教以及佛教都不相同的新教。曹雪芹就是这"新教"的"立教之人",也是"新教"的"教主"②。因此,鲁迅先生发现"自有《红楼梦》出来以后,传统的思想和写法都打破了"③,堪称目光犀利。

显然,《红楼梦》的出现,深刻地触及了中国人的美学困惑与心灵困惑,同时也为解决中国人的美学困惑与心灵困惑提供了前所未有的答案。但是由于自我始终没有出场,因此这无所凭借的"情"最终也就没有能够走向"爱",也就必然走向失败。历史期待着"自我"的隆重出场,期待着从以"情"补天到以"爱"补天,期待着从引进"科学"以弥补作为第一进向的人与自然的维度的不足和引进"民主"以弥补作为第二进向的人与社会的维度的不足到引进"信仰"从而弥补作为第三进向的人与自我(灵魂)的维度的阙如。而这,正是从王国维、鲁迅开始的新一代美学家们的历史使命,尤其是作为情本境界论的生命美学的历史使命!

因此,正如布罗姆索指出:莎士比亚与经典一起塑造了我们。中国的诸多思想家的经典也是如此这般地塑造了我们。

事实上,对于人的自由与尊严的维护,不但是西方文化的宝贵遗产,而且也是中国文化的宝贵遗产。而且,这些宝贵都不是停滞于过去,而是从未来向我们走来。它们永远在未来等待着我们,而不是在我们身后。为此,我

---

① 曹雪芹在第45回说:"移了性情,就不可救了。"由此可见,"性情"是可"移"的。
② 以唐寅、茅坤、唐顺之、归有光居先,以李贽、徐渭、汤显祖、冯梦龙、公安三袁为主体,以钟惺、谭元春殿后的作为"情本美学"的"启蒙美学",经过黄宗羲、廖燕、贺贻孙,经过叶燮、王夫之,经过戴震、曹雪芹,最终蔚为大观。在这当中,真正代表着这一美学思潮的成熟的,当然还不能不推曹雪芹。曹雪芹的《红楼梦》,是中国的"众书之书",是爱的圣经、文学宝典与灵魂史诗,是中国美学精神的集中体现,也是中国美学精神的集中代表。它是溯源于《山海经》的庄子的生命美学、魏晋的个性美学与晚明的启蒙美学的集大成,详可参见我的《红楼梦为什么这样红——潘知常导读〈红楼梦〉》(学林出版社2008年版、2015年再版)。
③ 鲁迅:《鲁迅全集》,第九卷,人民文学出版社1981年版,第231页。

们亟待立足于未来,根据具体的情况,去分别加以挖掘、阐发或者清洗。例如,从未来出发,将过去被作为非主流的思考,而今提升为主流的思考,将过去被误读了的思考,而今去重新思考,将过去被否定了的思考,而今去加以肯定的思考,将过去被扭曲了的思考,而今去拨乱反正加以思考,等等。①

其中的关键,则是对于个体的自由与尊严的关注。

人要像人,世界要像世界,是其中最为简洁明快的真谛。"人虽然作为个体是有死的,但他们以做出不朽功业的能力,以他们在身后留下的不可磨灭印迹的能力,获得了属于自己的不朽,证明了他的自身有一种'神性'。"②这"神性",意味着亟待将对于个体的自由与尊严的关注提升到前所未有的高度与深度,而且,也正因为如此,审美与艺术就亟待立足于"情"也"止乎情",立足于"爱"也"止乎爱"。

因此,我们才会说:审美与艺术就是人类灵魂的表情,也才会说,审美与艺术的目标就是造就人自己,尤其是在"无神"的时代,审美与艺术对于人之生命的"造就",就更为重要。事实上,人是没有先在的本质的,仅仅是因为他的活动,才决定了他的本质。这意味着:人不是来自自然"生长",而是来自人为"造就"。没有人为"造就",人根本无法成其为人。因此,人的生命,就应该是人自己的生命活动的作品。进而,"人是所有动物中最无能的,但这种生物学意义上的软弱性正是人之力量的基础,也是人所独有的特性及

---

① 事实上,这样的做法在中国文化的发展历程中也并不鲜见。例如,《大学》《中庸》,就是在宋代以后才成为"经典之经典",也就是"众书之书"或者"国书"的。最初只是一经中的篇章,后来却成为"群经之统会枢要",从1313到1905年,将近七百年的时间,都是科举考试的必读经典。犹如今日之在西方思想的启迪下重新发现中国思想,当年也无非是在佛教思想的启迪下才重新发现了它们。再如,最初中国的"经典之经典"也就是"众书之书"或者"国书"是《周易》《礼记》《诗经》《尚书》《春秋》,所谓"五经",后来才被"四书"抢了先机。在这一切的背后,存在着的无疑正是对于中国文化的重新挖掘、阐发或者清洗。

② 汉娜阿伦特:《人的境况》,上海人民出版社2009年版,第10页。

发展的基本原因。"①因为,人还有精神生命。苏格拉底说:"不是生命,而是好的生命,才有价值。"苏格拉底还说:"追求好的生活远过于生活。"卢梭在《爱弥儿》中也说:"呼吸不等于生活。"这一切,就都是在强调"精神生命"。于是,人在身体维度昂然站立起来之后,在精神维度还要昂然站立,这就亟待审美与艺术的支持,所谓"因审美,而自由"。总之,人要在精神上站立起来,就无法离开审美与艺术的支持。审美与艺术,就是这样地"造就"着人,也就是这样地"造就"着世界。

遗憾的是,在中国,"忧世"的美学传统、"以文学为生活"的美学传统、"言志载道"的传统却无视于此。例如,本来人性本恶(其实人性无所谓"善"与"恶",强调本"恶",仅仅是为了强调人是亟待被"造就"的而已),当然,这里的"恶"不是指的人会做坏事,而是指的人永远不可能完美。人是不完美的,人是有限的,所以人性本恶,这甚至就是人为自身所规定的"原罪"。另一方面,人永远不可能完美,所以他才要永远追求完美;正因为人是有限的,他必须去追求无限。这又是人为自身所规定的与爱同在而且为失爱而悲悯的"使命"。但是,"忧世"的美学传统、"以文学为生活"的美学传统、"言志载道"的传统却不这样认为,在它看来,人性本善,也就是说,人是完美的。所以,中国人喜欢说,满大街都是圣人。这正是一种"原善"的观念。可惜,这样一来,它充其量也只是意识到了人性的复杂性,对于人性的有限性,它则是根本就没有察觉。因此也就既不需要与爱同在,也不需要去为失爱而悲悯,同样,也就更无法意识到"原罪"的存在。于是,唯一能够去做的,也就只是把世界分成是非,把人分成好坏,然后去做一个判断,于是就"指点江山,激扬文字",就"粪土当年万户侯"。

本来,在审美与艺术中,应该都是爱的故事或者失爱的故事。就爱的故事而言,它是人类超越本性的实现,因此引起的是作家的赞美之心;就失爱

---

① 弗洛姆:《为自己的人》,三联书店1988年版,第55页。

的故事而言,它是人类在实现自己的生命意志的冲动当中所犯下错误。人类在表现自己的时候自以为是,结果犯了错误,因为作为人,他总有自大的可能。而这错误无疑是我们每一个人所都有可能犯的,因此引起的是作家的悲悯之心,是因人类的有限性而悲,也是为人类的有限性而悯。可是"忧世"的美学传统、"以文学为生活"的美学传统、"言志载道"的传统就不同了,它所写的都是一些完全现实而且非常功利的故事,而没有写过一个爱的故事,也没有写过一个失爱的故事。在它看来,人性本善,如果是坏人犯错误,那肯定就是他自己的责任,是他本来如此;如果是好人遭受挫折,那肯定就是社会或者他人的责任。这样一来,人就被"妖魔化"或者被"神圣化"了。结果,就既不会因为人类超越本性的实现而倾情赞美,更不会因人类的有限性而悲和为人类的有限性而悯。借用中国20世纪的新儒家大师牟宗三先生的话说,它写出的只是"有恶而不可恕,以怨报怨",又哪里谈得上悲悯呢?于是,一切的一切都只需要社会的裁决,而从来就不需要爱的莅临与出场。成王败寇、善有善报、恶有恶报,斤斤计较于现实的成败得失,缺少的,是对于责任的共同承担,是对于人的自由与尊严的关注,更是一种爱的眼光。

幸而,在中国还存在"忧生"的美学传统、"为文学而生活"的美学传统、"吟咏情性"的传统。

它当然仍旧与我在前面所讨论的"情"尤其是"爱"密切相关。弗洛姆说过:"爱,真的是对人类存在问题的唯一合理、唯一令人满意的回答,那么,任何相对的排斥爱之发展的社会,从长远的观点看,都必将腐烂、枯萎、最后毁灭于对人类本性的基本要求的否定。"[1]而且,"即使完全满足了人的所有本能需要,还是不能解决人的问题;人身上最强烈的情欲和需要并不是那些来源于肉体的东西,而是那些起源于人类生存特殊性的东西。"[2]"爱"就是这个

---

[1] 弗洛姆:《为自己的人》,三联书店1988年版,第335页。
[2] 弗洛姆:《健全的社会》,中国文联出版公司1988年,第26页。

"特殊性的东西"。在这个意义上,一方面,"生活则是很简单的事,它并不需要特别的努力以学会怎样生活。正因为每个人都在某种方式中'生活'。"①另一方面,生活又并不简单,因为真正的生活又是亟待去"造就"的。因此必然是一种审美与艺术的"方式",例如:"善就是肯定生命,展现人的力量;美德就是人对自身的存在负责任。恶就是削弱人的力量;罪恶就是人对自己不负责任。"②这一切,唯有在审美与艺术中才能够做到。③

也因此,"忧生"的美学传统、"为文学而生活"的美学传统、"吟咏情性"的传统事实上是一种精神的审美与艺术、灵魂的审美与艺术。按照黑格尔的说法,这种审美与艺术是"精神在艺术、宗教、哲学中的圆满完成"。在其中,最大的特征、也是基本的美学底线是"精神高于自然"(黑格尔),也因此,"他们的眼光老是望着天上。"④而对于人的自由与尊严的关注,也正是因此而无比庄严地登上了中国的美学舞台。

换言之,要解释物理的世界、动物的世界,那无疑应该是存在决定现象,也无疑可以以"三不朽"而不是"灵魂不朽"作为最高的追求。至于灵魂救赎也就是审美救赎,那实在是无所谓的事情。而且,因为不存在某种超自然超现世的纯粹精神生活,因此所有的真善美也就都不在未来而在现在,审美与艺术也都并没有被赋予一种绝对的、神圣的价值,于是,主体自己无法自由选择,即便是进入了审美与艺术,也仅仅是以"被迫"的选择作为"唯一的选择"。人性也因此而成了一个可以被用外在的现实规定去加以约束的东西,诸如"存天理,灭人欲",等等,人所需要去做,也从未超出自然状态,更始终受自然规定、始终属于自然。最终,真正的人与灵魂的关系也就始终没有形

---

① 弗洛姆:《为自己的人》,三联书店1988年版,第38页。
② 弗洛姆:《为自己的人》,三联书店1988年版,第39页。
③ 也因此,它才第一次真实地直面所有的美与丑,所谓以美为美、以丑为丑。弗洛姆则称之为:一种"新的诚实"(弗洛姆:《生命之爱》第42页,国际文化出版公司2001年版)。这个问题很重要,详见我的其他论著,此处不赘。
④ 黑格尔:《黑格尔早期神学著作》,上海人民出版社2012年版,第31页。

成,充斥其中的,仍旧是人与物的关系、人与现实的关系。

但是,要阐释人类的灵魂世界,一切就完全不同了——那就一定是精神去"创造"存在。而且,如前所述,人之为人,一旦失去了这种精神的创造,也就失去了人的本性。正如卡西尔所提示的:"人的本质不依赖于外部的环境,而只依赖于人给予他自身的价值。"①黑格尔的发现:"关于精神的知识是最具体的,因而也是最高的和最难的。"②确实,精神是主观的,要阐释精神,就必须要离开外在的直接性、自然性,也必须远离外在对象,转而去切近产生外在对象的人的精神活动,并且竭力推进人类自己本来就已经活动于其中的精神去认识自己并且达到自觉,须知,动物只知道自己的"所然",但是不知道自己的"所以然",更不知道自己的"所应然",因此也只能以动物的方式去为自己的"所然"去拼搏。结果,则是真正的人的生存方式的丧失,也是自由与尊严的荡然无存。人则不然,在审美与艺术中,他必须加以展示的,恰恰是"所以然"与"所应然",这就必须把精神从肉体中剥离出来,并且使得人与现实的关系让位于人与理想的关系。并且,由此去建构与人之为人的自由与尊严直接关联的全新的阐释世界与人生、阐释审美与艺术的传统。

无疑,这正是"忧生"的美学传统、"为文学而生活"的美学传统、"吟咏情性"的传统。把握这一美学传统,才有可能准确把握中国美学的过去,也才有可能准确把握中国的美学的现在与未来。

也只有它,才是经过了"析骨还父,析肉还母"的中国美学的"活东西",才是鲁迅所期冀的"指示着将来的命运"的"中国的灵魂"!

由此,我们就不能不说到王国维与鲁迅。因为,中国美学的20世纪,是王国维与鲁迅的世纪。而王国维、鲁迅对于个体生命的关注,则是中国美学的创世纪。不过,在他们之间,"个体生命"所导致的结果又有其不同。我们

---

① 恩斯特·卡西尔:《人论》,上海译文出版社1985年版,第10页。
② 黑格尔:《精神哲学》,人民出版社2005年版,第1页。

已经知道,在王国维,个体生命的发现使得他成为开一代新风的中国现代的美学之父,同时,个体生命的发现也使得他成为打开魔盒并放出魔鬼的中国现代的美学潘多拉。然而,个体一旦诞生,生命的虚无同时应运而生。由此而来的痛苦,令王国维忧心如焚、痛不欲生。个体生命确实"可信",但是却实在并不"可爱";人生确实就是痛苦,但是难道痛苦就是人生?王国维绝对无法接受,于是不惜以审美作为"蕴藉"与"解脱"的暂憩之所,结果为痛苦而生,也为痛苦而死,整个地让出了生命的尊严。在鲁迅,则有所不同。纠缠王国维一生的美学困惑在鲁迅那里并不存在。相比王国维的承受痛苦、被动接受和意志的无可奈何,鲁迅却是承担痛苦、主动迎接和意志的主动选择。因此,痛苦在鲁迅那里已经不是痛苦,而是绝望。有什么比"走完了那坟地之后"却仍旧不知所往和活着但却并不存在更为悲哀的呢?生命与虚无成为对等的概念,担当生命因此也就成为担当虚无。所以,生命的觉悟就总是对于痛苦的觉悟而不再是别的什么。而"绝望"恰恰就是对于"痛苦"的觉悟。既然个体唯余"痛苦"、个体就是"痛苦",那么直面痛苦,与"痛苦"共始终,则是必须的命运。换言之,虚无的全部根源在于自由意志,个体的全部根源也在于自由意志。因此,可以通过放弃自由意志以致贬损自我的尊严,也可以通过高扬自由意志以提升自我的尊严。既然个体生命只能与虚无相伴而来,那么担当生命也就是担当虚无,而化解痛苦的最好方式,就是承认它根本无法化解。显然,这正是鲁迅的选择。由此,鲁迅把一种中国历史上从未有过的荒谬的审美体验,破天荒地带给了中国有史以来生存其中而且非常熟悉的美学世界。心灵黑暗的在场者,成为新世纪美学的象征。而鲁迅的来自铁屋子的声音,也成为中国有史以来的第一个在场者的声音。

然而,在王国维之后,鲁迅的探索却仍旧没有成功。尽管在鲁迅真正的人性深度借助灵魂维度的开掘而得以开掘。然而,成也绝望,败也绝望,鲁迅最终仍并未能将绝望进行到底,鲁迅只意识到灵魂的维度,却没有意识到信仰的高度。他没有能够为自身的生存、为直面个体生命的痛苦、直面绝望找到一个更高的理由,没有能够走向信仰,最终也就没有能够走得更远。同样,鲁迅确实来到了客西马尼园的入口处,但也仅仅是来到了客西马尼园的入口处。他没有能够在绝望中找到真正的灵魂皈依,也没有能够在虚无中坚信意义,在绝望中固守希望。他的来自心灵黑暗的在场者的声音,只是为绝望而绝望的声音。就是这样,鲁迅与信仰之维、爱之维失之交臂,也与"信仰启蒙"这样一个20世纪的思想的制高点失之交臂。

遗憾的是,此后的无论社会美学、认识美学还是实践美学都从根本上偏离了王国维、鲁迅所开创的美学道路,面对王国维、鲁迅所开创的弥足珍贵的生命话语,他们之中能够在其中"呼吸领会"的美学家竟然至今也未能出现,因此始终既未能"照着讲",也未能"接着讲",王国维、鲁迅所创始的生命美学思潮犹如"于今绝也"的《广陵散》,被遗忘得无影无踪。而王国维、鲁迅所创始的生命美学思潮的根本缺憾,也因此而始终没有进入王国维、鲁迅之后的20世纪美学的视野。显然,对于美学的追求事实上就是对于内在自由的追求。真正意义上的自由不仅包括外在自由即自由的必然性,也包括内在自由即自由的超越性。科学与民主的实现(理性自决、意志自律),必须经由内心的自觉体认,必须得到充足的内在"支援意识"的支持。否则,一切自由都会因为失却了终极关怀而无所信仰,因为在价值世界中陷入了虚无的境地并为"匿名的权威"所摆布,而最不自由。康德之所以要从基督教的"信仰"中去提升出"自由",着眼之处正在这里。

进而言之,对于内在自由的追求,显然与对于信仰之维、爱之维的追求密切相关。爱唤醒了我们身上最温柔、最宽容、最善良、最纯洁、最灿烂、最坚强的部分,即使我们对于整个世界已经绝望,但是只要与爱同在,我们就有了继续活下去、存在下去的勇气,反之也是一样,正如英国诗人济慈的诗句所说:"世界是造就灵魂的峡谷。"一个好的世界,不是一个舒适的安乐窝,而是一个铸造爱心美魂的场所。实在无法设想,世上没有痛苦,竟会有爱;没有绝望,竟会有信仰。面对生命就是面对地狱,体验生命就是体验黑暗。

正是由于生命的虚妄,才会有对于生命的挚爱。爱是人类在意识到自身有限性之后才会拥有的能力。洞悉了人是如何的可悲,如何的可怜,洞悉了自身的缺陷和悲剧意味,爱,才会油然而生。它着眼于一个绝对高于自身的存在,在没有出路中寻找出路。它不是掌握了自己的命运,而是看清人性本身的有限,坚信通过自己有限的力量无法获救,从而为精神的沉沦呼告,为困窘的灵魂找寻出路,并且向人之外去寻找拯救。也正是因此,置身审美活动之中,我们会永远像没有受过伤害一样,敏捷地感受着生命中的阳光与温暖,欣喜、宁静地赞美着大地与生活,永远在消融苦难中用爱心去包裹苦难,在化解苦难中去体验做人的尊严与幸福。这或许可以称之为:赞美地栖居(它幸运地被拣选出来作为信仰与爱所发生的处所)。因此审美活动不可能是什么"创造""反映",而只能是"显现",也只能被信仰之维、爱之维照亮。而且,信仰之维、爱之维已经先行存在于审美活动之外,审美活动仅仅是受命而吟,仅仅是一位传言的使者赫尔墨斯,是信仰之维、爱之维莅临于审美活动而不是相反,否则,审美活动就无异于塞壬女妖的诱惑人的歌声。也因此,就审美活动而言,对于人类灵魂中的任何一点点美的东西、善良的东西、光明的东西,都要加以"赞美"(区别于时下美学的"歌颂");对于人类灵魂中的所有恶的东西、黑暗的东西,也都要给予悲悯(区别于时下美学的"批判")。而且,从更深的层面来看,悲悯也仍旧就是赞美!试想,一旦我们这样去爱、去审美,去在"罪恶"世界中把那些微弱的善、零碎的美积聚起来,去在承受痛苦、担当患难中唤醒人的尊严、喜悦,去在悲悯人类的荒谬存在中用爱心包裹世界,世界的灿烂、澄明又怎么不会降临?精神本身的得到拯救又怎么不会成为可能?

最后的结论显而易见,回首20世纪,唯有王国维、鲁迅所开创的生命美学思潮给人以深刻的启迪,进入新的世纪,唯有从王国维、鲁迅所开创的生命美学思潮"接着讲",才是我们亟待面对的课题。而信仰之维、爱之维,则是我们能够超越王国维、鲁迅并且比他们走得更远的所在。

第三节
"江南可采莲,莲叶何田田"[①]

作家韩少功指出:"文学面对的已不是一个具体问题,一个具体集体和个人,而是一种精神状态、心态。它所激扬倡导的不仅是一种具体的社会政治观念,而是一种思维方式和审美眼光,即一种文化。"显而易见,他已从当前文坛的种种骚动与不安的对峙中超逸而出并敏捷地把握到了其中的核心症结。极为困难而又极为必须的是我们每个人都要认识到这一点并且都要这样去做。

而且,这是命运指点给我们的唯一生路,也是历史赋予我们的又一契机。于是,我们应该像西方近代美学启蒙的思想勇士那样,开始对主体自身的考察和询问:我是谁?我从哪里来?我到哪里去?我是一个英雄还是一个普通人?我是自然的主人还是自然的奴仆?我究竟怎样才能真正找到一个真正的自己?人类的命运是正剧还是悲剧抑或是一幕喜剧?人类的形象是上帝是魔鬼抑或是一棵芦苇?自由是对必然的服从还是对必然的选择?情感是对理性的服从还是对理性的选择?存在是对本质的服从还是对本质的选择?……总而言之,所有中国美感心态的深层结构认为不必怀疑不许怀疑甚至不敢怀疑的问题,我们统统要怀疑一次。

然而,这一切又何其艰难。中国美感心态在古代的过分早熟和在近代的迅速成熟,使得中国美感心态的深层结构在当代的历史重建充满着艰辛。

[①] 本节在本次再版中根据我的论文《历史为谁而存在:从二元对立思维转向多极互补思维》(《江苏行政学院学报》2002年第3期)增补。

在走向工业美感心态的同时又要超越工业美感心态,在抛弃传统美感心态的同时又要复旧到传统美感心态……诸如此类的二律背反,使我们陷入了一种特殊的无可避免的痛苦和悖难。写到这里,不由想到了一位诗人的几句充满哲理的话。它似乎就是我们即将来临的遭遇的一个写照:"关于真实的谎言支配你的一生,你没有脚本以判定自己扮演的究竟是受害者还是同谋,还是两者兼备的角色?你把属于本能的原始之力提升到神圣的高度,又不得不把曾经被茫然提升为神的人类推回'物'的背景。你在所有心灵中发现了同一个黑夜,又因为洞穿这个秘密而失去了使你肃然起敬的恐惧。你暗地对自己承认人的卑微,以便找到一个掩饰手足无措的借口。你早已与宗教绝缘,但现在信仰的需要却前所未有地向你施展出它辉煌的诱惑力。"①无可讳言,这真是一场西西弗斯式的悲剧。

而且,在中国美感心态的深层结构的历史重建中,"立足点"的问题也就是"视界"问题尤其重要。因此,有必要进一步加以研究、剖析和阐释。

这样讲,无疑与当下许多学者的看法相左。在他们那里,或者绝口不提"立足点"或"视界"问题,或者虽然也承认存在一个"立足点"或"视界"问题,但它却完全隶属于中西美感心态的主体结构。这种看法其实是很肤浅而且很片面的。就以目前战局重开的中西美感心态之争和中西文学艺术传统之争为例,对于这个为人所津津乐道的课题,本书当然并不认为是一个无足轻重不值得提起的话题,但也从来不认为是一个最为重要的以至于足以决定中国美感心态和中国文学艺术在当代的历史命运的话题。因此,当李小山们喊出"中国画已经到了山穷水尽的地步",当刘索拉们将西方文学传统作为中国文学的强心针,当阿城们疾呼"文化限制人类"时,本书并不像人们那样为之震惊、愤怒或者叹赏。与人们相反,本书只感到一种莫名的惆怅和失望。为什么"传统"意识竟然梦魇般的缠绕着中国文人的神经?为什么对中

---

① 杨炼:《重合的孤独》。

西美感心态和文学艺术传统的或取或弃会使一向持重的中国文人有如触电一般的敏感？在百年来中西美感心态中西文学艺术龙争虎斗又一次在当代文坛出现的时候，本书甚至不愿意预料它给我们带来的会是什么。

从来就没有什么一成不变的美感心态和文学艺术的传统。任何美感心态和文学艺术的传统都是主体选择的结果。因此选择首先就是主体对美感心态和文学艺术的传统的占有。美感心态和文学艺术的传统可能是这样也可能是那样的。主体对它的选择，也就排除了它自身对我来说的别的存在可能，也就最终排除了美感心态和文学艺术的传统的独立。最后，选择还是对美感心态和文学艺术的传统的破坏。主体把美感心态和文学艺术的传统从固有的联系和构架中剥离出来，必然有所取更有所弃。因此选择又是主体对美感心态和文学艺术的传统的肯定和否定的统一。当代解释学大师伽达默尔曾经指出："传统并不只是我们继承得来的一宗现成之物，而是我们自己把它生产出来的，因为我们理解着传统的进展并且参与在传统的进展之中，从而也就靠我们自己进一步地规定了传统。"[1]他的话实在是先获我心。

何况，百年来东西文化研究的困境表明：我们已经深深地陷入无数的假问题而不能自拔。为东西文化预设一个共同的发展方向，并且转而以这样一个"预设的共同发展方向"来强迫东西文化削足适履，就是其中的一个根深蒂固的顽症。以大名鼎鼎的"李约瑟难题"为例，中国在明清之际为什么没有像西方那样产生科学，这本来就是一个西方化的问题。所谓"科学"实际只是西方造就出来的一个话语，套在中国文化的身上完全就是南辕北辙。认为中国文化应该顺理成章地发展出同样的科学，一旦并非如此，就是出了"问题"，更是自寻烦恼。

为上述根深蒂固的顽症寻找种种材料去予以证伪，无疑就像寻找种种材料去予以证实一样荒谬。事实上，人们之所以自觉不自觉地去"预设一个

---

[1] 转引自《读书》1986年第2期甘阳的文章。

共同的发展方向",其最初的起因根本不是出于任何的事实,而是出于一种更加根深蒂固的观念。这就是:文化普遍主义。这种文化的普遍主义以文化的同一为前提,将一种空间或者结构上的五彩缤纷的文化"差异",转换为时间或者性质上的先后阶段的文化"差距"。其中,以一头可以无限地回溯到过去和一头可以无限地延伸到未来的时间直线作为进步的内在根据,则是一个显著的特征。在这当中,一切一切的文化都被无情地拉直了、直线化了。结果,由于认定人类文化只有一种合"理"的价值、一种思维方式、一种规律,世界上完全不同的文化就都被强行排成一路纵队,彼此鱼贯而行,趋向一个共同的终点;或者,都被人为排列在历史之钟的不同时刻,其中的在前者为进步,其中的在后者则为落后。于是,文化的判断标准只是进步、落后,文化的多样性则被不屑一顾,甚至被无情地抹杀了。

在推崇二元对立思维的时代,文化普遍主义的病症不难想象。所谓二元对立思维,是指是一种以建构为主的肯定性的思维模式,其中的关键是将"存在"确定为"在场",是所谓"在场的形而上学",它以经验归纳法(在其中普遍规定作为结果出现)和理性演绎法(在其中普遍规定作为自明的预设前提而存在)作为基本的思维途径,以普遍性作为基础,以与普遍性之间存在着指定的对应关系并且不存在开放的意义空间的抽象符号作为语言,以同一性、绝对性、肯定性作为特征,以达到逻辑目标作为目的。显然,二元对立思维在传统社会的进程中起到了重要的作用,而且至今也有其积极意义,然而,由于在二元对立思维中一切都是被"预设"的,因此它虽然可以成功地教人去借此获取知识,可以使人类去"分门别类"地把握世界,但一旦被推向极端就会导致一种先设想可知而求知、在可知中求知的考察,一种对于确定无二、只有一种可能性的 X 的求解,在某种意义上甚至可以说会导致一种懒惰的、"无根"的思维,枝干式的思维。遗憾的是,正是因此,在相当长的时间内,人们已经习惯于一种视某一种价值观为一切文化价值观的公分母、视一切文化为以某一种文化为中心所投射出来的"非我"的文化比较模式。这样,由于习惯于从一个固定的视角看问题,结果,所获得的答案事实上也就只能是固定的,所谓"不是……就是……"、所谓"有我无你"。然而,这一切毕竟只是自己想象出来的,一旦信以为真,自然就会遗患无穷。例如,一味在"不是……就是……""有我无你"的文化比较模式中提出问题、思考问题、解决问题,把文化强分为主要的、主动的和次要的、被动的,就必然无法避免片面性,至于思维成果,也只能是从其中胜利者一元所能得到的东西。而且,文化一旦被强分为主要的、主动的和次要的、被动的,也就部分地丧失了真实与自由。次要的、被动的一方如此,主要的、主动的一方也如此。由于次要的、被动的一方部分地丧失了真实与自由,主要的、主动的一方也就同时部分地丧失了真实与自由。其结果,正如老子所指出的:"天地不交而万物不通也,上下不交而天下无邦也。"而我们所能看到的,也无非就是罗尔斯所揭示的"词典式序列"那样的一种东西。既然人类的各种价值追求无法同时代表真理,或者无法同时具备真理性,那就人为地去做一种非此即彼的选择。不同价值标准追求之间的冲突因此而被等同于真理与谬误之间的冲突,从而,以某一种文化为真理,以其他所有的文化为谬误,处处着眼于一致、统一、相符以及谁胜谁负、谁进步谁落后,也就成为必然。

因此,要卓有成效地进行中西文化的比较,重要的不是迫不及待地去指手划脚,而是首先花费足够的时间与精力将自己的思维模式加以现代转换。这就是:从二元对立思维转向多极互补思维。在这里,所谓多极互补思维是指的一种以摧毁为主的否定性思维。它将"存在"作为存在者"出场"的根据,关注的不是世界"是什么",而是世界"怎么样",不是理性层面的那个确定性的、分门别类的世界,而是在此之前的、更为原初、更为根本的非确定性的流动状态的世界本身,是从对于世界的抽象把握回到具体的把握,从过程的凝固回到过程本身。它以直觉体验(在其中普遍规定不再作为结果和自明的预设前提而存在)作为基本的思维途径,以特殊性作为基础,以与普遍性之间不存在着指定的对应关系并且完全开放的符号作为语言,以差异性、相对性、否定性作为特征,以还原复杂的世界本身作为目的。相对于二元对立思维的二元思维、文干式思维,多极互补思维可以说是一种多极思维、茎块式思维;相对于二元对立思维的把复杂的世界简单化,多极互补思维可以说是把简单的世界复杂化;相对于二元对立思维的对于独一无二的 X 的求解,多极互补思维可以说是对于相反相成的 S 的求解;相对于二元对立思维的先设想可知而求知、在可知中求知,多极互补思维可以说是先设想不可知而求知,在不可知中求知;相对于二元对立思维的有优于无,肯定先于否定,多极互补思维可以说是无优于有,否定先于肯定,而且既是对肯定的否定,也是对否定的再否定。借用中国的范畴,假如二元对立思维可以比作"分别识",那么多元互补思维就可以近似地比作"妙悟",假如二元对立思维可以比作西医,那么多元互补思维就可以近似的比作中医。这样看来,多元互补思维实际上是一种从正向思维到逆向思维的转换,结束"无根"的思维,试图挖掘出走向极端的对象的自身中存在着的反向力量,以便"挫其锐","和其光",则是它隐而不宣的选择。或许,这就是所谓"反者道之动"?

毋庸置疑,多极互补思维得到了现代自然科学与人文科学(社会科学)的支持。就自然科学来看,我们注意到传统的构成论已经转向了生成论。例如海森伯就曾注意到粒子产生的特有情景。它们竟然不是来源于互相的取代而是来源于互相的碰撞:"……在(基本粒子相互)碰撞中,基本粒子确实也曾分裂,而且往往分裂成许多部分,但是这里令人惊奇的一点,就是这些分裂部分不比被分裂的基本粒子要小或者要轻。因为按照相对论,相互碰撞的基本粒子的巨大动能,能够转变为质量,所以这样巨大的动能确实可以用来产生新的基本粒子。因此这里真正发生的,实际上不是基本粒子的分裂,而是从相互碰撞的粒子的动能中产生新的粒子……"①在这里,因果决定论行不通了,线性进化论同样行不通了。生命的发展也并非如达尔文所说,是一个取代一个,适者生存,按照一个既定的模式不断有序前进,而是互

---

① 海森伯:《普朗克的发现和原子论的基本哲学问题》,参见海森伯《严密自然科学基础近年来的变化》,《海森伯论文选》翻译组译,上海译文出版社 1978 年版。

相生成,在不同物体的偶然对话中产生。碰撞亦即一种对话因此而成为生命诞生与发展的规律所在。显然,这意味着:互生、互惠、互存、互栖、互养,应该成为大千世界的根本之道,意味着生命之为生命的最大可能是起源于不同物种之间的碰撞、拼贴、对话。这就是所谓有机共生。于是,对话而不是独白,就成为大自然演化中的公开的秘密。这一点,正如克勒斯特所指出的:"从把数学和几何学结合在一起的毕达哥拉斯,到把伽利略的'抛射运动的研究'与开普勒的'星体轨道的均衡研究'结合起来的牛顿,再到把'质'与'能'同一起来的爱因斯坦,都可以发现一种统一的式样和说明一个同样的问题:创造活动不是按照上帝的方式,从无中创造出某物,它只是将那些已有的但是又相互分离的概念、事实、知觉框架、联想背景等结合、合并和重新'洗牌'。看来,这种在同一个头脑中的交叉生殖或自我生殖,就是创造的本性。对这种交叉生殖,我们可以称为'两极的联合'。"(克勒斯特。转引自滕守尧《文化的边缘》,作家出版社1997年版,第17-18页)而就人文科学(社会科学)来看,在当代,传统的主体与客体之间的对立转变为文本与文本间的对话,这就是所谓"文本间性"。一切创造都不再是绝对真理的发现,而成为文本间的一种对话的结果。在这里,对话的双方只有特点之别,没有高低之分,只有双方的相互启发,没有双方的龙争虎斗。因此,任何一种理论都不过是人们阐释世界的一种模式,不能被普遍化、绝对化,而只能被问题化、有限化。因为任何理论都是有边界的。斯宾诺莎说得好:一切规定都是否定。获得就是失去。过去西方认为,理论研究就是抹杀这种边界,使它绝对化。实际上对于一种理论来说,最为重要、最具价值的,恰恰正是这一边界。边界正意味着对话的可能。有边界,才会意识到自己的长处与短处,从而因为自己存在短处而被对话所吸引,因为自己存在长处而吸引对方,从而各自到对方去寻找补充。因此,十分引人注目的是,对话强调的不是"主"与"仆"的区分,也不是"主""仆"之间的换位,而是对话的双方各自从自己狭小的世界里走出来,在一个广阔的中间的开放的中间领域相遇。结果正如中国文化所发现的：从"阴中有阳，阳中有阴"到"阴阳互生"，从"刚中有柔，柔中有刚"到"刚柔相济"。

回到我们所讨论的中西文化的比较问题上来，不能不说，人类的文化追求是多种多样的，也是多元共存的。不同文化彼此之间的通约事实上是不可能的。事实上，所有的文化追求之间是无法通约的，也无法决定在这当中谁最重要，将其中的一种文化追求加以还原、合并为另外一种文化追求的做法实在是十分可笑的。换言之，寻找终极价值的工作根本无从谈起，罗尔斯所揭示的"词典式序列"的把所有的价值观念按照其重要性的大小加以排列的方式也根本就用不上，那么，怎样去处理我们所面对的文化比较的困境呢？唯一的办法就是对之加以整合。不再无视各种文化追求中彼此之间的不可通约的实际存在，而是去呈现各种文化追求中彼此之间的不可通约的实际存在，因此一方面注意解构各种文化追求自身被人为赋予的绝对性，另一方面又注意划定各种文化追求自身的领域、范围、合理性，以便在此基础上展开丰富多彩的交流。这正是我们在进行中西文化比较时所必不可少的智慧。

进而言之，文化研究中并不存在绝对的出发点。一种文化的高下优劣也不应以另外一种文化为标准或参照系来判断——不论这种文化是来自传统，还是来自某种预设的理论标准——而应视它本身的实践价值而定。因为决定文化存在的不是一个历史，而是多个历史。所以库恩提出理论本身的"不可公度性"，并借以证明理论之间存在着连续的、进步的观点是站不住脚的；所以费耶阿本德强调连科学都是无政府主义的事业，"1＋1＝2"，有时候是如此，有时候就未必如此。也因此，我们必须从应当从传统的着眼于同一性，转向当代的着眼于差异性。在东西文化的比较中，差异并非同一的原因而是同一的前提。差异性与同一性、多样性与统一性、不确定性与确定性，是同一个事物的两个方面，同一个事物的两个环节。所以，在注意同质性、统一性、整体性、必然性、连续性、普遍性的同时，注意到异质性、不统一性、个体性、偶然性、断裂性、非连续性，应当是我们在中西文化比较中的自觉意识的觉醒的开始。

在这方面，斯宾格勒在上世纪初的反省值得注意。在他看来，西方只是一个历史事件，而不是我们的未来。进化也只是理应如此，而不是事实如此，彼此之间只是差异而不是差距。为此，他大声疾呼："历史为谁而存在？"而他的使命，则犹如爱因斯坦的为空间引入时间的维度，是要为历史赋予空间的维度。确实，历史的描述者不存在一个局外人的位置。同样值得注意的是摩尔根建构的进化论的被摧毁，同生物进化论不同，社会进化论是一种未经证实的假设，也是一种思想的谬误。结构主义大师列维-斯特劳斯斥社会进化论为"伪进化论"，实在不无道理，而且，也正是在对累积性的物质文化的洞察中，我们最终恍然大悟：精神文化偏偏是非累积性的。由此出发，我们不难意识到：文化的差异性实在是永恒的。一种文化可以是"跳跳越越"（列维-斯特劳斯），也可以是"盘旋往复"（梁漱溟），而不论跳越、轮回、前进、倒退、停止、改变、转向、得而复失、失而复得、走走停停、进进退退，都是可能的。不存在在一个方向上的无限直线进步的历程，也并非从劣到优、从低级到高级，而是从一个方案到另外一个方案，并且又一次次地从头开始。因此，重要的不是强迫所有的文化沿着单一的进化直线笔直向前，而是既承认文化所蕴涵的多种差异，从而把形形色色的文化铺展于空间，而不是序列于时间，更承认文化所蕴涵的多种差异的永恒性，承认差异被不断地造成、生成，承认文化就是一个生命之流，因此差异的存在也就是无限、连续和无处不在的。

因此，中西文化的比较，就根本不应该是通过对于中国文化与西方文化之间的契合的研究，来比附那些我们过去在单一的阐释背景中已经把握到了的关于中国文化或者西方文化的种种已知性质的种种看法，须知，那样做是无法真正推动学术进步本身的。正确的做法只能是在中西文化之间维护一种"必要的张力"，通过对于中国文化与西方文化之间的契合的研究，来有效地把中国文化与西方文化各自在过去的阐释背景中所无法显现出来的那些新性质充分显现出来,使其中长期被遮蔽着的盲点清晰地呈现出来。这或许应该称之为一种双向的阐释学活动——既阐释对方同时也为对方所阐释。它无法用是与非来回答,而是问中有答,答中有问,回答同时就是提问,提问同时就是回答,从而不断为中西文化分别激发出新的生命与活力。

孔子说"和而不同",海德格尔说"差异正是事物显出特性和意义的前提",确实如此。正是差异,而并非差距,才是中西文化比较得以存在的真正前提!

正是因此,本书绝不怀疑自己的从主体选择美感心态和文学艺术的传统的看法会得到各方面的理论支持。现代科学早已证明:绝对客体并不存在,客体统统是作为价值而被主体掌握的。语言学、符号学的成果告诉我们,人的思维和认识要受语言和符号系统的重要影响,这些语言和符号系统以重要的方式决定世界将是什么,也就是决定世界的价值意义。心理分析学派则指出,客观对象的意义决定于主体的深层情绪欲望。还有认知心理学讲的人对外界的认识往往导源于主体心理图式的"同化",还有信息论讲的人对外界的认识作为一种信息接收过程,并非直接再现外界而是将外界作为一种价值去把握。还有科学哲学讲的"不能证伪的真理就不是真理"。这一切都无情地击碎了我们文化心态中固执着的对绝对客体、绝对本体刻意追寻的幻梦。至于相对论证明的时空的相对性决定于主体选择的不同参照系,至于量子力学证明的观测行为对粒子状态的干扰,还有人择原理所证明的宇宙与人类的限定性,则从更宽泛、更深刻的角度驱策着我们去主动建构全新的文化心态。从这个起点开始,我们已经不难从容地谈论主体对于美感心态文学艺术的选择问题。

由是我们可以认定,美感心态和文学艺术传统不是别的什么,而是一个永远有待完成的无穷扩展无限深入的有机系统,向未来敞开着不可限量的可能性,然而要使它成为现实的存在,却要靠我们的主动参与、限定、占有、破坏。换言之,美感心态和文学艺术传统是一个睡美人,只有靠我们的一个吻才能重新醒来。这样看来,对于西方美感心态和文学艺术的传统或中国美感心态文化艺术的传统的推崇其实并不重要,重要的是我们对它们的理解。从不同的理解出发,显然会得出不同的答案。

而当前在中国文学、中国艺术中广泛而激烈地展开的中西美感心态和文学艺术之争的历史失误正在这里。人们用中国传统和西方传统这两个实际上并不存在的绝对客体之间的或弃或取,掩盖了如何去理解文学艺术传统这样一个更为实质、更为根本的主体自身的历史建构。这样一来就不能不出现一种本末倒置的现象:我们的根本目的本来是要考察我们的美感心态在当代历史条件下的适应程度,以便主动去建构,并最终创造出无愧于时代的中国文学、中国艺术。关于中西美感心态和中西文学艺术的比较,本应从属于上述根本目的,但人们却转而以手段为目的,用虽然态度认真但却不着边际的抽象的美感心态和中西文学艺术的比较不无荒诞地取代了中国美感心态的深层结构在当代的历史重建这一根本目的。由此看来,假若我们不马上掉转方向,则不难看到争论的双方从不同的方向回到起点,在握手言欢中上演一出"爱国的自大"的悲喜剧。在这方面,百年来中西美感心态和中西文学艺术之争所走过的几次不约而同的循环怪圈,应该给我们以深刻的历史启迪。

"立足点"或"视界"问题不仅表现在对立体结构的制约、规定和指导上,更表现在它本身的十分难以确定或把握上。确实,中国美感心态的深层结构的"立足点"或"视界"是一个众说纷纭的问题,又是一个必须众说纷纭的问题。在美感心态中设立标准,未免太愚蠢,太不美了,何况我们又处在一种进退维谷的两难困境中,但中国现代美学必须回答这一生命攸关的问题,本书也必须回答。

问题十分清楚,除非我们并不想将中国美感心态的深层结构的历史重建,不想将重建中国人的梦想付诸实施,使之成为中国人具体的审美实践的核心和主体,而只想夸夸其谈,或者不负责地到处践踏跑马,否则我们就必须找到中国美感心态的深层结构的历史重建，找到重建中国人的梦想的具体突破口和途径，也就是找到我们所谓的"立足点"和"视界"。它是中国美感心态的深层结构得以创造性转换的总枢纽，又是展开未来的中国美感心态的深层结构的中心环节；它是西方美感心态走向近代和现代的历史道路，又是中国传统的美感心态的深层结构中所缺乏并能与之构成尖锐对立，使之在冲突中完成自身创造性转换的生命孔道。

那么应该怎样回答上述问题呢？不妨先看一下国内的争论。目前国内对此主要有两种看法："人道主义"和"反人道主义"。它们的共同之处在于不自觉地突出了个体在美感心态中的核心地位，因此与强调群体的中国美感心态构成了尖锐对立，但又有其各自不同的缺点。在主张"人道主义"的论者的内心深处，认为中国美感心态和中国文学、中国艺术应该重走西方文艺复兴的老路，因此西方文艺复兴响亮喊出的"人道主义"的口号也应成为新时期文学艺术的旗帜。殊不知这里存在着某种时代的错位和理论的失落。不能不指出中国新时期文学艺术已经不是一个封闭系统，它被置之于早已远远超过了近代文化精神的现代世界文学艺术大系统之中。在这种情况下，面对全方位涌入的西方现代文化，我们想重走西方文艺复兴的道路，无异于天方夜谭。而从理论上看，"人道主义"的口号实在是太苍白了。在现代，当我们突然被笼罩在"人"的光环中，感受到的已经不再是一种华丽、一种信念、一种赞叹，而仅仅是一种虚荣、一种做作、一种轻浮了。唉，"人是怎样的怪物啊！怎样的一种新颖！怎样的一种奇观！万物的法官，地上的低能儿，真理的宝库，充满了疑问和错误的阴沟，天地的骄傲，宇宙的垃圾。"（巴斯卡语）可是我们为什么就是不能从已经显得陈旧了的美感心态的阴影中走出来，正视这无情的现实呢？另一方面，"反人道主义"的论者对"人道主义"的指责固然是一针见血，但他们的所作所为同样没能超出限制，他们对西方现代派的推崇深刻折射出内心深处的某种依恋心理。那是一种不加分析的依恋，或者说是一种"恋父情结"。在这里同样存在着某种时代的错位和理论的失落。就中国新时期文学艺术的特定时代和理论需要来讲,又确乎需要一些"人道主义"的思想去作时代的理论的启蒙,"反人道主义"的论者疏忽了这点,无疑是不应该的。

在本书看来,"人道主义"和"反人道主义"之间的争论,实际上可以归结为一个问题:当代中国美感心态、中国文学的逻辑起点是什么?对此双方都做出了自己的回答但却又都失之偏颇。他们统统没有考虑到中国美感心态和中国文学艺术发展的根本特点。这根本特点就是中国美感心态、中国古代文学艺术的过早成熟和中国近代美感心态、文学艺术的迅速成熟(参见拙著《美的冲突》一书)。过分早熟形成了特别强固的保守机制,阻止中国美感心态、文学艺术的创造性发展;迅速成熟使中国近代美感心态、文学艺术在几十年内飞速掠过了西方近代几百年的心路历程(因此在绝对与相对、偶然与必然、感情与理性等逻辑环节上都未能充分发展),妨碍着中国美感心态、中国文学艺术的健康发展。如此情景,就要求我们一方面要推进类似西方文艺复兴的思想启蒙,要提倡人道主义,另一方面又要跟上世界现代文化的大潮,要超越人道主义,这就是中国当代美感心态和文学艺术所应有的逻辑起点,一个既肯定又否定的二律背反的逻辑起点,一个集近代与现代的美感心态和文学艺术革命的任务于一身的逻辑起点。遗憾的是,种种偏见使上述争执的双方未能更冷静地剖析中国美感心态和中国文学艺术的实际情况,因而各执了二律背反的逻辑起点的一端。

还有没有更新的或更为接近全面的、准确的看法出现呢?目前还没有看到。但能令人心悦诚服并能具体指导中国人重建自己的梦想,指导中国美感心态的深层结构的历史重建的关于"立足点"或"视界"的美学设想,必然会在不久的将来出现。这是毫无疑问的。因为这个问题实在是中国美感自身的一个生命攸关的问题。也正是由于这个原因,本书深感有责任略陈己见,以便引起对这一问题的高度重视和严肃讨论。

本书愿意指出,当代美感心态的视界面临着一次历史性的转向:不复是在神学目的、神学道德的"神性"基础上,也不复是在道德神学、理性目的的"理性"基础上,不复服膺于宗教"投毒者"也不复流连于道德"蜘蛛织网"(尼采),而是回到生命基础上的对生存或对"此在"的体验,日益成为大趋向、主流或中心。

我们知道,不论是中国传统美感心态还是西方传统美感心态,都有一个共同点,这就是由于生产力发展水平低下,社会集团的自由不能不成为关键。个性、个体乃至相应的自我意识因此统统受到粗暴的干涉和压抑,或者说,个性、个体乃至相应的自我意识因此统统未能从社会性、群体乃至相应的社会意识中分化出来并获得发展。与此相关,"神性"或者"理性"(不论是伦理理性、抽象理性或具体理性)成为中国传统美感心态和西方传统美感心态的核心,其中,尽管理论形形色色,但是无不首先借助"神性"或者"理性"以解释生存的合理性,再把审美与艺术作为这种解释的附庸,并且完全规范在神学世界、理性世界内,并赋予合法地位,神学本质或者伦理本质仍旧规范着艺术的本质。"最优秀的思想家在这块礁石上垮掉了。"叔本华的哀叹有目共赌。而在当代,"生命"一跃成为美感心态历史建构中的核心,对生存或对"此在"的体验成为新的视界。之所以如此,当然是因为生产力水平的高度发展,人类生存问题日益鲜明凸出的必然结果。个性、个体乃至相应的自我意识的觉醒,使美感心态可能进入一个更为深刻的层次。在这里,所谓美感是合规律的合目的的统一,所谓美感是实践活动的附属品、奢侈品等等说法,统统因为美感心态从"神性"或者"理性"进入了"生命"而不复存在。假如说,昔日美感心态是古典的、本体论的、单纯的、高雅的、欢乐或者悲伤的,当代美感心态则可能是现代的、意义论的、复杂的、丑劣的,既欢乐又悲伤或者既不欢乐又不悲伤的。假如说,昔日美感心态是一种最相宜的休息、避难和安眠,要求得安静,就先得进入美,当代美感心态则可能是一种最深刻的探索、试错和批判,要征服人生,首先就要征服美。不仅仅如此,由于"生命"的视界强调在审美与艺术之外没有任何的理由,例如神性的或者理性的,强调了审美与艺术本身就是审美与艺术的理由。因此,本书也就毅然从审美与艺术本身去解释审美与艺术的合理性,并且把审美与艺术作为生命本身,把生命本身看作审美存在、看作艺术品,并且坚定地认为:真正的艺术就是生命本身,同样,真正的生命也就是艺术本身。

具体而言,对生存或"此在"加以体验的全新视界,不再是从本质阐释或选择存在,而是从存在阐释并选择本质。按照传统的看法,美感心态往往划分为存在与本质、过程与结果、肉体与精神、此岸与彼岸、现实与理想、黑暗与光明、卑鄙与高尚、无意识与有意识和现在与未来,其中的前者只是一个短暂的、稍纵即逝的环节,后者才是长驻的终点与归宿,犹如照亮黑暗王国的一道诱人的光芒。而在当代的美感心态建构中,这一切统统有必要颠倒过来。在此意义上,西方"存在先于本质"这句著名的口头禅倒颇具启发意味。"存在"(existence)一词,从字义上看是指突然出现的意思,实际指的正是被传统疏忽了的那个短暂的、稍纵即逝的环节,"本质"(essential)一词则指某种恒常、普遍、过去、现在、未来始终如一的性质。二者相比,存在指"怎样"(how),本质指"什么"(what)。毋庸讳言,"存在先于本质"正是指的从存在阐释并选择本质。进而言之,先于存在或者后于存在的本质全然是一种假设一种荒诞甚至一种欺骗,真实的本质只能来源于存在的创造。创造是阐释更是选择,有什么样的创造便被赋予什么样的本质。无数的创造便构成了本质的异常丰富和深刻,但最终的本质并不存在。"何处是归程,长亭更短亭。"而且,这里的创造统统是一次性的、不可逆的,因此所谓本质也应该是一次性的、不可逆的。这样,当代美感心态在历史重建的过程中,往往要把"化生活经验为美感经验"作为座右铭。存在感即自由感。人生成为舞蹈、音乐、绘画和诗,被浪漫化、审美化。存在的每一瞬间不是被漫不经心地放过或尽量缩短,而是被尽量地延长和珍惜,犹如一首诗,每个字,每个意象甚至每个标点符号都迸射出耀眼的光芒。这光芒就成为我们生存的太阳。

其次,对生存或"此在"加以体验的全新视界,不再是从必然阐释并选择自由,而是从自由阐释并选择必然。美感是在合规律基础上的一种合目的性的愉悦,这种十分流行的断语无疑有其一定意义,在特定历史背景下,或许它还是某种理论成果的象征。但在现代文化背景下,它曾经被遮蔽着的盲点或死角敞开和暴露出来了。"必然"作为"自在之物"其实与人毫无关系,某种必然的闯入人类生活,倒反而是人类自由阐释并选择的结果。正像玻尔讲的:"在原子物理学中,我们关心的是无比准确的规律性;在这里,只有将实验条件的明白论述包括在现象的说明中,才能得到客观的描述,这一事实以一种新颖的方式强调着知识和我们提问题的可能性之间的不可分离性。"看来,自由之外无必然。必然蕴含在自由中并为自由所规定。而自由则绝非对必然的把握,而是对必然的阐释、选择和超越。在这个意义上,假如从自由阐释并选择必然,在宏观上是指的人类文明史的发展进程,那么,在微观上它指的正是人类的美感心态。后者是前者的象征、缩影和演习。①

最后,对生存或"此在"加以体验的全新境界,不再是从理性阐释并选择情感,而是从情感阐释并选择理性。所谓情感是指人对客观事物是否符合自身需要而产生的价值评价。为了便于理解,我们也可以说,情感的本质是自由,是人们感觉到的自由的情感表现形式。而理性的本质是必然,是人们认识到的必然的主观表现形式。因此,正如自由阐释并选择着必然一样,情感也阐释并选择着理性,昔日的"以理节情"也因此而应当颠倒过来。凡是合理的未必是合情的,但凡是合情的终将是合理的。从情感阐释并选择理性难免被指责为"反理性"。不错,它无疑是反理性的。但又与某些人的反对一切理性迥异,它是对已成历史陈迹的已然理性的扬弃与超越,又是对如

---

① 这样讲,当然并不是否定自由受某种必然力量制约,但本书的理解却与时下不同。在本书看来,这里的制约并不能简单地理解为外在世界,而应理解为自由在阐释并选择必然过程中肯定与否定并存的二重性强烈影响的结果,准确地说,应该理解为自由受自身的否定性强烈影响的结果。

旭日东升的未然理性的阐释和选择。

而且，毫无疑问的是，中国当代文学、中国艺术、中国美感心态的这一"视界"的转向，必将带来巨大而全面的影响。例如被传统文学艺术奉若神明的种种合乎"美"的理想，在空间和时间上秩序井然的文学形象，自然是代表着某种与存在、自由、情感恰成对立的本质、必然和理性。在新的视界中，它无疑是虚假的，令人厌恶的。因此，传统文学艺术中那种充满神性的美，那种无所不知的叙事角度，那种精心安排的秩序井然的情节结构，那种典型的、理想的、英雄主义的人物和事件，那君临一切的三度空间，那过去、现在、未来、低潮、高潮和结尾的线性逻辑，统统应被全新的文学艺术内容所取代。又如，新的视界势必改变对文学艺术的传统看法。我们一贯认为"文学艺术是社会生活的反映"，这种看法在一定时期、一定程度上是可以成立的，因为它确实道出了艺术的某种属性，但它也确实与理性主义的中国或西方美感心态丝丝入扣，因此在后者历史性失落之后，再沿用文学艺术是社会生活的反映这一看法就很肤浅了。文学艺术具有比反映重要得多的使命、职能。这使命、这职能就在于文学艺术是人类生存的世界，是此在的世界。与科学和伦理相比较，文学艺术更深地触及了人类的生存之根。它是一种光芒，在一瞬间照亮我们的人生旅程，纷纭繁复的生活现象隐退了，我们直接瞥见了生存的意义，"瞥见了日常生活中那些'忧来无方，人莫知之'的东西，那些'方下眉头，却上心头'的东西，那些'来何汹涌须挥剑，去尚缠绵可付箫'的东西，那些闪烁明灭、重叠交叉犹如水上星光的东西，那些执拗地、静静地飘浮着而又不知不觉变得面目全非的东西，那些骚动不安、时隐时现、时快时慢，似乎留下什么却又使我们惘然若失的东西"（高尔泰语）。它是一种活动、一种寄托、一种慰藉、一种忘却、一种生存自身的创造，或者说是一种生存对于自身的创造。正因为有了它的存在，我们才能重振生活的勇气，毅然重返尘世。

同样毫无疑问的是，中国当代文学、中国艺术、中国美感心态的这一"视界"的转向,对中国美感心态的深层结构的创造性转换,对重建中国人的梦想,也将会带来巨大而全面的影响。它或许会使中国美感心态的深层结构日趋开放,或许会使中国美感心态的深层结构走向现代化;它或许会使中国美感心态的深层结构在方向上较多地汲取西方美感心态的深层结构的东西,在方法上则较多地保留自身的东西;它或许会使中国美感心态的深层结构抛弃掉从西方生搬硬套来的一系列近代美学范畴,重新回到那些需要在现代意义上重新解释的传统系列范畴中,像"莫若以明"、像虚静、像倾听、像冥想、像兴、像妙观逸想、像时间、像回忆、像天人合一,等等;它或许会使中国美感心态的深层结构勇敢地追赶上世界文化的主潮,开放性地接纳一大批被自己长期拒之门外的美学范畴,像孤独、像厌烦、像忧郁、像绝望、像祈祷、像受难、像神圣之爱,等等;它或许会使中国人重新自我建构起自己的梦想,而这梦想,或许既超旷空灵又深沉幽渺,或许又会成为我们的精神家园……这实在是需要一部专著才能回答的问题。在这里,本书就不去涉及了。何况,对于中国美感心态的深层结构的历史重建,对于重建中国人的梦想,本书的看法或许也并不重要,重要的是在重建过程中的不懈努力和艰难求索。"心泰身宁是归处,故乡可独在长安",虽然我们可能不断地失败,虽然我们也许要花数十年、一百年甚至数百年的时间,但新的精神家园的重建却是不容怀疑的。颇为有趣的是,当我们意识到上述的一切,我们还会抱怨自己面临的西西弗斯般的厄运吗?西西弗斯般的厄运其实是一种幸运、一种幸福啊!

"江南可采莲,莲叶何田田!鱼戏莲叶间,鱼戏莲叶东,鱼戏莲叶西,鱼戏莲叶南,鱼戏莲叶北。"

附　录
中国美学与中华民族的当代发展

一

中国美学是中国传统文化的重要组成部分。在中华民族的当代发展中,起着重大的作用。之所以如此,与中国传统美学的特殊内涵密切相关。这"特殊内涵"可以从两个角度来考察。

从横向的角度,中国传统美学在审美活动的界限上与西方传统美学存在着明显的差异。在西方审美活动与非审美活动、艺术与非艺术之间界限十分清楚。审美活动、艺术活动职业化,就是一个明证。而在中国,审美活动与非审美活动、艺术与非艺术之间界限却十分模糊。对于中国人来说,弹琴唱歌、登高作赋、书家写字、画家作画,与挑水砍柴、住坐卧、品茶、养鸟、投壶、覆射、游山、玩水等一样,统统不过是生活中的寻常事,不过是"不离日月常行内"的"洒扫应对",如此而已。朱熹说得好:"即其所居之位,乐其日用之常,初无舍己为人意。"以"艺术"为例。与西方的"艺术"完全不同,中国的艺术与非艺术并没有鲜明界限,"林间松韵,石上泉声,静里听来,让天地自然鸣佩;草际烟光,水心云影,闲中观去,见乾坤最上文章。"[①]"世间一切皆诗也。"这就是中国的"艺术"。

进而言之,艺术作为生命回归安身立命之地和最后归宿的中介,只是中国人求得生命的安顿的一种方式。因此,艺术不是外在世界的呈现,而是解蔽,是一种"敞开",也是一个过程、一种生存方式。它犹如生命的磨刀石,是

---

① 洪自诚:《菜根谭》。

生命升华的见证,又是生命觉醒的契机。"进无所依,退无所据"的千年游子之心,"迷不知吾所如"的永恒生命之魂,由此得以安顿和止泊。不难看出,中国美学的博大精神正胎息于此。对此,美国学者列文森倒是独具慧眼,他指出:中国美学有一种"反职业化"倾向,重视"业余化",以审美为"性灵的游戏",此言不谬。

从横向的角度,中国美学在审美活动的内涵上与西方美学也存在着明显的差异。在西方,追求的是生命的对象化,是对世界的征服,因而刻意借助抽象的途径去诘问"X",即生命活动的成果"是什么"。中国美学追求的则是生命的非对象化,是对生命本身的超越。我们注意到,与西方不同,中国从来没有首先在理想世界与现实世界之间、本体界与现象界之间、天国与人间之间、超自然的秩序与自然的秩序之间,一句话,彼岸与此岸之间,画下一道不可逾越的鸿沟,然后再通过对后者的否定,奋力一跃,进入彼岸的终极世界,而是把它们看成两个互相交涉、离中有合、合中有离、因人而异的世界。这就意味着,中国美学对于终极价值的追问,区别于西方,是一种"内在而超越"的追问。它所约定和选择的终极价值,既是超越的,又是内在的。春花秋月、草长莺飞、青山绿水、平野远树,都禀赋着超越品格,呈现出欣欣生意。这样,一方面终极价值犹如"飞流直下三千尺"的瀑布直接贯注到人生,落实到世界,所谓"提其神于太虚而俯之";另一方面人生又像"扶摇直上"的大鹏,不断尽己、尽人、尽物之性,参赞天地化育,所谓"拾级而攀,层层上跻,昂首云天,向往无上理境之极诣。"[1]结果,理想世界与现实世界不是隔绝的,本体界与现象界不是隔绝的,超自然的秩序与自然的秩序不是隔绝的。一句话,彼岸与此岸不是隔绝的。犹如太极图,阴中有阳,阳中有阴,你中有我,我中有你,雍容洽化,一体俱融,构成了一曲大气磅礴的天人合一的交响乐。

另一方面,中国的"内在而超越"又并非"内在"等于"超越"。不少人在

---

[1] 方东美:《生生之德》,台北黎明出版社1987年版,第284页。

反驳一些人对中国的超越的追问的揶揄时,往往把"内在"和"超越"片面地等同起来。这就难免遗人以柄。实际上,"内在而超越"只是揭示了一种可能性,只有逻辑的意义,并无描述的意义。这就是说,西方认定的终极价值绝无在现实的此岸世界实现的可能。它的作用只是用来比照此岸世界的缺陷与罪恶,而又鞭策世人奋发向上。中国认定的终极价值从总体上说是永远无法实现的,在这个意义上,人生是一场悲剧。但终极价值从部分上说又是经过努力而可以实现的,在这个意义上,人生又未必不是一场喜剧。因此,假如说西方的美学理想是不断推石上山的西西弗斯,是"死而后生",死后才能进入彼岸;中国的美学理想则是不断逐日的夸父,虽然需要倾尽毕生心力去不断逼近终极价值,却又是"死而后已"的。因而刻意借助消解的途径去诘问"S",即生命活动的过程"怎么样"。因此,假如说在西方是以超验为美,以"为学日益"为美,以结果为美,那么,在中国就是以超越为美,以"为道日损"为美,以过程为美,简而言之,以道为美。道之为道(道等同于 S 曲线,是过程的象征)即美之为美。

这样,相对于西方的"绝力而死",走上"畏影恶迹而去之走"的道路,中国则走上"处阴而休影,处静而息"①的道路。在中国美学看来,生命中最为重要的就是使一切回到过程、回到尚未分门别类的"一"。就生理活动而言,是"负阴抱阳",即使生命停留在一个既"负阴而升"又"负阳而降"的过程。有眼勿视,有耳勿听,有心勿想,有神不驰,把日常的生理、心理过程都颠倒过来。就审美活动(价值活动)而言,则是化世界为境界,化手段为目的,化结果为过程,化空间为时间(毫无疑问,这一切也与西方几乎相反),因而拒绝单维许诺多维、拒绝确定许诺朦胧、拒绝实在许诺虚无、拒绝因果许诺偶然⋯⋯并以此作为安身立命的精神家园。不难看出,这精神家园就存在于我们身边,极为真实、极为普遍、极为平常(因此没有必要像西方的浮士德那样升天入地,痛苦寻觅),只是由于我们接受了抽象化的方法,它才抽身远

---

① 《庄子》。

遁,变得不那么真实、不那么普遍、不那么平常了,也只是于我们接受了抽象化的作法,才会从中抽身远遁,成为失家者。正如老子所棒喝的,追名逐利者只能置身于"徼"的世界,却无法置身于"妙"的世界。原因何在？从抽象的角度去"视"、去"听"、去"搏",当然"视之不见"、"听之不用"、"搏之不得",但从消解的角度去"视"、去"听"、去"搏",却又可"见"、可"用"、可"得",这就是中国人在爱美、求美、审美的路途中所获取的公开的秘密。因此,与西方人的为美而移山填海、攻城略地相比,中国人在审美的路途中只是"损之又损,以至于无为"。所谓"反者道之动"。

二

中国传统美学的"特殊内涵",对于中华民族的当代发展,意义十分重大。

心理学家已经明确表述,人类社会的发展可以分为两个时代,第一个时代,以处理肉体生存为主,第二个时代,以处理精神生存为主。而且,即便在第一个时代,人类的精神生存就已经成为人之为人的重要标志。我们在考察人类的生命发展过程之时,往往注重的是在肉体生存方面对生命进化历程的重演,然而却忽视了在人类发展中同样重要的心理进化历程的重演。人类婴儿的时期比动物要长,正是因为他还要完成一个心理历程的重演,而且就婴儿时期而言,越是高级的动物婴儿时期就越长。而细菌则根本没有,因为它不需要重演期。弗洛伊德发现延长了的父母身份与延长了的儿童依赖感对于人类精神生存所产生的影响,也是着眼于此。狼孩在回到人群之后,还是不能成为人,就是因为他没有演绎人类的心理发育的历程,在精神上永远是一个胚胎,永远不是一个真正的人。在第二个时代,正如生物分类学的研究成果所告诉我们的,信息系统的进化,即使是在动物的进化过程中,事实上也已经不可或缺。不论是没有神经细胞的原生动物还是有神经索的环节动物、节肢动物等无脊椎动物,抑或是无脊椎动物、具有脑的脊椎动物,甚至是低级脊椎动物和大脑具有发达皮层的人类,在整个的进化过程中都不难看到信息系统进化的重要性。而随着信息系统的日益复杂,其自身对于精神应激反应的需要也在逐渐提高。这样,信息系统的代偿机制,就逐渐成为生命活动的关键。与此相应,为人类所需要的代偿需要也逐渐从外部转向内部,这是一种较之肌肉系统的工作要远为精密、复杂的代偿机制。而美感正是这样一种内部的代偿机制。其中的原因说来也很简单,人类的信息系统日益成熟,在广度和深度上更呈现出复杂的内涵,加上人类还会无端地"胡思乱想",应激反应的强度也必然增加——它需要远为复杂的情绪能量,而且与控制身体相比耗费的情绪能量也要大得多。另一方面,社会的发展还先是从"人为"的角度然后是从"物为"的角度激起信息系统的应激反应。由此,产生了人所独具的心理症状——"焦虑"。赫胥黎说:当宇宙创造力作用于有感觉的东西时,在其各种表现中间就出现了我们称之为痛苦或忧虑的东西。这种进化中的有害产物,在数量和强度上都随着动物机制等级的提高而增加,而到人类,则达到了它的最高水平。而且,这一顶峰在仅仅作为人的动物中,并没有达到,在未开化的人中,也没有达到,而只是在作为一个有组织的成员人中才达到了。[①]

这心理焦虑可以分为三种:现实性焦虑、神经性焦虑、伦理性焦虑。它是由于应激反应长期淤积产生的一种畸形心态。随着第一座高楼出现的恐高病、随着第一座城市出现的孤独症、第一架电视机带来的电视综合征……美国在20世纪初,因病死亡的人中每千人有28人,他们都是患的生理性疾病:肺结核、肺炎、白喉、伤寒、痢疾,等等,在70年代,因病死亡的人在千人中有9人,患的主要是心理性疾病:冠心病、中风、癌症、高血压,等等。这是人类在争取文明时所不得不付出的代价之一,而且,人类在其中左右为难。自我与理想不相符合,固然是极端苦恼,但据罗杰斯的一项研究表明:自我与理想高度统一的人,往往更会陷入一种病态,例如精神分裂症。精神分裂

[①] 赫胥黎:《进化论与伦理学》,科学出版社1971年版,第35页。

症模式在当代文学中多有表现,估计与人与社会、自我的分裂有关,正如肺病模式在近代文学中多有表现,显然与人与自然的分裂有关。

进而言之,当代社会所带来的巨大困惑更在于:人类精神生态的蜕化。就当代社会而言,人类遇到的困境主要是精神的。法国社会学家戴哈尔特·德·夏尔丹曾经设想过一个"精神圈",它意味着对世界的信仰,对世界中精神的信仰,对世界中精神不朽的信仰和对世界中不断增长的人格的信仰。通过它可以达到"人类发展的巅峰"①。卡西尔也指出:"人不仅仅生活在物理世界中,更生活在精神世界中……"②今道友信则断言:"人的生存原来是作为一种精神来确保自由和永生,去克服自己限定者的限定作用的。"③然而,在当代社会,"精神的失落""精神的蜕化""精神的失范",却成为令人痛心的现象。乔伊斯发现:与文艺复兴运动一脉相承的物质主义,摧毁了人的精神功能,使人们无法进一步完善。"现代人征服了空间、征服了大地、征服了疾病、征服了愚昧,但是所有这些大的胜利,都只不过是在精神的熔炉化为一滴泪水!"④贝塔朗菲指出:"简而言之,我们已经征服了世界,但是却在征途中的某个地方失去了灵魂。"⑤中国台湾诗人罗门也疾呼:"当那个被物质文明推动着的世界,日渐占领人类居住的任何地区,人类精神文明便面临了可怕的威胁与危机。……人不再去渡过幽美的心灵生活,人失去精神上的古典与超越的力量,人只是猛奔在物欲世界中的一头文明的野兽。"⑥于是,人类终于发现:"任何进步,首先是道德、社会、政治、风俗和品行的进

---

① 豪克:《绝望与信心》,中国社会科学出版社1992年版,第213页。
② 卡西尔:《人论》,上海译文出版社1985年版,第34页。
③ 今道友信:《存在主义美学》,辽宁人民出版社1987年版,第120页。
④ 乔伊斯,转引自《文艺复兴运动文学的普遍意义》,见《外国文学报道》1985年第6期。
⑤ 贝塔朗菲:《人的系统观》,华夏出版社1989年版,第19页。
⑥ 张汉良、萧萧:《现代诗导读·理论篇》,台湾故乡出版社1982年版,第49页。

步。"①首先是人自身精神的进步,终于在《安魂曲》还没有响起的时刻,意识到了灵魂的充盈像物质的丰富一样值得珍惜;意识到了挚爱、温情、奉献、艺术和美同样是这个世界上不可须臾缺少的无价之宝,犹如阳光、空气和水分。为此,美国作家莱德勒断言:"当代社会的生存之战通常是情感的生存之战。"奈斯特则在《大趋势》中大声疾呼着"高技术与高情感的平衡":无论何处都需要有补偿性的高情感,我们的社会里高技术越来越多,我们就希望高情感的环境。我们周围的高技术越多,就越需要人的高情感。②而中国台湾诗人罗门则在前边所引的文章中,进一步开出了通向"高情感"的救世良方:这一把被物质文明越扣越紧的"死锁",它的钥匙,便是"人内在的联想",唯有这把钥匙能将这把"死锁"打开,而这一把被物质文明抛弃的钥匙,我们说哲学家能找回它,我们更应该说那专为人类的联想世界工作的文学家与艺术家,能找回它。那么,哲学家、文学家和艺术家所瞩目的"找回它"的工作是什么呢?正是审美活动。正如 J-M·费里所预言的:"无足轻重的事件可能会决定时代的命运;美学原理,可能有一天会在现代化中发挥头等重要的历史作用;我们周围的环境可能有一天会由于'美学革命'而发生天翻地覆的变化……生态学以及与之有关的一切,预示着一种受美学理论支配的现代化新浪潮的出现。这些都是有关未来环境整体化的种种设想,而环境整体化不能靠应用科学知识或政治知识来实现,只能靠应用美学知识来实现。"③

三

由上所述,中国传统美学在中华民族当代发展中的作用可以分为三

---

① 奥尔利欧·佩奇:《世界的未来》,中国对外翻译出版公司 1985 年版,第 65 页。
② 奈斯特:《大趋势》,中国社会科学出版社 1984 年版,第 56 页。
③ J-M·费里:《现代化与协调一致》,《神灵》1985 年第 5 期。

方面。

首先,有助于中华民族的独特的精神家园的确立。在西方,审美活动作为一种生命超越方式,只是走向宗教超越的中介。中国则不然。比之西方,它所展示的是人格的伟大,并非人格的自由。于是,当西方的审美活动走向宗教,从中寻求某种情感需要的慰藉时,中国的审美活动却出人意料地栖居于自身,并从中寻求某种情感需要的最高慰藉。因此,有人把审美活动称作为中国最高的人生境界。这实在是很有道理的。它是生命最高的超越方式,并赋予中国文化以诗的灵魂。它所面对的当然不是外在的实在知识,甚至也不是"富贵不能淫,贫贱不能移,威武不能屈"之类的道德修炼(正像朱子讲的"富贵贫贱威武,不能移屈之类,皆低,不足以语此"),而是本心仁体的创造、生存意义的体认和精神家园的复归。它"物物而不物于物",它"与天地精神往来",它"上与造物者游,而下与非死生无终始为友",它"乘天地之正,御六气之辨,以游无穷"。它是人类内在灵性的复苏,它是一种精神还乡的冲动,它是生命的沉醉。它为人世带来了沉静、灵明、觉解,带来了澄明、笃厚、充盈,带来了天机、仁德、化境,尤其带来了圆照、良知和冥思。毫无疑问,这一精神家园在当代的确立,对于中华民族的当代发展具有不可忽视的作用。

其次,有助于抗衡西方的理性主义传统的不良影响。理性主义传统固然有益于文明的发展,但同时也会造成极大的失误。抗衡这一传统的失误,中国传统美学起着不可替代的作用。原因十分简单,不同于西方的根本精神的"立文明",中国的根本精神是"法自然"。在这里,"法自然"即所谓化世界为境界。这里的"自然"不是自然界,而是自然而然,不是世界,而是境界,是对文明的僵化状态的消解。另一方面,就置身于艺术过程中的中国人而言,面对自然而然的自然境界,要做的也并不是调整自然,而是调整自己,须知这不是人向世界的跌落,而是人向境界的提升。一旦拯拔血脉,勘破人的主位,自由人生的全部光华顷刻喷薄而出,拓展心胸,精神四达并流而不可以止。因此,如果没有这心灵的远游,没有在大自然的环抱中陶冶性情,开拓胸襟,去除心理沉疴,沐浴灵魂四隅,心智将因封闭、枯竭而死亡。又借助什么去提升精神境界,又何以为人?幸而一切都并不如此。在自然而然的境界中,中国人处处化解生命的障碍、闭塞、固执,使之空灵、通脱、飞升,被尘封已久的心灵层层透出,一层一层溶入大自然,因此也就一层一层打通心灵的壁障。而且,这"打通"无时无刻不在进行。生命不息,"打通"不已。孔子慨叹:"登东山而小鲁,登泰山而小天下。"李白放歌:"何处是归程?长亭更短亭。"王之涣痛陈:"欲穷千里目,更上一层楼。"司空图立誓:"大用外腓,真体内充,返虚人浑,积健为雄。"……时时刻刻关注的都是人生境界的超拔与提升。不言而喻,这正是中国人在审美活动过程中的最高追求,也应该成为当代中国人的最高追求。

再次,有助于解决中华民族在当代发展中所遇到的精神困惑。除了物质方面的困惑之外,最为引人瞩目的是精神方面的困惑。例如,第三次浪潮就是一次精神危机。走向现代化过程中的中华民族同样面对着精神困惑、精神危机。如何予以解决,应该说,是中华民族所面临的一个巨大的挑战。E·拉兹格曾预言说:"过了现在这段杂乱无章的过渡时期,人类可以指望进入一个更具承受力和更加公正的时代。那里,人类生态学将起关键作用。在人类生态学时代,重点将转移到非物质领域中的进步。这种进步将使生活的质量显著提高。"①"非物质领域中的进步"即精神发展中的困惑的解决,"这种进步将使生活的质量显著提高。"显然,在这方面,中国传统美学同样可以起到重大的作用。

[原载《南京化工大学学报》(哲学社会科学版)2000 年第 2 期]

---

① 拉兹格:《即将来临的人类生态学时代》,《国外社会科学》1985 年第 10 期。

潘知常生命美学系列

- ◆《美的冲突——中华民族三百年来的美学追求》
- ◆《众妙之门——中国美感心态的深层结构》
- ◆《生命美学》
- ◆《反美学——在阐释中理解当代审美文化》
- ◆《美学导论——审美活动的本体论内涵及其现代阐释》
- ◆《美学的边缘——在阐释中理解当代审美观念》
- ◆《美学课》
- ◆《潘知常美学随笔》

Life
Aesthetics
Series